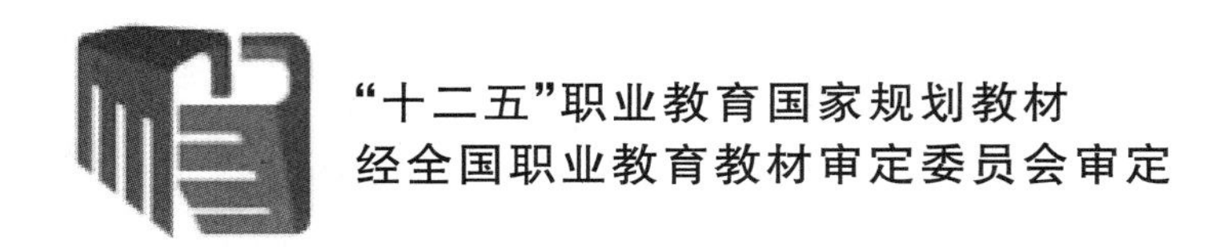

"十二五"职业教育国家规划教材
经全国职业教育教材审定委员会审定

生物制药工艺

（第三版）

主　编　曾青兰　张虎成
副主编　高　爽　曾希望　胡莉娟　徐瑞东
　　　　宋　凯　陈辉芳　谢琳娜
参　编　范海涛　杨　爽　温秀荣　张　晋
　　　　孙连连　吴秀玲

华中科技大学出版社
中国·武汉

内容提要

本书为职业教育国家规划教材。

本书分为两大模块：模块一生物制药工艺技术平台和模块二生物制药工艺技术综合实训操作平台。模块一由十二个项目组成，其主要内容是基本知识和基本技能，包括生物制药工艺基础知识、抗生素类生物技术药物的生产、氨基酸类生物技术药物的生产、多肽与蛋白质类生物技术药物的生产、酶类生物技术药物的生产、糖类生物技术药物的生产、脂类生物技术药物的生产、核酸类生物技术药物的生产、抗体类生物技术药物的生产、生物制品类生物技术药物的生产、甾体激素类生物技术药物的生产，以及黄酮类生物技术药物的生产。模块二的主要内容是综合技能实训，包括新型冠状病毒抗原抗体检测试剂盒的制备、四环素的发酵生产、多黏菌素E的发酵生产、花青素的生产、基因工程α-干扰素的生产、L-天冬氨酸的生产、组织型纤溶酶原激活剂的生产和流感全病毒灭活疫苗的生产等八大项目综合实训。

本书可作为高职高专院校生物制药技术、药品生物技术、药品生产技术、药品质量与安全、药品服务与管理等专业的教材，也可供相关专业的教师与科技人员参考。

图书在版编目(CIP)数据

生物制药工艺/曾青兰，张虎成主编. —3版. —武汉：华中科技大学出版社，2021.4（2023.1重印）
ISBN 978-7-5680-6594-8

Ⅰ.①生… Ⅱ.①曾… ②张… Ⅲ.①生物制品-生产工艺-高等职业教育-教材 Ⅳ.①TQ464

中国版本图书馆CIP数据核字(2021)第054552号

生物制药工艺(第三版)
Shengwu Zhiyao Gongyi (Di-san Ban)

曾青兰 张虎成 主编

策划编辑：王新华
责任编辑：王新华
封面设计：刘 卉
责任校对：张会军
责任监印：周治超
出版发行：华中科技大学出版社(中国·武汉) 电话：(027)81321913
武汉市东湖新技术开发区华工科技园 邮编：430223
录 排：武汉正风天下文化发展有限公司
印 刷：武汉开心印印刷有限公司
开 本：787mm×1092mm 1/16
印 张：22
字 数：518千字
版 次：2023年1月第3版第2次印刷
定 价：52.00元

前言

生物制药工艺课程是高职高专生物制药类专业的专业核心课程。现代生物科学及现代药学的快速发展，促进了生物制药的迅猛发展，使得生物药物的种类和数量迅速增加。生物制药的新工艺、新技术和新方法不断出现，原有生物药物的生产工艺也在不断地优化。2019年2月《国家职业教育改革实施方案》（简称职教"二十条"）颁布，职业教育被提高到"没有职业教育现代化就没有教育现代化"的地位。高等职业教育的办学理念、教学模式正在发生深刻的变化；《中国药典》等重要法律法规的修订对生物制药类专业的职业教育提出了新的要求和任务。因此，生物制药工艺课程在生物制药类专业的专业建设、人才培养、课程建设、教育教学改革与创新和社会服务等方面的作用也更加重要，其所对应的教材建设对高职高专院校生物制药类专业的发展也具有举足轻重的作用。

本教材编写团队以科学发展观为指导，以贯彻落实《国家中长期教育改革和发展规划纲要（2010—2020年）》为指针，以职教"二十条"、国家《高等职业学校专业教学标准》、教育部职业教育与成人教育司《关于组织开展"十三五"职业教育国家规划教材建设工作的通知》和《关于在院校实施"学历证书＋若干职业技能等级证书"制度试点方案》等为依据，以2020年版《中华人民共和国药典》为法宝，参照《中华人民共和国职业技能鉴定规范》和国家有关精品在线开放课程建设的要求，围绕高职高专生物制药类专业人才培养目标，以培养高素质复合型技术技能人才为根本任务，以适应社会需求为目标，以培养技术应用能力为主线，对各种类型、各个层次的生物制药工艺学教材认真参阅，博采众长，吸取其精华，并增加了生物制药的新知识、新技术、新工艺、新方法和新进展，从而形成了以下特色：

（1）编写团队组成合理，特色鲜明。

本教材的编写人员以产教结合的方式选聘，形成了由教学一线的优秀专业教师、双专业带头人、"楚天技能名师"、企业技术骨干组成的，跨学校、跨区域的校企合作编写团队，校企"双元"共同完成了教材的编写,确保了教材内容的实践性、开放性和职业性。

(2) 及时反映社会热点,培养家国情怀。

2020年新冠肺炎疫情给社会带来了巨大影响,给教学带来了巨大的挑战,同时也为我们生物制药教学开拓了新的案例。本教材特增加了"新型冠状病毒抗原抗体检测试剂盒的制备"等内容,突出了社会热点,让学生做到学有所用,激发学生的学习热情,培养学生爱国爱党、关注社会、关注民生、心怀天下的家国情怀、社会责任感和国际视野。

(3) 教材内容符合职业教育规律和技术技能型人才成长规律,注重职业能力的培养。

认真贯彻职教"二十条"等文件精神,根据高职高专高素质复合型技术技能人才培养的目标要求,对基本理论的阐述以"实用、适用"为度,突出实训、实例教学。课程内容对接岗位任职要求,对接职业资格标准,注重职业能力的培养,具有较强的针对性和适用性,符合职业教育规律和技术技能型人才成长规律,彰显了高职高专教育注重专业技术能力、职业综合能力和职业素质培养的特色。

(4) 教材体系创新,在教材的体例、内容和风格上突出高职教育理念。

本教材打破传统的学科体系的教材组织形式和编写思路,针对生物制药主要工作岗位的核心技能,采用模块式的编写思路,以项目为载体,根据工作岗位典型任务和职业能力与素质的要求,基于工作过程和高素质复合型技术技能人才的认知规律、职业成长规律及技能培养规律遴选项目,组织和安排教材内容,将源于生产实践又高于生产实践的"入门、主导、自主、综合"的项目遴选到教材中,将贴近生产、贴近工艺的内容选编到教材中,理实一体;将生物制药的新技术、新项目、新工艺、新案例、新方法和新标准及时地编写到教材中,力求反映知识更新和科技发展的最新动态;将职业标准融入教学内容中;将"三教"改革成果及时反映到教材中来。突出产教融合,彰显工学结合,满足生物制药企业相关职业岗位群的需求,充分体现了"以就业为导向,以学生为中心,以能力为本位"的高职教育理念,更新了创新创业教育教学理念。

(5) 教学目标明确,强化素质教育,且注重学生的可持续发展。

本教材每个项目开篇标明知识目标、技能目标和素质目标,教学目标明确。在每个项目的素质目标中强化了课程思政教育的目标,旨在培养学生正确的世界观、人生观和价值观,认真践行社会主义核心价值观;同时牢固树立劳动光荣、技能宝贵、创造伟大的观念。教材的项目化内容有一定的可裁减性和可拼接性,既可以保证圆满地完成教学任务,又可以满足不同的培养目标、不同地区学生和市场需求变化的需要。每个项目后附项目实训，强调学生综合应用知识和技能的能力，有利于“项目导向、任务驱动”、“教、学、做一体化”等教学模式的实施，强化相应目标的实现。而项目拓展，则进一步拓宽学生知识面，有利于学生的创新创业能力的培养。基于工作过程的典型药物生产的综合实训，便于学生以准员工的身份在“教学方式工作化、教学环境职场化、工作过程流程化、组织管理企业化、教学成果产品化”的学习型“教学工厂”里进行职业技能强化训练，以充分提升学生的综合能力与素质，进一步强化学生的创新能力和可持续发展能力。

(6) 推行课证融合，对接最新药品质量标准。

本教材充分考虑了推行“1+X”证书制度的需要，选取的项目和内容涵盖了生物制药行业相关职业资格证书涉及的内容，推行课程融合教学，促进教法、学法改革，充分体现了职业教育的特点；对接2020年版《中国药典》最新的药品质量标准、检验方法和操作规范及安全性保障等，强化了教材的先进性和规范性。

全书共分为两个模块。模块一是生物制药工艺技术平台，由十二个项目组成，其主要内容是基本知识和基本技能，旨在培养学生的基本能力和基本职业技能；模块二是生物制药工艺技术综合实训操作平台，包括八大综合实训项目，旨在培养学生综合利用知识和技能的能力和创新创业能力。

本书由咸宁职业技术学院曾青兰和北京电子科技职业学院张虎成担任主编，参加编写的人员有辽宁经济职业技术学院高爽，湖北福人金身药业有限公司曾希望，杨凌职业技术学院胡莉娟，黑龙江农垦科技职业学院徐瑞东，徐州生物工程职业技术学院宋凯，广东岭南职业技术学院陈辉芳，福建生物工程职业技术学院谢琳娜，北京电子科技职业学院范海涛，黑龙江生物科技职业学院杨爽，保定职业技术学院温秀荣，北京农业职业学院张晋，咸宁职业技术学院孙连连，济宁职业技术学院吴秀玲。全书由曾青兰和张虎成统稿。

本书可用作高职高专院校生物制药技术、药品生物技术、药品生产技术、药品质量与安全、药品服务与管理等专业的教材，也可供相关专业的教师与科技人员参考。

由于生物制药技术飞速发展，新工艺、新方法不断出现，加上作者水平有限和时间仓促，书中不足之处在所难免，恳请读者批评指正。

编 者

目录

模块一

生物制药工艺技术平台

项目一　生物制药工艺基础知识

项目目标

码1-1-1 模块一项目一PPT

一、知识目标

明确生物药物概念及其发展。

熟悉生物药物的基本知识，安全生产、环境保护知识及相关法律法规。

掌握生物技术制药的基本知识和方法。

二、技能目标

学会基因工程制药、发酵工程制药、酶工程制药、动物细胞工程制药、植物细胞工程制药的基本技术。

码1-1-2 生物制药工艺基础知识

掌握生物技术制药的基本操作方法和流程。

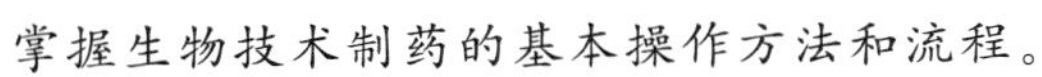

三、素质目标

具有吃苦耐劳、独立思考、团结协作、勇于创新的精神和诚实守信的优良品质，树立“安全第一、质量首位、成本最低、效益最高”的意识；具有良好的职业道德，树立遵守职业守则的意识；能够遵守药品生产质量管理规范。

项目简介

本项目的内容是生物制药工艺基础知识，项目引导概述生物药物的基本知识，任务一至任务七介绍生物技术制药的各种技术。通过这些任务的学习，掌握生物技术制药的基本知识和方法，为完成各类药物生产任务和实训打下基础。

项目引导

化学药物、生物药物与中草药是人类防病、治病的三大药源，随着分子生物学、免疫学与现代生化技术和生物工程学的迅猛发展，生物药物已成为当前新药研究开发中最有前景的一个重要领域。

一、生物药物的概念及其发展

生物药物是指运用生物学、医学、生物化学、现代生物技术等的研究成果，综合利用物理学、化学、生物化学、微生物学、免疫学和药学等学科的原理和方法，利用生物体、生物组织、细胞、体液等制造的一类用于预防、治疗和诊断的制品。广义的生物药物包括从人、动物、植物、微生物、海洋生物等生物原料提取的各种天然生物活性物质及其人工合成或半合成的类似物。因而抗生素、生化药物、生物制品等均属生物药物范畴。抗生素是由生物(包括微生物、植物、动物)在其生命活动过程中产生的一类在低微浓度下就能选择性地抑制其他细菌或其他细胞生长的生理活性物质。生化药物是从生物体分离纯化所获得的在结构上与体内正常生理活性物质十分接近的具有调节人体生理功能，达到预防和治疗疾病目的的物质。生物制品系指以微生物、寄生虫、动物毒素、生物组织为起始材料，采用生物学工艺或分离纯化技术制备，并以生物学技术和分析技术控制中间产物和成品质量制成的生物活性制剂，包括菌苗、疫苗、毒素、类毒素、免疫血清、血液制品、免疫球蛋白、抗原、变态反应原、细胞因子、激素、酶、发酵产品、单克隆抗体、DNA 重组产品、体外免疫诊断制品等。随着生物技术的快速发展，其成果 70%以上应用于医药工业，目前把利用生物技术生产的药物称为生物技术药物。

生物制药是利用生物体或生物过程在人为设定的条件下生产各种生物药物的技术，研究的主要内容包括各种生物药物的原料来源及其生物学特性，各种活性物质的结构与性质、结构与疗效之间的相互关系，制备原理，生产工艺及其质量控制等，现代生物技术是现代生物药物生产的主要技术平台。基因工程的应用、蛋白质工程的发展，不但改造了生物制药旧领域，还开创了许多新领域。例如：人生长素的生产因为有了基因工程，不再受原料来源的限制，可为临床提供有效的保障；利用蛋白质工程修饰改造的人胰岛素具有更稳定的性质，提高了疗效；利用植物可生产抗体；利用酵母细胞生产核酸疫苗等。

二、生物药物的原料来源

生物药物原料以天然的生物材料为主，包括人、动物、植物、微生物和海洋生物的组织、器官、细胞代谢产物。生物细胞培养、原生质体培养和微生物发酵也是获取生物制药原料的重要途径。随着生物技术的应用，利用基因工程技术、细胞工程技术和酶工程技术人工制备的生物原料已成为当前生物制药原料的重要来源。如人工构建的工程菌、工程细胞及转基因动、植物等。

三、生物药物的特点

(一) 药理学特性

新陈代谢是生命的基本特征之一，生物体的组成物质在体内进行的代谢过程都是相互联系、相互制约的。利用生物药物分离纯化技术、生物技术、化工技术从生物体中获得或制备结构与人体内的生理活性物质十分接近或类同的物质，将其作为药物，在药理学上对机体就具有更高的生化机制合理性和疗效特异性，在临床上表现出以下特点。

(1) 治疗的针对性强，疗效高。在机体代谢发生障碍时，应用与人体内的生理活性物质十分接近或类同的生物活性物质作为药物来补充、调整、抑制、替换或纠正代谢失调，机制合理，结果有效，显示出针对性强、疗效高、用量小的特点。例如，细胞色素 c 为呼吸链的重要组成部分，用它治疗因组织缺氧引起的一系列疾病效果显著。

(2) 营养价值高，毒副作用小。氨基酸、蛋白质、糖及核酸等均是人体维持正常代谢的物质，因而生物药物进入体内后易被机体吸收利用，并直接参与人体的正常代谢与调节。

(3) 免疫性副作用常有发生。生物药物是由生物原料制得的，在应用生物药物时常表现出免疫反应、过敏反应等副作用。

(二) 原料的生物学特性

(1) 原料中有效成分含量低，杂质多，如胰岛中胰岛素含量仅为0.002%。因此，生产工艺复杂，收率低。

(2) 原料具有多样性。生物材料可来源于人、动物、植物、微生物及海洋生物等天然的生物组织和分泌物，也可来源于人工构建的工程细菌、工程细胞及转基因动物、植物等。因此，其生产方法、制备工艺也呈现出多样性和复杂性，要求从事生物药物研究、生产的技术人员具有宽广的知识结构。

(3) 原料易腐败。生物药物及产品均为高营养物质，极易腐败、染菌，被微生物代谢所分解或被自身的代谢酶所破坏，造成有效物质活性丧失，并产生热原或致敏物质。因此，对原料的保存、加工有一定的要求，尤其对温度、时间和无菌操作等有严格要求。

(三) 生产制备的特殊性

生物药物多是以其严格的空间构象维持其生理活性，一旦空间结构被破坏，生物活性即消失，所以生物药物对热、酸、碱、重金属及 pH 变化等各种理化因素都较敏感，甚至机械搅拌、压片机冲头的压力、金属器械、空气、日光等都会对生物活性产生影响。

(四) 检验的特殊性

生物药物具有特殊的生理功能以及严格的构效关系，因此生物药物不仅有理化检验指标，而且有生物活性检验指标和安全性检验指标等。

(五) 剂型要求的特殊性

生物药物易于被人体胃肠道环境变性、酶解，给药途径可直接影响其疗效的发挥，因而对剂型大都有特殊要求。

四、生物药物的分类

生物药物可按照其原料来源、药物的化学本质和化学特性、生理功能及临床用途等不同方法进行分类。由于生物药物的原料来源丰富、结构多样，功能广泛，因此任何一种分类方法都会有不完善之处。

(一) 按照药物的化学本质和化学特性分类

该分类方法有利于对同类药物的结构与功能的相互关系进行比较研究,有利于对制备方法、检测方法进行研究。

(1) 氨基酸类药物及其衍生物　这类药物包括天然的氨基酸和氨基酸混合物以及氨基酸的衍生物,氨基酸的全世界年总产量已逾百万吨,年产值达几十亿美元。主要生产品种有谷氨酸、甲硫氨酸(蛋氨酸)、赖氨酸、天冬氨酸、精氨酸、半胱氨酸、苯丙氨酸、苏氨酸和色氨酸。

(2) 多肽和蛋白质类药物　多肽和蛋白质类药物化学本质相同,性质相似,相对分子质量不同,生物功能差异较大。主要包括多肽和蛋白质类激素及细胞生长因子等。

(3) 酶类药物　酶制剂也广泛用于疾病的诊断和治疗。酶类药物包括助消化的酶类、消炎酶类、防治心血管疾病的酶类、抗肿瘤酶类,以及其他药用酶类。

(4) 核酸及其降解物和衍生物　包括核酸类、多聚核苷酸、核苷、核苷酸及其衍生物。

(5) 多糖类药物　多糖类药物的来源有动物、植物、微生物和海洋生物,它们在抗凝、降血脂、抗病毒、抗肿瘤、增强免疫功能和抗衰老方面具有较强的药理活性。

(6) 脂类药物　脂类药物具有相似的非水溶性性质,但其化学结构差异较大,生理功能较广泛,主要包括磷脂类、多价不饱和脂肪酸和前列腺素、胆酸类、固醇类、卟啉类等。

(7) 维生素与辅酶　维生素大多是一类必须由食物提供的小分子化合物,结构差异较大,不是组织细胞的结构成分,不能为机体提供能量,但对机体代谢有调节和整合作用。

(二) 按原料来源分类

此分类法有利于对同类原料药物的制备方法、原料的综合利用等进行研究。

(1) 人体组织来源的生物药物　以人体组织为原料制备的药物疗效好,无毒副作用,但受来源限制无法批量生产。现投产的主要品种仅限于人血液制品、人胎盘制品和人尿制品。生物技术的应用克服了因原料限制而无法大量生产药物的困难,保障了临床用药需求(如基因工程生产的人生长素)。

(2) 动物组织来源的生物药物　该类药物来源丰富,价格低廉,可以批量生产,缓解人体组织原料来源不足的情况。但动物和人有较大的种属差异,有些药物疗效低于人源的同类药物,甚至对人体无效,并且需要进行严格的药理毒理试验。

(3) 微生物来源的生物药物　来源于微生物的药物在种类、品种、用途等方面都为最多,包括各种初级代谢产物、次级代谢产物及工程菌生产的各种人体内活性物质,其产品有氨基酸、蛋白质、酶、糖类、抗生素、核酸、维生素、疫苗等。其中以抗生素生产最为典型。

(4) 植物来源的生物药物　该类药物为具有生理活性的天然有机化合物,按其在植物体的功能有初级代谢产物和次级代谢产物之分。

(5) 海洋生物来源的生物药物　海洋生物来源的药物又称海洋药物,海洋生物种类繁多,是丰富的药物资源宝库。

(三) 按功能和用途分类

生物药物广泛用于医学的各领域,在疾病的治疗、预防、诊断等方面发挥着重要作用,按此法分类有利于临床应用。

（1）治疗药物　治疗疾病是生物药物的主要功能。生物药物以其独特的生理调节作用，对许多常见病、多发病、疑难病有很好的治疗作用，且毒副作用小。例如，对糖尿病、免疫缺陷病、心脑血管病、内分泌障碍、肿瘤等的治疗效果是其他药物无法替代的。

（2）预防药物　对于许多传染性疾病来说，预防比治疗更重要。预防是控制感染性疾病传播的有效手段，只有生物药物可担此任。常见的预防药物有各种疫苗、类毒素等。随着生物技术应用范围的扩大，生物药物的品种将不断增多，疗效将大为提高，将对降低医疗费用、提高国民身体素质和生活质量起到重要作用。

（3）诊断药物　疾病的临床诊断也是生物药物的重要用途之一，生物药物用于诊断具有速度快、灵敏度高、特异性强的特点，现已应用的有免疫诊断试剂、酶诊断试剂、单克隆抗体诊断试剂、放射线诊断药物和基因诊断药物等。

（4）其他用途　生物药物在保健品、食品、化妆品、医用材料等方面也有广泛的应用。

项目实施

任务一　基因工程制药技术认知

一、基因工程基本知识

（一）基因和基因工程的概念

基因是指携带遗传信息的 DNA 序列，是控制遗传性状的基本单位。染色体在体细胞中是成对存在的，每条染色体上都带有一定数量的基因（见图 1-1-1）。

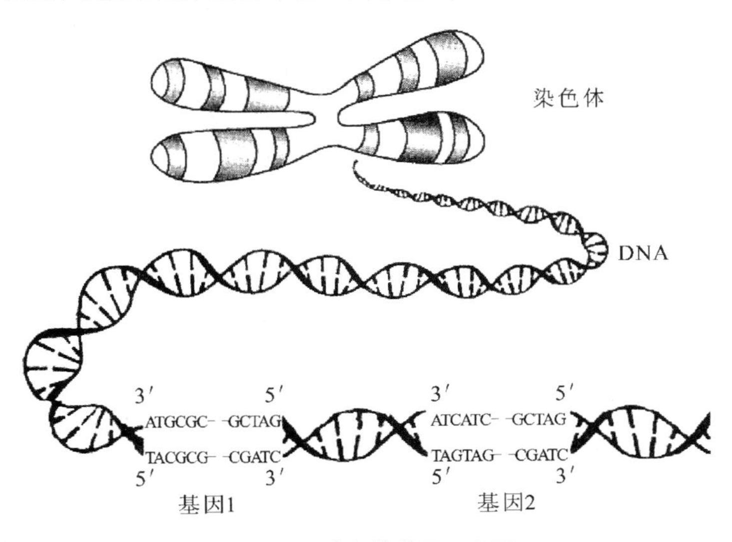

图 1-1-1　染色体基因示意图

基因工程是指在分子水平上按照人们的设计方案将 DNA 片段（目的基因）插入载体 DNA 分子（如病毒、质粒等），从而实现 DNA 分子体外重组，然后将之导入特定的宿主细胞进行扩增和表达,使宿主细胞获得新的遗传性状的技术。基因工程又可称为重组 DNA 技术、分子克隆技术、基因的无性繁殖、基因操作、基因克隆技术(见图 1-1-2)。

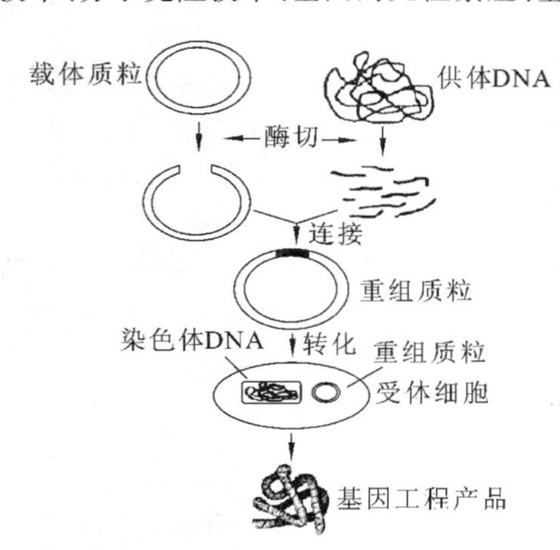

图 1-1-2 重组 DNA 示意图

(二)基因工程的主要工具酶

基因工程的操作是分子水平上的操作,为了获得需要重组和能够重组的 DNA 片段,需要一些重要的酶,如限制性内切酶、DNA 连接酶、DNA 聚合酶等,以这些酶为工具对基因进行人工切割和拼接等操作,所以称其为工具酶。

(1)限制性内切酶 限制性内切酶是一类能特异识别并切开特定 DNA 序列的内切核酸酶。识别的特定 DNA 序列称为识别序列,切开的特定位点称为酶切位点。DNA 纯度、缓冲液、温度及 DNA 分子结构都会影响它的活性。

(2)DNA 连接酶 基因工程最常用的连接酶是 T4 DNA 连接酶,该酶是从 T4 噬菌体感染的大肠埃希菌(*E. coli*)中分离得到的单链多肽酶,它在有 ATP 作为辅助因子时可催化一个 DNA 片段的 3′-羟基和另一个 DNA 片段的 5′-磷酸基团之间形成磷酸二酯键的反应,从而将两条 DNA 分子拼接起来。它既可催化黏性末端间的连接,又可有效地将平末端 DNA 片段连接起来,是应用最广泛的连接酶。T4 DNA 连接酶最适反应温度为 37 ℃,但为了增强 DNA 片段黏性末端互补碱基之间形成氢键的稳定性,实际反应温度一般为 4~15 ℃。

(3)DNA 聚合酶 DNA 聚合酶能在有模板存在时催化合成与模板序列互补的 DNA 产物。常用的 DNA 聚合酶有大肠埃希菌 DNA 聚合酶Ⅰ、大肠埃希菌 DNA 聚合酶Ⅰ大片段(Klenow 片段)、T4 DNA 聚合酶、T7 DNA 聚合酶、耐高温的 DNA 聚合酶(如 Taq DNA 聚合酶)、反转录酶等。不同种类的 DNA 聚合酶来源不同,酶学特性及用途也各异,其应用涉及 DNA 分子的体外合成、定点突变、DNA 探针的标记、DNA 序列测定、基因文库的构建、聚合酶链反应(PCR)等诸多方面。

(三)基因工程载体

能够将外源 DNA 载入宿主细胞进行复制、整合或表达的工具称为载体。载体的本质是 DNA,它能够在宿主细胞中进行自我复制和扩增。基因工程载体按照其用途大致可分为克隆载体和表达载体。

(1)克隆载体 克隆载体适用于外源基因在受体细胞中复制扩增。目前克隆载体主要有质粒、噬菌体、柯斯质粒及人工染色体等。质粒是一种存在于染色体外能自主复制的遗传因子,为闭合环状双链 DNA 分子,以超螺旋状态存在于宿主细胞中(见图 1-1-3)。

为了适应实验室操作,需在天然质粒的基础上人工构建质粒载体。常用的质粒载体大小一般在 1~10 kb,如 pBR322、pUC 系列(见图 1-1-4)、pGEM 系列和 pBS 等。质粒载体通常带有 1 个或 1 个以上的选择性标记基因(如抗生素抗性基因)和 1 个人工合成的含有多个限制性内切酶识别位点的多克隆位点序列,并去掉了大部分非必需序列,使分子尽可能减少，以便于基因工程操作。

（2）表达载体　表达载体适用于在受体细胞中表达外源基因，它带有表达构件——转录和翻译所需的 DNA 序列，如大肠埃希菌表达载体含启动子、核糖体结合位点、克隆位点、转录终止序列等。启动子标志基因转录应该起始的位点，是 DNA 链上一段能与 RNA 聚合酶结合的并能启动 mRNA 合成的序列。常用的启动子有 *trp-lac*（*tac*）启动子、λ 噬菌体 *pL* 启动子、T7 噬菌体启动子等。大肠埃希菌 mRNA 的核糖体结合位点是 SD 序列（位于起始密码子 AUG 上游 3～10 bp 处的 3～9 bp 长富含嘌呤核苷酸的序列）。转录终止序列（转录终止子）是能够被 RNA 聚合酶识别并停止转录的 DNA 序列。

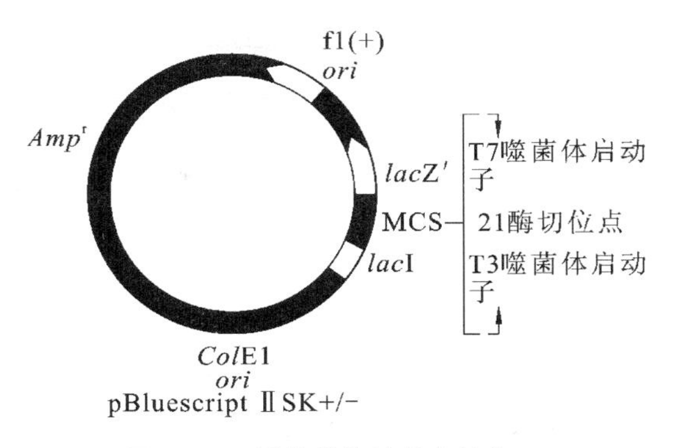

图 1-1-3　质粒载体的基本结构

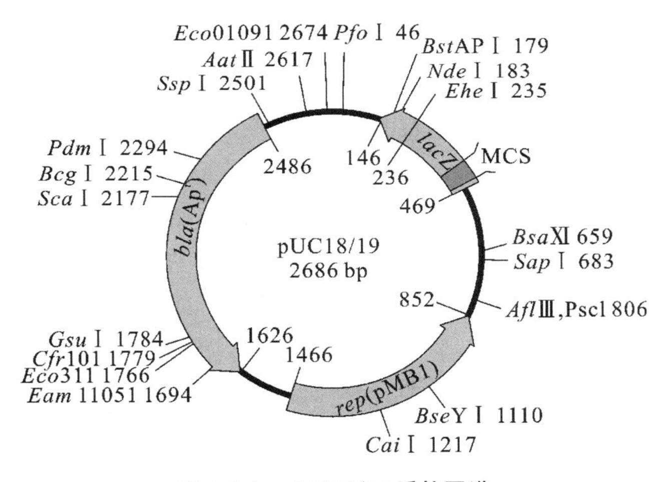

图 1-1-4　pUC18/19 质粒图谱

（四）基因工程的应用

基因工程的应用包括转基因动物、转基因植物、基因工程药物、基因诊断与基因治疗、基因环境监测与净化，以及基因工程的工业应用。

二、基因工程药物

基因工程药物是指先确定对某种疾病具有预防和治疗作用的蛋白质，然后将该蛋白质的基因分离、纯化或进行人工合成，利用重组 DNA 技术加以改造，最后将该基因放入可以大量生产的受体细胞中繁殖，并能大规模生产具有预防和治疗该种疾病功能的蛋白质，通过这种方法生产的新型药物。

基因工程技术的应用使得人们在治疗癌症、病毒性疾病、心血管疾病和内分泌疾病等方面取得了明显的效果。这些药物和制剂都是很珍贵的，用传统方法难以大规模生产，主

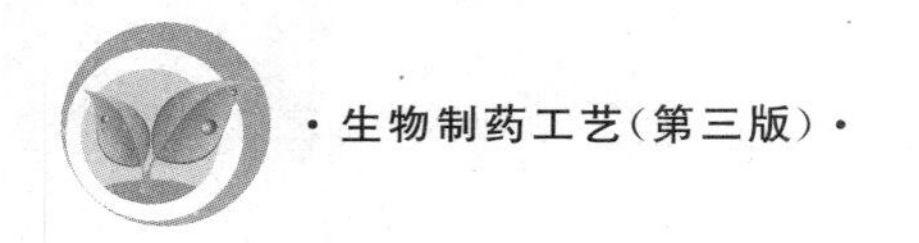

要包括激素类、细胞因子、酶类、基因工程可溶性受体、基因工程抗体。

三、基因工程药物生产的基本过程

基因工程药物生产的主要程序如下：获取目的基因；构建 DNA 重组体；将 DNA 重组体转入宿主菌构建工程菌；工程菌的发酵；外源基因表达产物的分离纯化；产品的检验等。以上程序中的每个阶段都包含若干细致的步骤，这些程序和步骤将会随生产条件的不同而有所改变。

通常将基因工程药物的生产分为上游阶段和下游阶段。上游阶段是研究开发必不可少的基础，主要是分离目的基因、构建工程菌(细胞)。获得目的基因后，最主要的就是目的基因的表达。选择基因表达系统时主要考虑的是保证表达的蛋白质的功能，其次是表达的量和分离纯化的难易。下游阶段是从工程菌的大量培养一直到产品的分离纯化和质量控制。此阶段主要包括工程菌大规模发酵最佳参数的确立、新型生物反应器的研制、高效分离介质及装置的开发、分离纯化的优化控制、高纯度产品的制备，以及生产过程的计算机优化控制等。

(一) 获取目的基因

目前应用较多的基本方法包括：直接法，即直接从染色体中分离目的基因；构建基因组 DNA 文库或 cDNA 文库，从中筛选目的基因；人工化学合成法；PCR 法扩增目的基因等。

(二) 构建 DNA 重组体

目的基因需要载体的运载才能进入宿主细胞，常用的基因载体有质粒(如 pBR322、pUC)、噬菌体(如 λ 噬菌体、M13 噬菌体)和病毒载体等，利用限制性内切酶和其他一些酶类对载体 DNA 和目的基因进行切割和修饰，并用 T4 DNA 连接酶等连接起来，使目的基因插入可以自我复制的载体内，形成 DNA 重组体。根据目的基因片段的来源与类型不同，使用不同的连接方法，目前应用较多的连接方法有 3 种：黏性末端连接、平末端连接和 TA 克隆。

(三) DNA 重组体转入宿主菌

DNA 重组分子在体外构建完成后必须导入受体细胞中才能使外源目的基因得以大量扩增或表达，受体细胞(又称宿主细胞)包括原核受体细胞(主要是大肠埃希菌)、酵母菌和动物细胞等。DNA 重组分子导入宿主菌的过程及操作称为重组 DNA 分子的转化。通过转化接受了外源 DNA 的细胞称为转化子，接受转化作用的生理状态称为感受态。目前常用的诱导感受态转化的方法是 $CaCl_2$ 法。Ca^{2+} 处理的感受态细胞一般每微克 DNA 可获得 10^7～10^8 个转化子。除化学法转化细菌外，还可采用高压脉冲电击转化法，依靠短暂的电击，促使 DNA 进入细菌。

(四) 筛选与鉴定阳性克隆

菌落筛选的方法主要有插入失活双抗生素对照筛选和插入失活基因的蓝白斑筛选，也可用核酸杂交的方法进行菌落筛选。鉴定的方法有多种，一般可用酶切或 PCR 初步鉴定，必要时对插入片段进行测序作最终鉴定。

（五）基因表达

目前使用广泛的宿主主要是大肠埃希菌和酿酒酵母。

（六）基因工程菌发酵

基因工程菌构建成功后，即可通过大规模培养获得大量的表达产物。基因工程菌的培养过程主要包括：①通过摇瓶操作了解工程菌生长的基础条件，分析表达产物的合成、积累对受体细胞的影响；②通过培养罐操作确定培养参数和控制的方案。

（1）基因工程菌的培养方式　包括分批培养、补料分批培养、连续培养、透析培养、固定化培养。

（2）基因工程菌的发酵工艺　基因工程菌培养是为了使外源基因大量表达，尽可能减少宿主细胞本身蛋白质污染。外源基因高效表达，不仅涉及宿主、载体和克隆基因之间的相互关系，而且与其所处的环境密切相关。发酵条件不同，代谢途径也可能发生变化，对下游纯化工艺就会造成影响。

（3）基因工程菌的控制　基因工程菌在传代过程中经常出现质粒不稳定的现象，常见的是分裂不稳定，指的是基因工程菌分裂时出现一定比例不含质粒子代菌的现象。在培养基中加入选择性压力（如抗生素等），以抑制质粒丢失菌生长，也是基因工程菌培养中提高质粒稳定性的常用方法。

基因工程菌逃逸后将给自然界带来不可预料的后果，因此，培养液要经过化学处理或热处理后才可排放，发酵罐排气口要用蒸汽灭菌或微孔滤器除菌后，才可以放出废气。

（七）基因工程药物的分离纯化

分离纯化是基因工程药物生产中极其重要的一环，这是由于基因工程菌经过大规模培养后，产生的有效成分含量很低，杂质含量却很高；另外，由于基因工程药物是由转化细胞生产的，而不是正常普通细胞生产的，所以对产品的纯度要求也高于传统产品。要得到符合医用要求的基因工程药物，其分离纯化要比传统产品困难得多。

基因工程药物分离纯化包括细胞破碎、固液分离、浓缩与初步纯化、高度纯化直至加工得到纯品。其一般流程如图 1-1-5 所示。

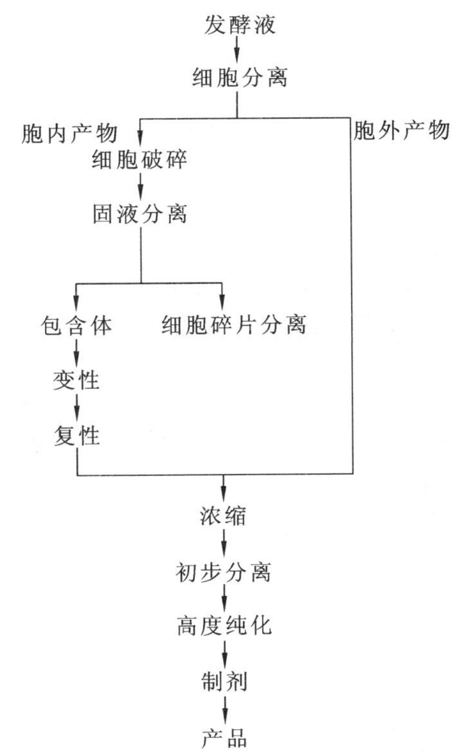

图 1-1-5　基因工程药物分离纯化的一般流程

（八）基因工程药物的质量控制

基因工程药物的质量控制主要包括以下几个方面。①原料的质量控制：主要是对目的基因、表达载体及宿主细胞的来源、出处，基因的序列、克隆载体和表达载体的名称结构等都要非常清楚。使用它们时要制定严格要求，否则无从保证产品质量的安全性和一致性，并可能产生不利的遗传诱变产物。②培养过程的质量控制:无论是发酵还是细胞生产,关键是保证基因的稳定性、一致性和不被污染。主要控制有限代次的生产和连续培养过程。③纯化工艺过程的质量控制:要求能保证去除微量DNA、糖类、残余宿主蛋白质、纯化过程带入的有害化学物质、热原,或者将这类杂质减少至允许范围以内。④目标产品的质量控制:产品的鉴别、纯度、活性、安全性、稳定性、一致性。⑤产品的保存。

任务二　微生物发酵制药技术认知

一、发酵工程概述

发酵工程是指采用工程技术手段,利用生物(主要是微生物)和有活性的离体酶的某些功能,为人类生产有用的生物产品,或直接用微生物参与控制某些工业生产过程的一种技术。从广义上讲,发酵工程由三部分组成:上游工程、中游工程和下游工程。其中上游工程包括优良种株的选育、最适发酵条件的确定、营养物的准备等。中游工程主要是指在最适发酵条件下,在发酵罐中大量培养细胞和生产代谢产物的工艺技术。下游工程是指从发酵液中分离和纯化产品的技术,包括固液分离技术、细胞破壁技术、蛋白质纯化技术和产品的包装处理技术。

(1)研究内容　包括微生物制药用菌的选育、发酵以及产品的分离和纯化工艺、质量控制等。发酵制药的基本过程就是利用制药微生物,通过发酵培养,使之在一定条件下生长繁殖,同时在代谢过程中产生药物,然后从发酵液中提取分离、纯化精制,获得药品。

(2)发酵制药的种类　包括微生物菌体发酵、微生物酶发酵、微生物代谢产物发酵、微生物转化发酵。

(3)微生物药物的分类　微生物药物是指由微生物在其生命活动中产生的具有生理活性的次级代谢产物及其衍生物。微生物药物有多种分类方法,可以按生理功能和临床用途来分类,还可以按产品类型来分类,但通常按其化学本质和化学特征进行分类。

(4)微生物发酵制药研究的发展趋势　应用微生物技术研究开发新药;应用DNA重组技术和细胞工程技术开发的工程菌或新型微生物来生产新型药物;利用工程菌开发生理活性多肽和蛋白质类药物;利用工程菌研制新型疫苗,如乙肝疫苗、疟疾疫苗、伤寒及霍乱疫苗、出血热疫苗、艾滋病疫苗等。

二、制药微生物菌种的建立

(1)制药微生物的菌种种类　生产药物的天然微生物主要包括细菌、放线菌和丝状真菌三大类。细菌主要产生环状或链状多肽类抗生素,如芽孢杆菌产生杆菌肽,多黏芽孢杆菌产生黏菌肽和多黏菌素。细菌还可以产生氨基酸和维生素,如黄色短杆菌产生谷氨酸。放线菌主要产生各类抗生素,以链霉菌属最多,诺卡菌属较少,还有小单孢菌属。真菌的曲菌属产生橘霉素,青霉素菌属产生青霉素和灰黄霉素等,头孢菌属产生头孢霉素等。

(2)制药微生物菌种的建立　包括菌种的分离、菌种的筛选、菌种的保存(斜面低温保藏、液状石蜡密封保藏、砂土管保藏、冷冻干燥保藏和液氮低温保藏)。

(3)菌种保存机构　国内菌种保存机构参见表1-1-1。

表 1-1-1 中国微生物菌种保藏中心

中心名称	所在地	保藏范围
中国典型培养物保藏中心(CCTCC)	武汉大学(武汉)	专利菌种
普通微生物菌种保藏管理中心(CGMCC)	中国科学院微生物研究所(北京) 中国科学院病毒研究所(武汉)	真菌、细菌以及专利菌种病毒
农业微生物菌种保藏管理中心(ACCC)	中国农业科学院(北京)	农业微生物
工业微生物菌种保藏管理中心(CICC)	发酵工业研究院(上海)	工业微生物
医学微生物菌种保藏中心(CMCC)	中国医学科学院皮肤病研究所(南京) 中国食品药品检定研究院(北京)	真菌 细菌
抗生素菌种保藏管理中心(CACC)	中国医学科学院医药生物技术研究所(北京) 四川抗菌素工业研究所(成都) 华北制药集团新药研究开发有限责任公司(石家庄)	抗生素生产菌 新抗生素生产菌 抗生素工业生产菌种
兽医微生物菌种保藏管理中心(CVCC)	中国兽医药品监察所(北京)	兽医微生物
林业微生物菌种保藏管理中心(CFCC)	中国林业科学研究院林业研究所(北京)	林业微生物

三、培养基的制备

培养基是供微生物生长繁殖和合成各种代谢产物所需要的按一定比例配制的多种营养物质的混合物。对于发酵过程，首先要选择合适的培养基。培养基的组成和比例是否恰当，直接影响微生物的生长、生产和工艺选择、产品质量和产量等。

(1) 培养基的成分:碳源、氮源、无机盐和微量元素、水、生长因子、发酵刺激物、消泡剂。

(2) 培养基的种类:斜面或平板固体培养基、种子培养基、发酵培养基、补料培养基。

四、菌种的扩大培养

菌种扩大培养的目的是为特定的微生物提供适宜生长的物理和化学环境，使之大量繁殖，为生产提供相当数量的代谢旺盛的种子。

(1) 种子制备　种子的制备包括孢子制备和发酵种子制备，是将保存在砂土管、冷冻干燥管中处于休眠状态的生产菌种接入固体斜面培养基活化后，再经扁瓶或摇瓶及种子罐逐级扩大培养而获得一定数量和质量的纯种子的过程。

(2) 培养技术　发酵过程中的主要培养方法包括传统的固体表面培养和液体深层培养以及正在发展中的固定化培养和高密度培养等多种方法。应针对不同菌株选择不同的培养方法，以实现最佳生产过程。

五、发酵操作方法和工艺控制

(一) 发酵操作方法

发酵是将种子以一定的比例接入发酵罐，进行培养，是生产药物的关键阶段和工序。

需要通气,搅拌,维持适宜的温度和罐压。此期间,还要进行取样分析、无菌检查、产量测定。通过加入消泡剂,加酸碱控制 pH,补充碳源、氮源和前体,来提高产量。

按操作方式和工艺流程,可将发酵培养分为分批发酵、补料分批发酵、半连续发酵和连续发酵等类型。

(1) 分批发酵　分批发酵又称间歇发酵,即在一个密闭系统内一次性加入营养物和菌种进行培养,直到结束放出,中间除了空气进入和尾气排出以外,与外部没有物料交换。它除了控制温度和 pH 及通气以外,不进行任何其他控制,操作简单。培养过程中培养基成分减少,微生物得到生长繁殖,这是一种非恒态的培养法。分批发酵工艺流程如图 1-1-6 所示。首先将空罐杀菌,进行空消操作,然后投入培养基,再通蒸汽进行实消灭菌,最后接种进行培养。在培养过程中,必须连续监测和控制温度、pH、溶氧(溶解氧),定期从发酵罐内取出样品进行测定,以便掌握营养成分的消耗、菌体的数量和产物的积累情况,了解培养物的纯度,以确定发酵的终止时间。

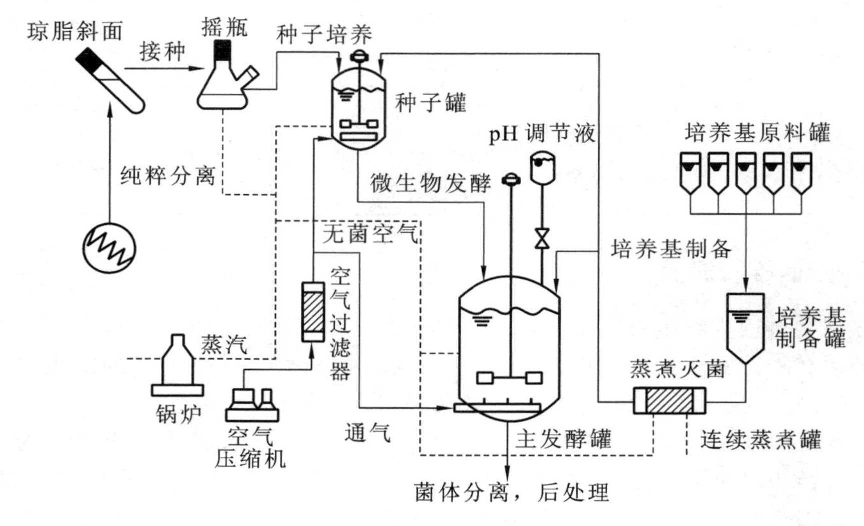

图 1-1-6　分批发酵工艺流程图

在分批培养条件下,随着细胞浓度和代谢物浓度的不断变化,微生物的生长过程可分为 4 个不同的阶段,即迟滞期、对数生长期、稳定期和衰亡期(见图 1-1-7)。

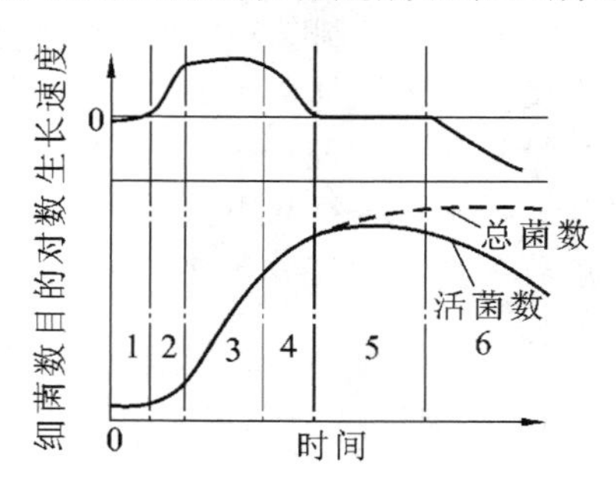

图 1-1-7　单细胞微生物的生长

1、2—迟滞期;3、4—对数生长期;5—稳定期;6—衰亡期

（2）补料分批发酵　补料分批发酵，是分批发酵和连续发酵之间的一种过渡培养方法。补料分批发酵是指在分批培养过程中，到发酵过程合适时期，间歇地或连续地补加新鲜培养基，但所需产物不到一定时刻不放出的培养方法。它兼有分批发酵和连续发酵两者的优点，同时克服了两者的缺点。同分批发酵相比，它具有可以解除高浓度底物抑制、产物反馈抑制和葡萄糖分解阻遏的优点。与连续发酵相比较，它具有不需要严格的无菌条件、不会产生菌种老化和变异问题以及适用范围广的优点，还可以利用计算机控制合理的补料速率，保持最佳生产工艺条件。

（3）半连续发酵　半连续发酵又称换液培养，是指将菌体和培养液一起装入发酵罐，在菌体生长过程中，每隔一定时间取出部分发酵培养物，同时在一定时间内补充同等数量的新培养基；如此反复进行，放料 4～5 次，直至发酵结束，取出全部发酵液。与补料分批发酵相比，半连续发酵时发酵罐内的培养液总体积保持不变，同样可起到解除高浓度基质和产物对发酵的抑制作用，延长了药物合成期，最大限度地利用了设备，是抗生素生产的主要方式。缺点是失去了部分生长旺盛的菌体，一些前体丢失，非生产菌突变。

（4）连续发酵　连续发酵是指在向发酵罐中连续供给新鲜培养基的同时，将含有微生物和产物的培养液以相同的速率连续放出，从而使发酵罐内的发酵液体积和菌体浓度等维持恒定，微生物在稳定状态下生长。稳定状态可以有效地延长分批培养中的对数生长期。在恒定的状态下，微生物所处的环境条件（如营养物浓度、产物浓度、pH、微生物细胞的浓度以及生长速率等）可以始终维持不变，甚至可以根据需要来调节生长速率。但杂菌污染和菌种退化的可能性增加，故目前在实际生产中又应用较少。

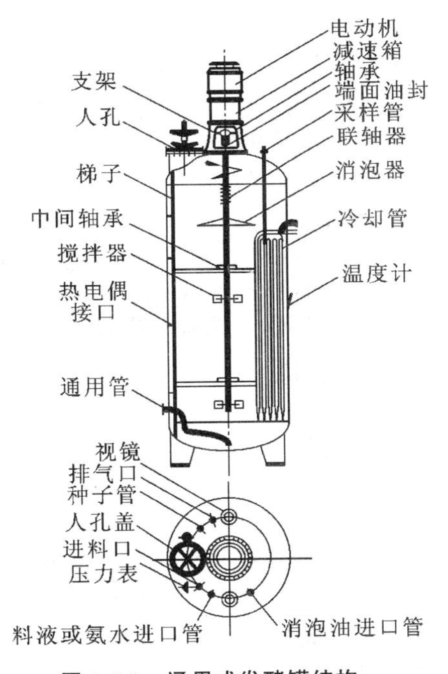

图 1-1-8　通用式发酵罐结构

（二）发酵设备

进行微生物深层培养的设备称为发酵罐（见图 1-1-8）。它是微生物在液体发酵过程中进行生长繁殖和形成产品时必需的外部环境装置，这些装置跟传统的工业发酵装置相比，主要区别在于具备了严格的灭菌条件和良好的通气环境。随着发酵产物的种类、使用菌种的类型、采用原料的来源及工艺操作的方式等方面不断扩大或改进，相继设计出了多种类型的发酵罐。

根据微生物的特性，可将发酵罐分为好氧发酵罐和厌氧发酵罐两类。好氧发酵罐根据其通气的方式又可分为机械搅拌式发酵罐和通气搅拌式发酵罐。

（三）影响发酵的主要因素

（1）发酵过程的主要控制参数与检测　影响发酵过程的参数可分为两类：一类为直接参数，包括物理参数和化学参数，如温度、压力、搅拌功率、转速、泡沫度、发酵液黏度、浊度、pH、离子浓度、溶氧浓度、基质浓度等，它们是可以采用特定的传感器检测出来的参数；另一类为间接参数，也称生物参数，它们至今尚难以用传感器检测，如细胞生长速率、产物合成速率等。

(2) 泡沫的控制 在大多数微生物发酵过程中,由于培养基中有蛋白质类表面活性剂存在,在通气条件下,培养液中易形成泡沫。起泡会减少装料量,降低氧传递速率。泡沫过多时会造成大量逃液,发酵液从排气管线逃出而增加染菌机会,甚至使搅拌无法进行,增加菌体的非均一性,菌体呼吸受阻,代谢异常或菌体自溶。因此,控制泡沫是正常发酵的基本条件,分为机械消泡和化学消泡剂消泡两大类。

(3) 染菌的控制 染菌是生产的大敌,染菌的原因主要包括:①设备、管道、阀门漏损;②设备及管道灭菌不彻底,存在死角;③菌种不纯或培养基灭菌不彻底;④空气净化不彻底;⑤无菌操作不严格或生产操作出错。目前生产上常用的检查方法有无菌试验、发酵液直接镜检和发酵液的生化分析。

在生产中,一旦发现染菌,应该及时进行处理,以免造成更大的损失。必须及时找出染菌的原因,采取相应措施,杜绝染菌事故再次发生。

六、发酵产物的后处理

发酵产物的后处理是指从发酵液或酶反应液中分离、提取、纯化产品的过程,也称为下游技术。大多数产品的后处理过程可以分为 6 个阶段,即发酵液的预处理和固液分离、提取(初步纯化)、精制(高度纯化)、成品加工、成品检验和成品包装,如图 1-1-9 所示。

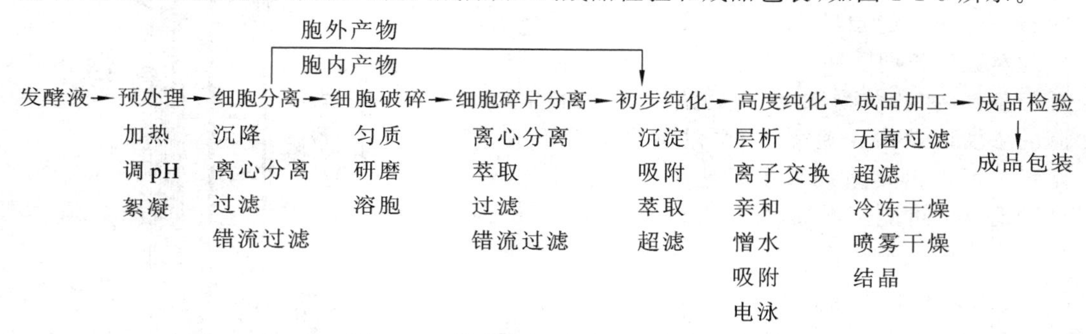

图 1-1-9 发酵产品后处理的工艺流程

(1) 发酵液的预处理与固液分离 采用的方法主要有调 pH、加热、过滤、离心分离等。目的是除去发酵液中的菌体细胞和不溶性固体杂质。

(2) 提取 这一步没有特定的方法,主要除去与目标产物性质有很大差异的物质。一般会发生显著的浓缩和产物浓度的增加。常用的方法有吸附、萃取、沉淀、超滤等。

(3) 精制 经提取过程初步纯化后,滤液体积大大缩小,但纯度提高不多,需要进一步精制除去与产物的物理化学性质比较接近的杂质。初步纯化中的某些操作(如沉淀、超滤等)也可应用于精制中。典型的方法有层析、电泳等。这类技术对产物有高度的选择性。

(4) 成品加工 经提取和精制后,一般根据产品应用要求,最后还需要浓缩、无菌过滤和干燥、加稳定剂等加工步骤。采用何种方法由产物的最终用途决定,结晶和干燥是大多数产品常用的方法。常用的干燥方法有真空干燥、红外线干燥、沸腾干燥、气流干燥、喷雾干燥和冷冻干燥等。

(5) 成品检验 包括性状及鉴别试验、安全试验、降压试验、热原试验、无菌试验、酸碱度试验、效价测定、水分测定等。

(6) 成品包装　包装是指待包装产品变成成品所需的所有操作步骤,包括分装、贴签等。合格成品经过包装,成为原料药。制剂由制剂车间或厂再分装。

任务三　酶工程制药技术认知

一、酶工程概况

酶工程是酶学和工程学相互渗透、发展而形成的一门新的技术科学。它是从应用的目的出发研究酶、应用酶的特异催化功能,并通过工程化将相应原料转化成有用物质的技术。它的主要内容包括酶的发酵生产、酶的分离纯化、酶分子修饰、酶和细胞固定化及酶反应器的研究等。

(一) 酶的定义与特性

酶是一种由活细胞产生的生物催化剂。它存在于活细胞中,控制各种代谢过程,将营养物质转化成能量和细胞构成材料。在生物体外,只要条件适宜,某些酶也可催化相应的生化反应。酶除了具有一般催化剂的特性,如加快反应速率、降低反应活化能、不改变反应平衡点、反应前后无数量和性质变化等外,还具有独自的特点:催化效率高、专一性强、存在多种调节方式。

(二) 酶的结构

绝大部分酶的化学本质是蛋白质(现已发现少数核酸也具有催化活性,称为核酶),因此酶具有一般蛋白质的基本性质,具有一、二、三、四级结构。根据酶的组成部分不同,可将其分为简单蛋白质和结合蛋白质。前一类分子中除蛋白质外不含其他成分,如胃蛋白酶、核糖核酸酶、淀粉酶等;后一类分子中除蛋白质(称为酶蛋白)外,还含有其他一些对热稳定的非蛋白质小分子物质(称为辅助因子),酶蛋白与辅助因子结合后形成的复合物称为全酶,只有全酶才具有酶活力。全酶中酶蛋白决定酶的专一性和高效率,而辅助因子则负责对电子、原子或某些化学基团起传递作用。辅助因子一般为有机化合物或金属离子。

(三) 酶的活力测定

酶活力就是酶催化一定化学反应的能力。酶活力是指在一定条件下酶所催化的反应初速率。在外界条件相同的情况下,酶催化的反应速率越大,意味着酶活力越高。测定酶的活力,就是测定酶促反应的速率,并且是初速率。酶促反应速率通常用单位时间内、单位体积中底物的减少量或产物的增加量表示。

酶活力的大小是以酶活力的单位数来表示的。1961 年国际酶学委员会规定:在特定条件下,1 min 生成 1 μmol 产物的酶量(或转化 1 μmol 底物的酶量)为一个国际酶活力单位(IU)。1972 年,国际酶学委员会又推荐了一个新的酶活力国际单位 katal(kat),1 kat 定义为:在最适条件下,每秒能使 1 mol 底物转化的酶量,$1\ \text{kat}=1\ \text{mol/s}=6\times10^{7}\ \text{IU}$。酶的比活力(或称比活性)是指每毫克酶蛋白所含的酶活力单位数。它是表示酶制剂纯度的一个指标,比活力越高,表明酶纯度越高。

$$\text{酶的比活力}=\text{酶活力单位数}/\text{酶蛋白质量(mg)}$$

二、酶的来源及生产

(一) 酶的来源

迄今在生物界已发现的酶有2000多种,工业应用者近百种。其来源主要以动植物材料及微生物细胞为原料,用现代生物化学技术分离纯化,或从微生物发酵液中分离。化学合成方法目前还不成熟。早期是以动植物为原料进行提取,由于动植物生长周期长,来源有限,受地理、气候和季节等因素的影响,不适于大规模生产,利用微生物来生产酶制品是一个更好的选择,其优点如下:微生物种类繁多,动植物体内的酶在微生物中几乎都可以找到;繁殖快、生产周期短、培养简便,并可以通过控制培养条件来提高产量;微生物具有较强的适应性,通过各种遗传变异手段能培育出新的高产菌株。

(二) 酶的生产菌

(1) 对菌种的要求　对菌种的要求如下:繁殖快、产酶量高,酶的性能符合使用要求,最好是胞外酶;不是致病菌,不产生毒素;稳定,不易变异退化,不易感染噬菌体;能利用廉价原料,发酵周期短,易于培养。

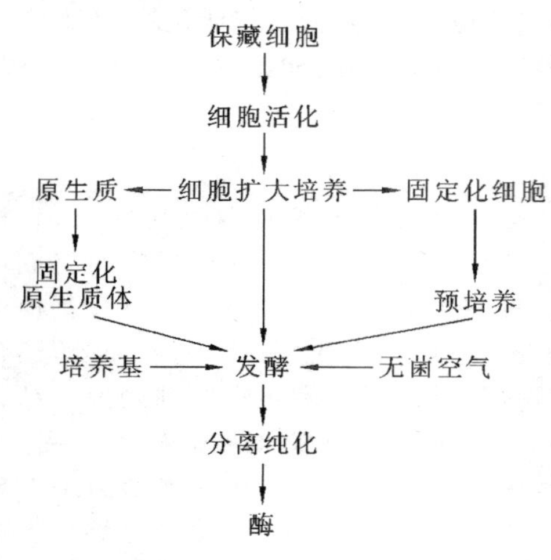

图1-1-10　酶发酵生产工艺流程

(2) 生产菌来源　生产菌来源包括从菌种保藏机构、有关研究部门获取;从自然界中分离筛选,土壤、深海、温泉、火山、森林都是菌种采集地;生产菌的改良,基因突变、基因转移、基因克隆。

(3) 常用产酶微生物　常用产酶微生物包括大肠埃希菌、枯草杆菌、青霉菌、黑曲霉、米曲霉、木霉、根霉、链霉菌、啤酒酵母等。

(三) 微生物酶的发酵生产

微生物酶的发酵生产是指在人工控制的条件下,有目的地利用微生物培养来生产所需的酶。它包括培养基配制、细胞活化与扩大培养、发酵方式的选择及发酵工艺条件的控制管理等方面的内容,如图1-1-10所示。

三、酶的分离纯化

(一) 酶的分离纯化基本过程

酶的分离纯化是指使用各种生化分离技术把酶从组织、细胞内或细胞外液中提取出来,再与杂质分开,从而获得与使用目的相适应的酶制品的技术过程。其流程一般包括破碎细胞、溶剂抽提、离心、过滤、浓缩、干燥这几个步骤,对某些纯度要求很高的酶则需经几种方法乃至多次反复处理,如图1-1-11所示。

(二) 酶分离纯化过程中的注意事项

在酶的提纯过程中,为了提高提取率,并防止酶变性失活,必须注意以下几点。

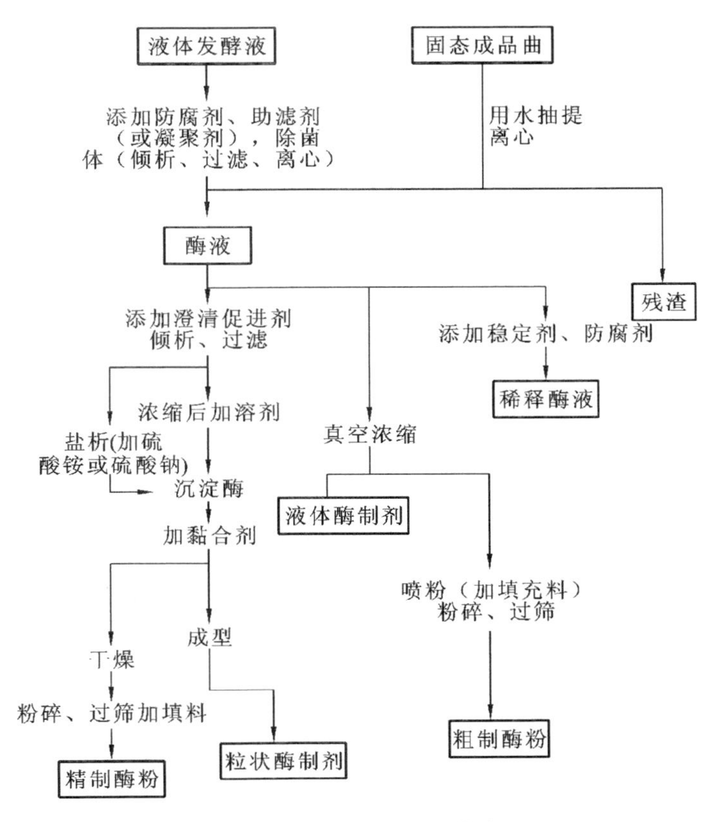

图 1-1-11　酶制剂提取工艺流程

(1) 温度　除少数耐热和低温敏感酶外，一般酶在 0 ℃附近是较稳定的。

(2) pH　大多数酶在中性附近(pH 6～8)稳定。当溶液的 pH 大于 9 或小于 5 时，酶往往会失活，要防止在调整溶液 pH 时添加酸、碱引起的局部过酸过碱。

(3) 酶浓度　酶在低浓度下易失活，因此在操作中应注意酶浓度不宜太低。制备成固体(如干粉)更有利于保存。

(4) 搅拌　剧烈的搅拌和酶溶液表面形成的薄膜容易引起酶变性，因此要控制好搅拌速度，防止剧烈的搅拌引起的酶的变性。

(5) 添加保护剂　在酶提取过程中，为了提高酶的稳定性，防止酶变性失活，可以加入适量的酶的底物以及某些抗氧化剂等保护剂。

（三）分离纯化方法的评判

提纯的目的，不仅在于得到一定量的酶，而且要求其中不含或尽量少含其他杂质蛋白。在纯化过程中，除了要测定一定体积或一定质量的制剂中含有多少酶活力单位外，还要测定酶制剂的纯度。酶的纯度可用酶的比活力来衡量。

评价分离提纯方法优劣，常采用活力回收(也称回收率或产率)和比活力的提高倍数(也称纯化倍数)两个指标。

$$回收率=每次总活力/第一次总活力\times 100\%$$

$$提高倍数=每次比活力/第一次比活力$$

总活力的回收率反映了提纯过程中酶活力的损失情况，而比活力的提高倍数则反映了纯化方法的有效程度。纯化后比活力提高越多，总活力损失越少，则纯化效果越好。一个酶的纯化过程常常需要经过多个步骤，若每一步平均使酶纯度增加1～2倍，总纯度可高达数百倍，但回收率为百分之几到十几。实际上，总活力的回收率和比活力的提高倍数两者难以兼得，应根据具体情况作相应取舍。

四、酶的修饰改造技术

天然酶的缺陷在于：①酶作为蛋白质，其异体蛋白的抗原性受蛋白水解酶水解和抑制作用，易变性失活(如遇酸、碱、有机溶剂、热)；②容易受产物和抑制剂的抑制；③工业反应要求的酸度和温度并不总是在酶反应的最适酸度和温度范围内；④底物不溶于水，或酶的米氏常数过高；⑤酶作为药物在体内的半衰期较短等。这些因素限制了酶制剂的应用。而酶的化学修饰扩大了酶制剂的应用范围，它是指利用化学手段将某些化学物质或基团结合到酶分子上，或将酶分子的某部分删除或置换，改变酶的理化性质，最终达到改变酶的催化性质的目的。通过酶的修饰，提高酶的稳定性，降低或消除酶分子的免疫原性。

(1) 常用化学修饰剂　常用化学修饰剂包括：①糖及糖的衍生物，如右旋糖酐、右旋糖酐硫酸酯、糖肽、葡聚糖凝胶；②高分子多聚物，如聚乙二醇、聚乙烯醇；③生物大分子，如肝素、血浆蛋白质、聚氨基酸；④双功能试剂，如戊二醛、二胺；⑤其他，如固定化酶载体、糖基化试剂、甲基化试剂、乙基化试剂和小分子有机化合物。

(2) 修饰方法　修饰方法分为修饰酶的功能基团、酶分子内或分子间进行交联、酶与高分子化合物结合等。

(3) 修饰酶的特性　修饰酶的特性包括稳定性提高、抗各类失活因子的能力提高、抗原性消除、体内半衰期延长、最适酸度改变、酶化学性质改变、对组织分布能力改变。酶分子经过化学修饰后，并不是所有的缺点都可以克服，并且修饰的结果难以预测，今后应选用更多的、合适的修饰方法，如使用基因工程法、蛋白质工程法、人工模拟法和某些物理修饰法等，使酶的性质进一步改善。

五、酶和细胞的固定化

使用纯酶的缺点是只能使用一次，成本高，产品分离困难；酶溶液很不稳定，容易变性和失活。而固定化酶性能稳定，可回收并反复使用，降低了成本，易与产品分离，简化下游操作。

(一) 固定化酶的制备

所谓固定化酶，是指限制或固定于特定空间位置的酶，即经物理化学方法处理，利用载体使酶变成不易随水流失即运动受到限制，而又能发挥催化作用的酶制剂。制备固定化酶的过程称为酶的固定化。固定化所采用的酶，可以是经提取分离后得到的有一定纯度的酶，也可以是结合在菌体(死细胞)或细胞碎片的酶或酶系。

(1) 固定化酶的特点　固定化酶的特点包括：①可多次使用，而且在多数情况下，稳定性提高；②反应后，酶与底物和产物易于分开，产物中无残留，易纯化，产品质量高；③反应条件易控制，可实现转化反应的连续化和自动控制；④酶利用率高，单位酶催化的底物量增加，用酶量减少；⑤比水溶性酶更适合于多酶反应。

(2) 固定化酶的制备方法　固定化酶的制备方法很多，主要有载体结合法(物理吸附法、离子吸附法、共价结合法)、交联法、包埋法(凝胶包埋法和微囊化包埋法)等。

（二）固定化细胞

将细胞限制或定位于特定空间位置的技术称为细胞固定化技术。固定化细胞既有细胞特性，也有生物催化剂功能，又具有固相催化剂的特点。其优点在于：①无须进行酶的分离纯化；②细胞保持酶的原始状态，固定化酶的回收率高；③固定化酶比细胞内酶稳定性高；④细胞内酶的辅因子可自动再生；⑤细胞本身含多酶体系，可催化一系列反应；⑥抗污染能力强。

细胞固定化技术是酶的固定化技术的延伸，但细胞的固定化主要适用于胞内酶，要求底物和产物容易透过细胞膜，细胞内不存在产物分解系统及其他副反应；若存在副反应，应具有相应的消除措施。固定化细胞的制备方法有载体结合法、包埋法、交联法及无载体法等。

（三）原生质体固定化

对微生物细胞和植物细胞进行处理，除去细胞壁可获得原生质体，将其包埋制成固定化原生质体，由于有载体的保护作用，原生质体的稳定性大大提高。而且除去了细胞壁的扩散屏障，可增加细胞膜的通透性，从而克服固定化细胞的缺点，有利于生产而获得大量的发酵产物。固定原生质体一般采用凝胶包埋法。常用的有琼脂凝胶、海藻酸钙凝胶、角叉菜酸和光交联树脂等方法。

（四）固定化方法与载体的选择

(1) 固定化方法的选择　酶和细胞的固定化方法很多，同一种酶或细胞采用不同的固定方法，制得的固定化酶或细胞的性质可能相似，也可能相差甚远。不同的酶或细胞也可以采用同一种固定方法，制得不同性质的固定化生物催化剂。因此，酶和细胞的固定化需要根据具体情况和试验摸索出具体可行的方法。应考虑下述几种因素：①固定化酶应用的安全性；②固定化酶在操作中的稳定性；③固定化的成本。

(2) 载体的选择　为了工业化应用，最好选择在工业化生产中已大量应用的廉价材料为载体，如聚乙烯醇、卡拉胶及海藻胶等。离子交换树脂、金属氧化物及不锈钢碎屑等，也都是有应用前途的载体。此外，载体的选择还应考虑底物的性质。当底物为大分子时，不宜选用包埋型的载体，只能用可溶性的固定化酶；若底物不完全溶解或黏度大，宜采用密度高的不锈钢碎屑或陶瓷等材料制备吸附型的固定化酶，以便实现转化反应和回收固定化酶。各种固定化方法和特性的比较列于表 1-1-2 中。

表 1-1-2　固定化方法及其特性的比较

特征	吸附法		包埋法	交联法	共价结合法
	离子吸附法	物理吸附法			
制备	易	易	难	易	难
结合力	中	弱	强	强	强
酶活力	高	中	高	低	高
载体再生	能	能	不能	不能	极少用

续表

特　征	吸　附　法		包　埋　法	交　联　法	共价结合法
	离子吸附法	物理吸附法			
底物专一性	不变	不变	不变	变	变
稳定性	中	低	高	高	高
固定化成本	低	低	中	中	高
应用性	有	有	有	无	无
抗微生物能力	无	无	有	可能	无

六、酶反应器

（一）酶反应器的特点

以酶作为催化剂进行反应所需的设备称为酶反应器。其作用是以尽可能低的成本，按一定的速率由规定的反应物制备特定的产物。酶反应器的特点如下：在低温、低压的条件下发挥作用，反应时耗能和产能也比较少。它不同于发酵反应器，因为它不表现自催化方式，即细胞的连续再生。但是酶反应器和其他反应器一样，都是根据产率和专一性来进行评价的。

（二）酶反应器的基本类型和特征

酶反应器有两种类型：一类是直接应用游离酶进行反应的均相酶反应器；另一类是应用固定化酶进行的非均相酶反应器。均相酶反应能在分批式反应器或超滤膜反应器中进行，而非均相酶反应则可在多种反应器中进行。酶反应器的种类很多(见图 1-1-12)，应用时大致可根据催化剂的形状来选用。例如：粒状催化剂可采用搅拌罐、固定化床和鼓泡塔式反应器；细小颗粒的催化剂则宜选用流化床；对于膜状催化剂，则可考虑采用螺旋式、转盘式、平板式、空心管式膜反应器。各反应器形式及其特征列于表 1-1-3 中。

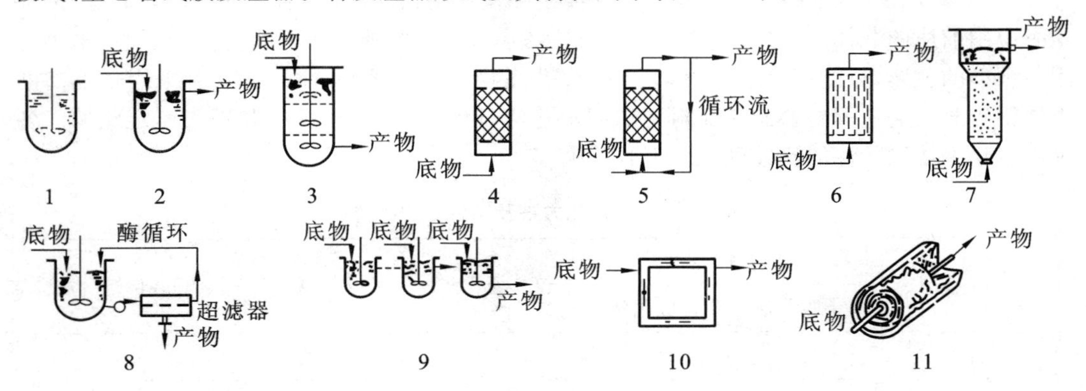

图 1-1-12　酶反应器的类型

1—间歇式搅拌罐；2—连续式搅拌罐；3—多级连续搅拌罐；4—填充床；5—带循环的固定床；6—列管式固定床；7—流化床；8—搅拌罐-超滤器联合装置；9—多釜串联半连续操作；10—环流反应器；11—螺旋卷式生物膜反应器

表 1-1-3 各反应器形式及其特征

类型	形式名称	适用的操作方式	特征
均相酶反应器	搅拌罐	分批、半连续	反应器内的溶液用搅拌器机械混合
	超滤膜反应器	分批、半连续、连续	采用透析膜、超滤膜、中空纤维等只允许低分子化合物通过而酶不能通过的膜反应器,适用于大分子底物
非均相酶反应器	搅拌罐	分批、半连续	用搅拌器搅拌,固定化酶或固定化微生物颗粒悬浮在溶液中,颗粒保留在槽内
	固定床或填充床	连续	最广泛使用的固定化酶及固定化微生物反应器,把固定化酶或固定化微生物颗粒(粒径 100 μm 至若干毫米)填充在塔内,底物溶液一般是由下向上通入
	膜反应器	连续	膜状或者片状的固定化酶或固定化微生物反应器,其组件形式有螺旋板型、旋转圆盘型、平板型等
	流化床	分批、连续	靠溶液的流动促使固定化酶或固定化微生物颗粒在床内激烈搅动、混合
	鼓泡塔	分批、连续、半连续	悬浮在鼓泡塔中,颗粒保留在塔内,适用于有气体(特别是 O_2)参加的反应

总之,在选用酶反应器形式时,必须综合考虑各种因素,具体包括:催化剂的形状和大小;催化剂的机械强度和相对密度;反应操作的要求(如 pH 是否可控制);防止杂菌污染的措施;反应动力学方程的类型;底物(溶液)的性质;催化剂的再生、更换的难易;反应器内液体的塔存量与催化剂表面积之比;传质特性;反应器制造成本和运行成本。

七、酶工程在医药工业中的应用

随着酶工业生产的发展,酶已在工业、农业、医药、食品、环保等领域中广泛应用。酶在医药领域主要用于疾病的诊断、预防、治疗和制造药物。用于医药领域的酶具有种类多、用量少、效率高等特点。

(1) 酶类药物　酶类药物包括:与治疗胃肠道疾病有关的酶类药物,如蛋白酶等;与治疗炎症有关的酶类药物,如蛋白酶、溶菌酶等;与溶解血纤维有关的酶类,如尿激酶、链激酶、纤溶酶等;具有抗肿瘤作用的酶类,如天冬酰胺酶、谷氨酰胺酶、神经氨基酸苷酶、尿激酶等;其他药用酶,如青霉素酶、透明质酸酶、弹性蛋白酶、激肽释放酶、超氧化物歧化酶(SOD)、右旋糖酐酶等。

(2) 诊断用酶　酶学诊断方法包括两个方面:一是根据体内原有酶活力的变化来诊断某些疾病;二是利用酶来测定体内某些物质的含量,从而诊断某些疾病(见表 1-1-4)。有些酶(如胆固醇氧化酶等)还可固定化后制成酶电极或酶试纸,使用起来非常方便。

表 1-1-4　用酶测定物质的量的变化进行疾病诊断

酶	测定的物质	用　　途
葡萄糖氧化酶	葡萄糖	测定血糖、尿糖,诊断糖尿病
葡萄糖氧化酶+过氧化物酶	葡萄糖	测定血糖、尿糖,诊断糖尿病
尿素酶	尿素	测定血液、尿液中尿素的量,诊断肝脏、肾脏病变
谷氨酰胺酶	谷氨酰胺	测定脑脊液中谷氨酰胺的量,诊断肝昏迷、肝硬化
胆固醇氧化酶	胆固醇	测定胆固醇含量,诊断高血脂等
DNA 聚合酶	基因	通过基因扩增、基因测序,诊断基因变异、检测癌基因

(3) 现代酶工程技术在制药工业中的应用　酶在药物制造方面的应用是利用酶的催化作用将前体物质转变为药物,这方面的应用日益增多。现代酶工程技术具有技术先进、厂房设备投资小、工艺简单、能耗低、产品收得率高、效率高、效益大、污染轻微等优点。表 1-1-5 列出了一些固定化酶的应用。

表 1-1-5　固定化酶及其相应产品

固定化酶	产　　品	固定化酶	产　　品
青霉素酰化酶	6-APA、7-ADCA	短杆菌肽合成酶系	短杆菌肽
氨苄青霉素酰化酶	氨苄青霉素酰胺	右旋糖酐蔗糖酶	右旋糖酐
青霉素合成酶系	青霉素	β-酪氨酸酶	L-酪氨酸、L-多巴胺
11β-羟化酶	氢化可的松	5′-磷酸二酯酶	5′-核苷酸
类固醇-$\triangle^1$-脱氢酶	脱氢泼尼松	3′-核糖核酸酶	3′-核苷酸
谷氨酸脱羧酶	γ-氨基丁酸	天冬氨酸酶	L-天冬氨酸
类固醇酯酶	睾丸激素	色氨酸合成酶	L-色氨酸
前列腺素 A 异构酶	前列腺素 C	腺苷脱氨酶	IMP

任务四　动物细胞工程制药技术认知

细胞工程是以细胞为单位,按照人的意志,应用细胞生物学、分子生物学等理论和技术,有目的地进行精心设计、精心操作,使细胞的某些遗传特性发生改变,从而达到改良或产生新品种的目的,以及使细胞增加或重新获得产生某种特定产物的能力,在离体条件下进行大量培养、增殖,并提取出对人类有用的产品。这是一门应用科学和工程技术,它包括真核细胞的基因重组、导入、扩增和表达的理论和技术,细胞融合的理论和技术,细胞器特别是细胞核移植的理论和技术,染色体改造的理论和技术,转基因动植物的理论和技术,细胞大量培养的理论和技术,以及将有关产物提取纯化的理论和技术。

一、动物细胞的形态

动物细胞的结构较原核细胞的复杂得多，而且已不是靠一个细胞包办一切生理活动，各种细胞都有明确的分工。为了适应其功能的需要，细胞的形态也有相应的变化，这种变化称为分化（或称特化）。然而当细胞离体培养时，这些分化的形态经常发生变化。通常将离体培养的细胞分为三类，即贴壁依赖型细胞（简称贴壁细胞）、非贴壁依赖型（简称悬浮细胞）和兼性贴壁细胞。

（1）贴壁细胞　这类细胞的生长必须有可以贴附的支持物表面，细胞依靠自身分泌的或培养基中提供的贴附因子才能在该表面上生长、增殖。当细胞在该表面生长后，一般形成两种形态，即成纤维样细胞型和上皮样细胞型。

（2）悬浮细胞　这类细胞的生长不依赖支持物表面，可在培养液中呈悬浮状态生长，如血液内的淋巴细胞和用以生产干扰素的 Namalwa 细胞等，细胞呈圆形。

（3）兼性贴壁细胞　在实践中还可以看到有些细胞并不严格地依赖支持物，它们可以贴附于支持物表面生长，在一定条件下，也可以在培养基中呈悬浮状态良好地生长，这类细胞称为兼性贴壁细胞，如常用的中国仓鼠卵巢（Chinese hamster ovary，CHO）细胞、小鼠 L929 细胞。当它们贴附在支持物表面生长时呈上皮细胞或成纤维细胞的形态，而当悬浮于培养基中生长时则呈圆形，有时它们又可相互支持贴附在一起生长。

二、动物细胞的生理特性

动物细胞的生理和生长特点与细菌、酵母和植物细胞有很大的不同。动物细胞大致有以下特点：细胞的分裂周期长；细胞生长须贴附于基质并有接触抑制现象；正常二倍体细胞的生长寿命有限；对周围环境十分敏感；对培养基的要求高；对蛋白质的合成途径和修饰功能与细菌不同，细胞生长时容易受到微生物的污染。而这些特点决定了动物细胞的培养和用动物细胞大量生产生物制品有其独特的优势和难度。

三、生产用动物细胞的要求和获得

（一）生产用动物细胞的要求

最早的生物制品法规规定，只有从正常组织中分离的原代细胞（如鸡胚细胞、兔肾细胞等）才能用来生产生物制品。后来放宽至只要是二倍体细胞，即使经多次传代也可用于生产，如 WI-38、2BS 细胞等。最后，人们证实了异倍体细胞也是无害的，于是取消了对传代细胞的限制。

（二）生产用动物细胞的获得

用于生产的动物细胞不外乎上述几类，即原代细胞、已建立的二倍体细胞系、可无限期传代的转化细胞系，以及用这些细胞进行融合和重组的工程细胞系。

（1）原代细胞　原代细胞是直接取自动物组织、器官，经过粉碎、消化而获得的细胞悬液。

（2）二倍体细胞系　原代细胞经过传代、筛选、克隆，从而从多种细胞成分的组织中挑选并纯化出某种具有一定特征的细胞株。

(3) 转化细胞系　这类细胞是通过某个转化过程形成的，它常常由于染色体的断裂变成了异倍体，从而失去了正常细胞的特点，而获得了无限增殖的能力。

(4) 融合细胞系　细胞融合是指两个或两个以上的细胞合并成一个细胞的过程。在自然情况下，受精过程就属于这种现象。

(5) 重组工程细胞系　重组工程细胞是采用基因工程的手段构建的各种工程细胞。

尽管原代细胞、二倍体细胞系、转化细胞系三者都仍被用于生产中，但在生产中采用更多的、更有前景的是融合细胞系和重组工程细胞系。

四、动物细胞的培养条件和培养基制备

为了使细胞在体外培养成功，必须保证一些基本条件：①所有与细胞接触的设备、器材和溶液都保持绝对无菌，避免细胞外微生物的污染；②有足够的营养供应，绝对不可有有害的物质，避免即使是极微量的有害离子的掺入；③有适量的氧气供应；④需要随时清除细胞代谢中产生的有害产物；⑤有良好的适于生存的外界环境，包括 pH、渗透压和离子浓度；⑥及时传代，保持合适的细胞密度。

五、动物细胞培养的基本方法

细胞培养的方法，一般可以根据培养细胞的种类分为原代细胞培养和传代细胞培养，又可以根据培养基的不同分为液体培养和固体培养，还可以根据培养容器和方式不同分为静置培养、旋转培养、搅拌培养、微载体培养、中空纤维培养、固定化培养等。但不管采用哪种方法，其基本技术大同小异。

(一) 细胞分离

培养细胞，首先要从生物体取得细胞，目前获取细胞的方法有两种，即离心分离法和消化分离法。

(二) 细胞计数

一般在细胞分离制成悬液(悬浮液)准备接种培养前都要进行细胞计数，然后按需要量接种于培养瓶或反应器中。另外在观察细胞增长变化时，以及观察药物对细胞的抑制作用时，也都要反复进行细胞计数。目前常用的计数法有自动细胞计数器计数和血球计数板计数。用血球计数板计数时计算公式如下：

$$\text{每毫升细胞数}=\frac{4\text{ 大格中细胞总数}\times 10000\times\text{稀释倍数}}{4}$$

公式中之所以要乘以 10000，是因为四角每一大格的面积为 1 mm^2，而盖片与计数板之间的间隙为 0.1 mm 深，故该区域内的液体量仅为 0.1 mm^3，要换算成每毫升细胞数就要扩大到 10000 倍。

为了区别细胞的死活，在计数前可进行细胞染色。常用的染色液包括：①台盼蓝，细胞悬液与 0.4%台盼蓝溶液按 9∶1 混匀，此时死细胞呈蓝色，计数时可分开；②苯胺黑，染色时细胞悬液和染液比同台盼蓝。

（三）细胞传代

无论是悬浮细胞还是贴壁细胞的培养，当细胞增殖到一定程度，由于各种因素，包括培养条件、代谢废物的浓度、pH，以及氧的供应等因素的限制，特别是许多贴壁生长的二倍体细胞都具有接触抑制的特性，因此细胞的密度不可能无限制增加。如不及时传代，细胞就会死亡、脱落。故在细胞的培养过程中需注意及时地传代。一般来说，二倍体只能传40～50代，而异倍体细胞可无限制地进行传代。

（1）悬浮细胞的传代　悬浮细胞的传代比较容易，只要加入一倍或几倍的培养基，然后分种两个或多个培养瓶即可。

（2）贴壁细胞的传代　贴壁细胞的传代需经消化液消化后再分种。在分种过程中需注意以下事项：①消化前需先用肉眼或显微镜下观察待消化的细胞，确认细胞有无污染，若怀疑有污染则去除；②加入的消化液量要适当，以摇动时能盖满单层细胞为度；③消化时间不宜过久，一般在室温静置 2～5 min（也可在 37 ℃下保温），当见细胞层出现麻布样网孔时，即可倒去消化液，初次操作时怕把握不好时机，可在显微镜下观察，当细胞分离变圆，即可停止消化，也可在加入消化液并轻轻摇动后即倒去消化液，靠少量残液继续作用；④终止消化时先要去掉消化液，然后加入有血清的培养基；⑤分种数量取决于细胞数和细胞特性，多数细胞分种以每毫升 20 万～30 万个、每次 1 传 2 或 1 传 3 为好，有的细胞可分种得更多；⑥已培养过的培养瓶可再次使用，但一般不要超过 2～3 次；⑦二倍体细胞培养时每次传代必须写上传代次数；⑧传代后一般每天或隔天换液，每 3～5 d 就要传代一次。

（四）细胞的冻存和复苏

（1）细胞的冻存　保存细胞都采用液氮低温（－196 ℃）冻存的方法。为了防止电解质过分浓缩，可采用某些保护剂，如甘油、二甲基亚砜。在冷冻时，冷冻速度很重要，不能太快，也不能太慢。太慢会产生冰晶损伤细胞，太快则不足以使水分排出。一般以1 ℃/min的速度下降为宜。在无定速降温设备时，可按以下三种方法之一处理：①将冻存管放在壁厚为 1.5 cm 的聚乙烯盒内，然后放在－70 ℃冰箱内 2 h，再转入液氮；②先将冻存管置于冰箱中 4～5 h 或过夜，再移至－70 ℃冰箱内 2 h，然后悬于液氮罐颈口 1 h，最后浸入液氮；③放在冻存简易装置内，置于液氮罐颈口，离液氮面 5～10 cm，2～3 h 后浸入液氮。

（2）细胞的复苏　复苏时，总的要求是快融。在实际操作中需注意以下几点：①为了防止因冻存管封口不好，在融化时渗入的液氮引起冻存管爆炸，在操作中要注意防护，戴面罩和手套；②从液氮罐取出的冻存管应立即放入盛有 37～40 ℃温水的搪瓷杯内（不要用玻璃烧杯，以防炸碎），并搅动以加速融化；③用乙醇消毒冻存管外表；④由于二甲基亚砜对细胞有一定的毒性，故应尽早去除，或将细胞立即离心，换上新鲜培养基，或先将细胞悬液直接种入培养瓶内（加 10 mL 培养基），放置 4～6 h，待细胞贴壁后立即换液；⑤隔天观察细胞生长情况，再换液一次。

六、动物细胞大规模培养的方法

从生产实际看，动物细胞的大规模培养主要可分为悬浮培养、贴壁培养和贴壁-悬浮

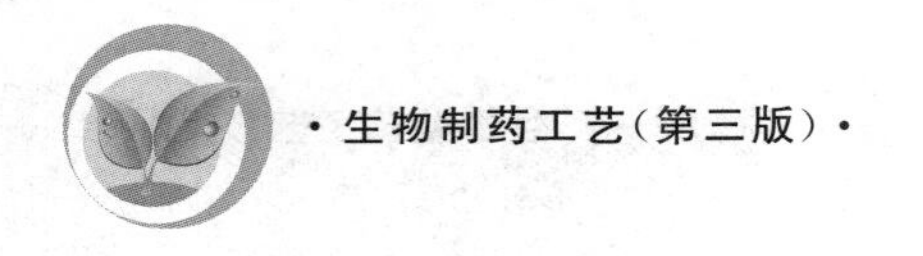

培养。

（1）悬浮培养　所谓悬浮培养，就是让细胞自由地悬浮于培养基内生长增殖。它适用于所有的非贴壁依赖型细胞（悬浮细胞），也适用于兼性贴壁细胞。该培养方法的优点是操作简便，培养条件比较均一，传质和传氧较好，容易扩大培养规模，在培养设备的设计和实际操作中可借鉴许多有关细菌发酵的经验。不足之处是由于细胞体积较小，较难采用灌流培养，因此细胞密度一般较低。

（2）贴壁培养　贴壁培养是必须让细胞贴附在某种基质上生长繁殖的培养方法。它适用于所有的贴壁依赖型细胞（贴壁细胞），也适用于兼性贴壁细胞。该方法的优点是适用的细胞种类广（因为生产中所使用的细胞绝大多数是贴壁细胞），较容易采用灌流培养的方式使细胞达到高密度；不足之处是操作比较麻烦，需要合适的贴附材料和足够的面积，培养条件不易均一，传质和传氧较差，这些不足常常成为扩大培养的“瓶颈”。生产疫苗中早期一般采用转瓶大量培养原代鸡胚或肾细胞。

（3）贴壁-悬浮培养（或称假悬浮培养）　主要有微载体培养、包埋与微囊培养、中空纤维培养。该培养方法弥补了贴壁培养的不足，它既提供贴壁细胞生长需要的贴附表面，又采用悬浮培养的培养方式，培养效果较好。

七、动物细胞培养的操作方式

无论是悬浮培养、贴壁培养还是贴壁-悬浮培养，其操作方式与培养细菌一样，一般可分为分批式操作、补料-分批（或流加式）操作、半连续式操作、连续式操作和灌流式操作。

八、动物细胞生物反应器

动物细胞生物反应器的作用是给动物细胞的生长代谢提供一个最优化的环境，从而使其在生长代谢过程中产生出最大量、最优质的所需产物。理想的动物细胞生物反应器必须具备以下一些基本要求：

（1）制造生物反应器所采用的一切材料，尤其是与培养基、细胞直接接触的材料，对细胞必须是无毒性的；

（2）生物反应器的结构必须使之具有良好的传质、传热和混合的性能；

（3）密封性能良好，可避免一切外来的微生物的污染；

（4）对培养环境中多种物理化学参数能自动检测和调节控制，控制的精确度高，而且能保持环境质量的均一；

（5）可长期连续运转，这对于培养动物细胞的生物反应器显得尤其重要；

（6）容器加工制造时要求内表面光滑，无死角，以减少细胞或微生物的沉积；

（7）拆装、连接和清洗方便，能耐高压蒸汽消毒，便于操作维修；

（8）设备成本尽可能低。

九、动物细胞产品的分离纯化方法

动物细胞产品的分离纯化方法包括离心、离子交换层析、凝胶过滤、亲和层析、盐析和有机溶剂沉淀、透析、高效液相色谱等方法。

任务五　植物细胞工程制药技术认知

一、基本概念

(1) 植物细胞的全能性　植物细胞的全能性是指植物体中任何一个具有完整细胞核(完整染色体组)的细胞,在一定条件下都可以重新再分化形成原来的个体的能力。

(2) 植物组织和器官培养　植物组织和器官培养是指在无菌和人工控制条件下(培养基、光照、温度等),研究植物的细胞、组织和器官以及控制其生长发育的技术。

(3) 愈伤组织　愈伤组织原指植物体的局部受到创伤刺激后,在伤口表面新生的组织。它由活的薄壁细胞组成,可起源于植物体任何器官内各种组织的活细胞。现多指切取植物体的一部分,置于含有生长素和细胞分裂素的培养液中培养,诱导产生的无定形的组织团块。

(4) 植物的分化　植物在生长过程中,不同的细胞各自具有了不同的功能,它们在形态、结构上也逐渐发生变化,结果就逐渐形成了不同的组织。

(5) 脱分化　脱分化是指已经分化的细胞、组织和器官在人工培养的条件下又变成未分化的细胞和组织的过程。

(6) 再分化　再分化是指经过脱分化的细胞和组织,重新分化形成不同的组织。

(7) 植物无菌培养　植物无菌培养主要包括:①幼苗及较大植株的培养,即植物培养;②从植物体的各种组织、器官等外植体,经脱分化而形成的细胞聚集体的培养,称为愈伤组织培养;③能够保持良好分散性的单细胞和较小细胞团的液体培养,称为悬浮培养,在此培养条件下组织分化水平较低;④植物离体器官的培养,如茎尖、根尖、叶片、花器官各部分原基或未成熟的花器官各部分以及未成熟果实的培养,称为器官培养;⑤未成熟或成熟的胚胎的离体培养,称为胚胎培养。

(8) 细胞培养　细胞培养是指利用单个细胞进行液体或固体培养,诱导其增殖及分化的培养试验。其目的是得到单细胞无性繁殖系。

(9) 分生组织培养　分生组织培养又称生长锥培养,是指在人工培养基上培养茎端分生组织细胞。分生组织,如茎尖分生组织仅限于顶端圆锥区,其长度不超过 0.1 mm。但实际通过组织培养技术进行植物的快速繁殖试验时往往并不是利用这么小的外植体,而是利用较大的茎尖组织,通常包括 1～2 个叶原基。

(10) 外植体　外植体是指用于植物组织(细胞)培养的器官或组织(的切段)。植物的各部位(如根、茎、叶、花、果、穗、胚珠、胚乳、花药和花粉等)均可作为外植体进行组织培养。

(11) 无性繁殖系　无性繁殖系又叫克隆,在植物细胞工程中是指使用母体培养物反复进行继代培养,通过同一外植体而获得越来越多的无性繁殖后代,如根无性系、组织无性系、悬浮培养物无性系等。在此培养过程中,局部组织在结构、生长速率以及颜色方面都表现出明显的区别,继续进行选择培养,则可从同一无性系分离形成两个或多个不同的系列,该系列称为无性系的变异体。

(12) 突变体　经过确证已发生遗传变异或新的培养物至少是通过一种诱变处理而发生变异所得的新细胞,即为突变体。为了与上述无性系相区别,由单细胞形成的无性系称为单细胞无性系;如果这种单细胞无性系是从同一组织分离得到的,并彼此不同,则称为单细胞变异体。

(13) 继代培养　将由最初的外植体上切下的新增殖的组织培养一代时,称为第一代培养。连续多代的培养即为继代培养,有时又称连续培养。但习惯上"连续培养"一词多用于不断加入新的培养基,并连续收集培养物以保持平衡而进行的长期不转移的悬浮培养。

(14) 次级代谢作用和次级代谢产物　次级代谢作用是由特异蛋白质调控产生内源化合物进行合成、代谢及分解作用的综合过程。上述作用导致了次级代谢产物的产生。次级代谢产物种类很多,主要有生物碱、黄酮体、萜类、有机酸、木质素等。需要强调的是,随着科学技术的不断发展,很多过去认为"无用"的次级代谢成分(如萜类、多元酚类、皂苷类等)也显示出其明显(甚至独特的)的生理活性。越来越多生命活性物质的发现,进一步扩大了医药学家研制开发新药的筛选范围。

二、植物细胞的形态和生理特性

(一) 植物细胞的形态

植物细胞是构成植物体的基本单位。而藻类中的衣藻、小球藻以及菌类中的细菌则属于单细胞植物。植物细胞的形状多种多样,随植物种类、存在部位和机能的不同而异。游离的或排列疏松的薄壁细胞多呈球形、类圆形和椭圆形;排列紧密的细胞多呈角形;具有支持作用的细胞,细胞壁常增厚,呈类圆形、纺锤形等;具有输导作用的细胞则多呈管状。

植物细胞的大小差别很大。种子植物薄壁细胞的直径在 20～100 μm,储藏组织细胞的直径可达 1 mm。苎麻纤维细胞长度一般为 200 mm,有的可达 500 mm 以上。最长的细胞是无节乳管,长达数米至数十米不等。

(二) 植物细胞的生理特性

由于植物细胞自身的特性,植物细胞培养的操作条件与微生物培养差别很大。表 1-1-6 总结了植物细胞与哺乳动物细胞和微生物细胞的主要异同点。

表 1-1-6　哺乳动物细胞、植物细胞和微生物细胞的区别

项　　目	哺乳动物细胞	植 物 细 胞	微生物细胞
大小/μm	10～100	10～100	1～10
生长形式	悬浮、贴壁	悬浮	悬浮
营养要求	很复杂	很复杂	简单
倍增时间/h	15～100	20～120	0.5～5

续表

项　　目	哺乳动物细胞	植 物 细 胞	微生物细胞
细胞分化	有	有限分化	无
环境影响	非常敏感	敏感	一般
细胞壁	无	有	有
产物存在部位	胞内或胞外	胞内或胞外	胞内或胞外
产物浓度	低	低	高
含水量(质量分数)		约 90%	约 75%
产物种类	疫苗、单抗、酶、生长因子、激素、免疫调节剂	酶、天然色素、天然有机化合物等	发酵食品、抗生素、有机化合物、酶等

三、植物细胞培养的基本技术

(一) 植物材料的准备

用于植物组织培养的外植体必须是无杂菌材料。如果不是取自种子库,而是来自温室甚至生长在大田植物的种子、幼苗、器官、组织等,由于其可能带有多种生长非常迅速的微生物,在培养基中会大量繁殖,从而抑制培养物的生长,因此培养前必须对外植体进行严格的灭菌处理。

(二) 培养基及其组成

培养基实际上是植物离体器官、组织或细胞等的“无菌土壤”。其特点是营养成分的可调控性。植物组织和细胞培养所用培养基种类较多,但通常都含有无机盐、碳源、有机氮源、植物生长激素、维生素等化学成分。

(三) 单细胞培养

单细胞培养就是对分离得到的单个细胞进行培养,诱导其分裂增殖,形成细胞团,再通过细胞分化形成芽、根等器官或胚状体,直至长成完整植株的技术。

(1) 单细胞的分离　在细胞培养中,既可以从植物器官、组织中分离单细胞,又可以从愈伤组织中分离单细胞。常用的分离方法有机械法、酶解法和由愈伤组织分离单细胞等。

(2) 单细胞的培养　单细胞的培养方法有看护培养、平板培养和微室培养等。

(3) 影响单细胞培养的主要因素　影响单细胞培养的主要因素包括培养基成分、细胞密度。

(四) 细胞悬浮培养

细胞悬浮培养是将离体的植物细胞悬浮在液体培养基中进行培养的一种方式。它是在愈伤组织液体培养技术基础上发展起来的一种新的培养技术。这些细胞和小细胞团可来源于愈伤组织,也可来自幼嫩植株、花粉或其他组织、器官。悬浮培养能大量提供较为均匀一致的植物细胞,并且细胞增殖速率比愈伤组织快,适合进行大规模的细胞培养,因此在植物产品工业化生产中有巨大的应用潜力。

四、植物细胞大规模培养的方法

植物细胞的培养方法很多,其分类也不尽相同。如按培养对象,可分为原生质体培养、单倍体细胞培养等;按培养基类型,可分为固体培养和液体培养;按培养方式,可分为悬浮细胞培养和固定化细胞培养。

五、影响植物次级代谢产物累积的因素

在植物组织和细胞培养过程中,影响植物次级代谢产物产生和累积的因素主要有:①生物条件,如外植体、季节、休眠、分化等;②物理条件,如温度、光(光照时间、光强、光质)、通气(O_2)、pH 和渗透压等;③化学条件,如无机盐(N、P、K 等)、碳源、植物生长调节剂、维生素、氨基酸、核酸、抗生素、天然物质、前体等;④工业培养条件,如培养罐类型、通气、搅拌和培养方法等。

任务六　生物化学制药技术认知

一、基本知识

(一)生物化学药物的概念

广义的生物化学药物是指从生物体分离、纯化所得,用于预防、治疗和诊断疾病的生化基本物质,以及用化学合成或现代生物技术制得的这类物质。传统生物化学药物定义的基本依据,一是来自生物体,二是生物体中的基本生化成分。

(二)生物化学药物的发展历程

迄今为止,生物化学药物按照其产品纯度、工艺特点和临床应用大体经历了以下三个发展阶段。

第一阶段　20 世纪 50—70 年代,一些利用生物材料加工制成的含有某些天然活性物质与其他共存成分的粗制剂相继问世,如利用牛、羊胆酸与胆红素等制成的人工牛黄等。

第二阶段　随着近现代生化分离、纯化技术的发展,利用生物化学和免疫学原理从生物体中提取的具有针对性治疗作用的生化成分已被作为生物化学药物应用于临床,如从猪胰脏中获得的猪胰岛素、胰激肽原酶,从男性尿中获得的尿激酶等。

第三阶段　这一阶段生物化学药物是指利用基因重组等生物工程技术生产的天然生物活性物质,如人胰岛素、α-干扰素、白细胞介素-2 等数百个品种。此阶段缓解了临床需求与来源紧缺的矛盾,同时开创了获取生物化学药物的新途径,通过蛋白质工程原理设计制造具有比天然物质更高活性的类似物或者与天然物质结构不同的全新药理活性成分,使相关技术成为今后生物化学药物开发与生产的主流方向。

（三）具有代表性的生物化学药物

目前应用于临床的生物化学药物很多，主要集中在氨基酸、肽、蛋白质、酶及辅酶、多糖、脂质、核酸及其降解产物等，可分为氨基酸及其衍生物类药物、多肽及其衍生物类药物、酶及其衍生物类药物、核酸及其衍生物类药物、多糖及其衍生物类药物、脂类及其衍生物类药物、胺及其衍生物类药物。

二、生物化学药物的来源及生产

目前的生物化学药物多以人体组织、动物、植物、微生物和海洋生物为原料进行制备，其中人体组织来源的生物化学药物具有疗效好、几乎无副作用等突出优点，为理想的生物化学药物的来源，但由于人体组织提供的原料不足以满足目前的临床需求，动物组织来源的替代品也能够起到相当的作用，且原料来源丰富、价格低廉，因此，许多动物组织来源的生物化学药物广泛应用于临床。

目前已生产应用的人体来源生物化学药物主要有血液制品类、人胎盘制品类和人尿制品类。动物来源的生物化学药物是天然生物化学药物的主要品种，但由于提供原料的动物种类差异较大，因此对原料的品质和制品的质量控制要比一般药物更为严格。以蛇毒、蜂毒和蝎毒等昆虫组织或产物为原料制造的天然生物化学药物近些年被发现具有特殊医疗价值，开辟了生物化学药物的新途径。植物来源的生物化学药物品种正逐年增加，主要为来自植物组织的天然生化活性物质，如酶、蛋白质、多糖和核酸等。

（一）来源于生物体的生物化学药物

早期的生物化学药物主要由动物或者人体的器官及组织获得，如胰岛素取自胰腺、生长素取自脑垂体等。随着现代制药技术的发展，动物、植物、微生物、海洋生物都已成为生物药物的来源，这些药物种类繁多，有的已经广泛用于临床，有的还处于研究阶段，典型的生物化学药物列于表 1-1-7、表 1-1-8、表 1-1-9、表 1-1-10 中。

表 1-1-7 典型动物来源的生物化学药物

器官或组织	生物化学药物
胰脏	淀粉酶、胰岛素、弹性蛋白酶、胰酶
脑	脑磷脂、肌醇磷脂、神经磷脂、脑苷脂、神经肽
胃	胃蛋白酶、组织蛋白酶、胃泌素、凝乳酶、维生素 B_{12}
肝脏	肝细胞生长因子、抑肽酶、肝抑素、肝 RNA
脾脏	人脾混合淋巴因子、脾水解物、脾 RNA、脾转移因子
小肠	肝素、类肝素、促胰液素、胰高血糖素、肠激酶
脑垂体	促皮质激素、促黄体激素、促甲状腺激素、加压素
心脏	乳酸脱氢酶、细胞色素 c、辅酶 Q_{10}、心血通注射液

续表

器官或组织	生物化学药物
血液	抗凝血酶、凝血因子、纤维蛋白原、免疫球蛋白、人血白蛋白、血活素
尿液	尿激酶、激肽释放酶、尿抑胃素、蛋白酶抑制剂
胆汁	胆酸、胆红素
蛇毒	纤溶酶

表 1-1-8　典型海洋生物来源的生物化学药物

生物名称或种类	生物化学药物
海蛇	透明质酸酶、胆碱酯酶、抗胆碱酯酶
鲸鱼	鲸肝抗贫血剂
珊瑚	前列腺素
僧帽水母	活性多肽、毒素
虾	龙虾肌碱
软体动物	多糖、多肽、糖肽、毒素
棘皮动物	磷肌酸、磷酰精氨酸、黏多糖、磷酸肌酐、海参素
鱼类	鱼肝油、鱼精蛋白、软骨素

表 1-1-9　典型植物来源的生物化学药物

药 物 类 别	生物化学药物
蛋白质	天花粉蛋白、相思豆蛋白、菠萝蛋白酶、木瓜蛋白酶、伴刀豆球蛋白
多糖	香菇多糖、月橘多糖、人参多糖、刺五加多糖、黄芪多糖
氨基酸	黄芪、香菇、地杨桃提取氨基酸

表 1-1-10　典型微生物来源的生物化学药物

微生物种类	生物化学药物
细菌	亮氨酸、异亮氨酸、色氨酸、缬氨酸、苯丙氨酸、苏氨酸等氨基酸,α-酮二酸、L-苹果酸、乳清酸等有机酸,葡聚糖、聚果糖、聚甘露糖等多糖,核苷酸,维生素,淀粉酶、蛋白酶、凝乳酶等酶类
放线菌	丙氨酸、甲硫氨酸、赖氨酸、鸟氨酸、色氨酸、苏氨酸等氨基酸,5-氟尿苷酸、呋喃腺嘌呤等核苷酸,维生素,高温蛋白酶、淀粉酶、脂肪酶、卵磷脂酶等酶类
真菌	丙氨酸、谷氨酸、赖氨酸、甲硫氨酸、精氨酸等氨基酸,枸橼酸(柠檬酸)、葡萄糖酸、苹果酸、曲酸等有机酸,核苷酸类物质,甘露聚糖、银耳多糖等多糖,核黄素、β-胡萝卜素,淀粉酶、漆酶等酶类

（二）生物化学药物的生产过程

1. 生物化学制药的生物材料来源

供生产生物化学药物的生物资源主要有动物、植物、微生物和海洋生物的器官、组织、细胞和代谢产物。从药学和经济学等角度出发，选择生物化学药物生产原料时不仅要考虑所选材料的同源性，还应遵循以下原则：原料来源丰富、新鲜、无污染；有效成分含量高；价格低廉；原料中杂质含量少，便于分离纯化等生产操作。

2. 生物材料的采集和处理

采集生物材料时必须保证环境卫生符合要求，并尽力保持原材料的新鲜，防止腐败、变质与微生物污染。选取材料时，要求目标组织、器官完整，并进行初步整理，尽量不带入无用组织，所选用材料要防止污染微生物及其他有害物质。必要时，应进行致病微生物与外源病毒的污染检查。生物材料采摘选取后，必须及时速冻，低温保存，防止生物活性成分的变性、失活；酶原提取要及时进行，防止酶原激活转变为酶等。植物原料采集后可就地去除不用的部分，将有用部分保鲜处理。收集微生物原料时，要及时将菌体细胞与培养液分开，根据有效成分存在部位及时进行保鲜处理。生物材料的保存方法主要有冷冻法、有机溶剂脱水法、防腐剂保鲜法等。

3. 生物化学药物常用的提取方法

生物化学药物的提取、分离、纯化方法种类繁多，比较复杂，具体的原理和操作过程也有各自的特点，并受许多因素的影响，这些内容将在具体的项目中学习。这里简要介绍几种典型的分离、纯化方法及其适用范围。

(1) 酸、碱、盐水溶液提取法　用酸、碱、盐水溶液可以提取各种水溶性、盐溶性的生化物质。这类溶剂提供了一定的离子强度、pH 及相当的缓冲能力。例如，胰蛋白酶用稀硫酸提取，肝素用 pH 为 9 的 3%氯化钠溶液提取。对与细胞结构结合牢固的某些生物大分子，可采用高浓度盐溶液提取。

(2) 表面活性剂提取法与反胶束提取法　表面活性剂分子兼有亲水与疏水基团，分布于水-油界面时有分散、乳化和增溶作用。表面活性剂可分为阳离子型、阴离子型、两性离子型与非离子型，根据目标物选用合适的类型，进行蛋白质等产物的提取。反胶束是表面活性剂分散于连续的有机相中自发形成的纳米尺度的一种聚集体，可用于某些蛋白质和氨基酸的提取。

(3) 有机溶剂提取法　有机溶剂提取法为目前应用比较广泛的提取方法，可分为固-液提取和液-液萃取。这些方法根据“相似相溶”的原理，对目标物进行提取。例如，用丙酮从动物脑中提取胆固醇，用醇醚混合物提取辅酶 Q_{10}。有机溶剂既能抑制微生物的生长和某些酶的作用，防止目标物降解失活，又能阻止大量无关蛋白质的溶出，有利于进一步纯化。例如用酸-醇法提取胰岛素，既可抑制胰蛋白酶对胰岛素的降解作用，又能减少共存的其他杂蛋白，使后处理较为简便。

(4) 双水相萃取法　在水相和有机相之间的传质过程中，有些物质（如蛋白质和酶等

生物大分子)对有机溶剂较为敏感,容易变性,因此利用亲水性高分子聚合物的水溶液可形成双水相的性质,以双水相系统代替传统有机试剂进行萃取,获得生物活性物质。例如,以聚乙二醇-磷酸钾系统从大肠埃希菌匀浆中提取β-半乳糖苷酶。

(5) 超临界萃取技术　超临界流体的物理特性、传质特性通常介于液体和气体之间,适于作为萃取溶剂。例如,超临界萃取法可用于中草药有效成分的提取、热敏性生物化学药物的精制及脂质类混合物的分离等。

4. 生物化学药物常用的分离纯化方法

生物材料经过以上合适的提取方法进行提取后,目标物已经最大限度地与所选材料进行分离并富集,但是生物材料的组分非常复杂,与目标物相伴的杂质很多,常常不能通过药典中规定的各项检验,不能直接用于临床。因此,进一步将目标物分离纯化出来,使之具有较高的纯度,并且符合药典杂质限量要求,是保证生物化学药物顺利用于临床的必要步骤。

5. 分离纯化方法的选择

化合物的提取及分离纯化手段经过长时间的发展,已经逐渐发展成专门的研究方向,各种新方法、新技术、新设备不断涌现,并逐渐应用于各个领域,为生物化学药物的快速发展提供了有力工具。但是,究竟用何种方法进行操作,还要从目标物的性质出发,适当选择,并可参考以下步骤。

(1) 确定研究目的和分析鉴定方法　研究目的是目标,分离方法是手段,分析方法是“眼睛”。分离纯化目标化合物一定要根据其性质,确定适合的分析鉴定方法,包括定性和定量等分析方法,以考察在操作过程中目标物的富集程度和杂质的去除效果。

(2) 明确目标物的理化性质和稳定性　一般要通过各种预备试验进行摸索,在前人的研究基础上不断积累,丰富对目标物的认识程度,根据其理化性质与生物学性质,选择合适的提取和分离纯化手段。

(3) 材料处理及提取方法的选择　材料的处理既要考虑所选材料中目标物的含量,又要兼顾杂质情况,并在材料取得之后及时进行处理,防止目标物变化、流失。提取所选用的溶剂应对目标物具有较大溶解度,并尽量避免杂质进入提取液中,为此可调整溶剂的pH、离子强度、溶剂成分配比和温度范围等。由于在后续的操作中目标物会不断损失,因此,提取的时候要保证处理足够的量,以免不能达到最终的生产目的。

(4) 分离纯化方法的选择　分离纯化方法较多,要根据目标物选择合适的分离纯化方法,或者几种方法联用,以保证目标物产量和纯度等参数符合要求。生产工艺中的操作方法和操作条件,要经过多次试验后确定,并进行优化。

(5) 目标物的保存　在目标物的整个生产过程中,都会涉及目标物的保存,保存条件不当往往是生产失败的原因之一。根据目标物的状态和性质,确定合适的手段进行浓缩和干燥,并在操作过程中注意温度、空气、pH 等因素的影响,防止微生物污染及活性下降。

三、生物化学药物的发展趋势

目前,生物化学药物的发展主要集中在扩大新的生物资源、寻找新的活性物质、开展新的临床应用、建立新的研究平台等方面。对从海洋、湖沼生物,昆虫和藻类等低等生物获取的组织进行研究,已经发现了具有抗肿瘤、抗血栓、镇痛、抗病毒、调节血脂、降血压等药理作用的药物,随着分离纯化和鉴定手段的不断更新,通过高通量筛选,陆续发现了一些活性高、结构新、作用独特的新型生物活性物质。在新的研究平台方面,应用噬菌体展示技术建立活性多肽化合物库,筛选开发活性小肽,利用蛋白质组学研究细胞全部蛋白质的表达状态和功能状态,通过建立天然代谢产物样品信息库,利用生物分离与活性评价相结合的策略,进行以药理活性为导向的生物有效成分的研究,均已成为当前发现新药的有效技术。研究表明,天然生物化学药物仍为现代生物化学药物研究与开发的重点领域,从海洋中开发生物化学药物是未来研究开发的重点,具有广阔的临床应用前景。

利用基因重组技术和细胞工程技术建立工程菌或工程细胞,使所需要的基因在宿主细胞内表达,制造各种生物活性物质,适合于含量低、活性高的一些微量物质的生产,是生物制药工业的重要发展领域,已经分别形成了技术分支,对生物化学药物的发展具有重要作用。

任务七　生物制药下游技术认知

一、基本知识

(一)生物制药下游技术的作用

生物制药过程中,微生物菌种或动植物细胞经过培养后的发酵液或培养物经过提取、分离、纯化等过程,最终得到符合要求的生物化学药物。这个过程大致可以分为上游、中游、下游三个阶段。上游主要包括菌种的筛选和优化,利用基因工程、细胞工程等技术构建工程菌或工程细胞。中游主要包括对以上微生物或者细胞进行扩增、培养,得到足够的培养物。下游主要包括对以上培养物进行分离纯化操作,最终得到符合要求的产品。生物化学药物由于其原料为动植物器官或组织,也要经过下游操作实现对目标物的获取。实际上,化学制药及中药生产过程中,也存在分离纯化的过程,并直接影响整个生产质量,因此,生物制药下游技术是通用于目前制药过程的操作技术,只是由于分离纯化原料不同,实际操作过程中会有差异。

(二)基本概念

(1) 生化分离技术　生化分离技术是从动植物组织培养液或微生物发酵液中分离、纯化生物产品的过程中所采用的方法和手段的总称。其技术水平和发展趋势对生物化学药物的发展产生重要的影响,常被称为生物工程的下游技术。

(2)提取　提取是指在操作分离过程中用适当的溶剂将目标物溶出并与原材料其他部分分开,实现从原材料中获取目标物的过程。提取的过程一般操作简单,处理量大,并且随目标物一并被提取出来的还有许多杂质,需要进一步分离纯化。提取的原则是"少量多次",即对于等量的提取溶液,多次提取比一次提取效果好得多。

(3)分离　分离也指初步纯化,即通过一定的操作方法,将目标物与杂质分开的过程。经过分离操作后,目标物的纯度有明显提高,杂质含量减少。

(4)纯化　经过分离的样品,虽然目标物纯度较高,杂质含量较小,但这是相对的,要得到能够用于临床的药品,特别是能够符合药典等相关法规的要求,仍然需要进一步进行分离操作,得到纯度更高的目标物。

(5)失活　失活指某些具有生物活性的物质(如蛋白质、氨基酸、基因等)受物理或化学因素的影响,其生物活性丧失的现象。分离纯化过程中,经过一系列分离纯化操作后,目标物的活性可能降低或消失,主要是受到温度、pH、酸碱度等影响,目标物的结构发生了改变,从而影响到其活性。

二、生物制药基本下游技术

生物制药下游技术一般包括预处理、细胞分离、细胞破碎、初步纯化、高度纯化、浓缩干燥等步骤,每一操作步骤都有几种方法可供选择,如图1-1-9所示。

(一)生物材料的预处理技术

生物材料包括各种生物组织、动物细胞培养液、植物细胞培养液、微生物发酵液、动物血液、乳液等。这些材料中目标物浓度普遍比较低,组分非常复杂,是细胞、细胞碎片、蛋白质、核酸、脂类、糖类、无机盐类等物质的混合物,杂质较多,目标物分布方式分为胞内与胞外两种,不同的存在方式决定了不同的处理方法。此外,有些目标物在分离过程受空气氧化、微生物污染、蛋白水解作用、pH、离子强度、温度等因素影响而发生变化,比如发生失活现象。因此,对生物材料进行适当预处理,才能为后续操作奠定基础,并保护目标物不被破坏。

对生物材料进行预处理,要根据目的的不同选择合适的方法。

(1)根据生物活性物质的存在方式与特点选择预处理方法。对于胞外物质,可以从其细胞外液中得到;胞内物质的提取要先破碎细胞,使胞内产物获得最大限度的释放;对于膜上物质,则要选择适当的溶剂使其从膜上溶解下来。如采用玻璃匀浆器、组织捣碎器或反复冻融法对细胞进行破碎处理等。

(2)为便于后续操作选择预处理方法。分离纯化目标物过程中,首先要进行液固分离,将目标物溶液与材料残渣分开,并要求溶液澄清、pH适中、目标物有一定的浓度,但不同的提取工艺路线对溶液质量的要求不完全相同,预处理时也要相应采用不同的方法。例如在链霉素生产过程中,通过较剧烈的变性和处理条件,使蛋白质类杂质变性沉淀,并进行加热处理,有利于提高过滤速度。加入凝聚剂、絮凝剂、沉淀剂等处理,有助于液固分离。如果后续工艺中需用离子交换法,则对滤液中无机离子、灰分含量、澄清度方面要求比较严格。如果采用溶剂萃取法,则要求蛋白质含量较低,以减轻乳化现象。

(3) 为保证目标物稳定性选择预处理方法。在分离纯化过程中,受各种因素影响,目标物的生理活性处于不断变化之中,在整个过程中都要防止目标物的失活。如果目标物容易失活,需要通过预处理加入保护剂;如果目标物需要活化,则要加入活化剂。例如:青霉素在酸性条件下稳定性较差,发酵液 pH 只能控制在 4.8～5.2,并且在低温下操作;对蛋白质类药物,要防止其结构的破坏,尤其是高级结构的破坏,因此要避免高热、强烈搅拌、强酸、强碱及重金属离子的作用等。

(二) 液固分离技术

液固分离是将悬液中的固体和液体分离的过程,如将生物组织的提取液与细胞碎片分离,将发酵液中细胞、菌体、细胞碎片以及蛋白质沉淀物分离等。常规的液固分离技术主要有过滤和离心分离等。

(三) 沉淀分离技术

在生化物质的提取和纯化的整个过程中,目标物经常作为溶质而存在于溶液中,改变pH、离子强度等溶液条件,使目标物的溶解度发生变化,可以使它以固体形式从溶液中分离出来。这种方法广泛应用于抗生素、有机酸、多肽、核酸、蛋白质等物质的分离。一般析出物为无定形固体时称为沉淀法,析出物为晶体时称为结晶法。根据操作过程不同,主要分为盐析法、有机溶剂沉淀法、等电点沉淀法、结晶法等。

(四) 膜分离技术

膜分离技术与过滤分离技术较为相似,过滤介质是实现分离的直接手段。但普通过滤分离是固体颗粒水平的液固分离;膜过滤主要集中在分子、离子水平的操作,其中有透析、微滤、超滤、反渗透等,它们都依赖于各种新型人工膜和膜分离装置的出现,成为现代生化分离、制备的有效手段。

(五) 层析分离

层析分离技术又称色谱法,是利用不同物质理化性质的差异而建立起来的技术。层析系统由两个相组成:一是固定相,也称为分离介质,常被填充于层析柱中;另一是流动相,流过整个层析柱,并与分离介质接触。当待分离的混合物随流动相通过固定相时,由于各组分的理化性质存在差异,与流动相和固定相发生相互作用的能力不同,随流动相向前移动时,各组分不断地与两相相互作用,样品中各个组分的距离逐渐拉开,并相继流出层析柱,从而达到将各组分分离的目的。根据原理不同,层析分离技术主要包括吸附层析、凝胶层析、离子交换层析、疏水层析、亲和层析等。

(六) 电泳分离

在电解质溶液中,位于电场中的带电粒子在电场力的作用下,以不同的速率向其所带

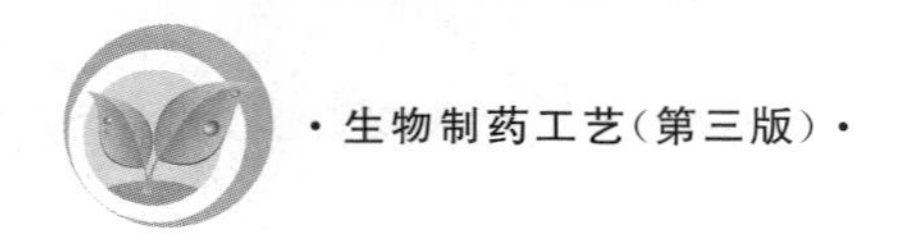

电荷相反的电极方向迁移的现象,称为电泳。不仅是小的离子,生物大分子,如蛋白质、核酸、病毒颗粒、细胞器等带电颗粒也可以在电场中移动,由于不同组分所带电荷及性质的不同,迁移速率和移动方向不同,可实现分离。电泳包括聚丙烯酰胺凝胶电泳、等电聚焦电泳、双向电泳、毛细管电泳等。

(七)其他分离技术

除了以上介绍的分离技术外,还有一些分离技术也得到很好的发展,并已经用于生产。如各种萃取技术,利用不同组分在互不相溶的两种溶剂中溶解性能的差异实现分离;差速离心、密度梯度离心分离技术利用不同物质沉降特性的差异实现组分的分离;反胶束萃取法利用表面活性剂在溶液中形成反胶束,既能够容纳目标物,又能够保护其不失活,适合于蛋白质的提取等。

(八)成品浓缩干燥技术

在生物化学药物生产过程中,由于目标物在生物材料中含量较低,并且在分离纯化过程中不断损失,要想得到足够量的目标物,需要处理足够的材料,并使用大量的溶剂。此外,在许多分离纯化步骤中,都要用到溶剂对组分进行溶解,尤其在柱层析过程中,为了实现组分的分离,常常需要很多流动相,导致含有目标物的溶液体积大、浓度低。为便于后续操作和样品保存,需要对这些溶液进行浓缩或干燥。

浓缩和干燥在本质上都是将溶液中溶剂除去的过程,只是程度不同。浓缩是指从溶液中除去部分溶剂(蒸发),溶质浓度增大的过程;干燥是指从溶液或者湿物料中除去溶剂,制备固体目标物的过程。浓缩和干燥过程中常使用加热的方法促使溶剂快速蒸发,但是有些生物化学药物对热不稳定,容易变性和失活,或者在有水存在的情况下长时间受热容易被破坏,使常规加热浓缩方法的使用受到很大限制。目前,使用较多的是真空减压浓缩法、喷雾干燥法和真空冷冻干燥法。

三、下游技术的选择

下游技术与生物技术发展密切相关,并始终处于不断发展之中。各种基因工程、细胞工程等生物技术为我们获得生物活性物质提供了可能,但也依赖于生化分离技术,将目标物从各种生物材料中分离出来,才能开展进一步的研究和应用。分离目标物的同时,经常会面临目标物含量低、干扰成分复杂等问题,究竟采用哪种分离纯化技术,都要根据目标物的性质和杂质的情况,依据充分的理论依据和实践经验合理选择,实际操作中,不乏多种手段联用的情况。同时,在操作中,要注意控制操作的各项条件,以利于后续操作和保证目标物的活性。

项目总结

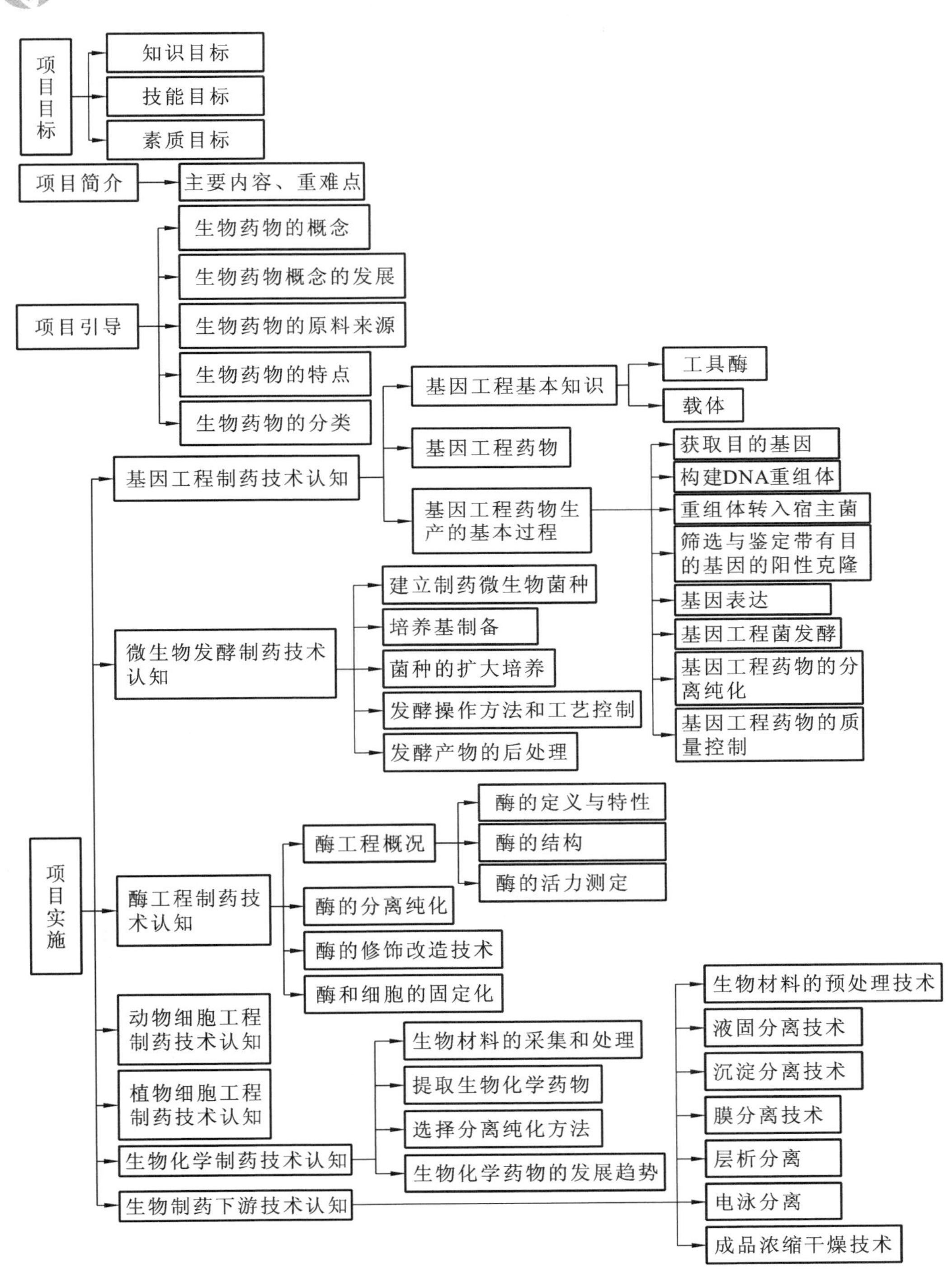
项目目标
知识目标
技能目标
素质目标
项目简介
主要内容、重难点
项目引导
生物药物的概念
生物药物概念的发展
生物药物的原料来源
生物药物的特点
生物药物的分类
项目实施
基因工程制药技术认知
基因工程基本知识
工具酶
载体
基因工程药物
基因工程药物生产的基本过程
获取目的基因
构建DNA重组体
重组体转入宿主菌
筛选与鉴定带有目的基因的阳性克隆
基因表达
基因工程菌发酵
基因工程药物的分离纯化
基因工程药物的质量控制
微生物发酵制药技术认知
建立制药微生物菌种
培养基制备
菌种的扩大培养
发酵操作方法和工艺控制
发酵产物的后处理
酶工程制药技术认知
酶工程概况
酶的定义与特性
酶的结构
酶的活力测定
酶的分离纯化
酶的修饰改造技术
酶和细胞的固定化
动物细胞工程制药技术认知
植物细胞工程制药技术认知
生物化学制药技术认知
生物材料的采集和处理
提取生物化学药物
选择分离纯化方法
生物化学药物的发展趋势
生物制药下游技术认知
生物材料的预处理技术
液固分离技术
沉淀分离技术
膜分离技术
层析分离
电泳分离
成品浓缩干燥技术

项目检测

一、简述题

1. 基因工程药物制造的主要程序有哪些?
2. 基因工程药物的质量控制包括哪些方面?
3. 简述微生物发酵制药的基本过程。
4. 生产用动物细胞有哪些种类?各有什么特点?
5. 常用的动物细胞培养基有哪些种类?

二、论述题

1. 试述基因工程载体的必备条件。
2. 酶的分离提取方法有哪些?提取过程中应注意哪些事项?
3. 影响酶发酵的工艺条件有哪些?如何控制?
4. 举例说明发酵培养基如何制备。
5. 微生物发酵染菌如何控制?
6. 如何进行动物细胞大规模培养?
7. 植物细胞培养基由哪些成分组成?
8. 植物细胞大规模培养的主要方法及其特点是什么?

三、思考与探索

1. 基因工程解决了哪些生活、生产中难以解决的问题?
2. 酶在医学上有哪些作用?举例说明。

项目拓展

新的药物生产菌

一、稀有放线菌

稀有放线菌是指除常见的链霉菌以外的放线菌,而不是一个具体的分类学单元,包括小单孢菌、小双孢菌、小四孢菌,链孢囊菌、指孢囊菌,游动放线菌,马杜拉放线菌,双孢放线菌。稀有放线菌能产生众多生物活性物质,包括红霉素、利福平、马杜拉霉素、洋红霉素等抗生素,酶类,维生素等。研究结果表明,环境中只有极少一部分放线菌得到纯培养,绝大多数的微生物未被发现,主要原因是受分离条件和技术的限制。

二、海洋微生物

与海洋动植物共生的微生物是一种丰富的抗菌资源,日本学者发现约27%的海洋微生物具有抗菌活性。

三、极端微生物

极端微生物是在特殊环境(如高温、低温、高盐、高压等)中形成的特殊微生物。

目前发现的极端微生物主要包括嗜酸菌、嗜盐菌、嗜碱菌、嗜热菌、嗜冷菌及嗜压菌等。它们具有特殊的基因结构、特殊的生命过程及产物，并对人类解决一些重大的问题（如生命起源及演化等）有很大的帮助。例如PCR（聚合酶链反应）技术，是应用了嗜热微生物的酶而得以实现的，使得可以在很短的时间内在体外大量地复制DNA。许多极端微生物体内的一些酶类已得到广泛的应用，如用嗜碱微生物生产的洗衣粉用酶，每年市场营业额高达6亿美元。

四、黏细菌

黏细菌是一类高等的原核生物，具有复杂的多细胞行为和形态发生。目前从黏细菌中已发现360多种活性物质，约占微生物来源总数的3.5%。

五、难培养微生物（活的但不可培养的微生物）

难培养微生物是指那些不可培养的不分化的微生物，它们在受到外界压力刺激后，通过一系列的类似分化的遗传程序而使自身处于一种能抵抗饥饿和压力的状态，尽管此后不能用常规方法恢复其生长繁殖，但试验证明它们仍保持生存力与致病因子、基因。

项目二　抗生素类生物技术药物的生产

项目目标

一、知识目标

明确青霉素、红霉素、链霉素等抗生素的结构特点、理化性质及作用机理。
熟悉抗生素的定义、分类和命名。
掌握发酵工程制药的工艺特点、要求及发酵的一般原理和控制过程。

二、技能目标

能熟练进行微生物的初步分离、纯化、鉴定及保藏。
能熟练进行青霉素、红霉素和链霉素的发酵生产。
能够进行青霉素、红霉素和链霉素的分离提取及精制。

三、素质目标

能根据需要,确定信息渠道,通过阅读、访谈等方式,收集信息,能用准确的语言表达工作成果;能够按照岗位职责要求,完成各项实训任务,养成良好的职业道德;能根据抗生素的发现和生产历史,讲解科技促进人类健康的意义;养成随时清扫和清洁场地的劳动习惯。

项目简介

本项目的内容是抗生素类生物技术药物的生产,项目引导让学生在进行抗生素生产前掌握一些必备的基础知识,包括青霉素、红霉素和链霉素的基本知识。任务一是青霉素的发酵生产,从青霉素发酵的整个生产工艺流程来训练学生,使其掌握发酵工程。任务二和任务三分别是红霉素和链霉素的发酵生产,通过两种抗生素的生产加深学生对发酵工程的理解和应用。在项目实训中设计了头孢霉素 C 的发酵生产,以培养学生独立思考的能力、创新能力和处理问题的能力。

项目引导

在自然界几乎是无处不有、无所不在的微生物,具有产生各种各样不寻常化学结构和不寻常生物活性化合物的无限潜力,这些化合物在医药上的应用是微生物资源开发利用的一个重要方面。自古以来,微生物药物就开始用于防病治病,特别是经过近几代人的努力,这类药物通过工业化生产大量投放市场,对于保障人类健康已经起到不可或缺的作用。抗生素就是这类药物,它已经为人类健康作出了巨大的贡献,并且是目前使用最广泛的抗菌药物,将来仍然是非常有前途的药物。

一、抗生素的定义

码1-2-2 抗生素发酵工艺

狭义上抗生素是由微生物产生的、在低浓度下能抑制其他微生物生长和活动，甚至杀死其他微生物的小分子天然有机化合物。有研究者认为，抗生素应该定义为：由生物（包括微生物、植物、动物）在其生命活动过程中所产生的一类在低浓度下就能选择性地抑制其他细菌或其他细胞生长的生理活性物质。广义的抗生素还包括一些抗肿瘤药、杀虫剂和除草剂。

二、拮抗作用与抗生素

一种微生物的生长造成对周围其他微生物生长的抑制，这种现象称为拮抗。拮抗现象在微生物之间尤为普遍，具有拮抗能力的微生物称为拮抗菌。利用微生物（或其他生物）的这种特性，寻找并选育适当的抗生素生产菌，给这些生产菌以适当的生长条件（营养物质、空气、温度、pH 等）进行培养，使它们产生抗生素，然后把抗生素提取出来，加以精制，得到抗生素成品。自青霉素和链霉素发现和应用以来，抗生素的研究和生产有了飞速的发展，陆续找到了氯霉素、金霉素、红霉素和博莱霉素等近万种抗生素，其中有明显临床效果并大量生产和广泛应用的也有近百种。目前从微生物中发现新抗生素的速度明显变慢，取而代之的是半合成抗生素和能够提高抗生素效能、增强宿主防御机能的“抗菌”物质，如β-内酰胺增强剂、药物渗透促进剂（磷霉素）等。

三、抗生素的抗菌性能

抗生素是微生物的次级代谢产物，既不参与组成细胞结构，也不是细胞内的储存性养料，对生产菌本身无害，但对某些微生物有拮抗作用。抗生素通过生物化学方式干扰菌类的一种或几种代谢机能，使菌类受到抑制或将其杀死。抗生素的抗菌作用有以下几个特点。

（1）抗生素能选择性地作用于菌体 DNA、RNA 和蛋白质合成系统的特定环节，干扰细胞的代谢作用，妨碍生命活动或使其停止生长，甚至死亡。抗生素的抗菌活性主要表现为抑菌、杀菌和溶菌三种现象。

（2）选择性作用。一种抗生素只作用于一定的微生物，称为抗生素的选择性作用。各种抗生素的抗菌范围称为抗菌谱。仅对单一菌种或属有抗菌作用，这类抗生素称为窄谱抗生素，如青霉素只对革兰阳性菌有抑制作用。不仅对细菌有作用，而且对衣原体、支原体、立克次体、螺旋体及原虫有抑制作用，这类抗生素称为广谱抗生素，如四环素族（金霉素、土霉素等）对革兰阳性菌和阴性菌、立克次体以及一部分病毒和原虫等都有抑制作用。

（3）有效作用浓度。抗生素是一种生理活性物质。抗生素一般在很低浓度下就对病原菌发生作用。各种抗生素对不同微生物的有效浓度各异，通常以抑制微生物生长的最低浓度作为抗生素的抗菌强度，简称有效浓度。有效浓度越低，表明抗菌作用越强。有效浓度在 100 mg/L 以上的是作用强度低的抗生素，有效浓度在 1 mg/L 以下的是作用强度高的抗生素。

（4）选择性毒力。抗生素对人和动植物的毒性小于微生物，称为选择性毒力。抗生素对敏感微生物有专性拮抗作用，而且作用很强，一万倍以上的稀释液仍有显著的抑菌和杀菌效果。

(5) 耐药性。耐药性是指病原体或肿瘤细胞对反复应用的化学治疗药物敏感性降低或消失的现象。抗生素可能引起微生物的耐药性。

四、抗生素杀菌的主要机制

据研究,抗生素的作用位点大致有以下几种:有的抑制细胞壁的形成,有的影响细胞膜的功能,有的干扰蛋白质的合成,有的阻碍核酸的合成,有的增强吞噬细胞的功能等。

(1) 抑制细胞壁的合成:有些抗生素(如青霉素、杆菌肽、环丝氨酸等)能抑制细胞壁肽聚糖的合成。

(2) 影响细胞膜的功能:多肽类抗生素(如多黏菌素、短杆菌素等)主要引起细胞膜损伤,导致细胞物质泄漏。作用于真菌细胞膜的大部分是多烯类抗生素(如制霉菌素、两性霉素等),与膜中的固醇类结合,从而破坏膜的结构引起细胞内物质泄漏,表现出抗真菌作用。

(3) 干扰蛋白质的合成:能干扰蛋白质合成的抗生素种类较多,它们都能通过抑制蛋白质生物合成来抑制微生物的生长,而并非杀死微生物。

(4) 阻碍核酸的合成:这类抗生素(如丝裂霉素、博莱霉素、利福霉素和放线菌素 D)主要是通过抑制 DNA 或 RNA 的合成而抑制微生物细胞的正常生长繁殖。

(5) 增强吞噬细胞的功能:孢地嗪、亚胺培南等抗生素能增强中性粒细胞的趋化、吞噬和杀菌能力,杀死体内“感染微生物”。

五、新抗生素的寻找

目前世界上寻找新抗生素的目标主要集中在以下几个方面:①抗肿瘤的抗生素;②抗耐药性细菌的抗生素;③抗绿脓杆菌和变形杆菌的抗生素;④抗小型病毒的抗生素。寻找新抗生素的方法主要有:①从土壤中分离筛选出拮抗菌以获得天然抗生素;②使用微生物、酶学或化学方法改造已知抗生素以获得效果更好的新抗生素;③利用基因组学或蛋白质组学的理论和技术获得新抗生素。

(一) 从自然界寻找新抗生素

(1) 抗生素微生物来源　药用微生物主要来源于土壤,一部分来源于江河湖海(水中或水面下泥土中)或动植物体表或与动植物共生。特定的自然环境往往适宜特定的微生物生长,而特定的微生物有时相应产生特定的抗生素或生理活性物质。对各种微生物生长的自然生态环境进行研究,能找到新的药用微生物。

(2) 抗生素生产菌的筛选　抗生素生产菌的筛选方法可以分为两种,即生态学的和遗传学的。这里主要介绍生态学筛选方法。筛选的一般程序如下:①初选,将土壤悬液稀释接种于平面培养基上,培养基中同时接种大量特定病原菌菌体或孢子,对特定病原菌有拮抗作用的拮抗菌长成菌落,分泌出抗生素,抑制周围病原菌的生长,产生透明抑菌圈,分离出来作为初选对象;②复选,考察初选菌株对防治特定疾病病原微生物的效果和对于人类、动植物有无药物副作用;③抗生素鉴定,即进行抗生素化学鉴定;④抗菌谱测定,能达到一药多用。

（二）生物转化寻找新抗生素

抗生素是由拮抗菌的次级代谢产生的生理活性物质。抗生素合成途径中的调节控制问题比较复杂。

（1）抗生素产生的生理学　抗生素属于次级代谢产物，多数次级代谢产物是以初级代谢产物作为前体衍生出来的。抗生素往往在群体停止生长后才开始产生，因此，连续发酵并不适合抗生素的生产。许多生产抗生素的微生物，在可快速降解碳源（如葡萄糖）过量存在时，其抗生素生产能力降低。这种现象与抗生素合成相关酶的活性降低有关，也就是与酶合成水平的调控有关，即影响了转录而不是酶活性。抗生素必须用初级代谢产物合成，因此抗生素的有效生产需要稳定足量的前体。多数情况下，发酵培养基中过量的含氮化合物或磷酸盐将降低抗生素的产量。解决途径是严格控制发酵过程中的浓度，筛选不敏感的突变株。抗生素本身作为终产物可能对自身的合成产生负反馈调节。解决途径是促进抗生素的分泌，降低胞内浓度。

（2）抗生素产生的遗传学　抗生素产生的效率很大程度上取决于生产菌株的遗传组成。主要筛选方法有改良的传统方式、经典遗传学方法、合理的选择性培养基和筛选标记、基因克隆与 DNA 重组技术。

（三）利用基因组学或蛋白质组学的理论和技术寻找新抗生素

微生物基因组学已为抗生素制药工业带来了一场变革。过去 10 多年间，制药业用靶向技术通过多种筛选方法寻找新的抗生素，包括对特异性生化反应或分子间作用的抑制剂进行筛选，抗生素作用靶标应该是微生物生长所必需的，最好是细胞存活所必需的。基于靶标策略的优越性是显而易见的，从微生物基因组得到的信息也能加强对靶标的选择。而且最新的基因组信息技术也为寻找更有效的抗生素提供了机会，如基因表达分析可用于两个不同的领域：①了解在真性感染过程中，特定组织或器官中的特定基因的重要性；②功能分析，即依据其他基因的表达，探讨削弱特定功能的因果关系。

六、抗生素的命名与分类

对常用抗生素的命名基本上根据以下三点：①凡是由动植物或菌类产生的抗生素，其命名根据动物学、植物学、菌属学的名称而定，如青霉素、链霉素、赤霉素、灰黄霉素、蒜素、黄连素、鱼素等；②抗生素的化学结构或性质已经明确了的可根据其族命名，如四环素、氯四环素、氯霉素、环丝氨酸等；③对一些有纪念意义或按抗生素生产菌的出土地方命名及习惯上已采用的俗名仍可继续使用，如创新霉素、正定霉素、庐山霉素、平阳霉素、井冈霉素、金霉素、土霉素等。

抗生素的分类方法有多种，一般以生物来源、作用对象、作用机制、化学结构作为分类依据。

（一）根据抗生素的生物来源分类

抗生素按照生物来源分为以下几类：真菌产生的抗生素（主要有青霉素、头孢菌素、灰黄霉素等）；细菌产生的抗生素（主要有杆菌肽、多黏菌素、丁酰苷菌素等）；放线菌产生的抗生素(主要有链霉素、新生霉素、万古霉素、利福霉素、红霉素、四环素类等);植物及动物产生的抗生素(地衣酸和绿藻素,蒜素和番茄素,常山碱、白果酸、白果醇等)。

(二)根据抗生素的作用对象分类

这种分类方法是以抗生素对病原体的最大敏感度作为分类的主要标准,这给医疗上选用抗生素带来一定的便利,便于应用时参考。主要有:抗革兰阳性菌的抗生素(主要有红霉素和新生霉素等);抗革兰阴性菌的抗生素(主要有链霉素、多黏菌素等);抗真菌的抗生素(主要有制霉菌素、灰黄霉素、两性霉素等);抗肿瘤的抗生素(主要有自力霉素、更生霉素、更新霉素、平阳霉素及阿霉素等);抗结核分枝杆菌的抗生素(主要有链霉素、新霉素、利福霉素、环丝氨酸等);抗病毒、噬菌体及原虫的抗生素(主要有鱼素、蒜素、巴龙霉素、葡枝青霉素等)。

(三)根据抗生素的作用机制分类

按作用机制分类(见表 1-2-1),对理论研究具有重要意义。主要可分为五类:抑制细胞壁合成的抗生素(如青霉素、万古霉素、杆菌肽等);影响细胞膜功能的抗生素(如多黏菌素、制酶菌素等);抑制细胞蛋白质合成的抗生素(如四环类抗生素、氨基糖苷类抗生素、氯霉素等);抑制细胞核酸合成的抗生素(如利福霉素、丝裂霉素、光辉霉素等);抑制细菌生物能作用的抗生素(如抑制电子转移作用的竹桃霉素、抗霉素,抑制氧化磷酸化的短杆菌素、寡霉素等)。

表 1-2-1 抗生素的作用机制

作用机制	抗生素	主要作用靶位
抑制细菌细胞壁肽聚糖生物合成	β-内酰胺类磷霉素 糖肽类 环丝氨酸 杆菌肽	抑制转肽酶活力 与 D-丙氨酰-D-丙氨酸结合,抑制转糖基和转肽反应 抑制丙氨酸消旋酶和 D-丙氨酰-D-丙氨酸合成酶 抑制焦磷酸酶,阻断肽聚糖跨膜载体十一聚异戊二烯醇再生
破坏微生物细胞膜功能	多烯类 唑类抗真菌药物托萘酯(发癣退) 多黏菌素 B、黏杆菌素 短杆菌肽 S	与组成真菌细胞膜的麦角固醇结合而破坏膜功能 抑制真菌羊毛固醇脱甲基酶(细胞色素 P-450),阻断麦角固醇合成 抑制真菌角鲨烯单加氧酶 类似阳离子型洗涤剂的作用,破坏细菌细胞膜的磷脂结构
抑制蛋白质生物合成	氨基糖苷类 四环素类 氯霉素、大环内酯类	与核糖体 30S 亚基和 50S 亚基结合,抑制肽酰-tRNA 转位 与 30S 亚基结合,抑制氨酰-tRNA 与 mRNA 密码子 A 位结合 作用于 50S 亚基中的 23S 核蛋白体 RNA(rRNA),抑制肽酰基转移酶的作用
抑制 DNA 生物合成	磺胺类 甲氧苄啶、甲氨蝶呤、丝裂霉素 C	抑制细菌二氢叶酸合成酶 抑制细菌二氢叶酸还原酶

续表

作用机制	抗生素	主要作用靶位
抑制RNA生物合成	桑吉霉素、丰加霉素 放线菌素D 利福霉素类	抑制转录反应 抑制DNA依赖性RNA聚合酶 抑制细菌DNA依赖性RNA聚合酶
改变细胞膜对离子的通透性	离子载体类抗生素(莫能菌素、盐霉素等聚醚类)	离子载体能够极大提高细胞膜对某些离子的通透性，打乱细胞内的离子分布，细胞内离子的正常浓度无法维持，细胞失去正常功能而死亡
抑制有丝分裂	灰黄霉素、长春花生物碱	与微管蛋白结合，干扰有丝分裂纺锤体的形成
抑制能量代谢	抗霉素A、杀稻瘟菌素S、干螨孢菌素	阻碍呼吸链的电子传递，抑制ATP合成酶
拮抗神经传递物质	除虫菌素、双氢除虫菌素	拮抗线形动物和节肢动物的神经传递物质γ-氨基丁酸，使细胞神经麻痹，直至死亡

（四）根据抗生素的化学结构分类

这种分类方法比较复杂，由于很多抗生素的化学结构尚未最后确定，因此不能完全地列入分类，一般就已确定结构的抗生素作如下分类。

(1) β-内酰胺类抗生素　这类抗生素的化学结构中都含有一个四元的内酰胺环，属于这类抗生素的有青霉素、头孢菌素以及它们的衍生物，如头孢哌酮、氧哌嗪青霉素、米罗培南等。

(2) 大环内酯类抗生素　这类抗生素含有一个大环内酯作为苷元(又称配糖体)，以糖苷键与1～3个分子的糖相连。其中在医疗上比较重要的有红霉素、麦迪加霉素等。

(3) 四环类抗生素　这类抗生素以四并苯为母核，包括金霉素、土霉素、四环素等。

(4) 氨基糖苷类抗生素　这类抗生素的化学结构中都有氨基糖苷和氨基环醇，如链霉素、新霉素、卡那霉素、庆大霉素等。

(5) 多烯大环类抗生素　这类抗生素的化学结构中含有大环内酯，且内酯中有共轭双键，如制霉菌素、两性霉素B、球红霉素等。

(6) 多肽类抗生素　这类抗生素多由细菌，特别是产生孢子的杆菌产生，是由多种氨基酸经肽键缩合成线状、环状或带侧链的环状多肽类化合物。其中较重要的有多黏菌素、放线菌素和杆菌肽等。

(7) 苯烃基胺类抗生素　如氯霉素、甲砜霉素(又叫甲砜氯霉素、硫霉素)等。

(8) 蒽环类抗生素　如正定霉素、紫红霉素、阿霉素等。

(9) 其他抗生素　凡不属于上述八类的抗生素均归入其他抗生素类，如磷霉素、创新霉素、甲砜霉素等。

七、抗生素的抗菌谱

抗生素是化学治疗剂,对病原菌的作用是有选择性的,它只对某类病原体有抑制作用。例如,青霉素对肺炎球菌有很强的杀灭作用(敏感范围为 0.0025~0.08 U/mL),而链霉菌则对结核杆菌非常有效,对肺炎球菌无作用,即各种抗生素对病原体的作用是有一定范围的。

有些抗生素,如强力霉素、四环素、土霉素对金黄色葡萄球菌有一定抑制作用,但它们的作用强度不同,其最低抑菌浓度依次为 8.75 U/mL、60 U/mL、100 U/mL,因此它们的抗菌作用从强到弱为强力霉素、四环素、土霉素。这说明各种抗生素对同类病原体作用时,所需要的抗生素剂量也各不相同。某种抗生素所能抑制或杀灭病原体的范围称为该抗生素的抗菌谱。

八、抗生素剂量的表示法

抗生素是一种生理活性物质,其活性常用效价单位(每毫升或每毫克中所含某种抗生素的有效成分的多少)来表示。效价单位是衡量抗生素有效成分的尺度,也是衡量抗生素性能的指标,其表示方法一般可以分成两类。

(1) 稀释单位　此种方法是将抗生素配成溶液,逐步进行稀释,以抑制某一标准菌株生长发育的最高稀释度(最小剂量)作为效价单位。例如:青霉素以 50 mL 肉汤培养液中完全抑制金黄色葡萄球菌标准菌株发育所需要的最小剂量作为青霉素效价的一个单位;链霉素以在 1 mL 肉汤培养液中完全抑制大肠埃希菌标准菌株发育所需要的最小剂量作为链霉素效价的一个单位。稀释单位常用 U/mg 或 U/mL 来表示。初期的抗生素由于制品不纯,不能用质量来衡量它的有效成分,通常采用此种方法。

(2) 质量单位　以抗生素的有效成分(生理活性部分)的质量作为抗生素的单位,称为质量单位。各种抗生素的效价基准是为了生产科研的方便而规定的,链霉素、土霉素、红霉素、卡那霉素、万古霉素、紫霉素、新霉素、多黏菌素 B 等的游离碱,以及氯霉素、四环素、金霉素盐酸盐、新生霉素、利福霉素 SV 等,其效价基准都是以 1 mg 作 1000 个单位计算。某些抗生素的效价基准有特殊规定。例如:青霉素 G 钠盐 1 mg 定义为 1667 个单位;杆菌肽 1 mg 定义为 55 个单位;制霉菌素 1 mg 定义为 3700 个单位。一种抗生素有一个效价基准,同一种抗生素的各种盐类的效价可根据其相对分子质量与标准盐类进行换算而得。如 1 mg 青霉素 G 钠盐的理论效价为 1667 个单位,则青霉素 G 钾盐的理论效价就可根据这两种盐类的相对分子质量换算而得,即

$$\frac{\text{青霉素 G 钾盐}}{\text{理论效价(U/mg)}}=\frac{\text{青霉素 G 钠盐}}{\text{理论效价(U/mg)}}\times\frac{\text{青霉素 G 钠盐的}}{\text{相对分子质量}}\div\frac{\text{青霉素 G 钾盐的}}{\text{相对分子质量}}$$

由此可知青霉素 G 钾盐的理论效价为 1593 U/mg。以上介绍的都是理论效价,实际抗生素成品的效价往往低于其理论效价。一般应根据医疗要求及生产技术水平,由《中国药典》作出有关规定,药厂生产的抗生素成品效价必须符合《中国药典》(2020 年版)二部规定水平。

项目实施

任务一　青霉素的生产

码1-2-3 青霉素的发酵生产工艺

一、生产前准备

（一）查找资料，了解青霉素生产基本知识

青霉素（benzylpenicillin，penicillin）又称盘尼西林、配尼西林，包括常称的青霉素G、青霉素钠、苄青霉素钠、青霉素钾、苄青霉素钾。青霉素是抗生素的一种，是指从青霉菌培养液中提取的分子中含有青霉烷、能破坏细菌的细胞壁并在细菌细胞的繁殖期起杀菌作用的一类抗生素。青霉素类抗生素是β-内酰胺类中一大类抗生素的总称。

最初的青霉素生产菌是野生型青霉菌，生产能力只有几十个单位，不能满足工业需要。随后找到了适合于深层培养的橄榄形青霉菌，即产黄青霉（*Penicillium chrysogenum*），生产能力为100 U/mL。经过X射线、紫外线诱变，生产能力达到1000～1500 U/mL。随后经过诱变，得到不产生色素的变种，目前生产能力可达66000～70000 U/mL。青霉素是抗生素工业的首要产品。中国为青霉素生产大国，国内生产的青霉素已占世界产量的近70%，国内较大规模的生产企业有华北制药、哈医药、石药、鲁抗医药，单个发酵罐规模均在100 m^3以上，发酵单位在70000 U/mL左右，而青霉素工业发酵世界先进水平达100000 U/mL以上。

1. 青霉素的作用机理

作用于细胞壁合成中的肽多糖合成的第三阶段，线形肽多糖在转肽酶的催化下进行交联，肽多糖链之间每两条肽链结合时均释放出一个D-丙氨酸，青霉素中与肽多糖的D-丙氨酰-D-丙氨酸二肽相似，竞争性地与转肽酶结合，使转肽酶不能催化多肽链之间的交联。

2. 青霉素的分子结构及其衍生物

青霉素的基本母核为β-内酰胺环和噻唑烷环并联组成的N-酰基-6-氨基青霉烷酸，侧链上的R基可为不同的取代基，如图1-2-1所示。侧链基团不同，形成不同的青霉素，主要是青霉素G（见图1-2-2）。工业上应用的有青霉素钠、青霉素钾、普鲁卡因、二苄基乙二胺盐。

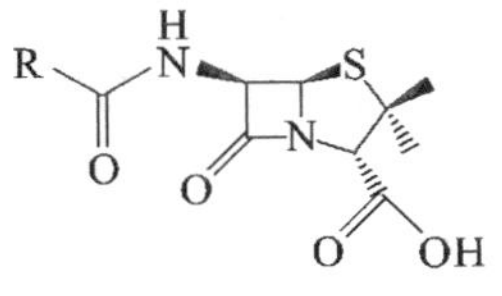

图1-2-1　青霉素母核

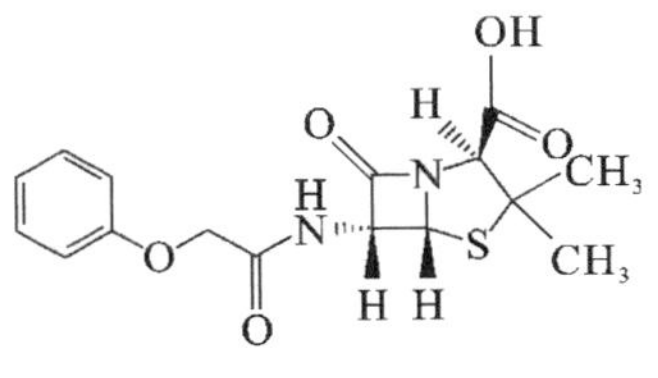

图1-2-2　青霉素G

3. 青霉素的理化性质

青霉素是一种游离弱酸,能与碱金属或碱土金属及有机胺类结合成盐类。青霉素游离酸易溶于醇类、酮类、酯类和醚类,但在水中溶解度很小,青霉素钾、钠盐易溶于水和甲醇,而不溶于丙醇、丙酮、氯仿等。工业上通过将青霉素 G 游离酸与乙酸钾反应生成钾盐,使之从乙酸丁酯相中结晶析出,可得到高纯度的青霉素 G 钾盐。

青霉素具有一定的吸湿性,吸湿性的大小与内在质量有关,纯度越高,吸湿性越小,也越易于存放。通常情况下,固体青霉素盐的稳定性与其含水量和纯度有很大关系,干燥、纯净的青霉素很稳定,青霉素的水溶液则很不稳定,而且受 pH 和温度的影响很大,温度升高或在酸性、碱性条件下分解更快,见表 1-2-2。

表 1-2-2 pH 和温度对青霉素 G 钠盐结晶水溶液半衰期的影响

pH	半衰期/h				pH	半衰期/h			
	0 ℃	10 ℃	24 ℃	37 ℃		0 ℃	10 ℃	24 ℃	37 ℃
1.5	1.3	0.5	0.17		6.0			336.0	103.0
1.7	2.0	0.7	0.2		6.5			281.0	94.0
2.0	4.25	1.3	0.31		7.0			218.0	84.0
3.0	24.0	7.6	1.7		7.5			178.0	60.0
4.0	197.0	52.0	12.0		8.0			125.0	27.5
5.0	2000	341.0	92.0		9.0			31.2	
5.5				62.0	10.0			9.3	
5.8			315.0	99.0	11.0			1.7	

4. 青霉素的应用

青霉素问世以来,临床上主要用于控制敏感金黄色葡萄球菌、链球菌、肺炎双球菌、淋球菌、脑膜炎双球菌、螺旋体等引起的感染,对大多数革兰阳性菌(如金黄色葡萄球菌)和某些革兰阴性菌及螺旋体有抗菌作用。青霉素的优点是毒性小,但由于难以分离除去青霉噻唑酸蛋白(微量可能引起过敏反应),因此需要皮试。青霉素的缺点是对酸不稳定,不能口服,排泄快,对大多数阴性菌效果较差。而半合成青霉素——氨苄青霉素则耐酸广谱,对抗绿脓杆菌的磺苄青霉素耐酸、耐酶;由 6-氨基青霉素烷酸化学半合成的可口服又可注射的乙氧萘青霉素对酸和青霉素酶稳定。

5. 青霉素生产菌的生物学特性

(1) 生物学特性 现国内青霉素生产厂大都采用绿色丝状菌,形成绿色孢子和黄色孢子的两种产黄青霉菌株;深层培养中菌丝形态为球状和丝状两种,我国生产上采用的是丝状。菌落平坦或皱褶,圆形,边沿整齐或锯齿或扇形。气生菌丝形成大小梗,上生分生孢子,排列呈链状,似毛笔,称为青霉穗。孢子黄绿色至棕灰色,圆形或圆柱形。

(2) 发酵条件下的生长过程 产黄青霉菌的生长分为三个代谢阶段。

第一阶段:菌丝生长繁殖期,这个时期培养基中糖及含氮物质被迅速吸收,丝状菌孢子发芽长出菌丝,菌丝浓度增加很快,此时青霉素分泌量很少。

第 1 期:分生孢子萌发,形成芽管,原生质未分化,具有小泡,分支旺盛。第 2 期:菌丝繁殖，原生质体具有嗜碱性，类脂肪小颗粒。第3期：形成脂肪包含体，积累储藏物，没有空泡，嗜碱性很强。

第二阶段：青霉素分泌期，这个时期菌丝生长趋势减弱，间隙添加葡萄糖作碳源和花生饼粉、尿素作氮源，并加入前体，此期间丝状菌要求 pH 6.2～6.4，青霉素分泌旺盛。

第4期：脂肪包含体形成小滴并减少，形成中小空泡，原生质体嗜碱性减弱，开始产生抗生素。第5期：形成大空泡，有中性染色大颗粒，菌丝呈桶状，脂肪包含体消失，青霉素产量最高。

第三阶段：菌丝自溶期，此时丝状菌的大型空泡增加并逐渐扩大自溶。

第6期：出现个别自溶细胞，细胞内无颗粒，仍然呈桶状。释放游离氨，pH 上升。第7期：菌丝完全自溶，仅有空细胞壁。

按显微镜检查菌丝形态变化或根据发酵过程中生化曲线测定进行补糖，这样既可以调节 pH，又可以提高和延长青霉素发酵单位。除补糖外，氮源的补加也可以提高发酵单位，控制发酵。1～3期为菌丝生长期，3期的菌体适宜作为种子。4～5期为生产期，生产能力最强，通过工程措施延长此期，以获得高产。在第6期到来之前结束发酵。

（二）确定生产技术、生产菌种和工艺路线

（1）确定生产技术：微生物发酵技术。

（2）确定生产菌种：产黄青霉（*P. chrysogenum*）。

（3）确定青霉素的发酵工艺流程，如图 1-2-3 所示。

二、菌种培养

（一）生产孢子的制备

将砂土保藏的孢子用甘油、葡萄糖、蛋白胨组成的培养基进行斜面培养，经传代活化。最适生长温度在 25～26 ℃，培养 6～8 d，得单菌落，再转斜面，培养 7～9 d，得斜面孢子。移植到优质小米（或大米）固体培养基上，25 ℃生长 6～7 d，制得小米孢子。

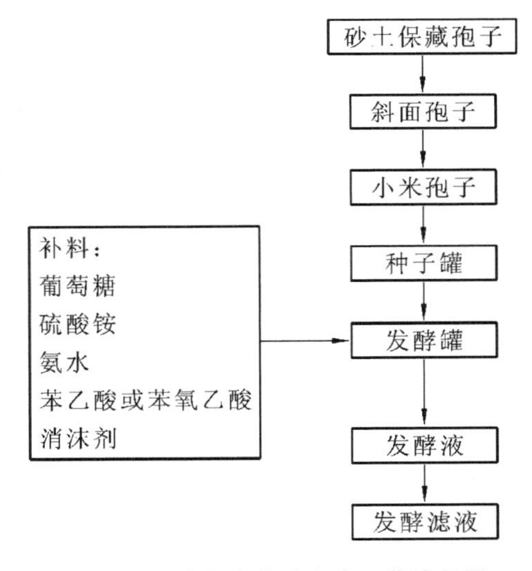

图 1-2-3 青霉素发酵生产工艺流程图

（二）种子罐和发酵罐培养工艺

青霉素大规模生产时采用三级发酵。一级发酵通常在小罐中进行，将生产孢子按一定接种量移入种子罐内，25 ℃培养 40～45 h，菌丝浓度达 40%（体积分数）以上，菌丝形态正常，即移入繁殖罐内，此阶段主要是让孢子萌芽形成菌丝，制备大量种子供发酵用。二级发酵主要是在一级发酵的基础上使青霉菌菌丝体继续大量繁殖，通常在 25 ℃培养 13～15 h，菌丝浓度达 40%以上，残糖在 1.0%左右，无菌检查合格便可作为种子，按 30%接种量移入发酵罐，此时的发酵为三级发酵，除了继续大量繁殖菌丝外主要是生产青霉素。产黄青霉菌发酵条件列于表 1-2-3 中。

表 1-2-3　产黄青霉菌发酵条件

发酵级别	主要培养基	通气量/[L/(L·min)]	搅拌速度/(r/min)	培养时间/h	pH	培养温度/℃
一级	葡萄糖、乳糖、玉米浆等	0.333	300～350	40～50	自然 pH	25±1
二级	玉米浆、葡萄糖	0.667～1	250～280	13～15	自然 pH	25±1
三级	花生饼粉、葡萄糖、尿素、硝酸铵、硫代硫酸钠、苯乙酸铵、$CaCO_3$	0.556～1.429	150～200	按青霉素产生趋势决定停止发酵	前 60 h 左右 6.7～7.2，以后 6.7	前 60 h 左右 26，以后 24

三、青霉素的发酵过程控制

在青霉素的生产中，让培养基中的主要营养物只够维持青霉菌在前 40 h 生长，而在 40 h 后，靠低速连续补加葡萄糖和氮源等，使菌处于半饥饿状态，延长青霉素的合成期，可大大提高产量。所需营养物限量的补加常用来控制营养缺陷型突变菌种，使代谢产物积累到最大量。

(一) 培养基

青霉素发酵中采用补料分批操作法，对葡萄糖、铵盐、苯乙酸进行缓慢流加，维持一定的最适浓度。葡萄糖流加时波动范围较窄，浓度过低使抗生素合成速率减小或停止，过高则导致呼吸活性下降，甚至引起自溶，葡萄糖浓度是根据 pH、溶氧或 CO_2 释放率予以调节。

(1) 碳源的选择　生产菌能利用多种碳源，如乳糖、蔗糖、葡萄糖、阿拉伯糖、甘露糖、淀粉和天然油脂。葡萄糖、乳糖结合能力强，而且随时间延长而增加，所以通常采用葡萄糖和乳糖。可根据形态变化滴加葡萄糖。

(2) 氮源　玉米浆是最好的氮源，含有多种氨基酸及其前体苯乙酸和衍生物。玉米浆质量不稳定，可用花生饼粉或棉籽饼粉取代。可补加无机氮源。

(3) 无机盐　需要硫、磷、镁、钾等。铁有毒，控制浓度在 30 μg/mL 以下。

(4) 流加控制　补糖：根据残糖、pH、尾气中 CO_2 和 O_2 含量控制。残糖在 0.6%左右，pH 开始升高时加糖。补氮：流加硫酸铵、氨水、尿素，控制氨基氮浓度在 0.05%。添加前体：在合成阶段，苯乙酸及其衍生物，苯乙酰胺、苯乙胺、苯乙酰甘氨酸等均可为青霉素侧链的前体，直接掺入青霉素分子中，也具有刺激青霉素合成作用，但浓度大于 0.19%时对细胞和合成有毒性，还能被细胞氧化。策略是流加低浓度前体，一次加入量低于 0.1%，保持供应速率略大于生物合成的需要。

(二) 温度

生长适宜温度为 30 ℃，分泌青霉素温度为 20 ℃。20 ℃下青霉素破坏少，周期很长。生产中采用变温控制，不同阶段采用不同温度。前期控制在 25～26 ℃，后期降温到 23 ℃。过高则会降低发酵产率，增加葡萄糖的维持消耗量，降低葡萄糖至青霉素的转化得率。有的发酵过程在菌丝生长阶段采用较高的温度，以缩短生长时间，生产阶段适当降低温度，以利于青霉素合成。

（三）pH

青霉素合成的适宜 pH 为 6.4～6.6，避免超过 7.0，青霉素在碱性条件下不稳定，易水解。缓冲能力弱的培养基中，pH 降低，则意味着加糖率过高而造成酸性中间产物积累；pH 上升，说明加糖率过低，不足以中和蛋白质产生的氨或其他生理碱性物质。前期 pH 控制在5.7～6.3，中后期 pH 控制在 6.3～6.6，通过补加氨水进行调节。pH 较低时，加入 $CaCO_3$、通氨调节或提高通气量。pH 上升时，加糖或天然油脂。一般直接加酸或碱自动控制，流加葡萄糖控制。

（四）溶氧

溶氧低于 30%饱和度时，产率急剧下降，低于 10%饱和度时，则造成不可逆的损害。所以溶氧浓度不能低于 30%饱和度。通气量（指每分钟通气体积与料液体积的比值）一般为 1.25 L/(L・min)。溶氧过高，菌丝生长不良或加糖率过低，呼吸强度下降，影响生产能力的发挥。维持适宜的搅拌速度，保证气液混合，提高溶氧，根据各阶段的生长和耗氧量不同，调整搅拌转速。

（五）菌丝生长速率与形态、浓度

对于每个有固定通气和搅拌条件的发酵罐内进行的特定好氧过程，都有一个使氧传递速率（OTR）和氧消耗速率（OUR）在某一溶氧水平上达到平衡的临界菌丝浓度，超过此浓度，OUR>OTR，溶氧水平下降，发酵产率下降。在发酵稳定期，湿菌可达 15%～20%，丝状菌干重约为 3%，球状菌干重在 5%左右。

（六）消泡

发酵过程泡沫较多，需补入消泡剂，包括天然油脂（如玉米油）、化学消泡剂。少量多次。前期不宜多加入，以免影响呼吸代谢。

四、青霉素的提取工艺过程

青霉素不稳定，发酵液预处理、提取和精制过程要条件温和、快速，防止降解，提取工艺流程如图 1-2-4 所示。从发酵液中提取青霉素，早期曾使用过活性炭吸附法，目前多采用溶剂萃取法。由于青霉素性质不稳定，整个提取过程应在低温、快速、严格控制 pH 条件下进行，注意对设备清洗消毒时减少污染，尽量避免或减少青霉素效价的破坏损失。

（一）预处理

发酵液在萃取之前需预处理。发酵液加少量絮凝剂沉淀蛋白质，然后经真空转鼓过滤或板框过滤，除掉菌丝体及部分蛋白质。青霉素易降解，发酵液及滤液应冷至 10 ℃以下，过滤收率一般在 90%左右。

（二）过滤

菌丝体粗长（10 μm），采用鼓式真空过滤机过滤，滤渣形成紧密饼状，容易从滤布上刮下。滤液 pH 至 6.2～7.2，蛋白质含量为 0.05%～0.2%。需要进一步除去蛋白质。

发酵滤液

↓ 用15%硫酸调节pH至2.0~2.2，按1∶(3.5~4.0)(体积比）加入BA及适量破乳剂，在5 ℃左右进行逆流萃取

一次BA萃取液

↓ 按1∶(4~5)(体积比）加入1.5%$NaHCO_3$缓冲液（pH 6.8~7.2），在5 ℃左右进行逆流萃取

一次水提液

↓ 用1.5%硫酸调节pH至2.0~2.2，按1∶(3.5~4.0)(体积比）加入BA，在5 ℃左右进行逆流萃取

二次BA萃取液

↓ 加入粉末活性炭，搅拌15~20 min脱色，然后过滤

脱色液

↓ 按脱色液中青霉素含量计算所需K量的110%加入25%乙酸钾丁醇溶液，在真空度大于0.095 MPa及45~48 ℃下共沸结晶

结晶混悬液

↓ 过滤，先后用少量丁醇和乙酸乙酯各洗涤晶体两次

湿晶体

↓ 在0.095 MPa以上的真空度及50 ℃下干燥

青霉素工业盐

图1-2-4　青霉素提取工艺流程图

（三）萃取

(1) 一次BA(乙酸丁酯)萃取　用1.5%硫酸调节pH至2.0～2.2，按1∶(3.5～4.0)(体积比)加入BA及适量破乳剂，在5 ℃左右进行逆流萃取。

(2) 一次水提取　按1∶(4～5)(体积比)加入1.5%$NaHCO_3$缓冲液(pH 6.8～7.2)，5 ℃左右进行逆流萃取。

(3) 二次BA萃取　用1.5%硫酸调节pH至2.0～2.2，按1∶(3.5～4.0)(体积比)加入BA及适量破乳剂，在5 ℃左右进行逆流萃取。

（四）脱色

每升萃取液中加入150～250 g活性炭，搅拌15～20 min，过滤。

（五）结晶

加25%乙酸钾丁醇溶液，真空度大于0.095 MPa、温度为45～48 ℃共沸蒸馏结晶，得到青霉素钾盐，水和丁醇形成共沸物而蒸出，盐结晶析出。晶体经过洗涤、干燥后，得到青霉素产品。

五、青霉素钠的含量测定方法

(1) 碘量法测定　精密称定样品5 g，溶解后置于100 mL容量瓶中，稀释至刻度，即为供试液，精密量取5 mL，置于碘瓶中，加1 mol/L氢氧化钠溶液放置20 min，再加1 mL 1 mol/L盐酸和5 mL pH 4.5的乙酸钠缓冲液，精密加入0.01 mol/L碘滴定液

15 mL，密塞，摇匀，在 20～25 ℃暗处放置 20 min，用 0.01 mol/L 硫代硫酸钠滴定液滴定，至近终点时加淀粉指示剂，继续滴定至蓝色消失。

另精密量取供试液 5 mL，置于碘瓶中，加缓冲液 5 mL，精密加入碘滴定液 15 mL，同法操作，作为空白。

$$\text{青霉素质量分数}=\frac{\Delta V\times c\times M\times D}{m\times 8}$$

式中，ΔV 为硫代硫酸钠溶液减少的体积；c 为硫代硫酸钠溶液的浓度；M 为青霉素的摩尔质量；D 为稀释倍数；m 为样品质量。

(2) 高效液相色谱法　取本品适量，精密称定，加 pH 6.5 的磷酸盐缓冲液（取 0.2 mol/L磷酸二氢钾溶液 125 mL ，加水 250 mL，混匀，用氢氧化钠溶液调节 pH 至 6.5，再用水稀释至 500 mL）溶解并稀释成约 3.6 mg/mL 的青霉素钾溶液，作为供试品溶液；精密量取 1 mL，置于 100 mL 容量瓶中，用上述 pH 6.5 的磷酸盐缓冲液稀释至刻度，摇匀，作为对照溶液。依照高效液相色谱法测定，用十八烷基硅烷键合硅胶作为填充剂；流动相 A 为 pH 3.5 的磷酸盐缓冲液（取 0.5 mol/L 磷酸二氢钾溶液，用磷酸调节 pH 至 3.5）-甲醇-水（体积比为 10∶30∶60 ），流动相 B 为 pH 3.5 的磷酸盐缓冲液-甲醇-水（体积比为 10∶55∶35），先以流动相 A-流动相 B（体积比为 60∶40）等度洗脱，待青霉素洗脱完毕，立即按表 1-2-4 进行线性梯度洗脱，检测波长为 268 nm。取青霉素对照品 10 mg，置于 10 mL 容量瓶中，加上述 pH 6.5 的磷酸盐缓冲液溶解并稀释至刻度，摇匀，作为系统适用性溶液。取 20 μL 注入液相色谱仪，记录色谱图。精密量取供试品溶液和对照溶液各 20 μL，分别注入液相色谱仪，记录色谱图，供试品溶液色谱图中如有杂质峰，单个杂质峰面积不得大于对照溶液主峰面积的 1.5 倍（1.5%），各杂质峰面积的和不得大于对照溶液主峰面积的 3 倍（3.0%），供试品溶液色谱图中小于对照溶液主峰面积 0.05 倍的峰忽略不计。

表 1-2-4　线性梯度洗脱（青霉素钠含量测定）

t/min	流动相 A 体积分数/(%)	流动相 B 体积分数/(%)
0	60	40
20	0	100
35	0	100
50	60	40

任务二　红霉素的生产

一、生产前准备

（一）查找资料，了解红霉素生产基本知识

1. 红霉素的化学结构和理化性质

红霉素是由红霉内酯、红霉糖和脱氧氨基己糖三个亚单位构成的十四元大环内酯类抗

生素,也是最早使用于临床的大环内酯类抗生素(macrolide antibiotics),其化学结构如图 1-2-5所示,其中根据 R_1 和 R_2 基团的不同,红霉素又可分为红霉素 A($R_1=OH,R_2=CH_3$,分子式为 $C_{37}H_{67}NO_{13}$,$M_r=733.94$)、红霉素 B($R_1=H,R_2=CH_3$,分子式为 $C_{37}H_{67}NO_{12}$,$M_r=717.94$)和红霉素 C($R_1=OH,R_2=H$,分子式为 $C_{36}H_{65}NO_{13}$,$M_r=719.90$)三种。

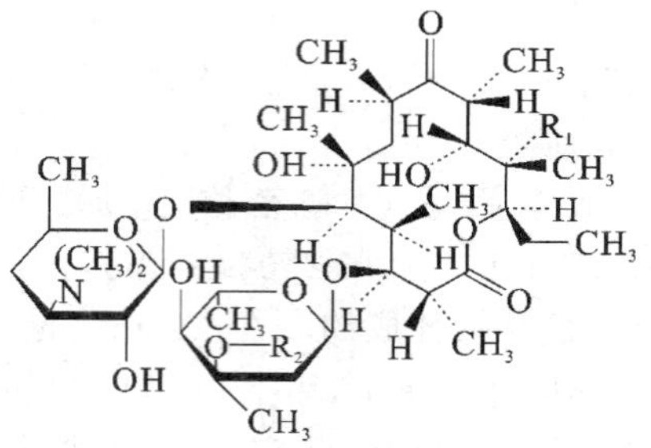

图 1-2-5　红霉素分子结构图

红霉素微溶于水,易溶于有机溶剂。在碱性溶液中抗菌性能较强,在酸性溶液中易被破坏,pH<4 时几乎完全失效。

2. 红霉素的药用价值与作用机理

红霉素是广谱抗生素,对革兰阳性菌作用强,如对金黄色葡萄球菌(包括耐青霉素菌株)、溶血性链球菌、肺炎球菌、白喉杆菌、炭疽杆菌和梭菌属等有较强抗菌作用,对部分革兰阴性菌(如淋球菌、脑膜炎双球菌等)也较有效。临床上主要用于治疗呼吸道感染、皮肤与软组织感染、胃肠道感染等。其副作用较小,尤其适用于青霉素过敏者。

红霉素作用于 50S 核糖体亚单位,通过影响转肽作用和(或)阻断信使核糖核酸位移而抑制敏感细菌的蛋白质合成。红霉素对革兰阳性菌的作用比对革兰阴性菌的作用强,是因为它进入前者的量比进入后者的量大 100 倍左右。

口服红霉素由肠道吸收。红霉素在血中部分以游离形式存在,约有 18%(也有报告 42%~84%)与血清蛋白结合,相对分子质量变大,不易透过细胞膜及毛细血管而在血中储存,失去抗菌活性。红霉素血浓度下降一半所需的时间(药物在人体内的生物半衰期)为 1.4~1.5 h。红霉素在体内分布广泛,主要经胆汁排泄,并进行肝肠循环。仅有口服给药量的 2.5%和静脉给药量的 12%~15%以活性形式从尿中排出。肾功能衰退时,红霉素的血浆半衰期仅稍有延长,故其剂量可不改变,或在重度肾功能衰退时剂量略减。

(二) 确定生产技术、生产菌种和工艺路线

(1) 确定生产技术:微生物发酵制药技术。

(2) 确定生产菌种:红色链霉菌(*Streptomyces erythreus*)。

(3) 确定红霉素生产工艺流程。

红霉素的提取方法有溶剂萃取法、离子交换法及大孔树脂吸附法三种,目前国内外主要采用溶剂萃取法和大孔树脂吸附法,而其中溶剂萃取法所得成品生物效价不高,需通过丙酮结晶后才能达到《中国药典》(2020 年版)二部标准,因此,可利用与中间盐沉淀相结合的工艺来进行。其发酵工艺和提取工艺流程分别如图 1-2-6、图 1-2-7、图 1-2-8 所示。

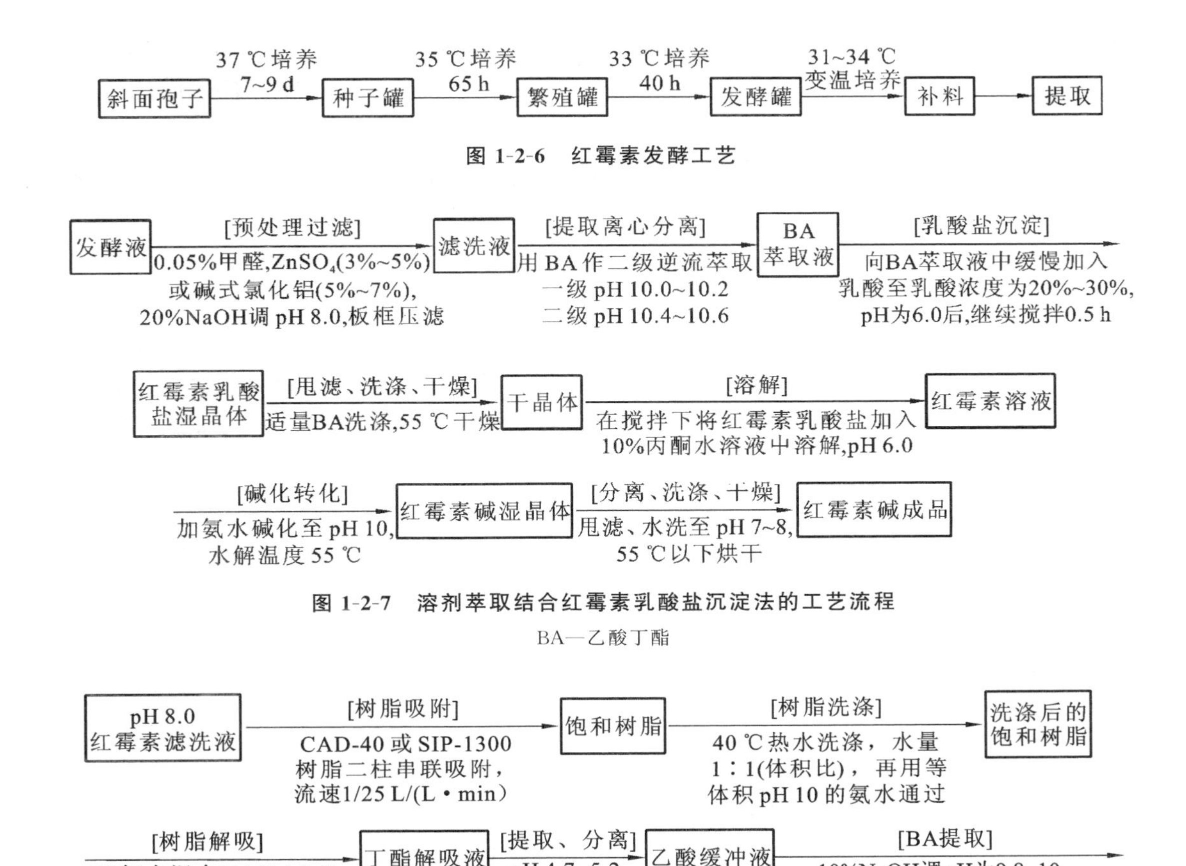

图 1-2-6　红霉素发酵工艺

图 1-2-7　溶剂萃取结合红霉素乳酸盐沉淀法的工艺流程

BA—乙酸丁酯

图 1-2-8　大孔树脂吸附法的工艺流程

二、菌种培养

（一）红霉素生产菌的生物学特性

红霉素的生产菌是红色链霉菌,红霉素是 1952 年从红色链霉菌培养液中分离出来的碱性抗生素,是多组分的,其中红霉素 A 为有效组分,红霉素 B、红霉素 C 为杂质。现用的红霉素生产菌在其生物合成过程中不产生红霉素 B,故红霉素 C 为国产红霉素的主要杂质。

（二）生产孢子的制备

红霉素斜面孢子培养基组成为淀粉 1.0%、硫酸铵 0.3%、氯化钠 0.3%、玉米浆 1.0%、碳酸钙 0.25%、琼脂 2.2%,pH 为 7.0～7.2,斜面培养温度为 37 ℃,湿度为 50%左右,避光培养,因为光会抑制孢子的形成。培养 7～10 d 斜面上长成白色至深米色孢子，色泽新鲜、均匀、无黑色，背面产生红色色素，后转红棕色。在母瓶斜面孢子中挑选优良孢子区域或单菌落接入子瓶，37 ℃培养 7～9 d，每批子瓶斜面孢子数应不少于 1 亿个。

（三）种子罐和发酵罐培养工艺

将子瓶斜面孢子制成孢子菌悬液，用微孔接种的方式接入种子罐。种子罐及繁殖罐的培养基由花生饼粉、蛋白胨、硫酸铵、淀粉、葡萄糖等组成。种子罐的培养温度为 35 ℃，培养时间为 65 h 左右；繁殖罐培养温度为 33 ℃，培养时间为 40 h 左右。均按移种标准检查，符合要求后才能进行移种。

发酵培养基由黄豆饼粉、玉米浆、淀粉、葡萄糖、碳酸钙、硫酸铵、磷酸二氢钾等组成。其中葡萄糖是主要的碳源（80%～85%），其次是淀粉（15%～20%），为了降低成本和节约粮食，生产上常用母液糖代替固体葡萄糖；氮源是以黄豆饼粉为主，其次是玉米浆和硫酸铵。

三、发酵过程控制

红霉素生产中需要供给溶氧，发酵罐的通气量一般为 0.833～1.250 L/(L·min)，增大通气量、适当提高搅拌转速会提高发酵单位，但必须加强补料，防止菌丝早衰自溶，并且搅拌转速不宜太高。

红色链霉菌对温度敏感，发酵过程温度控制在 31 ℃，若前期 33 ℃培养，则菌丝生长繁殖速率加快，40 h 黏度即达最高峰，但衰老自溶也快，影响产量。发酵过程中维持 pH 6.6～7.2，菌丝生长良好，不自溶，发酵单位稳定。pH 低于 6.5 对生物合成不利；pH 高于 7.2 时菌丝易自溶，且会导致红霉素 C 比例增加，红霉素 A 的含量降低，影响成品质量。

为了提高红霉素的发酵单位，还需要中间补料。发酵过程中还原糖控制在 1.2%～1.6%范围内，每隔 6 h 加入一次葡萄糖，直至放罐前 12～18 h 停止加糖。有机氮源一般每日补 3～4 次，根据发酵液黏度的大小决定补料量，若黏度低可增加补料量，黏度高则减少补料量，黏度过高还可适量补水，放罐前 24 h 停止补加氮源。根据红霉素生物合成途径，红霉素 C 转为红霉素 A 需要甲基供体，生产上一般以丙酸或丙醇作为前体以提高红霉素 A 的产量。一般在发酵开始后 24～39 h，当发酵液较浓，pH 高于 6.5 时开始补入，每隔 24 h 加一次，共加 4～5 次，总量为 0.7%～0.8%。发酵后期，滴加氨水也可以提高发酵单位和成品质量。

发酵过程中，发酵液的黏度对红霉素 A、红霉素 C 的比例有直接影响，在一定黏度范围内，红霉素 C 的含量与发酵液黏度呈负相关关系，因此，适当提高发酵液黏度能降低红霉素 C 的比例，从而保证成品质量。通过降低搅拌转速、降低罐温、增加有机氮源补给、滴加氨水等均能提高发酵液的黏度，但黏度过高又会影响溶氧浓度，导致发酵单位下降，所以须因地制宜进行发酵工艺控制。

发酵培养基中黄豆饼粉的存在会导致较多的泡沫产生，可用植物油（豆油或菜油）作消泡剂。

四、红霉素的提取工艺过程

目前一般采用 0.05%甲醛和 3%～5%硫酸锌溶液来沉淀蛋白质，既可以防止其在溶剂萃取时产生乳化现象，又可促使菌丝结团加快滤速。但是，硫酸锌呈酸性，而红霉素在酸性条件下会被破坏，所以要用 NaOH 调 pH 至 7.2～7.8，也可用 5%～7%碱式氯化铝溶液来代替硫酸锌溶液。至于乳化的防止和去除一般可利用十二烷基磺酸钠，它在碱性条件下留在水相中，不影响成品的色泽。

红霉素分子中碱性糖的二甲氨基可与乳酸成盐，从 BA 中析出红霉素乳酸盐，分离掉溶剂，将此盐溶解于丙酮水中，加氨水碱化转化为红霉素碱，洗涤干燥后的成品纯度可达 930～960 U/mg，与单纯溶剂法相比，省去了丙酮重结晶等处理环节。

用大孔吸附树脂 CAD-40 或 SIP-1300 等作为吸附剂，从溶液中吸附红霉素，收率接近 100%，可以代替一次 BA 萃取来提取红霉素，以后的工序可采用二次 BA 萃取工艺，也可采用红霉素乳酸中间盐转红霉素结晶的工艺路线，提取总收率相当或高于溶剂法，成品效价（一次结晶）在 935 U/mg 以上。

五、红霉素含量测定

（一）紫外分光光度计测定

（1）标准曲线的制备　精密称取红霉素对照品适量，加甲醇溶液溶解，移入 50 mL 容量瓶中并稀释至刻度。分别精密吸取（精密吸取是指量取体积的准确度应符合国家标准中对该体积移液管的精度要求）0.5 mL、1.0 mL、1.5 mL、2.0 mL、2.5 mL、3.0 mL、3.5 mL、4.0 mL、4.5 mL、5.0 mL，置于 10 mL 容量瓶中，加龙胆紫溶液 25 mL 并用硼酸盐缓冲液（pH 8.5）稀释至刻度。同法以试剂做空白对照，在 633.2 nm 波长处测定吸光度，求出回归方程。

（2）含量测定　精密称取红霉素样品适量，加甲醇溶液溶解并稀释至刻度，摇匀，移取 2.0 mL，置于 25 mL 容量瓶中，其余同上。将测得吸收度值代入回归方程，求出含量。

（二）HPLC 方法测定

（1）色谱条件　用十八烷基硅烷键合硅胶为填充剂（4.6 mm×250 mm，3.5 μm）；流动相 A 为乙腈-0.2 mol/L 磷酸氢二钾溶液（用磷酸调节 pH 至 7.0）-水（体积比为 35∶5∶60），流动相 B 为乙腈-0.2 mol/L 磷酸氢二钾溶液（用磷酸调节 pH 至 7.0）-水（体积比为 50∶5∶45）。先以流动相 A 等度洗脱，待红霉素 B 洗脱完毕，立即按表 1-2-5 进行线性梯度洗脱；流速为 1.0 mL/min；柱温为 65 ℃，检测波长为 210 nm；进样体积 100 μL。

表 1-2-5　线性梯度洗脱（红霉素含量测定）

t/min	流动相 A 体积分数/（%）	流动相 B 体积分数/（%）
0	100	0
t_g	100	0
t_g+2	0	100
t_g+9	0	100
t_g+10	100	0
t_g+20	100	0

注：t_g 为红霉素 B 的保留时间（min）。

(2) 对照品溶液制备　精密称取红霉素标准品 325 mg,置于 50 mL 容量瓶中,加流动相溶解并稀释至刻度,摇匀,配成对照品储备液。再精密量取 2 mL,置于 25 mL 容量瓶中,加流动相配制成 1 mL 含红霉素 0.5 mg 的对照品溶液。

(3) 绘制标准曲线　分别精密量取上述对照品溶液 0.5 mL、1.0 mL、2.0 mL、4.0 mL、8.0 mL、12.0 mL、16.0 mL 并置于 25 mL 容量瓶中,加流动相至刻度。分别进样20 μL,记录色谱图。以峰面积对进样量绘制标准曲线,求出回归方程。

(4) 测定　精密称取样品 5 g,置于分液漏斗中,加石油醚 80 mL,缓慢振摇,使基质溶解,用磷酸盐缓冲液(pH 6.0)提取 4 次,每次约 25 mL,合并提取液,置于 100 mL 容量瓶中,用磷酸盐缓冲液(pH 7.0)稀释至刻度,摇匀,配制成 1 mL 含红霉素 0.5 mg 的供试品溶液。与对照品同法测定,利用标准曲线计算样品浓度。

任务三　链霉素的生产

一、生产前准备

(一) 查找资料,了解链霉素生产基本知识

(1) 链霉素的发现　1944 年 Waksman 发现的来自于链霉菌的链霉素(streptomycin)是第一种氨基糖苷类抗生素。此后,从土壤微生物中陆续筛选出很多氨基糖苷类抗生素。据不完全统计,已发现的这类天然抗生素已达百种以上。将它们按分子结构可分为三种,即链霉胺(streptamine)衍生物组、2-去氧链霉胺(2-deoxystreptamine)衍生物组和其他氨基环醇衍生物组。临床上较常用的包括链霉素、卡那霉素、庆大霉素、新霉素等。

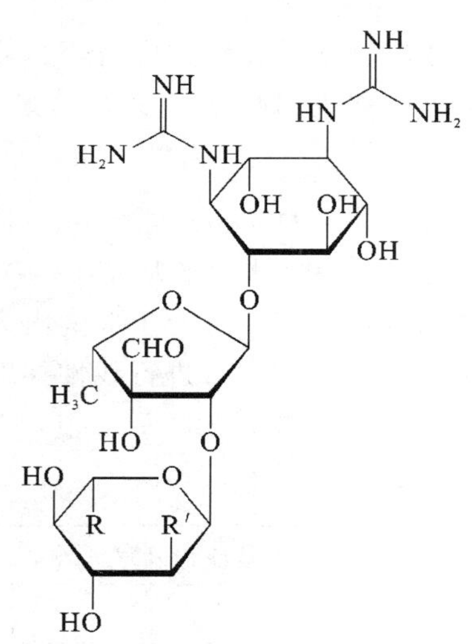

图 1-2-9　链霉素的化学结构

(2) 链霉素的化学结构　链霉素分子的化学结构通式如图 1-2-9 所示,R、R′代表不同的化学基团,如链霉素(R=H,R′=CHO)、双氢链霉素(R=H,R′=CH_2OH)和羟链霉素(R=OH、R′=CHO)等。

(3) 链霉素的理化性质　链霉素游离碱为白色粉末,其盐多为白色或微带黄色粉末或结晶,无臭,微苦,有吸湿性,易潮解。链霉素是一种高极性并有很强亲水性的有机碱,整个分子成为一个三价盐基强碱。链霉素在水溶液中随 pH 不同而以四种形式存在,当 pH 很高时,成游离碱的形式,当 pH 降低时可逐渐解离成一价正离子、二价正离子,在中性及酸性溶液中就成为三价正离子。其盐以三价正离子形式存在于溶液中。链霉素易溶于水,难溶于有机溶剂。干燥的链霉素相当稳定,其水溶液随温度升高失活加剧,pH 在1～10时较稳定。链霉素可通过氢化反应直接还原成双氢链霉素,被溴水氧化形成链霉素酸。

（二）确定生产技术、生产菌种和工艺路线

（1）确定生产技术：微生物发酵制药技术。

（2）确定生产菌种：灰色链霉菌（*Streptomyces griseus*）。

（3）确定链霉素生产工艺流程，如图1-2-10所示。

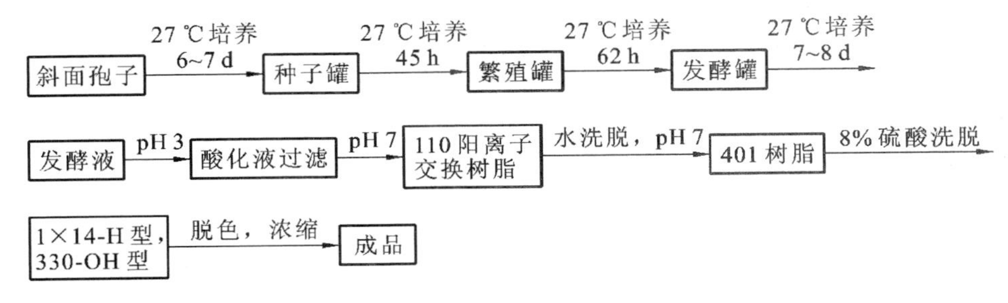

图1-2-10　链霉素生产工艺流程

二、菌种培养

（1）生物学特性　链霉素生产菌是灰色链霉菌，目前生产上常用的菌株生长在琼脂孢子斜面上，气生菌丝和孢子都呈白色，菌落丰满，梅花形或馒头形隆起，组织细致，不易脱落，直径3～4 mm，基质菌丝透明，斜面背后产生淡棕色色素。菌株退化后菌落为光秃型，很少产生或不产生气生菌丝。生产上，为了防止菌株变异，通常采取以下措施：①菌种用冷冻干燥法或砂土管法保存，并严格限制有效使用期；②生产用菌种或斜面都保存于低温（0～4 ℃）冷冻库内，并限制其使用期限；③严格控制生产菌落在琼脂斜面上的传代次数，一般以3次为限，并采用新鲜斜面；④定期进行纯化筛选，淘汰低单位的退化菌落；⑤不断选育出高单位的新菌种。

（2）斜面培养基和培养条件　培养基成分为酵母膏2%、$MgSO_4 \cdot 7H_2O$ 0.05%、磷酸氢二钾0.05%、葡萄糖1%、琼脂1.5%～2.5%，pH为7.8，培养温度为30 ℃，培养7 d。

三、链霉素的发酵工艺过程

链霉素的发酵生产工艺采用沉没培养法，在通气搅拌下，菌种在适宜的培养基内，经过2～3次的种子扩大培养，进行发酵生产。其过程包括斜面孢子培养、摇瓶种子培养、种子罐培养和发酵培养等，培养温度为26.5～28 ℃，发酵过程中进行代谢控制和中间补料。

（一）生产孢子的制备

由砂土管接种于斜面培养基上，培养基主要含葡萄糖、蛋白胨和豌豆浸汁，接种后于27 ℃下培养6～7 d，要求长成的菌落为白色丰满的梅花形或馒头形，背面为淡棕色色素，排除各种杂型菌落，经过两次传代，可以达到纯化的目的，排除变异的菌株。

（二）种子罐和发酵罐培养工艺

斜面孢子还要经摇瓶培养后再接种到种子罐。种子摇瓶可以直接接种到种子罐，也可以扩大摇瓶培养一次，用子瓶来接种。培养基成分为黄豆饼粉、葡萄糖、硫酸铵、碳酸钙等，摇瓶种子质量以发酵单位、菌丝阶段、菌丝黏度或浓度、糖氮代谢、种子液色泽和无菌检查为指标。

待斜面长满孢子后，制成悬液接入装有培养基的摇瓶中，于 27 ℃下培养 45～48 h；待菌丝生长旺盛后，取若干个摇瓶，合并其中的培养液，将其接种于种子罐内已灭菌的培养基中，通入无菌空气搅拌，在 27 ℃罐温下培养 62～63 h，然后接入发酵罐内已灭菌的培养基中，通入无菌空气，搅拌培养，罐温为 27 ℃，发酵 7～8 d。

种子罐扩大培养用以扩大种子量，可为 2～3 级，取决于发酵罐的体积和接种数量。2～3级种子罐的接种量约为 10%，最后接种到发酵罐的接种量要求大一些，约为 20%，以使前期菌丝迅速长好，从而稳定发酵。在种子罐培养过程中必须严格控制罐温、通气、搅拌、菌丝生长和消泡情况，防止闷罐或倒罐以保证种子正常供应。

（三）发酵过程控制

发酵培养是链霉素生物合成的最后一步，灰色链霉菌发酵培养基主要由葡萄糖、黄豆饼粉、硫酸铵、玉米浆、磷酸盐和碳酸钙等组成。灰色链霉菌对温度敏感，其较合适的培养温度为 26.5～28 ℃，超过 29 ℃培养过久，则发酵单位下降。适合于菌丝生长的 pH 为 6.5～7.0，适合于链霉素合成的 pH 为 6.8～7.3，pH 低于 6.0 或高于 7.5，都对链霉素的生物合成不利。

灰色链霉菌是一种高度需氧菌，且其利用葡萄糖的主要代谢途径是酵解途径及单磷酸己糖途径，葡萄糖的代谢速率受氧传递速率和磷酸盐浓度的调节，高浓度的磷酸盐可加速葡萄糖的利用，合成大量菌丝并抑制链霉素的生物合成，通气受限制时也会增加葡萄糖的降解速率，造成乳酸和丙酮酸在培养基内的积累，因此链霉素发酵需要在高氧传递水平和适当低无机磷酸盐浓度的条件下进行。链霉菌的临界氧浓度约为 10^{-3} mol/mL，溶氧在此值以上，则细胞的摄氧率达最大限度，也能保证有较高的发酵单位。

为了延长发酵周期，提高产量，链霉素发酵采用中间补料，通常补加葡萄糖、硫酸铵和氨水，其中补糖次数和补糖量根据耗糖速率而定，而硫酸铵和氨水的补加量以培养基的 pH 和氨基氮的含量高低为准。

四、链霉素的提取工艺过程

目前国内外多采用离子交换法提取链霉素。其提取程序包括发酵液的过滤及预处理、吸附和洗脱、精制及干燥等。

发酵终了时，链霉菌所产生的链霉素有一部分是与菌丝体相结合的。用酸、碱或盐短时间处理以后，与菌丝体相结合的大部分链霉素就能释放出来，工业上常用草酸或磷酸等酸化处理。

链霉素在中性溶液中是三价的阳离子，可用阳离子交换树脂吸附，生产上一般用羧酸树脂（钠型）来提取链霉素，国外广泛采用一种大网格羧酸阳离子交换树脂（Amberlite）。将待洗脱的罐先用软水彻底洗涤，然后进行洗脱。为了提高洗脱液的浓度，可采用三罐串联解吸，并控制好解吸的速度。

洗脱液中通常含有一些无机和有机杂质，这些杂质对产品的质量影响很大，特别是与链霉素理化性质近似的一些有机阳离子杂质毒性较大，可以通过高交链度的氢型磺酸阳离子交换树脂将它们除去。酸性精制液用羟型阴离子交换树脂中和除酸，最后得到纯度高、杂质少的链霉素精制液。精制液中仍有残余色素、热原、蛋白质、Fe^{3+}等，还要进一步用活性炭脱色，脱色后以 $Ba(OH)_2$或 $Ca(OH)_2$调 pH 至 4.0～4.5(此 pH 范围内链霉素较稳定)，过滤后进行薄膜蒸发浓缩。浓缩温度一般控制在 35 ℃以下，浓缩液浓度应达到 33 万～36 万单位/mL，以适应喷雾干燥的要求。所得浓缩液中仍会含有色素、热原及蒸发过程中产生的其他杂质，因此，需进行第二次脱色，以改善成品色级和稳定性。成品浓缩液中，加入枸橼酸钠、亚硫酸钠等稳定剂，经无菌过滤，即得水针剂。如欲制成粉针剂，将成品浓缩经无菌过滤干燥后，即可制得成品。

五、链霉素鉴定

参照《中国药典》(2020 年版)四部通则 0512，用十八烷基硅烷键合硅胶为填充剂(4.6 mm×250 mm，3.5 μm)，以 0.15 mol/L 三氟乙酸溶液为流动相，流速为 0.5 mL/min，用蒸发光散射检测器检测(参考条件：漂移管温度为 110 ℃，载气流速为 2.8 L/min)，进样体积 10 μL。链霉素峰保留时间为 10～12 min。

项目实训　头孢霉素的发酵生产

一、实训目标

(1) 熟练掌握发酵工程的基本原理和操作。

(2) 掌握抗生素发酵生产的一般工艺流程。

(3) 掌握头孢霉素发酵生产的一般工艺流程、提取和精制方法。

二、实训原理

头孢霉素(见图 1-2-11)生产菌种子周期长达 172 h，而发酵周期只有(126±4) h，目前，国内外头孢霉素生产一直采取补料分批发酵法，通过改进现行补料工艺，采用补料并定时放料分批发酵(半连续发酵)，提高了头孢霉素的生产效率，使发酵指数和罐批产量有了较大幅度的提高。头孢霉素发酵生产工艺路线如图 1-2-12 所示。

图 1-2-11　头孢霉素的化学结构

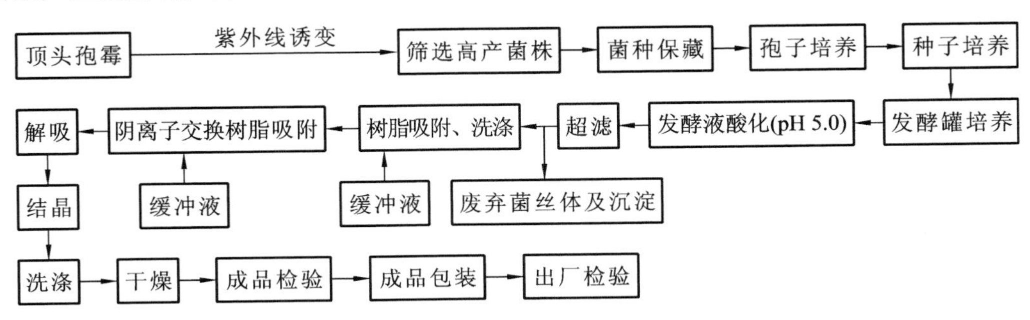

图 1-2-12　头孢霉素发酵生产工艺路线

三、实训器材和试剂

1. 菌种

顶头孢霉(*Acremonium chrysogenum*)。

2. 试剂

DL-甲硫氨酸(缬氨酸或半胱氨酸或α-氨基己二酸或丙二酸)、玉米浆、蔗糖、葡萄糖、豆油、$CaCO_3$、淀粉、糊精、$MgSO_4$、$(NH_4)_2SO_4$、$FeSO_4$、$MnSO_4$、$ZnSO_4$、$CuSO_4$等。

3. 器材

超净工作台、发酵罐、培养箱、振荡摇床、pH 计等。

4. 培养基

(1) 产孢培养基:淀粉 1%、玉米浆(干重)1%、NaCl 0.3%、$(NH_4)_2SO_4$ 0.3%、$CaCO_3$ 0.25%。pH 为 7.0～7.2。

(2) 种子培养基(g/L):玉米浆 70.0、蔗糖 3.3、葡萄糖 16.7、DL-甲硫氨酸 6.0、豆油 10.0、$CaCO_3$ 10.0、KH_2PO_4 4.0、$(NH_4)_2SO_4$ 8.0、$FeSO_4 \cdot 7H_2O$ 0.05。pH 为 6.2。

(3) 发酵培养基:玉米浆 3%、淀粉 3%、糊精 6%、甲硫氨酸 0.3%、葡萄糖 1.0%、油 1%、$CaCO_3$ 1.0%。pH 为 6.0～6.1。

四、头孢霉素发酵生产的方法和步骤

1. 菌种筛选

(1) 孢子培养:将固体培养基培养好的顶头孢霉转接到产孢培养基上,25 ℃培养 3～6 d,收集分生孢子。

(2) 紫外线诱变:利用紫外线照射,致死率在 90%以上,利用高浓度半胱氨酸培养基筛选头孢霉素产量高的菌株。

2. 发酵培养

(1) 种子培养:将诱变好的孢子接种到一级种子培养基,28 ℃培养 76 h,按接种量为 10%接种到二级种子培养基中,28 ℃培养 40 h。

(2) 发酵培养:从二级种子培养液中转接到发酵罐中,接种量为 20%。发酵参数主要从温度、罐压、空气流量、搅拌速度、补料流加速率、菌体浓度、pH、头孢霉素 C 发酵单位、溶氧浓度、碳源浓度和氮源浓度等。搅拌速度为 700 r/min;发酵过程中用 28%氨水控制发酵液 pH,维持在 5.5～5.6;温度 0～40 h 控制在 28 ℃,40 h 以后,控制在 25 ℃。0～24 h,氧气控制在 0.5 L/(L · min),罐压控制在 0.05 MPa;24～28 h,氧气控制在 0.7 L/(L · min),罐压控制在 0.07 MPa;48～72 h,氧气控制在 1.1 L/(L · min),罐压控制在 0.07 MPa;72～130 h,氧气控制在 1.2 L/(L · min),罐压控制在 0.07 MPa。发酵过程中,及时测定菌丝浓度、还原糖浓度、头孢霉素 C 浓度。

五、头孢霉素分离提取的方法和步骤

(1) 发酵液酸化:将发酵液 pH 调至 5.0,使部分蛋白质及钙离子沉淀。

(2) 超滤:离心收集,5000 r/min 离心 10 min,收集上清液;超滤收集,利用 Flow-Cel 膜系统超滤发酵液收集滤液,超滤进料压力维持在 0.4 MPa,透过压力为0.05 MPa,每次料液用量为 250 mL,温度维持在 15 ℃。菌丝体及其他沉淀弃去。

(3) 树脂吸附、洗涤:利用 XAD-1600 吸附滤液中的头孢霉素 C。装柱,将滤液上样,用 5%、10%、15%、20%丙酮溶液或乙醇、异丙醇溶液洗脱,收集洗脱液,并在 254 nm 波长处测量吸收峰,保留最大吸收峰的洗脱液。用 NaOH、H_2SO_4、乙醇、丙酮等溶剂对树脂进行浸泡、洗脱和再生。

(4) 阴离子交换树脂吸附:阴离子交换树脂有 Ambedite IRA-68、Ambedite IR-4R 等。将上述洗脱液上样阴离子交换树脂至饱和。

(5) 解吸:用乙酸钠溶液解吸,乙酸钠溶液浓度从 0 mmol/L 至 10 mmol/L,按 0.5 mmol/L级差逐步增加,洗脱。

(6) 结晶:用液氮将料液预冷至 10 ℃以下,搅拌,加入部分预冷至 0~10 ℃的丙酮(解吸液体积 0.5 倍)。快速加入乙酸锌至结晶液变混浊。停止搅拌,静置 1 h。再搅拌,继续加入剩余丙酮,在 10 ℃以下静置 4 h。

(7) 洗涤:将结晶液用真空泵抽滤,用丙酮水、丙酮洗涤两次,再用真空泵将洗液抽净。

(8) 干燥:将洗涤后的头孢霉素 C 锌盐放入干燥箱中,真空干燥。

(9) 头孢霉素 C 含量测定:①头孢霉素类药物由于环状部分具有 O═C—N—C═C 结构,在 260 nm 波长处有强吸收,故可用分光光度法进行定量分析;②头孢霉素类药物在碱性条件下的降解产物可能是二酮哌嗪衍生物,具有荧光性,故可用荧光分光光度法测定血浆中头孢霉素类药物的含量(见表 1-2-6);③用 HPLC 测定,色谱柱为 C_{18},4.6 mm×25 mm,流动相为乙腈-乙酸钠缓冲液(1:50),进样量为 20 μL,流速为 2.0 mL/min,检测波长为 254 nm。

表 1-2-6　荧光分光光度法在头孢霉素类药物含量测定上的应用

测定药品	在 100 ℃反应条件	激发波长/nm	发射波长/nm	相对荧光强度
头孢唑啉	0.05 mol/L 氢氧化钠,35 min	360	435	0.14
头孢氨苄	0.1 mol/L 氢氧化钠,30 min	340	425	0.55
头孢噻啶	0.1 mol/L 氢氧化钠,2.5 min	360	435	2.50
头孢噻吩	0.1 mol/L 氢氧化钠,75 min	360	435	1.00

六、实训结果处理

计算头孢霉素的提取率。

七、知识和技能探究

(1) 头孢霉素与青霉素的分离提取有何区别?
(2) 如何提高头孢霉素的产量?

项目总结

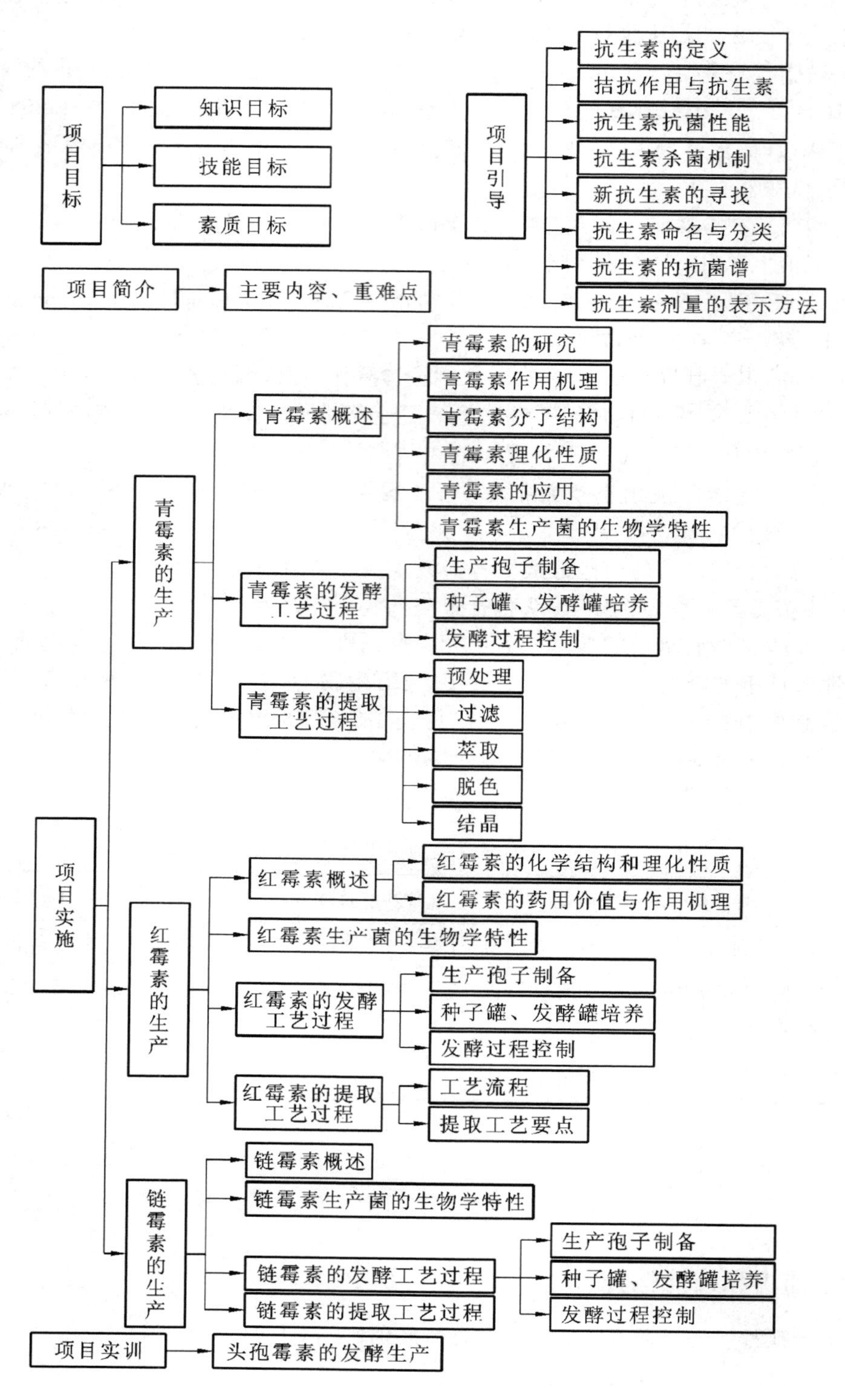
项目目标
知识目标
技能目标
素质目标
项目简介
主要内容、重难点
项目引导
抗生素的定义
拮抗作用与抗生素
抗生素抗菌性能
抗生素杀菌机制
新抗生素的寻找
抗生素命名与分类
抗生素的抗菌谱
抗生素剂量的表示方法
项目实施
青霉素的生产
青霉素概述
青霉素的研究
青霉素作用机理
青霉素分子结构
青霉素理化性质
青霉素的应用
青霉素生产菌的生物学特性
青霉素的发酵工艺过程
生产孢子制备
种子罐、发酵罐培养
发酵过程控制
青霉素的提取工艺过程
预处理
过滤
萃取
脱色
结晶
红霉素的生产
红霉素概述
红霉素的化学结构和理化性质
红霉素的药用价值与作用机理
红霉素生产菌的生物学特性
红霉素的发酵工艺过程
生产孢子制备
种子罐、发酵罐培养
发酵过程控制
红霉素的提取工艺过程
工艺流程
提取工艺要点
链霉素的生产
链霉素概述
链霉素生产菌的生物学特性
链霉素的发酵工艺过程
生产孢子制备
种子罐、发酵罐培养
发酵过程控制
链霉素的提取工艺过程
项目实训
头孢霉素的发酵生产

项目检测

一、判断题

1. 发酵罐中微生物的生长繁殖、代谢产物的形成都与搅拌速度有关。（　　）

2. 环境条件的变化不仅影响微生物的生长繁殖，也影响微生物的代谢途径。（　　）

二、选择题

1. 加酶洗衣粉的去污能力比普通洗衣粉强得多，是因为洗衣粉的生产过程中加入了蛋白酶、脂肪酶等多种酶，这些酶的生产是（　　）实现的。

A. 发酵工程　　B. 基因工程　　C. 细胞工程　　D. 酶工程

2. 下列有关培养基的组成对菌种的影响的说法中，不正确的是（　　）。

A. 培养基中营养物质要全面，否则影响菌种繁殖及正常代谢

B. 各种营养物质的比例（如碳源与氮源之比）和浓度要适当，否则影响菌种代谢途径

C. pH 要调节至适当值，否则会影响理想代谢产物的生成

D. 可增加水的含量以增强代谢浓度

3. 发酵过程是发酵工程的中心阶段，为了保证菌种的生长、繁殖和代谢产物的形成，应及时做到（　　）。

A. 随时取样检测培养液中细菌的数目和产物浓度

B. 及时添加必要的培养基成分和排除代谢产物

C. 严格控制温度、pH、通气量和转速等发酵条件

D. 以上都是

4. 下列叙述中不正确的是（　　）。

A. 微生物的代谢途径是微生物的生理特征，不能人为改变

B. 微生物的代谢途径与环境条件有关

C. 多数生物产品通过发酵工程和酶工程实现产业化

D. 发酵罐中代谢产物的形成与搅拌速度有关

5. 严格控制发酵条件是保证发酵正常进行的关键，直接关系到能否得到质高量多的理想产物，通常所指的发酵条件控制不包括（　　）。

A. 温度的控制　　B. 溶氧的控制

C. pH 的控制　　D. 酶的控制

6. 一透析袋（其膜为半透膜）中装有物质 M 和分解它的酶，此袋放在盛有蒸馏水的容器中，第二天检查，在蒸馏水中发现物质 X，根据这一观察，下列各项正确的是（　　）：①酶分解了物质 X；②M 被分解；③X 是物质 M 的分解产物；④X 能透过透析袋。

A. ①②③　　B. ②③④

C. ①③④　　D. ①②④

7. 培育青霉素的高产菌株的方法是（　　）。

A. 细胞工程　　B. 基因工程

C. 人工诱变　　D. 人工诱变、基因工程

8. 微生物产生抗毒素、抗生素、色素等的时期主要是在(　　)。

A. 延滞期　　B. 对数生长期　　C. 稳定期　　D. 衰亡期

三、简述题

1. β-内酰胺类抗生素的理化性质和分离纯化工艺设计有什么关系?
2. 青霉素常用的分离纯化方法有哪些?为什么?
3. 在青霉素发酵过程中,如何控制温度?请说明原因。
4. 红霉素为什么可用有机溶剂萃取法精制?
5. 简述大环内酯类抗生素的作用机制。
6. 氨基糖苷类抗生素常用什么方法提取?为什么?
7. 常用的氨基糖苷类抗生素有哪些?其作用机制如何?
8. 总结常见抗生素的品种及药理活性。
9. 多肽类抗生素与大环内酯类抗生素的提取分离方法有何不同?

项目拓展

抗生素的发现

霉是民间医学古老药物之一,一些江湖医生常采用它来治疗各种疾病,特别用于治疗伤口。

早在2500年前,我们的祖先就知道利用豆腐上的霉来治疗疮、痈等病;13世纪、14世纪时,医生们曾用"丹曲"(主要用大米培养红曲霉制成的)治疗赤白痢和湿热泻痢。明末《天工开物》一书中记载:"凡丹曲一种,法出近代。其义臭腐神奇,其法气精变化。世间鱼肉最朽腐物,而此物薄施涂抹,能固其质于炎暑之中,经历旬日,蛆蝇不敢近,色味不离初,盖奇药也。"

到了19世纪,正规医学中已不再用霉治疗,但是1871年,英国外科医生李斯特指出霉能使细菌处于受抑制状态,而且做了试验,可惜没有将试验进行到获得结果为止。

1928年,在伦敦一家医院工作的微生物学家弗莱明注意到,在琼脂培养基上生长的葡萄球菌菌落产生了溶化现象。他重复做了多次试验,最后确信,霉含有某种抗菌物质,他称之为青霉素,英文名为"penicillin",拉丁文原意为"霉菌"。这一发现公布后,连弗莱明所在医院的同事们也对此持怀疑态度。8年以后,牛津大学的两位医生兼生理学家弗洛里和钱恩检验了弗莱明的试验结果,肯定了他的结论。这一发现被工业生产采用,在1946年,英国和美国都用这种方法生产青霉素。

项目三　氨基酸类生物技术药物的生产

码1-3-1 模块一项目三PPT

项目目标

一、知识目标

明确氨基酸类药物的基础知识。

熟悉氨基酸类药物生产的基本技术和方法。

掌握典型氨基酸(如L-赖氨酸、L-亮氨酸和L-胱氨酸)生产的工艺流程、技术及其操作要点、相关参数的控制。

二、技能目标

学会氨基酸生产的操作技术、操作方法和基本操作技能。

能熟练确定典型氨基酸(如L-赖氨酸、L-亮氨酸和L-胱氨酸)的生产工艺。

能够对典型氨基酸生产相关参数进行控制，并能编制发酵制药技术生产氨基酸的工艺方案。

三、素质目标

具有吃苦耐劳、独立思考、团结协作、勇于创新的精神和诚实守信的优良品质，树立“安全第一、质量首位、成本最低、效益最高”的意识并贯彻到氨基酸类药物生产的各个环节；具有良好的职业道德；具有关心社会、关注民生、心怀天下的家国情怀、国际视野和社会责任感。

项目简介

本项目的内容是氨基酸类生物技术药物的生产，项目引导介绍氨基酸类药物的基本知识，旨在让学生在进行氨基酸类药物生产之前进行基本的知识储备。在此基础上，安排了三个典型的任务：L-赖氨酸的发酵生产，L-亮氨酸、L-胱氨酸的生产。在完成了三大任务的学习后，安排了一个典型的项目实训——发酵法生产L-缬氨酸，以期对前面已完成的任务进行强化。

项目引导

氨基酸是组成蛋白质的基本单位，是有机体不可缺少、不可替代的营养、生存和发展的重要物质，在新陈代谢、信息传递方面起着重要作用。任何一种氨基酸的缺乏或代谢失调，都会导致机体代谢紊乱，甚至引起病变。因此，氨基酸被广泛应用于医药、食品及饲料等行业。在医药上，将结晶氨基酸配制成各种复合氨基酸输液，不但可提高患者的抵抗力,促进患者康复及手术后的伤口愈合,而且对诸如肝病、肾病、癌症等疾病均有明显的治疗作用。因此,氨基酸类药物的生产和应用日益受到重视。

一、氨基酸的结构、种类和性质

(一) 氨基酸的结构

氨基酸是同时含有氨基和羧基的有机化合物。组成蛋白质的20种氨基酸,除脯氨酸外,都为α-氨基酸;除甘氨酸外,α-碳原子均为不对称碳原子,具有立体异构现象和旋光性,均是L型氨基酸。

(二) 氨基酸的种类

从各种生物体中发现的氨基酸已有180多种,但是参与蛋白质组成的常见氨基酸只有20种,这些氨基酸称为组成型氨基酸或基本氨基酸。

按照组成型氨基酸的R侧链的化学结构,可将其分为四类。

(1) 脂肪族氨基酸:包括一氨基一羧基氨基酸(甘氨酸、丙氨酸、丝氨酸、亮氨酸、异亮氨酸、甲硫氨酸、半胱氨酸、缬氨酸、苏氨酸)、一氨基二羧基氨基酸及其酰胺(天冬氨酸、谷氨酸、天冬酰胺、谷氨酰胺)和二氨基一羧基氨基酸(赖氨酸、精氨酸)。

(2) 芳香族氨基酸:苯丙氨酸、酪氨酸。

(3) 杂环氨基酸:组氨酸、色氨酸。

(4) 杂环亚氨基酸:脯氨酸。

根据氨基酸侧链R基的化学性质,又可将其分为非极性氨基酸和极性氨基酸。非极性氨基酸包括丙氨酸、缬氨酸、亮氨酸、异亮氨酸、脯氨酸、苯丙氨酸、色氨酸、甲硫氨酸。极性氨基酸又可依其在pH为6~7时的带电状态分为极性带正电荷(碱性)氨基酸(赖氨酸、精氨酸、组氨酸)、极性带负电荷(酸性)氨基酸(天冬氨酸、谷氨酸)和极性不带电荷(中性)氨基酸(甘氨酸、丝氨酸、苏氨酸、半胱氨酸、酪氨酸、天冬酰胺、谷氨酰胺)三类。

上述20种氨基酸中,苏氨酸、缬氨酸、亮氨酸、异亮氨酸、苯丙氨酸、色氨酸、赖氨酸、甲硫氨酸等八种氨基酸为人体自身不能合成或合成量不能完全满足生命活动需要,必须由食物提供,所以称为必需氨基酸。另外,对于精氨酸和组氨酸,人体在婴儿生长期内或代谢障碍等情况下会出现内源合成不足,也需从外源补充,故称为半必需氨基酸。

在蛋白质的组成中,除上面常见的基本氨基酸外,从少数蛋白质中还分离出一些特有的氨基酸,如动物结缔组织的纤维状胶原蛋白质中的4-羟脯氨酸和5-羟赖氨酸等,它们都是在蛋白质生物合成以后经专一酶的作用修饰而成的,因此,不归入基本氨基酸之列。

D型氨基酸在自然界中也是客观存在的,如炭疽杆菌中的D-谷氨酸、青霉素分解产物中的D-缬氨酸等。由此可见,氨基酸具有多态性。

(三) 氨基酸的性质

1. 氨基酸的一般物理性质

氨基酸为无色晶体,熔点较高,一般在200~300 ℃。味感随种类而异,如谷氨酸的钠盐有鲜味,是味精的主要成分。还有的有甜味、苦味等。溶解性随溶剂、氨基酸种类而异。一般能溶于稀酸、稀碱、稀盐溶液中,但不能溶于有机溶剂。

色氨酸、酪氨酸和苯丙氨酸分别在279 nm、278 nm和259 nm波长处有最大吸收值，蛋白质中由于含有这些氨基酸，所以也有紫外吸收能力，一般最大吸收波长在280 nm处。氨基酸和蛋白质的这种特性是用紫外分光光度法测定溶液中氨基酸和蛋白质含量的基础。

2. 氨基酸的化学通性

氨基酸均为两性电解质，各有一定的等电点。除甘氨酸外都有旋光性。α-氨基酸共同的化学反应有两性解离、酰化、烷基化、酯化、酰氯化、酰胺化、叠氮化、脱羧及脱氨反应、肽键结合反应及与甲醛和亚硝酸的反应等。另外，还有特殊基团相应的反应，如酪氨酸的酚羟基可产生米伦反应与福林-达尼斯反应，精氨酸的胍基产生坂口反应等。

二、氨基酸及其衍生物的药用价值

谷氨酸钙盐及镁盐、氢溴酸谷氨酸、L-色氨酸、5-羟色氨酸、甲硫氨酸、L-组氨酸、左旋多巴等氨基酸或其衍生物可用于治疗脑及神经系统疾病。

谷氨酸及其盐酸盐、谷氨酰胺、乙酰谷酰胺铝、甘氨酸及其铝盐，以及组氨酸盐酸盐等氨基酸或其衍生物可用于治疗消化道疾病。

精氨酸盐酸盐、磷葡精氨酸、谷氨酸钠、甲硫氨酸、鸟氨酸、乙酰甲硫氨酸、赖氨酸盐酸盐、L-苏氨酸、L-胱氨酸及天冬氨酸等氨基酸或其衍生物可用于治疗肝病。例如，L-谷氨酸、L-天冬氨酸、L-精氨酸可促进氨代谢，改善高血氨症状，治疗肝昏迷。

偶氮丝氨酸、N-乙酰-L-苯丙氨酸、N-乙酰-L-缬氨酸、氯苯丙氨酸、磷天冬氨酸及重氮氧代正亮氨酸等氨基酸的衍生物用于肿瘤的治疗。

L-亮氨酸、L-色氨酸、L-苏氨酸、L-缬氨酸、L-丝氨酸可用于改善营养状态，维持脂肪正常代谢。L-异亮氨酸、L-赖氨酸、L-缬氨酸、L-苏氨酸、L-亮氨酸等可促进蛋白质等的合成，促进生长发育。

另外，L-色氨酸能促进红细胞再生和乳汁合成；L-天冬酰胺可辅助治疗乳腺小叶增生；L-脯氨酸参与能量代谢及解毒；乙酰半胱氨酸可溶解黏液，祛痰；L-苏氨酸可辅助治疗贫血；L-胱氨酸能促进毛发生长；L-谷氨酸可促进红细胞生成，抗癫痫；L-酪氨酸可改善肌肉运动，用于治疗震颤性麻痹症等。

氨基酸还可以和其他氨基酸配合使用，制成各种复方氨基酸合剂，如复方氨基酸输液剂，是大面积烧伤、外伤、感染及手术前后恢复体力的不可缺少的营养剂。

三、氨基酸类药物的生物生产技术

码1-3-2 氨基酸类药物的生物生产技术

氨基酸的生产始于1820年，用蛋白质酸水解生产氨基酸，1850年化学合成氨基酸，1956年分离到谷氨酸棒状杆菌，日本采用微生物发酵法工业化生产谷氨酸成功，1957年谷氨酸钠（味精）的生产商业化，从此推动了氨基酸生产的大发展。目前构成天然蛋白质的20种氨基酸的生产技术主要有天然蛋白质水解技术、微生物发酵生产技术、酶法合成技术、化学合成法。其中微生物发酵生产技术和酶法合成技术是主要的生产技术。

（一）天然蛋白质水解技术

以毛发、血粉及废蚕丝等蛋白质为原料，通过酸、碱或酶水解成多种氨基酸混合物，经分离纯化获得各种药用氨基酸的技术称为天然蛋白质水解技术。目前用水解法生产的氨基酸有 L-胱氨酸、L-精氨酸、L-亮氨酸、L-异亮氨酸、L-组氨酸、L-脯氨酸及 L-丝氨酸等。

水解法生产氨基酸的主要过程包括水解、分离和结晶精制三个步骤。

1. 水解方法

目前蛋白质水解方法分为酸水解法、碱水解法及酶水解法三种。

(1) 酸水解法　蛋白质原料用 6 倍的 6～10 mol/L 盐酸或 8 mol/L 硫酸于 110～120 ℃(回流煮沸)水解 12～24 h,除酸后即得多种氨基酸混合物。此法优点是水解迅速而彻底,产物全部为 L 型氨基酸,无消旋作用。缺点是色氨酸全部被破坏,丝氨酸及酪氨酸部分被破坏,且产生大量废酸污染环境。

(2) 碱水解法　蛋白质原料经 6 mol/L 氢氧化钠溶液或 4 mol/L 氢氧化钡溶液于 100 ℃水解 6 h,即得多种氨基酸混合物。该法水解迅速而彻底,且色氨酸不被破坏,但含羟基或巯基的氨基酸全部被破坏,且产生消旋作用。工业上多不采用。

(3) 酶水解法　蛋白质原料在一定 pH 和温度条件下经蛋白水解酶作用,分解成氨基酸和小肽的方法称为酶水解法。此法优点为反应条件温和,不需特殊设备,氨基酸不被破坏,无消旋作用。缺点是水解不彻底,产物中除氨基酸外,尚含较多肽类。工业上很少用该法生产氨基酸,主要用于生产水解蛋白及蛋白胨。

2. 氨基酸分离方法

氨基酸分离方法较多,通常有溶解度法、等电点沉淀法、特殊试剂沉淀法、吸附法及离子交换法等。

(1) 溶解度法和等电点沉淀法　溶解度法是依据不同氨基酸在水或其他溶剂中的溶解度差异而进行分离的方法。例如,胱氨酸和酪氨酸均难溶于水,而其他氨基酸则较易溶解,但在热水中酪氨酸溶解度较大,而胱氨酸溶解度变化不大,利用这个性质可将混合物中胱氨酸、酪氨酸及其他氨基酸彼此分开。另外,由于氨基酸是两性电解质因而有等电点,且在等电点时溶解度最小,最容易沉淀析出,因此可利用此性质,用溶解度法结合等电点沉淀法来分离氨基酸,效果更好。

(2) 特殊试剂沉淀法　特殊试剂沉淀法是采用某些有机或无机试剂与相应氨基酸形成不溶性衍生物而分离氨基酸的方法。例如:邻二甲苯-4-磺酸能与亮氨酸形成不溶性盐沉淀,后者与氨水反应又可获得游离亮氨酸;组氨酸可与 $HgCl_2$ 形成不溶性汞盐沉淀,后者经处理后又可获得游离组氨酸;精氨酸可与苯甲醛生成水不溶性苯亚甲基精氨酸沉淀,后者用盐酸除去苯甲醛即可得精氨酸。

(3) 吸附法　吸附法是利用吸附剂对不同氨基酸吸附能力的差异进行分离的方法。例如,颗粒活性炭对苯丙氨酸、酪氨酸及色氨酸的吸附能力大于对其他非芳香族氨基酸的吸附能力,故可从氨基酸混合液中将上述氨基酸分离出来。

(4) 离子交换法　氨基酸为两性电解质,在特定条件下,不同氨基酸的带电性质及解离状态不同。离子交换法就是利用离子交换剂对不同氨基酸吸附能力的差异,通过静电引力将溶液中的待分离氨基酸吸附在树脂上,然后利用合适的洗脱剂将被吸附的氨基酸从树脂上洗脱下来,对氨基酸混合物进行分组或获得单一成分,从而达到分离、纯化和浓缩的目的。

离子交换树脂是一种不溶性的固体物质,其本身由两部分组成:一部分是由聚苯乙烯及其衍生物形成的不溶性骨架，上面带有一定数量的带电基团；另一部分是靠静电力吸引在骨架上的可交换离子，它们可以和其他带同种电荷的离子进行可逆交换。如骨架带正电基团，则可交换离子为阴离子，这种交换树脂可以和阴离子进行交换，所以称为阴离子交换树脂；反之，称为阳离子交换树脂。用阳离子交换柱时，氨基酸一般按照酸性、中性、碱性氨基酸的顺序先后被洗脱。在带相同电荷的情况下，极性大的氨基酸先被洗脱下来。用阴离子交换柱时，氨基酸的洗脱顺序与用阳离子交换柱时相反。

常规的离子交换法是采用苯乙烯磺酸型强酸性阳离子交换树脂分别将酸性氨基酸、中性氨基酸、碱性氨基酸进行分离。其交换顺序为

精氨酸＞赖氨酸＞组氨酸＞苯丙氨酸＞亮氨酸＞甲硫氨酸＞缬氨酸＞丙氨酸＞甘氨酸＞谷氨酸＞丝氨酸＞苏氨酸＞天冬氨酸

离子交换法具有成本低、操作方便、提取率高、设备简单等优点，常用于蛋白质、氨基酸、核酸、酶及抗生素等的分离提纯。

3. 氨基酸的精制方法

分离出的特定氨基酸中常含有少量其他杂质，需进行精制。结晶是纯化精制物质的有效手段，常用的有结晶和重结晶技术。例如，丙氨酸在稀乙醇或甲醇中溶解度较小，且pI为6.0，故丙氨酸可在pH 6.0时，用50％冷乙醇结晶或重结晶加以精制。也可采用溶解度法或结晶与溶解度法相结合的技术精制氨基酸。例如，在沸水中苯丙氨酸溶解度比酪氨酸大100倍，若将含少量酪氨酸的苯丙氨酸粗品溶于15倍质量的热水中，调pH至4.0左右，经脱色过滤可除去大部分酪氨酸，滤液浓缩至原体积的1/3，加2倍体积的95％乙醇，4 ℃下放置，过滤，用95％乙醇洗涤晶体，烘干即得苯丙氨酸精品。

（二）微生物发酵生产技术

微生物发酵生产技术是利用某种能够合成所需氨基酸的微生物，通过对其诱变处理，选育出营养缺陷型及氨基酸结构类似物抗性突变株，以解除代谢调节中的反馈抑制和反馈阻遏作用，从而使其过量积累所需氨基酸；以氨或尿素为氮源，以糖为碳源，通过微生物的发酵繁殖，直接生产氨基酸，或利用微生物细胞中酶的作用，将培养基中前体物质转化为特定氨基酸的技术。微生物发酵生产氨基酸的基本过程包括培养基配制与灭菌处理、菌种诱变与选育、菌种培养及接种发酵、产品提取及分离纯化等步骤，如图1-3-1所示。发酵所用菌种主要是细菌、酵母菌，现代生物工程采用细胞融合技术及基因重组技术改造微生物细胞，已获得多种高产氨基酸杂种菌株及基因工程菌。例如，用北京棒状杆菌和钝齿棒状杆菌原生质体融合形成杂种，其中70％的杂种细胞产生两亲菌株所产生的氨基酸。

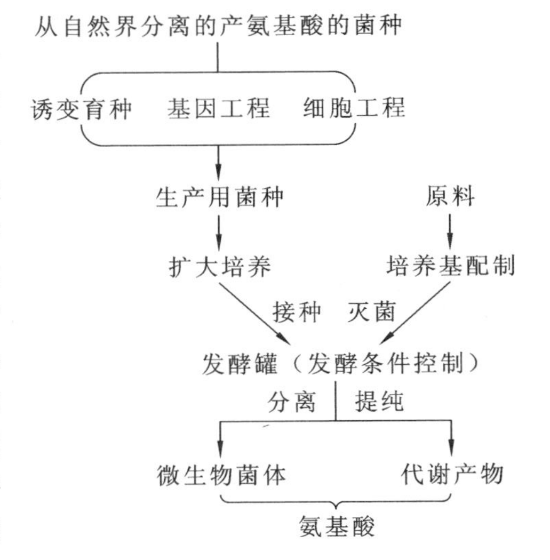

图1-3-1　微生物发酵生产氨基酸工艺流程

氨基酸发酵方式主要是液体通风深层培

养法,其过程是由菌种试管培养逐级放大,直至数吨、数百吨发酵罐。发酵结束,除去菌体,其分离纯化、精制方法及过程与水解法相同。

目前绝大部分氨基酸可通过发酵法生产,该法具有原料成本低、反应条件温和、极易实现大规模生产等优点,是一种非常经济且目前广泛采用的生产方法。其缺点是产物浓度低,设备投资大,工艺管理要求严格,生产周期长,成本高。

(三) 酶法合成技术

酶法合成技术也称为酶工程技术,实际上是在微生物菌体中或自微生物细胞提取的特定酶的作用下使某些化合物转化成相应氨基酸的技术。1973 年用固定化菌体进行工业规模生产天冬氨酸,是世界上首次在发酵工业中使用固定化菌体。

酶工程法与直接发酵法生产氨基酸的反应本质相同,都属酶转化反应,但前者为单酶或多酶的高密度转化,而后者为多酶低密度转化。

酶工程技术工艺简单,产物浓度高,转化率及生产效率较高,副产物少。固定化酶或细胞可进行连续操作,节省能源和人力,并可长期反复使用。

目前医药工业中,用酶工程法生产的氨基酸已有十多种。DL-甲硫氨酸、DL-天冬氨酸、DL-缬氨酸、DL-苯丙氨酸、DL-色氨酸、DL-丙氨酸及 DL-苏氨酸等分别经氨基酰化酶拆分获得了相应的 L-氨基酸,并已投入工业化生产。

四、氨基酸类药物的检测技术

(一) 化学分析法

(1) 甲醛滴定法　在中性或弱碱性水溶液中,氨基酸的 α-氨基与醛类反应,生成 $—NHCH_2OH$、$—N(CH_2OH)_2$ 羟甲基衍生物,使氨基酸由两性化合物转变成酸性化合物,然后用常规的碱滴定法测定氨基氮,如样品为一种已知的氨基酸,从甲醛滴定的结果可算出氨基氮的含量。此法简便、快速。

(2) 凯氏定氮法　凯氏定氮法是测定氨基酸或蛋白质样品中总氮量的一种方法。即在有催化剂的条件下,用浓硫酸消化样品,将有机氮都转变成无机铵盐,然后在碱性条件下将铵盐转化为氨,随水蒸气馏出并被过量的酸液吸收,再以标准碱液滴定,就可计算出样品中的氮量。然后根据氨基酸和蛋白质中的氮含量计算出含氮的氨基酸、蛋白质的总量。该方法准确度高,但试剂消耗量大,操作步骤较复杂,测定周期长。

(二) 电化学分析法

选用两支不同的电极:一支为指示电极,其电极电位随着溶液中被分析的氨基酸的浓度的变化而变化;另一支为参比电极,其电极电位固定不变。在到达滴定终点时,因氨基酸的离子强度急剧变化而引起指示电极的电位骤减或突增,此转折点称为突跃点。采用电化学分析法时,可选择适用于不同氨基酸的选择电极,对各种氨基酸进行测定。但一般采用《中国药典》(2020 年版)四部通则 0701 的方法:取待测品若干(mg),精密称定,加无水甲酸 1~3 mL 使之溶解,加冰乙酸 50 mL,采用电位滴定法,用高氯酸滴定液(0.1 mol/L)滴定,并将滴定的结果用空白试验校正。根据 1 mL 高氯酸滴定液(0.1 mol/L)相当于氨基酸或其盐的值,计算出被测定的氨基酸或其盐的量。

电化学分析法的最大优点在于不需衍生反应,操作简便,它与各种现代化的分离方法相结合，可以大大简化操作过程，节省分析时间。

（三）分光光度法

组成蛋白质的20种氨基酸中，大多数氨基酸分子对紫外和可见光的吸收很弱或无吸收，所以通常利用氨基酸分子中的氨基、羧基或其他活性基团与衍生试剂反应，生成具有可见光、紫外生色团或能产生荧光的衍生反应产物，然后用可见光、紫外或荧光检测器进行检测。

（1）可见光检测法　通过使氨基酸与衍生试剂发生化学反应，生成的氨基酸衍生物在可见光光谱范围内有吸收，通过测定吸光度值，根据标准曲线可得知被测氨基酸的含量。通常能使氨基酸生成在可见光区有吸收的衍生试剂有茚三酮、磺酰氯二甲胺偶氮苯（DABSYL-Cl）。

（2）紫外光检测法　通过使氨基酸与衍生试剂发生化学反应，生成的氨基酸衍生物在紫外光光谱范围内有吸收，通过测定吸光度值，根据标准曲线可得知被测氨基酸的含量。通常能使氨基酸生成在紫外光区有吸收的衍生试剂有邻苯二甲醛（OPA）、异硫氰酸苯酯（PITC）、6-氨基喹啉基-N-羟基琥珀酰亚胺氨基甲酸酯等。

（3）荧光检测法　通过使氨基酸与衍生试剂发生化学反应，生成的氨基酸衍生物能够用荧光分光光度计分析，根据标准曲线可得知被测氨基酸的含量。通常能使氨基酸生成产生荧光的衍生试剂有邻苯二甲醛、丹酰氯（DANSYL-Cl）、氯甲酸-9-芴基甲酯（FMOC-Cl）。

项目实施

任务一　L-赖氨酸的发酵生产

一、生产前准备

（一）查找资料，了解赖氨酸生产的基本知识

1. 赖氨酸的结构、性质

赖氨酸（lysine）的化学名称为2,6-二氨基己酸（$C_6H_{14}O_2N_2$），有L型和D型两种光学异构体。其结构式为

$$H_3\overset{+}{N}—CH_2CH_2CH_2CH_2—\underset{}{\overset{NH_2}{\overset{|}{CH}}}—COO^-$$

游离赖氨酸易与空气中的二氧化碳结合，因此赖氨酸的结晶制取较困难，其商品态一般为赖氨酸盐酸盐。赖氨酸盐酸盐为白色结晶，无臭，在水中的溶解度随温度不同而异：0 ℃时53.6 g/(100 mL)，50 ℃时111.5 g/(100 mL)，70 ℃时142.8 g/(100 mL)。赖氨酸的口服半致死量LD_{50}为4.0 g/kg(体重)。

2. 赖氨酸的药理作用和临床应用

L-赖氨酸是人和动物的必需氨基酸之一。缺少赖氨酸，其他氨基酸就不能利用或者受限，因此，赖氨酸被称为人体第一必需氨基酸。L-赖氨酸可以促进人体对营养物质和关键物质（如蛋白质、钙）的吸收，改善人类膳食营养和动物营养，调节体内代谢平衡，促进生长发育，提高智力，提高免疫力。赖氨酸还可降低血液中甘油三酯含量，能

提高血脑屏障通透性,有助于药物进入脑组织细胞,预防心脑血管疾病,促进疱疹康复。临床上可用于治疗赖氨酸缺乏引起的发育不良、食欲缺乏、体重减轻、负氮平衡、牙齿发育不良、贫血,作为儿童和恢复期患者的营养剂,以及治疗人颅脑损伤等。赖氨酸铝可治疗胃溃疡;赖氨酸乳清酸盐(赖乳清酸)为护肝药物;三甲赖氨酸可促进细胞增殖,可作为免疫增强药物。

3. 赖氨酸的生物合成途径

赖氨酸的生物合成途径与其他氨基酸不同,随微生物的种类不同而异。细菌需经过二氨基庚二酸(DAP)合成赖氨酸,如图 1-3-2 所示,但不同的细菌,由二氨基庚二酸合成赖氨酸的调节机制有所不同。真菌(酵母、霉菌等)需经过 α-氨基己二酸合成赖氨酸,如图 1-3-3 所示。

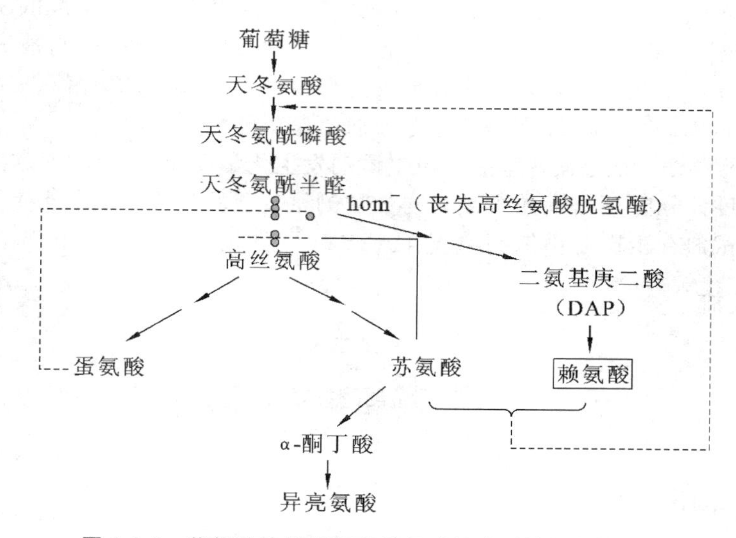

图 1-3-2 谷氨酸棒状杆菌高丝氨酸缺陷型的赖氨酸发酵

●●●●●遗传缺陷位置(hom⁻)

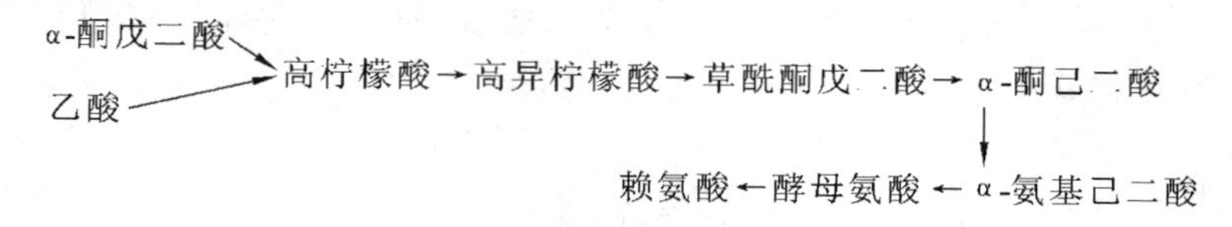

图 1-3-3 霉菌和酵母合成赖氨酸的途径

4. 赖氨酸的生物生产方式

(1) 天然蛋白质水解法。

以血粉或乳酪素等富含赖氨酸的动物蛋白质为材料,酸水解后提取赖氨酸。其基本工艺流程为

盐酸水解蛋白质→真空浓缩→除氯化氢→滤去不溶性氨基酸→稀释→过柱→赖氨酸成品

(2) 微生物发酵生产。

L-赖氨酸的发酵生产分为一步发酵法和两步发酵法。一步发酵法又称为直接发酵法。例如,细菌以草酰乙酸为原料合成天冬氨酸,再经一系列的转化,形成二氨基庚二酸,

脱羧后形成赖氨酸。两步发酵法是先用赖氨酸缺陷型大肠埃希菌菌株进行发酵，由于这种菌株缺少二氨基庚二酸脱羧酶，不能将其转化为赖氨酸，于是积累大量的二氨基庚二酸。进一步选用有二氨基庚二酸脱羧酶的产气杆菌或大肠埃希菌，进行酶法脱羧将二氨基庚二酸转化成 L-赖氨酸。

（3）酶法生产。

① 酶法转化。

方法一：将含有 D-氨基己内酰胺消旋酶的无色杆菌和含 L-氨基己内酰胺水解酶的隐球酵母混合，使 DL-氨基己内酰胺直接转化，全部生成 L-赖氨酸。

$$\text{DL-氨基己内酰胺}\xrightarrow[\text{L-氨基己内酰胺水解酶}]{\text{D-氨基己内酰胺消旋酶}}\text{L-赖氨酸}$$

方法二：利用 D-氨基己内酰胺消旋酶将 D-氨基己内酰胺消旋化，生成 L-氨基己内酰胺，再利用 L-氨基己内酰胺水解酶将 L-氨基己内酰胺水解，生成 L-赖氨酸。

$$\text{DL-氨基己内酰胺}\xrightarrow{\text{消旋酶}}\text{L-氨基己内酰胺}\xrightarrow{\text{水解酶}}\text{L-赖氨酸}$$

② 酶法拆分。

先将 DL-赖氨酸乙酰化，再利用酰化酶只作用于乙酰-L-赖氨酸，而对乙酰-D-赖氨酸不起作用的水解反应专一性，用酰化酶作用于乙酰-DL-赖氨酸，得到 L-赖氨酸和乙酰-D-赖氨酸，再用有机溶剂提取 L-赖氨酸。

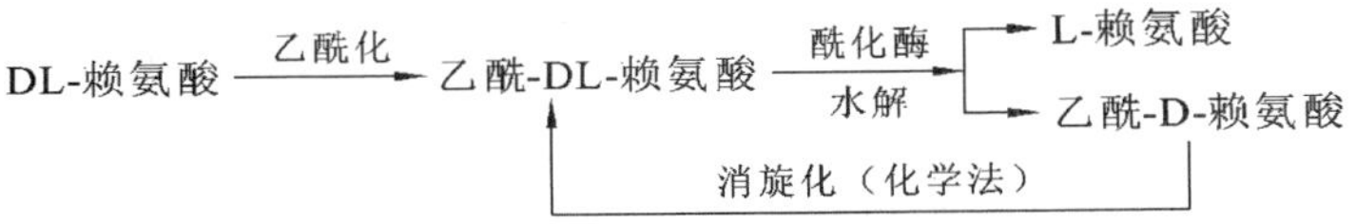

DL-赖氨酸 —乙酰化→ 乙酰-DL-赖氨酸 —酰化酶/水解→ L-赖氨酸 + 乙酰-D-赖氨酸

乙酰-D-赖氨酸 —消旋化（化学法）→ 乙酰-DL-赖氨酸

（二）确定生产技术、生产菌种和工艺路线

（1）确定生产技术：微生物直接发酵技术。

（2）确定生产菌种：北京棒状杆菌 AS1.563。

（3）确定生产工艺路线：如图 1-3-4 所示。

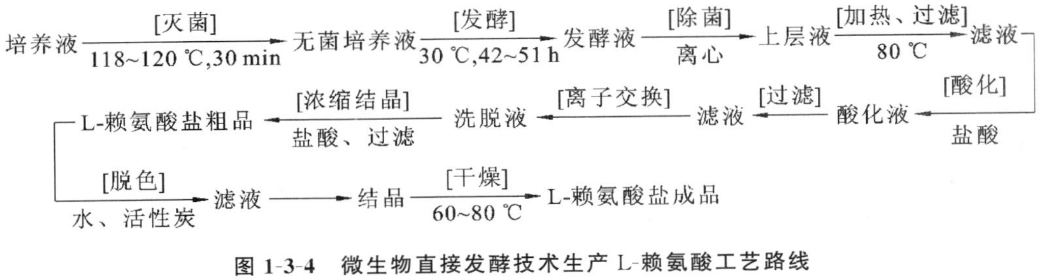

培养液 —[灭菌] 118~120 ℃,30 min→ 无菌培养液 —[发酵] 30 ℃,42~51 h→ 发酵液 —[除菌] 离心→ 上层液 —[加热、过滤] 80 ℃→ 滤液 —[酸化] 盐酸→ 酸化液 —[过滤]→ 滤液 —[离子交换]→ 洗脱液 —[浓缩结晶] 盐酸、过滤→ L-赖氨酸盐粗品 —[脱色] 水、活性炭→ 滤液 → 结晶 —[干燥] 60~80 ℃→ L-赖氨酸盐成品

图 1-3-4　微生物直接发酵技术生产 L-赖氨酸工艺路线

二、生产工艺过程

（一）菌种培养

1. 斜面培养基和培养条件

（1）培养基成分（%）：葡萄糖 0.5（保藏斜面培养基不加），牛肉膏 1.0，蛋白胨 1.0，

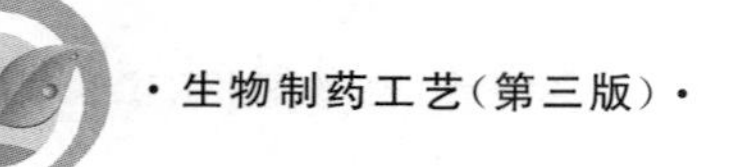

NaCl 0.5,琼脂 2.0。pH 7.0～7.2。0.1 MPa 灭菌 30 min 后,于 30 ℃保温 24 h,检查无菌后,放冰箱中备用。

(2) 培养条件:菌种活化后于 30～32 ℃恒温培养 18～24 h。

2. 种子培养基和种子扩大培养条件

(1) 一级种子。

① 培养基成分(%):葡萄糖 2.0,KH_2PO_4 0.1,$MgSO_4 \cdot 7H_2O$ 0.05,$(NH_4)_2SO_4$ 0.4,$CaCO_3$ 0.5,$(NH_2)_2CO$ 0.1,玉米浆 1.0～2.0,含氮生物原料(如毛发、豆饼等)水解液 1.0～2.0。pH 6.8～7.0。以 20%的瓶装量在 1000 mL 三角瓶中装入种子培养基 200 mL,0.1 MPa、118～120 ℃灭菌 15 min,冷却后以 5%～10%的接种量接入斜面菌种。

② 培养条件:温度为 30～32 ℃,搅拌转速为 108 r/min(冲程 7.6 cm,下同),培养 15～16 h。

(2) 二级种子。

① 培养基成分:以淀粉水解糖代替葡萄糖,其余成分同一级种子培养基。

② 培养条件:温度为 30～32 ℃,搅拌转速为 200 r/min,通气量为 5 $m^3/(m^3 \cdot min)$,培养 8～11 h。

若生产规模较大,则可采用三级种子培养,其培养基配方和培养条件基本与二级种子的相同,只是培养时间稍短,为 6～8 h。

工业生产中,对培养条件和原材料质量都应严格控制,以保证种子质量的稳定性。

(二) 赖氨酸的发酵生产

1. 发酵培养基配方(%)和灭菌

淀粉水解糖 13.5,$KH_2PO_4 \cdot 7H_2O$ 0.1,$MgSO_4 \cdot 7H_2O$ 0.05,$(NH_4)_2SO_4$ 1.2,玉米浆 1.0,$(NH_2)_2CO$ 0.4,毛发水解废液 1.0,甘蔗糖蜜 2.0。pH6.7。在 5 m^3发酵罐中投入培养液 3 t,加甘油聚醚 1 L。0.1 MPa、118～120 ℃灭菌 30 min,立即通入冰盐水冷却至 30 ℃。

2. 发酵

在 1.01×10^5 Pa 压力下,加热至 118～120 ℃灭菌 30 min,立即通入冰盐水冷却至 30 ℃,按 10%(体积分数)比例接种,以 1.67 $m^3/(m^3 \cdot min)$通气量于 30 ℃发酵 42～51 h,搅拌速度为 180 r/min。

3. 发酵工艺条件及其控制要点

赖氨酸的发酵生产分为两个时期:发酵前期和产酸期。发酵前期为菌体生长期,时长 0～12 h,这个时期主要是菌体生长,很少产酸。菌种经过 0～12 h 的生长后,即开始产赖氨酸。整个发酵阶级时间为 38 h 左右。

(1) 接种量　二级种子接种量为 2%～5%(体积分数),三级种子接种量为 10%(体积分数)。一般应控制所接种的种子处于对数生长期。

(2) 通气量　赖氨酸的生产需要一定的溶氧条件。因为赖氨酸生产菌的糖酵解酶系的活性、三羧酸循环酶系的活性均与氧的供给量有关,氧的供给量直接影响到糖的消耗速率和赖氨酸的生成量。在供氧充足的条件下,细菌呼吸充足,赖氨酸的产量增加。若供氧不足，则细菌呼吸受抑制，赖氨酸的产量有所降低。若供氧严重不足，则细菌呼吸进一步受到抑制，丙酮酸脱氢酶系的活性明显降低，菌株主要利用二氧化碳固定系统来合成天冬氨酸，天冬氨酸的来源减少了，因此，赖氨酸产量很少而积累乳酸，乳酸增多，使体系的pH下降，进一步抑制菌株合成赖氨酸。研究表明，当氧分压为4～5 kPa，即通气量为1.67～3.33 $m^3/(m^3 \cdot min)$，并不断地进行搅拌(搅拌速度为180 r/min，以提高氧在发酵液中的溶解度)时，赖氨酸的生成量可达最大值。

(3) 温度　在发酵过程中，需要维持适当的温度，才能使菌体生长和代谢产物的生物合成顺利地进行。棒状杆菌菌体生长的最适温度与赖氨酸合成的最适温度不一致，因此，采用分段调节控制策略，前期控制在32 ℃，后期控制在30 ℃。前期为菌体生长期，对温度敏感，提高温度，生长代谢加速，菌体生长期缩短，产酸期提前，但容易导致菌体内酶失活，菌体易衰老，赖氨酸产量反而减少。

在赖氨酸的工业生产中，由于发酵中释放了大量的热，因此，在发酵过程中一般不需要加热，需要冷却的情况较多。可以利用自动控制或手动调整的阀门，将冷却水通入发酵罐的夹层或蛇形管中，通过热交换来降温，保持恒温发酵。如果气温较高(特别是我国南方夏季)，冷却水的温度又高，致使冷却效果很差，达不到预定的温度，就可采用冷冻盐水进行循环式降温。

(4) pH　赖氨酸发酵的最适pH为6.5～7.0，控制范围为6.5～7.5。在发酵过程中，影响发酵液pH变化的主要因素有菌种遗传特性、培养基的成分和培养条件。此外，培养基中营养物质的分解代谢也是引起pH变化的重要原因之一，发酵所用的碳源种类不同，pH变化也不一样。虽然菌体在代谢过程中具有一定的调节周围pH的能力，但这种调节能力是有一定限度的。pH的控制首先需要考虑和试验发酵培养基的基础配方，确定适当的配比，使发酵过程中的pH变化在控制范围内。利用上述方法调节pH的能力是有限的，如果达不到要求，就可通过在发酵过程中直接补加碱或补料的方式来控制，特别是补料效果比较明显。当pH偏低时，可通过加尿素和氨水来控制，它们不仅可以稳定pH，还可以补充氮源。若用尿素，则根据pH变化、菌体生长、残糖等调节，少量多次。如果用氨水，则采用流加方式调节pH。pH偏高时，可加生理酸性物质硫酸铵，以达到提高氮含量和调节pH的双重目的。

(5) 生物素　生物素可促进草酰乙酸的合成，从而促进天冬氨酸的生成。同时，过量的生物素可促进细胞内合成的谷氨酸对谷氨酸脱氢酶的反馈抑制作用，从而抑制谷氨酸的大量合成而使代谢主要朝着合成天冬氨酸的方向进行，天冬氨酸的供给量进一步增加，赖氨酸的生成量相应提高。因此，在以葡萄糖、丙酮酸为碳源的体系中，添加200～500 μg/L的过量生物素可明显提高赖氨酸的产量。

(6) 硫酸铵　硫酸铵作为无机氮源含量适宜时，菌体生长较快，赖氨酸的产量较高，但含量过高时，菌体迅速生长，赖氨酸的产量反而降低，因此，硫酸铵的适宜用量一般为4.0%～4.5%。

(7) 泡沫的影响及其控制　泡沫的控制是发酵控制中的一项重要内容。如果不能有效地控制发酵过程中产生的泡沫，将对生产造成严重的危害。在大多数微生物发酵的过程中，由于培养基中有蛋白质类表面活性剂存在，在通气条件下，培养液中就出现了泡沫。

形成的泡沫有两种类型:一种是存在于发酵液表面上面的泡沫,也称为机械性泡沫,该泡沫气相所占的比例较大,与液体有较明显的界限,如发酵前期的泡沫;另一种是发酵液中的泡沫,又称流态泡沫,分散在发酵液中,比较稳定,与液体之间无明显的界限。

泡沫的出现与基质的种类、通气搅拌强度和灭菌条件等因素有关。其中基质中的有机氮源(如黄豆饼粉等)的种类与浓度是影响起泡的主要因素。起泡会给发酵带来许多不利影响,如发酵罐的装料系数减少,氧传递系数减小等。泡沫过多时,影响更为严重,造成大量逃液,发酵液从排气管路或轴封逃出而增加染菌机会等,严重时通气搅拌也无法进行,菌体呼吸受到阻碍,导致代谢异常或菌体自溶。因此,控制泡沫是保证正常发酵的基本条件。泡沫的控制可以通过两种途径进行:一种是调整培养基的成分和改变某些发酵条件,如少加或缓加易起泡的培养基成分、改变某些培养条件(如 pH、温度、通气搅拌)或改变发酵工艺(如采用分次投料)来控制,以减少泡沫形成的机会;另一种是消除已形成的泡沫,可以采用机械消泡或消泡剂消泡。机械消泡是一种物理消泡的方法,利用机械强烈振动或压力变化而使泡沫破裂。例如,在发酵罐内安装消泡桨,利用其高速转动将泡沫打碎。该法的优点是节省原料,减少染菌机会。但消泡效果不理想,仅可作为消泡的辅助方法。消泡剂可以降低泡沫液膜的机械强度或者降低液膜的表面黏度,或者兼有两者的作用,达到消除泡沫的目的。常用的消泡剂主要有天然油脂类,高碳醇、脂肪酸或酯类,聚醚类,硅酮类 4 大类。其中以天然油脂类和聚醚类在微生物药物发酵中最为常用。此外,还可以采用菌种选育的方法,筛选不产生流态泡沫的菌种,来消除起泡的内在因素。已有报道,用杂交方法选出不产生泡沫的土霉素生产菌株。

(8) 其他因子　赖氨酸的发酵生产的产量还受一些其他因子的影响。例如适量添加铜离子、维生素 B_1 等,均可促进赖氨酸的生成。

(三) 发酵液预处理

赖氨酸的发酵液一般由四部分组成:①酸类物质,包括代谢主产物赖氨酸,即生产的目标产物,一般为 7～8 g/L,另外还含有少量其他的氨基酸(如缬氨酸、丙氨酸、甘氨酸、谷氨酸等)及少量的有机酸(如乳酸等);②菌体,含量(干重)一般在 15～20 g/L;③培养基残留物,如残糖、无机离子等;④色素。因此,发酵液需用一定的方法预处理,除去上述杂质,特别是对提取率影响最大的菌体和 Ca^{2+} 后才能进行提取。

方法一:过滤除菌体　发酵液加热至 80 ℃并维持 10 min,冷却过滤,滤液加工业硫酸和草酸至 pH3.5,过滤除去沉淀。

方法二:离心除菌体　采用高速冷冻离心机(4500～6000 r/min)高速离心,液固分离,回收的菌体可进一步加工利用,澄清的滤液用盐酸调节 pH 至 4.0～5.0 后待用。此法适用于菌体较大者。

经过预处理的发酵液称为料液。

(四) 赖氨酸的提取

赖氨酸一般用离子交换法进行提取。赖氨酸是碱性氨基酸,pI=9.59。在 pH=2 左右时,能最大限度地被强酸性阳离子交换树脂吸附;在 pH=4～5 时,可被弱酸性阳离子交换树脂吸附。赖氨酸的离子交换提取一般用铵型 732 树脂,该种强酸性阳离子交换树脂可选择性地从发酵液中吸附赖氨酸，从而将赖氨酸和非碱性氨基酸分离；洗脱液中赖氨酸的含量高，可减少浓缩时蒸汽的消耗量，降低成本；离子交换树脂用量少，回收率高；用氨水进行洗脱时，可以简化树脂的转型操作。因此，该法是目前提取赖氨酸的主要方法。

1. 新 732 树脂的处理

树脂的处理过程如下。

(1) 水漂洗　先用去离子水反复漂洗，除去碎粒和杂质。

(2) 醇浸泡　将去离子水排净，加入 95% 的乙醇，使液面超过树脂面 5 cm 左右。充分搅拌后再浸泡 24 h，以除去醇溶性杂质。排掉乙醇，再用去离子水洗至无色、无醇味。

(3) 装柱、酸碱活化处理　用 1 mol/L 盐酸流洗(盐酸体积为树脂体积的 5～6 倍，流速为每分钟树脂体积的 1/50)，并浸泡 10～12 h，用去离子水洗至流出液 pH 6.5 以上。再用 1 mol/L 氢氧化钠溶液洗涤(用量、流速同上)，用去离子水洗至流出液 pH 8。最后用 1 mol/L 盐酸、1 mol/L 氨水洗涤(用量、流速同上)，用去离子水洗至流出液 pH 8，获铵型树脂备用。

(4) 树脂的再生　首先用大量水冲洗使用后的树脂，以除去树脂表面和空隙内部吸附的各种杂质，然后用 1 mol/L 盐酸、去离子水洗至流出液 pH 5 以上，再用 1 mol/L 氨水、去离子水洗至流出液 pH 8，备用。(用量、流速同上。)

2. 离子交换法提取赖氨酸的工艺条件及控制要点

赖氨酸离子交换过程中一般采用动态法三柱串联离子交换柱交换操作方式。

(1) 上柱吸附。

① 上柱方式：上柱方式有正上柱和反上柱两种。正上柱时上柱液自上而下通过树脂层，属于多级交换，交换容量较大，是一种常用的上柱方式。当发酵液含菌体等固体物较多时采用反上柱，以免流速较快，造成树脂堵塞。反上柱是上柱液自下而上通过树脂层，属于单级交换，交换容量较小。

② 离子交换量：离子交换量又称上柱量，是指一次通过树脂层的料液所含的赖氨酸的量，它反映了树脂吸附能力的大小。正上柱时，每吨树脂一般可吸附 90～100 kg 赖氨酸盐酸盐，反上柱时可吸附 70～80 kg 赖氨酸盐酸盐。当流出液 pH =5.5～6 时，表明吸附达到饱和状态。一般交换吸附 2～3 次。

③ 上柱流速：为了进行有效的交换，离子交换过程中必须使赖氨酸料液与树脂有充分的接触时间。如果液相流速过大，固液接触时间太短，树脂与上样液来不及充分交换，就会导致交换区拉长，较早发生渗漏现象，影响处理质量；如果速度太慢，则会减小处理流量，降低处理效率。因此，要控制上柱流速。上柱流速应根据上柱液性质、树脂的性质、柱大小及上柱方式等具体情况决定。应在小柱中进行试验，确定合适的上柱流速。一般正上柱时流速大些，赖氨酸料液以 10 L/min 的流速吸附；反上柱时流速小些。

上柱后，将饱和树脂用 100 L 去离子水洗涤，以除去残留在树脂中的可溶性和非可溶性杂质，提高赖氨酸质量，同时使树脂疏松以利于洗脱，直到流出液澄清。

(2) 洗脱(解吸)与收集。

洗脱是离子交换法提取 L-赖氨酸的关键步骤。串联洗脱时各组分解吸的顺序与吸附顺序相反。

① 常用洗脱剂　洗脱赖氨酸所采用的洗脱剂有氨水、氨水和氯化铵混合液、氢氧化钠溶液等。

a. 氨水　优点是洗脱液经浓缩除氨后,含杂质较少,有利于后续工序精制,且在树脂处理时不需转型操作;缺点是过滤液中的阳离子(如 Ca^{2+}、Mg^{2+} 等)也被树脂吸附,不易洗脱而残留在树脂中,且随着操作次数的增加而积累,造成树脂吸附氨基酸的能力降低。因此,在树脂使用一段时间后,需要用酸或食盐溶液进行再生处理,增加工序。

b. 氨水和氯化铵混合液　特点是可以洗脱被树脂吸附的 Ca^{2+} 等阳离子,提高树脂的交换容量,由于在碱性条件下赖氨酸先被洗脱,然后才有 Ca^{2+} 等离子被洗脱,因此,可采取分段收集方法,使赖氨酸和 Ca^{2+} 等阳离子分离。同时,通过调节氨水与氯化铵的物质的量之比为 1∶1,可直接使赖氨酸形成单盐酸盐,不需要另外用酸中和生成赖氨酸盐酸盐。

c. 氢氧化钠溶液　特点是没有氨味,操作容易,但在洗脱液中 Na^{+} 含量较高,对后续的提纯精制产生影响。

② 洗脱剂的浓度　洗脱剂的浓度对洗脱效果有一定影响。一般来说,为了浓缩,需用较高浓度的洗脱剂;为了分离,只能用适当浓度的洗脱剂。如果洗脱剂浓度太高,则达不到分离纯化的目的;如果洗脱剂浓度太低,则洗脱时间长,收集不集中,收集液体积大,赖氨酸浓度低。使用氨水洗脱时,一般浓度为 3.6%～5.4%。如果用 5%的氨水洗脱,收集液赖氨酸平均浓度可达 6%～8%,洗脱高峰段赖氨酸盐酸盐含量可达 15%～16%。

③ 洗脱方式、洗脱速度及洗脱液的收集　一般采用单柱顺流洗脱。用蒸馏水调节流出液的流速为 6 L/min 左右,当液面降至比树脂表面高 3 cm 时,加入氨水洗脱。为了使洗脱集中,赖氨酸浓度高,应控制好洗脱液流速。一般比上柱流速慢些,多用 6 L/min 的流速洗脱,可根据柱的大小适当调整。若洗脱速度太慢,则洗脱周期长,并且会造成堵柱;若洗脱速度太快,则拖尾现象较严重。

洗脱时用 pH 试纸和茚三酮检查流出液,洗脱开始半小时后用 pH 试纸检测,每 15 min一次,当 pH 接近 8.0 时再用纸层析法检测,每 10 min 一次,当有赖氨酸流出时即可收集。一般为 pH＝9.5～12。前后流分中赖氨酸浓度低而氨含量高,可合并于洗脱用的氨水中,以提高收率。一般收率可达 90%～95%。

为提高赖氨酸离子交换提取的经济效益,减少环保问题,有报道在赖氨酸提取中采用美国的 ISEP 连续离子交换系统,使吸附、冲洗树脂、洗脱收集在系统中同时进行,该技术具有树脂用量少、树脂交换容量大、节省冲洗水、减少废水量等特点。

(五) 赖氨酸的浓缩结晶

1. 浓缩与除氨

经过离子交换提取,赖氨酸与料液和料液中的杂质得以分离,但赖氨酸洗脱液的体积较大,赖氨酸含量较低(60～80 g/L),且还含有较多的氨(10～15 g/L),因此需要浓缩和除氨。为了收集蒸发出来的氨蒸气,可采用单效蒸发。

一般采用真空蒸发形式,以降低蒸发液体的沸点,提高加热蒸汽与液体之间的温差,并避免赖氨酸受热被破坏。真空蒸发的主要条件如下:70 ℃以下,真空度 0.08 MPa 左右,加热蒸汽压力约为 0.02 MPa。一般以真空度稍高、温度稍低为好。但真空度不能太高，因为真空度越高，水的汽化潜热越大，耗用的蒸汽越多，真空发生装置的动力消耗也越大，因此对于单效蒸发应选择适宜的真空度。

蒸发的氨水蒸气经冷却，用于稀释液氨。浓缩液浓缩至19～20°Bé（赖氨酸盐酸盐含量为340～360 g/L），料液呈黏稠状，放出料液，用浓盐酸调节pH＝4.9，再继续浓缩至22～23°Bé，即得赖氨酸盐酸盐的浓缩液。若在碱性溶液中浓缩，则时间不宜过长，温度不宜过高，以免生成DL-赖氨酸。

2. 赖氨酸盐酸盐的结晶与分离

将赖氨酸盐酸盐浓缩液放入搅拌罐中，搅拌结晶16～20 h，为了使结晶不太细，结晶过程应控制温度，最好在5 ℃左右。结晶完毕停止搅拌，用离心机分离，用少量水洗晶体表面附着的母液。母液经浓缩，结晶，再结晶，直至不能析出结晶时，将母液稀释，上离子交换柱吸附回收赖氨酸。所得的晶体为赖氨酸盐酸盐粗晶体。该粗晶体经过干燥、粉碎、包装，即得饲料级赖氨酸盐酸盐成品。

3. 赖氨酸盐酸盐的脱色、浓缩、重结晶与干燥

上述结晶析出的赖氨酸盐酸盐粗晶体中赖氨酸盐酸盐的含量为78%～84%，除含有一定水分（15%～20%）外，还含有色素等杂质，要制造食品级和医药级赖氨酸盐酸盐需要进一步精制纯化。其方法是将赖氨酸盐酸盐粗晶体加蒸馏水至原体积的1/4，搅拌均匀，用浓盐酸调节pH＝4.9，加热至70～80 ℃使其溶解成16°Bé，加入3%～5%（质量分数）活性炭，搅拌脱色1 h，过滤得赖氨酸盐酸盐清液。将清液在0.8 MPa真空度、70 ℃以下，真空蒸发至21～22°Bé，放入结晶罐中搅拌结晶，16～20 h后经离心分离除去母液，晶体用少量水洗去表面附着的母液。赖氨酸盐酸盐晶体在60～80 ℃下进行干燥，至含水0.1%以下，然后粉碎至60～80目，包装即得成品。

（六）赖氨酸盐酸盐的检验

赖氨酸盐酸盐的检验的质量标准和方法均引自《中国药典》（2020年版）二部和四部。

（1）质量标准　本品为白色结晶或结晶性粉末，无臭，在水中易溶，在乙醇中极微溶解，在乙醚中几乎不溶解。干燥品含$C_6H_{14}N_2O_2 \cdot HCl$量不得少于98.5%。比旋光度为＋20.4°～＋21.5°。其10%（此为近似浓度，指将10 g溶质溶于100 mL水中配成溶液，下同）水溶液的pH应为5.0～6.0，5%水溶液在430 nm波长处的透光率不得低于98.0%。氯含量为19.0%～19.6%，硫酸盐含量不得大于0.02%，铵盐含量不得大于0.02%，其他氨基酸含量不得大于0.5%。干燥失重不得过0.4%，炽灼残渣不得过0.1%。铁盐含量不得大于0.003%，重金属含量不得过百万分之十。砷盐含量小于0.0001%。每克盐酸赖氨酸中细菌内毒素的含量应小于10 EU（供注射用）。

（2）鉴别　①本品0.4 mg/mL溶液的色谱图显示的主斑点的位置和颜色与对照溶液的主斑点相同。②本品的红外光吸收图谱应与对照品的图谱（通则0402）一致。如不一致，取本品与对照品适量，分别加水溶解后置于60 ℃水浴中同法测定。③本品的水溶液显氯化物反应（通则0301）。

（3）含量测定　取本品约90 mg，精密称定，加无水甲酸3 mL使之溶解，加冰乙酸50 mL与乙酸汞试液10 mL，采用电位滴定法（通则0701），用高氯酸滴定液（0.1 mol/L）滴定，并将滴定的结果用空白试验校正。1 mL高氯酸滴定液（0.1 mol/L）相当于9.133 mg的$C_6H_{14}N_2O_2 \cdot HCl$。

任务二　L-亮氨酸的生产

一、生产前准备

(一) 查找资料,了解 L-亮氨酸生产的基本知识

L-亮氨酸广泛存在于蛋白质中,以玉米麸质及动物血粉中含量最为丰富,在角甲、棉籽饼和鸡毛中含量也较多。L-亮氨酸是人与动物自身不能合成而必须依赖外源供给的人体必需氨基酸之一,是哺乳动物的必需氨基酸和生酮生糖氨基酸。L-亮氨酸的化学名称为 2-氨基-4-甲基戊酸或 2-氨基异己酸,分子式为 $C_6H_{13}NO_2$,相对分子质量为 131.17,结构式为

$$\begin{array}{ccccccccc} CH_3 & — & CH & — & CH_2 & — & CH & — & COO^- \\ & & | & & & & | & & \\ & & CH_3 & & & & NH_3^+ & & \end{array}$$

L-亮氨酸自水及乙醇中可得白色片状结晶,pI 为 5.98,熔点为 293 ℃。在 25 ℃水中溶解度为 2.91 g/(100 mL),在乙醇中为 0.017 g/(100 mL);在 75 ℃水中为 3.82 g/(100 mL),在乙酸中为 10.9 g/(100 mL);不溶于乙醚。

L-亮氨酸可调节氨基酸与蛋白质代谢,它是骨骼肌与心肌中唯一可调节蛋白质周转的氨基酸,并促进骨骼肌蛋白质的合成。它也是三种支链氨基酸(亮氨酸、异亮氨酸和缬氨酸)之一,参与人体内氨代谢,是一种重要的保肝剂。L-亮氨酸是临床选用的复合氨基酸静脉注射液不可缺少的原料,在氨基酸静脉注射液以及作为补品的氨基酸口服制剂中,L-亮氨酸都占有较大的比重。L-亮氨酸是大面积烧伤、外伤、感染及手术前后恢复体力的不可缺少的营养剂,对于维持危重患者的营养需要,抢救患者的生命起着积极的作用。临床上 L-亮氨酸还可用于幼儿体内缺乏亮氨酸引起的特发性高血糖症、糖代谢失调、伴有胆汁分泌减少的肝病、贫血等的治疗。亮氨酸的代谢产物酮异己酸也具有调节蛋白质代谢的作用,亮氨酸的衍生物重氮氧代正亮氨酸可用于治疗白血病。L-亮氨酸还是许多重要物质合成的前体物。例如:L-亮氨酸席夫碱金属配合物具有抗癌、抗病毒、抑制细菌生长等生物活性功能;选用 L-亮氨酸作为氨基酸部分的 N-稀有脂肪酰基-L-亮氨酸具有较高的抗菌活性。L-亮氨酸与稀土配合物是氨基酸肥料和农药的一种,不仅能增产、防止农作物病虫害,而且能被日光和微生物降解,是目前深受人们喜爱的“绿色农药”。这种农药的降解产物还可促进农作物对微量元素的吸收利用,增加产量,改善作物的品质。

L-亮氨酸的生物生产方法主要有蛋白质水解提取法、酶催化法、微生物发酵法等。

(二) 确定生产技术、生产原料和工艺路线

(1) 确定生产技术:生物化学制药技术和生物制药下游技术。具体为蛋白质水解提取技术:在酸性条件下,将 L-亮氨酸含量较高的蛋白质原料水解,得到各种氨基酸的混合物,经分离、纯化、精制等工序获得 L-亮氨酸产品。

(2) 确定生产原料:动物血粉。

(3) 确定生产工艺路线:如图 1-3-5 所示。

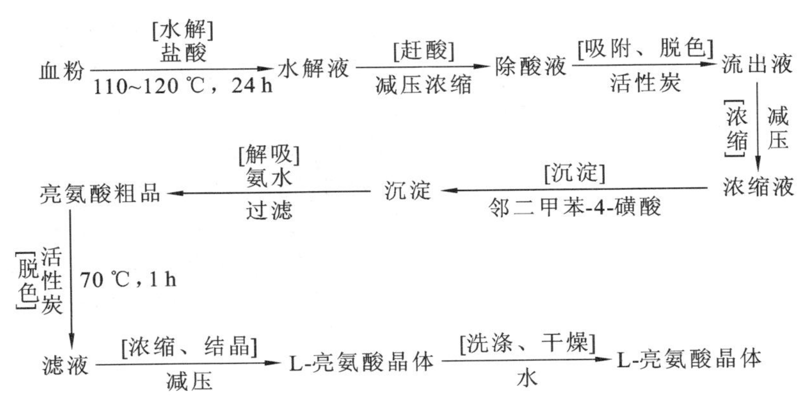

图 1-3-5　蛋白质水解技术生产 L-亮氨酸工艺路线

二、生产工艺过程

（一）水解、赶酸

按 5∶1(质量比)的比例向 1 t 水解罐中加入 6 mol/L 盐酸 500 L 和动物血粉 100 kg，110～120 ℃回流水解 24 h 后，于 70～80 ℃减压浓缩至糊状。加 50 L 水稀释后，再浓缩至糊状，如此赶酸 3 次，冷却至室温，滤除残渣。

（二）吸附、脱色

上述滤液稀释 1 倍后，以 0.5 L/min 的流速流进颗粒活性炭柱(ϕ30 cm×180 cm)至流出液出现丙氨酸为止，再用去离子水以同样流速洗至流出液 pH 4.0 为止，将流出液与洗涤液合并。

（三）浓缩、沉淀与解吸

上述流出液减压浓缩至进柱液体积的 1/3，搅拌下加入 1/10 体积的邻二甲苯-4-磺酸，甲硫氨酸、异亮氨酸等杂质残存在溶液中，亮氨酸与邻二甲苯-4-磺酸生成不溶性的磺酸盐沉淀而析出。滤取沉淀，用 2 倍质量的去离子水搅拌洗涤沉淀两次，抽滤压干，即得亮氨酸磺酸盐。向滤饼中加 2 倍质量的去离子水，摇匀，用 6 mol/L 氨水中和至 pH 6～8，于 70～80 ℃保温搅拌 1 h，冷却过滤。沉淀用 2 倍质量的去离子水搅拌洗涤两次，过滤得亮氨酸粗品。

（四）精制

L-亮氨酸粗品用 40 倍质量的去离子水加热溶解，加 0.5%活性炭并于 70 ℃保温搅拌脱色 1 h，过滤，滤液浓缩至原体积的 1/4，冷却后即析出白色片状亮氨酸晶体。过滤收集晶体，用少量去离子水洗涤后抽干，于 70～80 ℃烘干得 L-亮氨酸精品。

（五）亮氨酸的检验

(1) 质量标准　本品为白色晶体或结晶性粉末；无臭，味微苦。在甲酸中易溶，在水中略溶，在乙醇或乙醚中极微溶解。干燥品含 $C_6H_{13}NO_2$ 的量不得小于 98.5%。约40 mg/mL 溶液的比旋光度为+14.9°～+15.6°。其 1%水溶液的 pH 应为 5.5～6.5，在 430 nm 波长处的透光率不得低于 98.0%。氯化物含量不得大于 0.02%，硫酸盐含量不得大于 0.02%，铵盐含量不得大于0.02%，其他氨基酸含量不得大于0.5%。干燥失重不得过0.2%，炽灼残渣不得过0.1%。铁盐含量不得大于0.001%，重金属含量不得过百万分之十。砷盐含量小于0.0001%。每克亮氨酸中含细菌内毒素的量应小于25 EU(供注射用)。

(2) 鉴别　①本品0.4 mg/mL溶液的色谱图显示的主斑点的位置和颜色与对照溶液的主斑点相同。②本品的红外光吸收图谱应与对照的图谱(光谱集987图)一致。

(3) 含量测定　取本品约0.1 g，精密称定，加无水甲酸1 mL溶解后，加冰乙酸25 mL，采用电位滴定法(《中国药典》(2020年版)四部通则0701)，用高氯酸滴定液(0.1 mol/L)滴定，并将滴定的结果用空白试验校正。1 mL高氯酸滴定液(0.1 mol/L)相当于13.12 mg的$C_6H_{13}NO_2$。

任务三　L-胱氨酸的生产

一、生产前准备

(一) 查找资料，了解L-胱氨酸生产的基本知识

L-胱氨酸是在1810年由Wollaston从膀胱结石中发现的。1832年，Berzelius将其命名为胱氨酸，其学名为双巯丙氨酸，它是由两分子的半胱氨酸氧化脱氢而成，分子式为$C_6H_{12}N_2O_4S_2$，结构简式为$HOOCCH(NH_2)CH_2SSCH_2CH(NH_2)COOH$。它是蛋白质中含有二硫键的氨基酸。多存在于毛发、指爪等的角蛋白中，在人发和猪毛中含量最高。人发中胱氨酸的含量为8%～10%，人发蛋白质中胱氨酸的含量约为18%。猪毛中胱氨酸的含量为6%～8%，猪毛蛋白质中胱氨酸的含量约为18%。

L-胱氨酸是一种营养增补剂，用于奶粉的母乳化，属非必需氨基酸。对构成皮肤和毛发是必需物质，能促进伤口愈合，促进手术及外伤的治疗，促进皮肤损伤的修复并有抗辐射作用，能防治皮肤过敏，治疗湿疹；能增强造血功能，促进白细胞生成；也具有促进机体细胞氧化和还原的功能，可作为化妆品的添加剂。临床上用于治疗辐射损伤、重金属中毒、慢性肝炎、牛皮癣及病后或产后继发性脱发。

L-胱氨酸为白色六角形板状晶体或白色结晶性粉末，几乎无臭。等电点为4.6，熔点为258～261 ℃。胱氨酸极难溶于水和乙醇，不溶于醚和氯仿，溶于稀无机酸和碱性溶液，在热碱液中易分解。

(二) 确定生产技术、生产原料和工艺路线

(1) 确定生产技术：生物化学制药技术和生物制药下游技术。

(2) 确定生产原料：人发。

(3) 确定生产工艺路线：如图1-3-6所示。

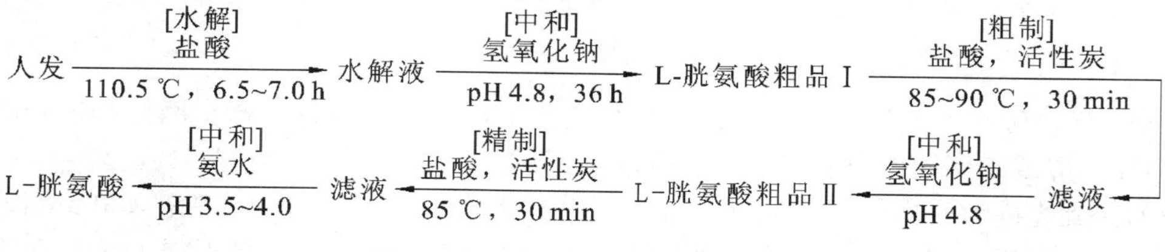

人发 —[水解] 盐酸；110.5 ℃，6.5~7.0 h→ 水解液 —[中和] 氢氧化钠；pH 4.8，36 h→ L-胱氨酸粗品Ⅰ —[粗制] 盐酸，活性炭；85~90 ℃，30 min→ 滤液 —[中和] 氢氧化钠；pH 4.8→ L-胱氨酸粗品Ⅱ —[精制] 盐酸，活性炭；85 ℃，30 min→ 滤液 —[中和] 氨水；pH 3.5~4.0→ L-胱氨酸

图1-3-6　L-胱氨酸生产工艺路线

二、生产工艺过程

（一）水解

将洗净的人发投入装有 2 倍量（质量比）的 10 mol/L 盐酸、预热至 70～80 ℃的水解罐中，间歇搅拌使温度均匀，并在 1.0～1.5 h 内升温至 110.5 ℃，水解 6.5～7.0 h（自 100 ℃时计），过滤，收集滤液。

（二）中和

将滤液置于中和缸中，边搅拌边加入 30%～40%的氢氧化钠溶液，直至 pH 4.8，继续搅拌 15 min 后，静置 36 h，滤取沉淀，离心甩干得 L-胱氨酸粗品Ⅰ。滤液可用于分离精氨酸、亮氨酸和谷氨酸等。

（三）粗制

称取 150 kg L-胱氨酸粗品Ⅰ，加入 1 mol/L 盐酸约 90 kg、水 360 kg，升温至 65～70 ℃，搅拌 0.5 h 后，加入 2%的活性炭，于 85～90 ℃保温脱色 0.5 h，滤除活性炭。边搅拌边向滤液中加入 30%的氢氧化钠溶液调至 pH 4.8，静置结晶，吸出上清液后，底部沉淀经离心甩干得 L-胱氨酸粗品Ⅱ。滤液可回收胱氨酸。

（四）精制、中和

称取 40 kg L-胱氨酸粗品Ⅱ，加入 1 mol/L 盐酸（CP）200 L，升温至 70 ℃使其溶解后，加入活性炭 0.5～1.0 kg，85 ℃搅拌脱色 0.5 h，过滤，获无色透明滤液，加 1.5 倍滤液体积的蒸馏水，升温至 75～80 ℃，搅拌下用 12%氨水（CP）中和至 pH 3.5～4.0，析出晶体，滤取胱氨酸晶体，用蒸馏水洗至无氯离子，真空干燥得 L-胱氨酸成品。滤液可回收胱氨酸。

（五）胱氨酸的检验

（1）质量标准　本品为白色晶体或结晶性粉末；在水、乙醇中几乎不溶，在稀盐酸或氢氧化钠溶液中溶解。干燥品含 $C_6H_{12}N_2O_4S_2$ 的量应大于 98.5%。比旋光度为 −230°～−215°。其 1%水溶液的 pH 应为 5.0～6.5，其 5%盐酸溶液在 430 nm 波长处的透光率不得低于98.0%。氯化物含量不得大于 0.02%，硫酸盐含量不得大于 0.02%，其他氨基酸含量不得大于 0.5%。干燥失重不得过 0.2%，炽灼残渣不得过 0.1%。铁盐含量不得大于0.001%，重金属含量不得过百万分之十。砷盐含量小于 0.0001%。

（2）鉴别　本品 10 mg/mL 氨溶液的色谱图显示的主斑点的位置和颜色与对照溶液的主斑点相同。本品的红外光吸收图谱应与对照的图谱（光谱集 1036 图）一致。

（3）含量测定　取本品约 80 mg，精密称定，置于碘瓶中，加氢氧化钠溶液 2 mL 与水 10 mL 振荡溶解后，加溴化钾溶液（20→100）10 mL，精密加入溴酸钾滴定液（0.01667 mol/L）50 mL 和稀盐酸 15 mL，密塞，冰浴中暗处放置 10 min，加碘化钾 1.5 g，摇匀，1 min 后，用硫代硫酸钠滴定液（0.1 mol/L）滴定至近终点时，加淀粉指示剂 2 mL，继续滴定至蓝色消失，并将滴定的结果用空白试验校正。1 mL 溴酸钾滴定液（0.01667 mol/L）相当于 2.403 mg 的 $C_6H_{12}N_2O_4S_2$。

项目实训　L-缬氨酸的发酵生产

码1-3-3 离子交换技术提取缬氨酸

一、实训目标

(1) 掌握 L-缬氨酸发酵生产的技术要点。

(2) 掌握离子交换法提取 L-缬氨酸的基本原理、方法和基本操作技能。

(3) 掌握离子交换法在氨基酸等药物提取和精制方面的应用。

(4) 强化劳动观念和意识的培养。

二、实训原理

L-缬氨酸是三种支链氨基酸之一，是人体必需氨基酸，具有多种生理功能，主要用于配制复合氨基酸输液和口服液、合成多肽药物和食品抗氧化剂等。国内外大批量生产 L-缬氨酸主要采用微生物发酵技术。L-缬氨酸是中性氨基酸，pI＝5.96。在 pH＝2～3 时，能最大限度地被强酸性阳离子交换树脂吸附。L-缬氨酸的离子交换提取一般用 732 树脂，该种强酸性阳离子交换树脂可选择性地从发酵液中吸附 L-缬氨酸，从而将 L-缬氨酸和其他氨基酸分离。L-缬氨酸发酵生产工艺如图 1-3-7 所示。

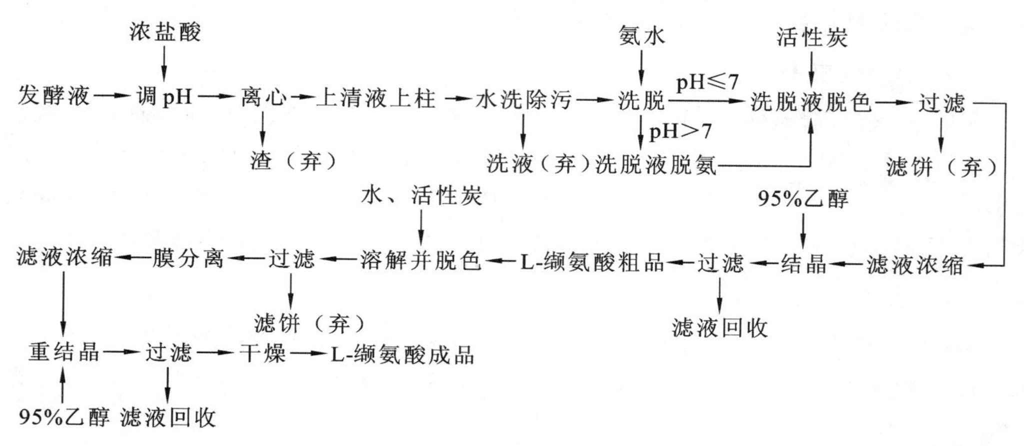

图 1-3-7　L-缬氨酸发酵生产工艺路线

三、实训器材和试剂

1. 菌种

谷氨酸棒状杆菌(*Corynebacterium glutamicum* CICC20887)。

2. 器材

灭菌锅、恒温摇床、超净工作台、发酵罐、培养箱、三角瓶、铁架台、分水瓶、离子交换柱(ϕ40 mm×100 cm)、收集瓶、微量取样器、滤纸、层析缸、722 型分光光度计。

3. 药品与试剂

葡萄糖、牛肉膏、蛋白胨、酵母膏、琼脂条、硫酸铵、玉米浆、豆饼水解液、磷酸二氢钾、硫酸镁、硫酸亚铁、硫酸锰、碳酸钙、L-Met、L-Ile、生物素、硫胺素、2 mol/L NaOH 溶液、2 mol/L 盐酸、0.3 mol/L 氨水、正丁醇、丙酮、茚三酮、冰乙酸、缬氨酸标准样、硫酸、732 树脂。

4. 培养基

(1) 斜面培养基配方(g/L):葡萄糖5.0,NaCl 5.0,牛肉膏10.0,蛋白胨10.0,酵母膏5.0,琼脂条15.0。pH 7,0.1 MPa下灭菌20 min。

(2) 种子培养基配方(g/L):葡萄糖40.0,硫酸铵5.0,玉米浆40.0,豆饼水解液2.5,磷酸二氢钾1.0,硫酸镁0.5,硫酸亚铁0.01,硫酸锰0.01,碳酸钙10.0,L-Met 0.3,L-Ile 0.2,生物素1.00×10^{-4},硫胺素2.00×10^{-4}。pH 7,0.1 MPa下灭菌20 min。

(3) 发酵培养基配方(g/L):葡萄糖80,硫酸铵25~40.0,玉米浆15.0,豆饼水解液2.5,磷酸二氢钾1.0,硫酸镁0.5,硫酸亚铁0.01,硫酸锰0.01,轻质碳酸钙10.0,L-Met 0.3,L-Ile 0.2,生物素1.00×10^{-4},硫胺素:2.00×10^{-4}。pH 7,0.1 MPa下灭菌20 min。

四、实训方法和步骤

(一) 缬氨酸的发酵

(1) 斜面活化培养:将保藏的菌种接种到斜面培养基,30 ℃恒温培养24 h。

(2) 种子培养:将活化的种子接种到三角瓶中,200 r/min、30 ℃恒温振荡培养20~24 h,根据需要可进行1~3级种子的培养。

(3) 发酵培养:按10%~15%(体积分数)的接种量将培养好的种子接种到5 L发酵罐中进行发酵。发酵条件:温度30 ℃,前24 h控制在pH 6.5~6.7,后48 h控制在pH 7.0~7.2,搅拌速度180 r/min,培养时间72 h。

(二) 发酵液预处理

离心除去菌体,采用高速冷冻离心机高速(4500~6000 r/min)离心,分别收集菌体和上清液,回收的菌体可进一步加工利用,澄清的上清液用盐酸调节pH 2~3后待用。

(三) 缬氨酸的提取

1. 树脂的预处理

将732树脂用蒸馏水洗涤数次后浸泡过夜,再用2 mol/L NaOH溶液和2 mol/L盐酸交替浸泡(或搅拌)2次,用2 mol/L盐酸浸泡过夜,最后用蒸馏水冲洗至中性。

2. 树脂的装柱

将离子交换柱垂直固定在铁架台上,在交换柱的下端配上橡皮塞及供液体流出的玻璃管和带螺丝夹的橡皮管,先将蒸馏水倒入离子交换柱中至1/3~1/2容积,同时将螺丝夹调到水能中速流出,然后用50 mL量筒取处理好的树脂缓缓倾入柱内水中,让树脂自然沉降,装50%~60%柱高。此时应注意不要让气泡进入树脂层,液面要始终高于树脂层2~3 cm。用乳胶管将分液漏斗与树脂柱连接好待用。

3. 缬氨酸的交换

装好树脂后,用蒸馏水调节流速,使流出液达到1.0~1.5 mL/min即可,当液面降至比树脂面高2~3 cm时,由分液漏斗加入pH调节在2.5~3.0的已处理好的缬氨酸发酵液,用烧杯收集流出液,半小时后开始用pH试纸检测,每15 min一次,当pH接近4时再用纸层析法检测,每10 min一次。当流出液中缬氨酸的浓度与加入液中缬氨酸的浓度相同时,树脂即达到饱和状态,此时应停止交换(一般在相对含量为1%的时候就停止交换)。整个交换过程约2.5 h。

4. 饱和树脂的洗涤

将饱和树脂用蒸馏水洗涤,直到流出液的pH为4.5~5.0即可(水用量一般为树脂体积的 2 倍)。洗涤时间约 2 h。

5. 缬氨酸的解吸

洗涤后的饱和树脂,用蒸馏水调节流出液的流速为 1.0 mL/(L·min)左右,当液面降至比树脂表面高 2～3 cm 时,由分液漏斗加入 0.3 mol/L 氨水洗脱,半小时后用 pH 试纸检测,每 15 min 一次,当 pH 接近 4 时再用纸层析法检测,以后每 10 min 一次。当含量达到 0.3%时,开始收集。用烧杯收集洗脱液,以 1～2 mL 为一份测定含量。当流出液的相对含量在 0.5%左右时,停止解吸。收集时间约 3 h。

6. 树脂的再生

(1) 水洗:解吸完的树脂用蒸馏水洗至流出液的 pH 为 8.0 左右(水用量一般为树脂体积的 2 倍),洗涤时间约 2 h。

(2) 树脂再生:树脂用水洗好之后再用 2 mol/L 盐酸再生,流速控制在 1.5 mL/(L·min)左右,当 pH 到 2.0 左右的时候就停止加酸(盐酸用量大约是柱体积的 2 倍)。

(3) 水洗:再用蒸馏水洗至流出液的 pH 为 4.5～5.0 即可(水用量一般为树脂体积的 2 倍)。洗涤时间约 2 h。

(四) 样品的测定——纸层析法

1. 标准曲线的制定

精密称取缬氨酸标准品 0.06 g、0.14 g、0.22 g、0.30 g、0.38 g、0.46 g,分别用水溶解并置于 10 mL 容量瓶中,稀释至刻度,摇匀。分别吸取 1 μL 于层析滤纸上,以展开剂正丁醇-冰乙酸-水(3∶1∶1)展开,喷以茚三酮(0.5 g 溶于 100 mL 丙酮中)显色,90 ℃烘箱中恒热 5 min,可呈现玫瑰红斑点。将斑点剪下,分别置于试管中,以洗脱剂(0.05 g 硫酸铜溶于 77.5 mL 95%乙醇和 22.5 mL 水中)洗脱 1 h,纸上斑点消失,以洗脱剂为空白对照,在 722 型分光光度计 520 nm 波长处测定洗脱液的吸光度,以缬氨酸的含量为横坐标,以洗脱液的吸光度为纵坐标,用 Excel 软件处理,得缬氨酸标准曲线和回归方程。

2. 样品中缬氨酸含量的测定

将缬氨酸解吸液稀释至 40 mg/mL 左右,取缬氨酸解吸(稀释)液 1 μL 点样于层析滤纸上,照上法操作,测得吸光度,从标准曲线上换算出缬氨酸含量。

五、实训结果处理

请填写 732 树脂交换解吸缬氨酸的洗脱体积和吸光度对应表(见表 1-3-1)。

表 1-3-1 732 树脂交换解吸缬氨酸的洗脱体积和吸光度对应表

编号	1	2	3	4	5	6
洗脱体积/mL						
吸光度						

以吸光度为纵坐标,以洗脱体积为横坐标,绘制洗脱曲线。

六、知识和技能探究

离子交换法提取缬氨酸的操作条件可怎样优化?操作方法又可从哪些方面改良?

项目总结

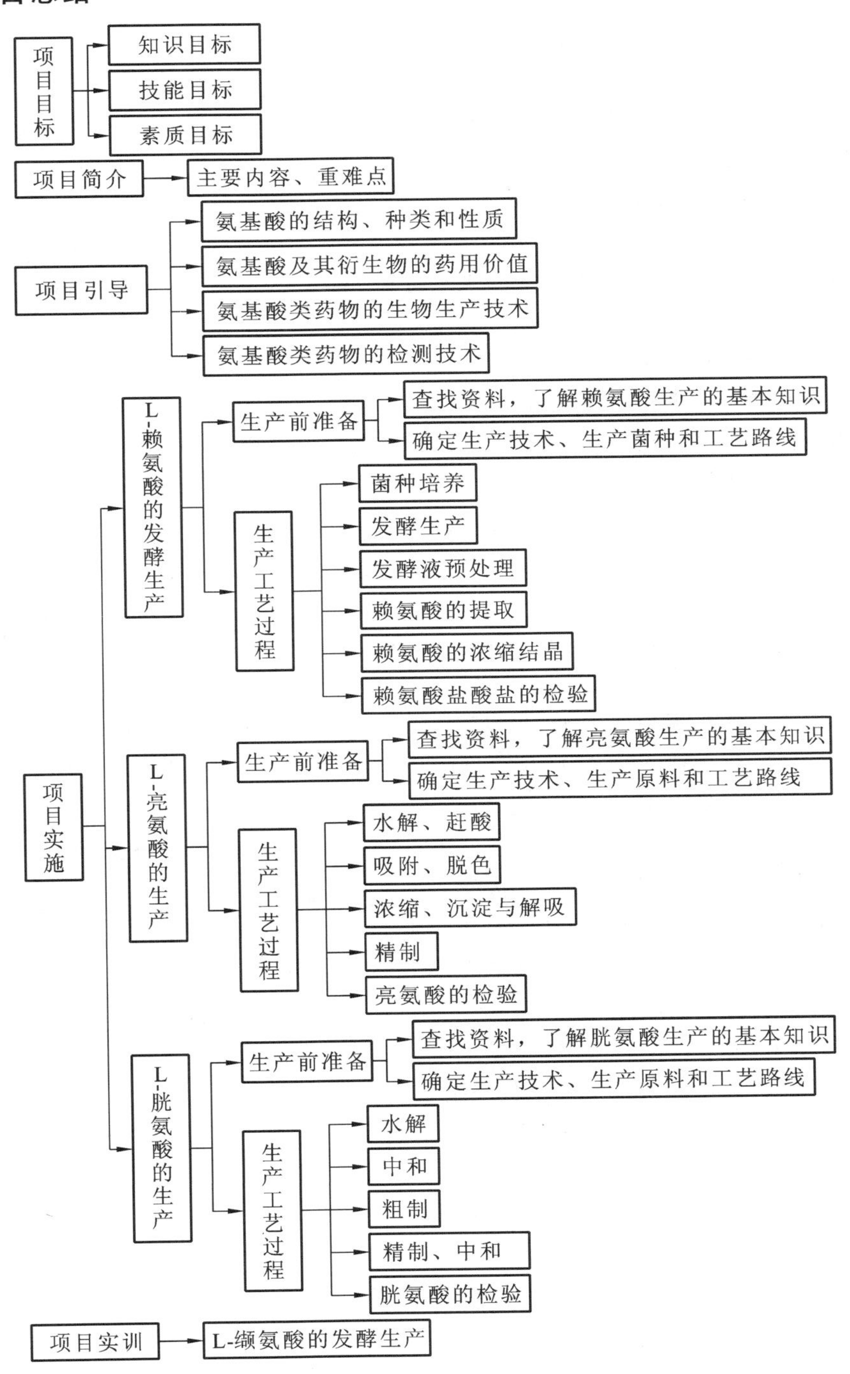
项目目标
知识目标
技能目标
素质目标
项目简介
主要内容、重难点
项目引导
氨基酸的结构、种类和性质
氨基酸及其衍生物的药用价值
氨基酸类药物的生物生产技术
氨基酸类药物的检测技术
项目实施
L-赖氨酸的发酵生产
生产前准备
查找资料，了解赖氨酸生产的基本知识
确定生产技术、生产菌种和工艺路线
生产工艺过程
菌种培养
发酵生产
发酵液预处理
赖氨酸的提取
赖氨酸的浓缩结晶
赖氨酸盐酸盐的检验
L-亮氨酸的生产
生产前准备
查找资料，了解亮氨酸生产的基本知识
确定生产技术、生产原料和工艺路线
生产工艺过程
水解、赶酸
吸附、脱色
浓缩、沉淀与解吸
精制
亮氨酸的检验
L-胱氨酸的生产
生产前准备
查找资料，了解胱氨酸生产的基本知识
确定生产技术、生产原料和工艺路线
生产工艺过程
水解
中和
粗制
精制、中和
胱氨酸的检验
项目实训
L-缬氨酸的发酵生产

项目检测

一、填空题

1. 氨基酸类药物的生物生产技术有（　　　　）、（　　　　）、（　　　　）。常用的氨基酸类药物的检测技术有（　　　　）、（　　　　）、（　　　　）、（　　　　）、（　　　　）(列举四种以上)。

2. L-赖氨酸发酵优化的工艺条件为（　　　　）、（　　　　）、（　　　　）、（　　　　）。

3. 以人发为原料生产 L-胱氨酸的工艺过程为（　　　　）、（　　　　）、（　　　　）、（　　　　）、（　　　　）。

4. 氨基酸分离的主要方法有（　　　　）、（　　　　）、（　　　　）。

5. 水解法生产氨基酸的主要步骤为（　　　　）、（　　　　）、（　　　　）、（　　　　）。

二、选择题

1. 下列氨基酸中，（　　）是支链氨基酸。

A. Leu　B. Phe　C. Val　D. Gly

2. 人体必需的氨基酸有（　　）。

A. Lys　B. Thr　C. Ser　D. Leu　E. Glu

3. 离子交换法提取 L-赖氨酸常用洗脱剂有（　　）。

A. 硫酸铵　B. 氨水＋氯化铵　C. 氯化钠　D. 盐酸

4. 用离子交换法提取赖氨酸，当发酵液含菌体等固体物较多时多采用（　　）。

A. 正上柱或反上柱　B. 正上柱　C. 反上柱

5. 赖氨酸发酵的最适 pH 为（　　）。

A. 5.5～6.0　B. 6.5～7.0　C. 7.5～8.0　D. 8.0～8.5

6. L-胱氨酸成品不溶解于水，而溶解于（　　）。

A. 乙醇　B. 碱性溶液　C. 醚　D. 氯仿

7. 水解法生产 L-胱氨酸，所用无机酸为（　　）。

A. 盐酸　B. 硫酸　C. 磷酸　D. 乙酸

三、简述题

1. 简述赖氨酸发酵工艺条件及其控制要点。

2. 简述水解法生产亮氨酸的一般工艺流程。

四、论述题

试述赖氨酸发酵生产的一般工艺流程。

五、思考与探索

查找药用(或保健用)复方氨基酸的生产工艺。

项目拓展

小行星为生命起源提供氨基酸(摘自化石网)

NASA(美国国家航空航天局)最新的研究表明,宽阔小行星带能够产生可供地球上生命使用的各种氨基酸。

氨基酸组成蛋白质,蛋白质对生命的作用极其重要。氨基酸有两种呈镜像反射的类型,即左手性和右手性,如图 1-3-8 所示。组成地球上生命的均为左手性氨基酸,而鉴于右手性氨基酸组成的蛋白质也可供生命使用,科学家们一直致力于找出地球上的生命都使用左手性氨基酸的原因。

2009 年 3 月,NASA 的研究者在来自含碳质丰富小行星的陨石中发现了左手性异缬氨酸超量(excess of L-isovaline),这表明生命可能起源于太空,而太空环境则更适合左手性氨基酸的产生。因此,研究者推测,这些由陨石从太空带来的左手性氨基酸最终成为原始生命出现的原始材料之一。

图 1-3-8 左手性与右手性

而在最近的研究中,NASA 的研究者则发现了来自更多含碳质丰富小行星中的超量左手性异缬氨酸(L-异缬氨酸)。这些发现更加使人相信,地球上生命起源与这些小行星之间存在某种联系。

亚利桑那州立大学的一位学者最早发现了来自两颗 CM2 小行星、少量却显著的L-异缬氨酸超量,之后,NASA 展示了与行星热水的历史有关的 L-异缬氨酸。而在这项研究中,研究者发现了一些极其珍贵的陨石,这些陨石可以表明其母体行星具有大量的水。

L-异缬氨酸超量在被水改造过的行星陨石(例如 CM1、CR1)中的发现未曾预料到。现在的主要问题就是,是怎样的化学过程产生了大量的左手性氨基酸。关于这一问题的见解很多,但 NASA 的研究者认为,液体水的存在可能是产生左手性氨基酸的关键因素,因为他们发现,行星被水改造越多,L-异缬氨酸超量的发现就越多。

另一个线索来自每块陨石中异缬氨酸发现的总量。有最大量左手性氨基酸超量的陨石中异缬氨酸的含量是没有左手性氨基酸超量的陨石中的千分之一。这表明,只有消耗或者破坏掉氨基酸,才能获得超量。因此,水改造过程是一把双刃剑。然而,水改造过程仅能产生少量的左手性氨基酸超量,真正能产生 L-异缬氨酸和其他左手性氨基酸的,可能是准太阳系星云中的其他物质。

有一种可能就是放射性物质,太空中充满了各种大大小小的放射性物质,而在太阳系形成初期,存在一种能产生左手性氨基酸而毁坏右手性氨基酸的放射性物质是很有可能的。或许在太空中的另一个太阳系中,放射性物质更喜欢右手性氨基酸,那么那里的生命世界就会全是右手性氨基酸了。

项目四　多肽与蛋白质类生物技术药物的生产

码1-4-1 模块一项目四PPT

项目目标

一、知识目标

明确多肽与蛋白质类药物的基础知识。

熟悉多肽与蛋白质类药物生产的基本技术和方法。

掌握典型多肽和蛋白质(如胸腺激素、促皮质素、白蛋白及丙种球蛋白、生长激素和胰岛素)生产的工艺流程、生产技术及其操作要点、相关参数的控制。

二、技能目标

掌握多肽与蛋白质类药物生产的操作技术、方法和基本操作技能。

熟练掌握胸腺激素、促皮质素、白蛋白及丙种球蛋白、生长激素和胰岛素的生产工艺,以及相应设备的安装调试。

能够进行典型多肽和蛋白质类药物生产相关参数的控制、普通制药设备的日常维护及常见故障的排除工作,并能编制相应的生产多肽和蛋白质的工艺方案。

三、素质目标

具有政治意识、大局意识、责任意识,自觉遵守和贯彻党的路线、方针和政策,增强职业认同感,培养高尚的道德情操;具有主动参与、积极进取、崇尚科学、探究科学的学习态度和思想意识;具有理论联系实际,求真、务实的科学态度;具备辩证思维能力、创新精神和解决实际问题的能力;具备良好的职业道德;具备良好的合作意识、质量意识和安全意识;树立正确的劳动观念和劳动态度,崇尚劳动技能,热爱劳动,养成良好的劳动习惯。

项目简介

本项目的内容是多肽和蛋白质类生物技术药物的生产,项目引导介绍多肽类药物及蛋白质类药物的基础知识和生产技术,让学生在进行多肽类药物和蛋白质类药物生产前掌握一些必备的基础知识和技术,在此基础上安排了五大任务,即胸腺激素、促皮质素、白蛋白及丙种球蛋白、生长激素和胰岛素的生产,让学生尝试运用制药工艺的基本知识对具体的多肽和蛋白质类药物进行分析,作出判断。同时让学生通过学习典型药物的生产,掌握多肽和蛋白质类药物的生产技术。在完成五大任务的学习后安排了一个典型的实训项目,让学生尝试在现实生产中运用有关知识和方法,提出看法或解决问题的设想。

项目引导

多肽及蛋白质是生物体内广泛存在的生化物质，具有多种生理功能，是非常重要的生化物质。组成多肽和蛋白质的基本单位是氨基酸，通常10～100个氨基酸分子脱水缩合而成多肽，一条或多条多肽链可组成蛋白质。因此，多肽及蛋白质从分子角度来看并无本质区别，仅仅是分子结构大小不同而已。多肽一般没有严密并相对稳定的空间结构，空间结构比较易变，具有可塑性，而蛋白质分子则具有相对严密、比较稳定的空间结构，这也是蛋白质发挥生理功能的基础。多肽和蛋白质都是氨基酸的多聚缩合物，而多肽是蛋白质不完全水解的产物。

一、多肽类药物的基础知识

（一）多肽类药物的种类和功能特性

1. 多肽类药物的种类

现已知生物体内分泌的多肽类激素和细胞因子有上千种之多，仅脑中就存在近40种，而人们还在不断地发现、分离、纯化新的活性多肽。多肽类药物主要有多肽激素、多肽类细胞生长调节因子和含有多肽成分的其他生物化学药物。

（1）多肽激素主要包括垂体激素、下丘脑激素、甲状腺激素、胰岛激素、胃肠激素和胸腺激素等。

（2）多肽类细胞生长调节因子包括表皮生长因子（EGF）、转移因子（TF）、心钠素（ANP）等。

（3）含有多肽成分的其他生物化学药物包括骨宁、眼生素、血活素、氨肽素、妇血宁、蜂毒、蛇毒、胚胎素、助应素、神经营养素、胎盘提取物、花粉提取物、脾水解物、肝水解物、心脏激素等。对这类物质，若能从多肽或细胞生长调节因子的角度研究它们的物质基础和作用机理，有可能发现新的活性成分。

2. 多肽类药物的功能特性

多肽是生物体内重要的活性成分，主要有以下生理功能和特性：

（1）作为生理活性的调节因子，参与调节各种生理活动和生化反应；

（2）多肽具有非常高的生物活性，1×10^{-7} mol/L浓度就可发挥活性，有的甚至在极低浓度下依然具有活性，如胆囊收缩素在千万分之一的浓度下就可以发挥作用；

（3）分子小，结构易于改造，可通过化学合成的方法生产；

（4）活性多肽往往是由蛋白质经加工剪切转化而来的，因此，许多多肽具有共同的来源和相似的结构。

（二）多肽类药物的药用价值

多肽类药物的药用价值列于表1-4-1中。

表 1-4-1　多肽类药物的药用价值

名　　称	药 用 价 值
降钙素	抑制破骨细胞的活力,阻止钙从骨中释放,降低血钙浓度; 临床用于骨质疏松症、甲状旁腺机能亢进症、婴儿维生素 D 过多症、成人高钙血症、畸形性骨炎等
胸腺激素	治疗原发性和继发性免疫缺陷病,如反复上呼吸道感染等; 治疗自身免疫病,如肝炎、肾病、红斑狼疮、类风湿性关节炎、重症肌无力等; 治疗变态反应性疾病,如支气管哮喘等
胸腺肽(胸腺素)	具有调节细胞免疫功能的作用; 在抗衰老和抗病毒方面具有显著疗效; 适用于原发和继发性免疫缺陷病及免疫功能失调所引起的疾病
促肾上腺皮质素	在临床上主要用于胶原病(包括风湿性关节炎、红斑狼疮、干癣),也用于严重的支气管哮喘、严重皮炎等过敏性疾病及急性白血病、霍奇金病等; 可作为诊断试剂用,诊断垂体和肾上腺皮质功能; 可以改善老年人及智力迟钝儿童的学习和记忆能力
加压素	用于尿崩症、食管静脉曲张出血的治疗; 用于中枢性尿崩症、肾性尿崩症和精神性烦渴的鉴别诊断
甲状旁腺激素	适用于原发性甲状旁腺功能亢进、异位性甲状旁腺功能亢进、继发于肾病的甲状旁腺功能亢进、假性甲状旁腺功能减退; 适用于甲状腺手术切除所致的甲状旁腺功能减退症、肾功能衰竭和甲状腺功能亢进所致的非甲状旁腺性高钙血症
胰高血糖素	现主要用于低血糖症,在一时不能口服或静注葡萄糖时非常有用
转移因子	临床用于免疫缺陷的患者,如细菌性或霉菌性感染、病毒性带状疱疹、乙肝、麻疹、流行性腮腺炎; 用于恶性肿瘤的辅助治疗
心钠素	具有强大的利钠、利尿、舒张血管、降低血压的作用
眼生素	适用于非化脓性角膜炎、葡萄膜炎、中心性浆液性视网膜炎; 对玻璃体混浊、巩膜炎、早期老年白内障、视网膜色素变性、轻度近视、视力疲劳等眼病也有不同程度的疗效
氨肽素	用于原发性血小板减少性紫癜、过敏性紫癜; 用于白细胞减少症和再生障碍性贫血

二、蛋白质类药物的基础知识

码1-4-2 蛋白质类药物的基础知识

(一) 蛋白质的结构、性质和种类

1. 蛋白质的结构

蛋白质的基本化学组成是 20 种常用的 L 型 α-氨基酸(甘氨酸和脯氨酸除外),平均含氮量为 16%,这是蛋白质元素组成的一个特点,也是凯氏定氮法测定蛋白质

含量的理论基础。有些蛋白质除蛋白质部分外，还有非蛋白成分，称为辅基或配基，这样的蛋白质称为结合蛋白质。蛋白质是生物大分子，相对分子质量变化范围很大，小者数千，大者数千万。其分子的大小已达到胶粒 1～100 nm 范围之内。

2. 蛋白质的性质

(1) 物理性质。

① 沉降系数　对每一种均一性蛋白质而言，都可用几个沉降法相关物理常数来描述其分子的大小和形状。沉降系数(S)是指每单位引力场的沉降分子下降速度。它表示分子的大小特性，其数值受分子大小和形状的影响。在较小的离心作用下，大颗粒的沉降速度较快，沉降系数也大。

② 摩擦系数　颗粒沉降时所受阻力与沉降速度成反比。分子越紧密，它在溶剂中的摩擦阻力就越小，沉降就越快；分子越不规则，摩擦阻力就越大，沉降就越慢。

③ 扩散常数　扩散常数是指单位浓度梯度、单位时间和单位扩散面积下扩散的量(D)，与上述三种条件成正比。当温度和溶剂一定时，D 值越大说明分子越小，越容易扩散。

④ 溶液的黏度　在一定溶质浓度下，溶液的黏度取决于溶质的相对分子质量和形状。高度不对称的分子和具有相同相对分子质量的球形蛋白质相比，具有较高的黏度。

(2) 化学性质。

① 两性解离与等电点　蛋白质分子至少具有一个游离氨基和一个游离羧基，因此蛋白质与氨基酸一样具有两性解离的性质。不过因为蛋白质所含的氨基酸种类和数目较多且有支链，是多价电解质，其解离情况远比氨基酸复杂。

② 与茚三酮反应　与氨基酸一样，蛋白质也具有茚三酮反应，反应原理与氨基酸反应一样，该反应是蛋白质鉴定的重要依据。

③ 双缩脲反应　蛋白质中含有多个和双缩脲结构相似的肽键，因此，所有蛋白质及二肽以上的多肽都能与双缩脲试剂发生反应，形成紫红色或蓝紫色化合物。用此法可以鉴定蛋白质的存在或测定其含量。

④ 福林-酚反应　该方法是双缩脲法的发展，包括两步反应，首先在碱性溶液中与铜作用形成铜与蛋白质的配合物，然后这个配合物以及酪氨酸和色氨酸的残基还原磷钼酸-磷钨酸试剂(福林试剂)，产生深蓝色混合物。该法比双缩脲法灵敏，但要花费较长时间。此法也适用于酪氨酸和色氨酸的定量测定，对那些含这两个残基与标准蛋白质差异较大的蛋白质有误差。

⑤ 紫外吸收　由于蛋白质中存在有共轭双键的酪氨酸、色氨酸和苯丙氨酸，因此蛋白质具有紫外吸收，以色氨酸吸收最强，吸收峰在 280 nm 波长处。

3. 蛋白质类药物的种类

蛋白质类药物可分为蛋白质类激素、血浆蛋白、蛋白质类细胞生长调节因子、黏蛋白、胶原蛋白、碱性蛋白质、蛋白酶抑制剂等。

(1) 蛋白质类激素　蛋白质类激素主要包括垂体蛋白质激素和促性腺激素。垂体蛋白质激素主要包括生长素(GH)、催乳激素(PRL)、促甲状腺素(TSH)、促黄体生成激素(LH)、促卵泡激素(FSH)等，其中生长素有严格的种属特性，动物的生长激素对人无效；促性腺激素主要包括人绒毛膜促性腺激素(HCG)、绝经妇女尿促性腺激素(HMG)、血清促性腺激素(GTH)等；其他蛋白质类激素主要包括胰岛素、胰抗脂肝素、松弛素、尿抑胃素等。

（2）血浆蛋白　血浆蛋白中的主要蛋白质成分有白蛋白(Alb)、纤维蛋白溶酶原、血浆纤维结合蛋白(Fn)、免疫丙种球蛋白、抗淋巴细胞免疫球蛋白、抗 D 免疫球蛋白、抗 HBs 免疫球蛋白、抗血友病球蛋白、纤维蛋白原(Fg)、抗凝血酶Ⅲ、凝血因子Ⅷ、凝血因子Ⅳ等。不同物种间的血浆蛋白存在着种属差异，动物血虽然与人血蛋白结构非常相似，但不能用于人体。

（3）蛋白质类细胞生长调节因子　蛋白质类细胞生长调节因子主要包括干扰素 α、β、γ(IDN)，白细胞介素(1～16)(IL)、神经生长因子(NGF)、肝细胞生长因子(HGF)、血小板衍生的生长因子(PDGF)、肿瘤坏死因子(TNF)、集落刺激因子(CSF)、组织纤溶酶原激活因子(t-PA)、促红细胞生成素(EPO)、骨形态发生蛋白(BMP)等。

（4）黏蛋白　主要包括胃膜素、硫酸糖肽、血型物质 A 和 B 等。

（5）胶原蛋白　主要包括明胶、氧化聚合明胶、阿胶、冻干猪皮等。

（6）碱性蛋白质　主要包括硫酸鱼精蛋白。

（7）蛋白酶抑制剂　主要包括胰蛋白酶抑制剂、卵清蛋白酶抑制剂等。

（二）蛋白质的药用价值

蛋白质研究是生物化学药物中非常活跃的一个领域。20 世纪 70 年代以来，随着基因工程技术的兴起和发展，人们把目标集中在应用基因工程技术制造重要的多肽和蛋白质类药物上，现已实现工业化的产品有胰岛素、白细胞介素、干扰素、生长激素等，现正从微生物和动物细胞的表达向转基因动、植物方向发展。

此外，一些蛋白质类生物化学药物具有容易失活、有一定的抗原性、在体内的半衰期短、给药途径受限等难以克服的缺点。对一些多肽和蛋白质类生物化学药物进行结构修饰，研究设计相对简单的小分子来代替某些大分子蛋白质药物，起到增强疗效或增加选择性的作用等，已成为现代生物技术药物研究的发展趋势。

蛋白质的药用价值列于表 1-4-2 中。

表 1-4-2　蛋白质的药用价值

名　称	药用价值
白蛋白	主要用于维持血浆胶体渗透压，用于失血性休克、严重烧伤、低蛋白血症等
人血丙种球蛋白	主要用于被动免疫，可预防流行性疾病，如病毒性肝炎、脊髓灰质炎、风疹、水痘和丙种球蛋白缺乏症
干扰素	用于病毒性疾病，如普通感冒、疱疹性角膜炎、带状疱疹、水痘、慢性活动性乙型肝炎； 用于恶性肿瘤，对成骨肉瘤、乳腺癌、多发性骨髓瘤、黑色素瘤、淋巴瘤、白血病、肾细胞癌、鼻咽癌等能起到部分缓解的作用； 用于病毒引起的良性肿瘤，控制疾病发展
胰岛素	用于胰岛素依赖性糖尿病及糖尿病合并感染等疾病的治疗
白细胞介素-2	用于治疗免疫功能不全以及癌症的综合治疗； 对创伤修复有一定的作用

续表

名　　称	药用价值
人促红细胞生成素	用于治疗肾性贫血、艾滋病患者贫血、癌症相关贫血
人绒毛膜促性腺激素	用于早期妊娠诊断、异常妊娠与胎盘功能的判断、滋养细胞肿瘤诊断与治疗监测
胰抗脂肝素	用于治疗肝病及有酮糖倾向的糖尿病； 对冠状动脉粥样硬化有明显疗效，可减少心区疼痛，改善脂质代谢
抗淋巴细胞免疫球蛋白	适用于器官移植时的抗免疫排异治疗； 对肾小球肾炎、红斑狼疮、类风湿性关节炎、重症肌无力等自身免疫性疾病有良好疗效，对顽固性皮炎、脉管炎、原发性肝炎、交感性眼炎等也有一定疗效
抗血友病球蛋白	适用于防治血友病甲(先天性凝血因子Ⅷ缺乏症)、获得性凝血因子Ⅷ缺乏症和血管性假血友病的补充疗法
纤维蛋白原	用于先天性低纤维蛋白原血症、原发性和继发性纤溶引起的低纤缩蛋白原血症
肝细胞生长因子	对急慢性肝炎、药物性肝炎、肝损伤、肝硬化及肝切除后肝再生均有显著疗效
胃膜素	用于治疗胃及十二指肠溃疡、胃酸过多症及胃痛等
硫酸鱼精蛋白	主要用于因肝素钠或肝素钙严重过量而致的出血症及自发性出血，如咯血等
生长素	对因垂体功能不全而引起的侏儒症有效

三、多肽和蛋白质类药物的生物生产技术

(一) 原料的选择

不同的多肽和蛋白质类药物可以分别或同时来源于动物、植物及微生物，在选择提取分离多肽和蛋白质药物的原料时要选择富含所需蛋白质和(或)多肽成分的、易于获得和易于提取的无害生物材料。在选择原料时应考虑发育阶段、生长状态、解剖部位、种属等因素的影响。

(二) 材料的预处理

对于某种待提取的多肽和蛋白质，如果是体液中的成分或细胞外成分，则可以直接进行提取分离；如果是细胞内成分，就需要先将细胞破碎，使胞内成分充分释放到溶液中再将其提纯。常用的细胞破碎方法有物理法、化学法和酶法。

(三) 多肽和蛋白质类药物的主要生物生产方法

(1) 提取法　提取法是指通过生化工程技术，从天然动植物及重组动植物体中分离纯化多肽与蛋白质。天然动植物体内的有效成分含量过低，杂质太多，引起了人们对重组动植物的重视。重组动植物提取指的是通过基因工程技术的手段，将药物基因或能对药物基因起调节作用的基因导入动植物组织细胞，以提高动植物组织合成药用成分的能力，再经过生化分离，制得生物药物。

(2) 发酵法　微生物发酵法是多肽与蛋白质类药物的主要生产方式。利用基因工程菌发酵生产多肽和蛋白质类药物,具有生产周期短、成本低、产品质量高的优点,一直受到全世界生物制药企业的青睐。多肽和蛋白质类药物多数属于人体特有的细胞因子、激素、蛋白质,这些蛋白质与动物体所含的蛋白质存在结构上的差异。目前,经过基因工程方法可生产绝大多数多肽和蛋白质类药物。

(四) 多肽和蛋白质类药物的分离纯化

(1) 根据等电点的不同来提纯。多肽、蛋白质都是两性电解质,在等电点时性质比较稳定,其物理性质如导电性、溶解度、黏度、渗透压等都为最小,因此,可利用多肽和蛋白质在等电点时溶解度最小的特性来进行提纯。

(2) 可以用凝胶过滤法、超滤法、离心法及透析法等将蛋白质与其他小分子物质分离,也可将大小不同的蛋白质分离。

(3) 在同一特定条件下,不同蛋白质有不同的溶解度,适当改变外界条件,可以有选择地控制某一种蛋白质的溶解度,达到分离的目的。如盐析法、结晶法和低温有机溶剂沉淀法等。

(4) 通过离子交换层析的方法分离纯化。多肽和蛋白质具有能够离子化的基团,一般用离子交换纤维和以葡聚糖凝胶、琼脂糖凝胶、聚丙烯酰胺凝胶等为骨架的离子交换剂进行分离纯化。

(5) 根据蛋白质功能专一性的不同来纯化蛋白质。主要通过亲和层析法来进行分离纯化。

(6) 蛋白质易受 pH、温度、酸、碱、金属离子、蛋白质沉淀剂、配位剂等的影响,由于各种蛋白质都存在着差异,可利用这种差异来纯化蛋白质。

(7) 可根据蛋白质的选择性吸附性质来纯化蛋白质。

项目实施

任务一　胸腺激素的生产

一、生产前准备

(一) 查找资料,了解胸腺激素的基本知识

胸腺可分泌多种激素,对机体免疫功能有多方面的影响。某些免疫缺陷疾病、自身免疫疾病、恶性肿瘤以及老年性退化病变都与胸腺分泌功能减退及血中胸腺激素水平的降低密切相关。胸腺激素制剂(见表 1-4-3)可以调节人体免疫功能,维持机体免疫平衡。

表 1-4-3　重要的胸腺激素制剂

名　　称	化学性质
胸腺激素组分 5(F_5)	一族酸性多肽,相对分子质量 1000～15000
猪胸腺激素注射液	多肽混合物,相对分子质量 15000 以下

续表

名　称	化学性质
胸腺激素 α_1	具有 28 个氨基酸残基的多肽，相对分子质量 3108
胸腺体液因子	多肽，相对分子质量 3200，等电点 5.7
血清胸腺因子	9 肽，相对分子质量 857，等电点 7.5
胸腺生成素	具有 49 个氨基酸残基的多肽，相对分子质量 5562
胸腺因子 X	多肽，相对分子质量 4200
胸腺刺激素	多肽混合物
自身稳定胸腺激素	糖肽，相对分子质量 1800～2500

临床上有多种胸腺激素制剂，其中使用最多的是胸腺激素 F_5（以小牛胸腺为原料，采用一定提取纯化工艺制备的第 5 种成分）应用最广。我国研究并已正式生产的猪胸腺激素注射液是以猪胸腺为原料，参考牛胸腺激素 F_5 的提取、纯化方法而制得的。

胸腺激素 F_5 是由 40～50 种多肽组成的混合物，这些多肽热稳定性好，80 ℃的高温不能影响其免疫活性，相对分子质量在 1000～15000，等电点在 3.5～9.5。对分离的多肽进行免疫活性测定，有活性的称为胸腺激素（如胸腺激素 α_1），无活性的称为多肽（如多肽 β_1）。

胸腺激素 F_5 中，胸腺激素 α_1、α_5、α_7、β_3 和 β_4 等是具有调节胸腺依赖性淋巴细胞分化和体内外免疫反应的活性组分。其主要生物学功能为：连续诱导 T 淋巴细胞分化发育的各个阶段，放大并增强成熟 T 淋巴细胞对抗原或其他刺激物的反应，维持机体的免疫平衡状态。

（二）确定生产技术、生产原料和工艺路线

（1）确定生产技术：生物化学制药技术、生物制药下游技术。

（2）确定生产原料：小牛胸腺。

（3）确定胸腺激素提取工艺流程，如图 1-4-1。

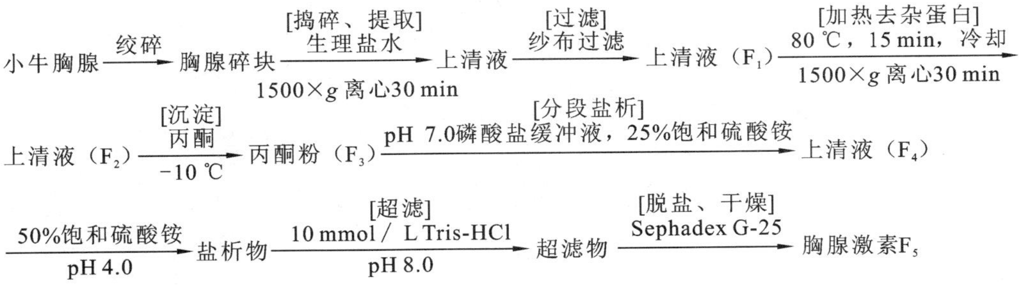

小牛胸腺 —绞碎→ 胸腺碎块 —[捣碎、提取] 生理盐水 / 1500×g 离心30 min→ 上清液 —[过滤] 纱布过滤→ 上清液（F_1）—[加热去杂蛋白] 80 ℃，15 min，冷却 / 1500×g 离心30 min→

上清液（F_2）—[沉淀] 丙酮 / −10 ℃→ 丙酮粉（F_3）—[分段盐析] pH 7.0磷酸盐缓冲液，25%饱和硫酸铵→ 上清液（F_4）

—50%饱和硫酸铵 / pH 4.0→ 盐析物 —[超滤] 10 mmol/L Tris-HCl / pH 8.0→ 超滤物 —[脱盐、干燥] Sephadex G-25→ 胸腺激素F_5

图 1-4-1　胸腺激素生产工艺流程

二、生产工艺过程

（一）胸腺激素的分离提取

（1）提取、过滤：将新鲜或冷冻胸腺除去脂肪及结缔组织并绞碎后，加 3 倍量生理盐水，于组织捣碎机中制成匀浆,然后 1500×g 离心 30 min,上清液再用纱布过滤得组分 F_1。

(2) 加热除去杂蛋白:将 F_1 于 80 ℃加热 15 min,以沉淀对热不稳定部分。冷却后 1500×g 离心 30 min 除去沉淀,得上清液(F_2)。

(3) 沉淀:上清液(F_2)冷至 4 ℃,加入 5 倍体积的−10 ℃丙酮,过滤收集沉淀,干燥后得丙酮粉(F_3)。

(4) 盐析:将丙酮粉溶于 pH 7.0 磷酸盐缓冲液中,加硫酸铵至饱和度为 25%,离心除去沉淀,上清液(F_4)调 pH 为 4.0,加硫酸铵至饱和度为 50%,得盐析物。

(5) 超滤:将盐析物溶于 pH 8.0 的 10 mmol/L Tris-HCl 缓冲液中,超滤,取相对分子质量在 15000 以下的超滤液。

(6) 脱盐、干燥:超滤液经 Sephadex G-25 脱盐后,冷冻干燥得胸腺激素 F_5。

国内在制备猪胸腺激素注射液时,一般先脱盐,后超滤,以简化制剂工艺。

(二) 工艺要点

(1) 除加热步骤外,所有步骤应在 0~4 ℃下进行。

(2) 超滤液经 Sephadex G-25 柱脱盐时,在 276 nm 波长处检测共有 2 个吸收峰,胸腺激素 F_5 位于第 1 个峰。

(三) 质量检测

1. 纯度测定(蛋白质鉴定和相对分子质量测定)

(1) 蛋白质鉴定:取 10 mg/mL 胸腺激素溶液 1 mL,加入 25%磺基水杨酸 1 mL,不应出现混浊。

(2) 相对分子质量测定:用葡聚糖高效液相色谱法(通则 0512)测定样品相对分子质量,样品中所有多肽的相对分子质量均小于 15000。

2. 多肽含量测定

按《中国药典》(2020 年版)规定的方法测定样品无机氮含量,用半微量凯氏定氮法测定总氮量(通则 0704 第二法或第三法),按以下公式计算样品胸腺激素中多肽含量:

$$\text{样品胸腺激素多肽含量}=\frac{(\text{总氮量}-\text{无机氮含量})\times 6.25}{\text{测定时的取样量}}$$

3. 活力测定

E-玫瑰花结升高百分数不得低于 10%。

任务二 促皮质素的生产

一、生产前准备

(一) 查找资料,了解促皮质素的基本知识

垂体包括腺垂体和神经垂体,可分泌多种激素。促肾上腺皮质激素的英文缩写为 ACTH,是从腺垂体前叶中提取出来的一种含 39 个氨基酸残基的直链多肽。ACTH 的直链多肽的前 24 个氨基酸对 ACTH 的活性至关重要,具有 ACTH 的全部生物活性,包

括与受体的结合及对肾上腺皮质的促进作用，而且该部分的24个氨基酸序列具有高度的保守性，不同物种之间没有差别。第25～39位的氨基酸序列保守性则较差，特别是第25～33位的氨基酸组成，不同物种差别比较大。该部分不参与同受体的作用，其主要功能是参与维持ACTH分子整体稳定性。

ACTH在溶液中以高度的α-螺旋存在。根据氨基酸分析，计算其相对分子质量：人的ACTH相对分子质量为4567；猪的ACTH相对分子质量为4593。ACTH在干燥状态和酸性溶液中较稳定，经100 ℃加热，活力不损失，但在碱性溶液中则非常不稳定，容易失活。ACTH易溶于水，能溶于70%的乙醇或丙酮溶液中，易被蛋白酶降解。

（二）确定生产技术、生产原料和工艺路线

（1）确定生产技术：生物化学制药技术、生物制药下游技术。

（2）确定生产原料：猪垂体前叶。

（3）确定促皮质素提取工艺流程，如图1-4-2所示。

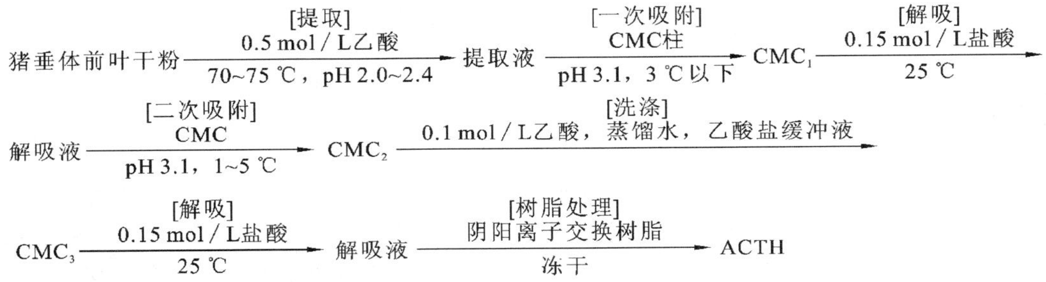

猪垂体前叶干粉 —[提取] 0.5 mol/L乙酸；70~75 ℃，pH 2.0~2.4→ 提取液 —[一次吸附] CMC柱；pH 3.1，3 ℃以下→ CMC_1 —[解吸] 0.15 mol/L盐酸；25 ℃→

解吸液 —[二次吸附] CMC；pH 3.1，1~5 ℃→ CMC_2 —[洗涤] 0.1 mol/L乙酸，蒸馏水，乙酸盐缓冲液→

CMC_3 —[解吸] 0.15 mol/L盐酸；25 ℃→ 解吸液 —[树脂处理] 阴阳离子交换树脂；冻干→ ACTH

图1-4-2　促皮质素工艺生产流程图

二、生产工艺过程

（一）促皮质素的分离提取

（1）取猪垂体前叶干粉，加20倍体积的0.5 mol/L乙酸溶液，用硫酸调节pH至2.0～2.4，70～75 ℃保温10 min，然后过滤，滤液即为提取液。

（2）调提取液pH至3.1，加投料量20%的CMC(羧甲基纤维素钠)作吸附剂，于3 ℃搅拌吸附12 h，过滤。CMC用0.15 mol/L盐酸解吸，解吸液用717型阴离子交换树脂处理，pH 3.0以上过滤，将滤液pH调至3.1，冷藏过夜。

（3）在洗脱液中再加CMC二次吸附，1～5 ℃搅拌吸附12 h，过滤，CMC依次用0.1 mol/L乙酸溶液、蒸馏水、0.01 mol/L乙酸铵溶液(pH 4.6)及0.1 mol/L乙酸铵溶液(pH 6.7)分别洗涤，最后用0.15 mol/L盐酸解吸，过滤得解吸液。解吸液依次用717型阴离子和732型阳离子交换树脂交换除杂，最后将解吸液pH调至3.0左右，冷冻干燥得ACTH。效价在45 U/mg以上。

ACTH冻干制剂有每瓶25 U和50 U两种规格。ACTH与其他物质成盐或复合物后，可提高其在体内的稳定性，延长体内的作用时间，如促皮质素锌注射液、磷锌促皮质素混悬液、明胶促皮质素、羧纤促皮质素等，均为长效制剂，另外，还有用化学合成方法生产的具有促皮质素功能的促皮质素类似物，常用的有18肽、24肽、25肽及28肽等。

(二) 活性测定

ACTH粗品用小白鼠胸腺萎缩法测定,1 mg相当于1 U以上;ACTH精品用去垂体大白鼠的肾上腺维生素C降低法测定,1 mg相当于45 U以上。

任务三　白蛋白和丙种球蛋白的生产

一、生产前准备

(一) 查找资料,了解白蛋白和丙种球蛋白的基本知识

白蛋白(又称清蛋白,albumin,Alb)是人血浆中含量最多的蛋白质,约占总蛋白的35%,由肝实质细胞合成,在血浆中的半衰期为15～19 d。人白蛋白对人体无抗原性。

人丙种球蛋白是一类主要存在于血浆中、具有抗体活性的糖蛋白,也称为免疫球蛋白,由B淋巴细胞合成。对血清电泳后发现,抗体成分存在于β-球蛋白和γ-蛋白部分,通常称为免疫球蛋白(Ig)。免疫球蛋白约占血浆蛋白总量的20%,除存在于血浆中,也少量存在于其他组织液、外分泌液和淋巴细胞的表面,具有被动免疫作用,可用于预防流行性疾病,如病毒性肝炎、脊髓灰质炎、风疹、水痘和丙种球蛋白缺乏症。

白蛋白的分子结构为含575个氨基酸残基的单链无糖基化的蛋白质,分子中含17个二硫键,N末端是天冬氨酸,C末端是亮氨酸,相对分子质量为65000,等电点pI=4.7,沉降系数($S_{20,w}$)为4.6,电泳迁移率为5.92。可溶于水和半饱和的硫酸铵溶液,一般在硫酸铵达到60%饱和度以上时析出沉淀。对酸稳定,其耐热性要强于血浆中其他蛋白质。高温下可发生聚合变性。在白蛋白溶液中加入氯化钠或脂肪酸盐可提高其热稳定性。根据此特点,可将白蛋白与其他蛋白质分离。

免疫球蛋白根据理化性质的差异又可分为五类:IgG、IgA、IgM、IgD和IgE。相对分子质量均大于150000。免疫球蛋白制剂中的主要成分为IgG,可能还含有少量的IgA。

自血浆中分离的白蛋白有两种,即从健康人血中分离得到的人血白蛋白和从健康产妇胎盘血中分离得到的胎盘血白蛋白。现在白蛋白多由基因工程菌发酵制备。在生产丙种球蛋白的同时生产白蛋白,可提高人血浆的利用效率。

(二) 确定生产技术、生产原料和工艺路线

(1) 确定生产技术:生物化学制药技术、生物制药下游技术。

(2) 确定生产原料:人血浆。

(3) 确定白蛋白及丙种球蛋白提取工艺流程,如图1-4-3所示。

二、白蛋白及丙种球蛋白生产工艺过程

(一) 白蛋白的生产工艺过程

(1) 将人血浆泵入不锈钢夹层反应釜内,开启搅拌器,用Na_2CO_3溶液调pH为8.6,再泵入等体积的2%利凡诺(依沙吖啶)溶液,充分搅拌后静置2～4 h,分离上清液(供制备丙种球蛋白用)与配合物沉淀(供制备人血白蛋白用)。

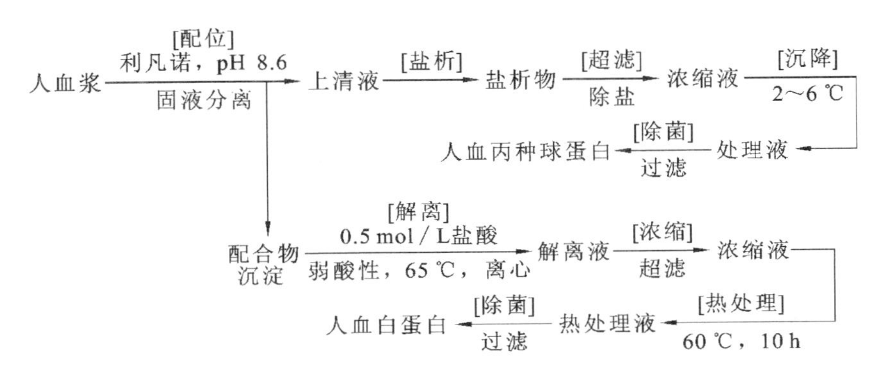

图 1-4-3　白蛋白及丙种球蛋白生产工艺流程

（2）沉淀用无菌蒸馏水稀释，用 0.5 mol/L 盐酸调至弱酸性，加 0.15%～0.2%氯化钠溶液，不断搅拌进行分离。

（3）充分解离后，加热至 65 ℃维持 1 h，立即用冷水冷却。

（4）冷却后，解离液用锥篮式离心机分离，离心液再用不锈钢压滤器过滤。

（5）上述过滤液用超滤机超滤浓缩。

（6）浓缩液中加入辛酸钠和乙酰色氨酸（也可只用辛酸钠）作为保护剂，充分混合后，在 60 ℃恒温处理 10 h，灭活病毒。

（7）以不锈钢压滤器澄清过滤，再用微滤除菌。

（8）白蛋白含量合格后，用自动定量灌注器进行分装灌装或冷冻干燥得白蛋白成品。

（二）人血丙种球蛋白的工艺过程

（1）取白蛋白制备过程中配位后剩下的上清液，在不锈钢反应釜中进行搅拌，用 1 mol/L盐酸调 pH 为 7.0，加 23%结晶硫酸铵，充分搅拌后静置 4 h 以上使沉淀完全。

（2）吸取上清液，将下部混悬液泵入锥篮式离心机中离心得沉淀。

（3）将沉淀用适量无热原的蒸馏水溶解，在不锈钢压滤机中进行澄清过滤，收集滤液。

（4）用超滤机超滤浓缩，再经过微滤除菌，置于 2～6 ℃环境下存放 1 个月以上。

（5）用不锈钢压滤器再一次澄清过滤，除菌。

（6）丙种球蛋白含量检查合格后，用灌装机分装，得丙种球蛋白成品。

三、质量检验

（一）白蛋白的质量检验

（1）性状：本品为淡黄色、略呈黏稠状的澄清透明液体或白色疏松物体（冻干品），pH 为 6.6～7.2。

（2）溶解时间：本品冻干制剂配成 10%蛋白质浓度时，其溶解时间不得超过 15 min。

（3）水分：冻干制剂水分含量不超过 1%。

（4）纯度：按卫生部门白蛋白制造及检定规程的各项规定进行试验，白蛋白含量应占蛋白质含量的 95%以上；残余硫酸铵含量应不超过 0.01%（g/mL）；无菌试验、安全试验、毒性试验、热原试验应符合《中国药典》(2020 年版)有关规定。

(5) 白蛋白含量:应不低于本品规格。

(二) 人血丙种球蛋白的质量检验

(1) 性状:本品为无色或淡褐色的澄清透明液体,微带乳光但不应含有异物或摇不散的沉淀,pH 为 6.6~7.4。

(2) 稳定性:在 57 ℃加热 4 h 不得出现结冻现象或絮状物。

(3) 含量:制品中丙种球蛋白含量应占蛋白质含量的 95%以上。

(4) 防腐剂含量:酚含量不超过 0.25%(g/mL),硫柳汞含量不超过 0.005%(g/mL)。

(5) 固体总量:制品中固体总质量分数与蛋白质质量分数之差不得大于 2%。

(6) 残余硫酸铵含量:不得超过 0.1%(g/mL)。

(7) 其他:无菌试验、安全试验、防腐剂试验、热原试验应符合《中国药典》(2020 年版)有关规定。

任务四 生长激素的生产

一、生产前准备

(一) 查找资料,了解生长激素的基本知识

人生长激素对人肝细胞有增加核分裂的作用,对人红细胞有抑制葡萄糖利用的作用,对人白细胞或淋巴细胞有促进蛋白质及核酸合成的作用,有促进骨骼、肌肉、结缔组织和内脏增长的作用。不同种属的哺乳动物的生长激素之间有明显的种属特异性,只有灵长类的生长激素对人有活性。

人的生长激素是由一条 191 个氨基酸的多肽链所构成的蛋白质,分子中有两个二硫键,相对分子质量为 21700,等电点为 4.9,沉降系数 $S_{20,w}$ 为 2.179。N 端的 1~134 氨基酸段肽链为活性所必需,C 端的一段肽链可能起保护作用,使生长激素在血液循环中不致被酶所破坏。人生长激素分子稳定,其活性在冰冻条件下可保持数年,在室温下放置 48 h 无变化。

(二) 确定生产技术、生产原料和工艺路线

(1) 确定生产技术:生物化学制药技术、生物制药下游技术。

(2) 确定生产原料:垂体前叶。

(3) 确定生长激素提取工艺流程,如图 1-4-4 所示。

二、工艺过程

(1) 原料处理:动物死亡后立即将脑垂体取出,于干冰中速冻,-20 ℃保存。使用前用蒸馏水淋洗数次后,剥离前后叶。

(2) 提取:取垂体前叶先加水,在 pH 5.5 下,置于组织捣碎机中匀浆,以水抽提,10000 r/min 离心 30 min。取沉淀用 pH 4.0、0.1 mol/L 硫酸铵溶液抽提,同上离心后取沉淀再用 pH 5.5、0.25 mol/L 硫酸铵溶液抽提,离心得上清液。

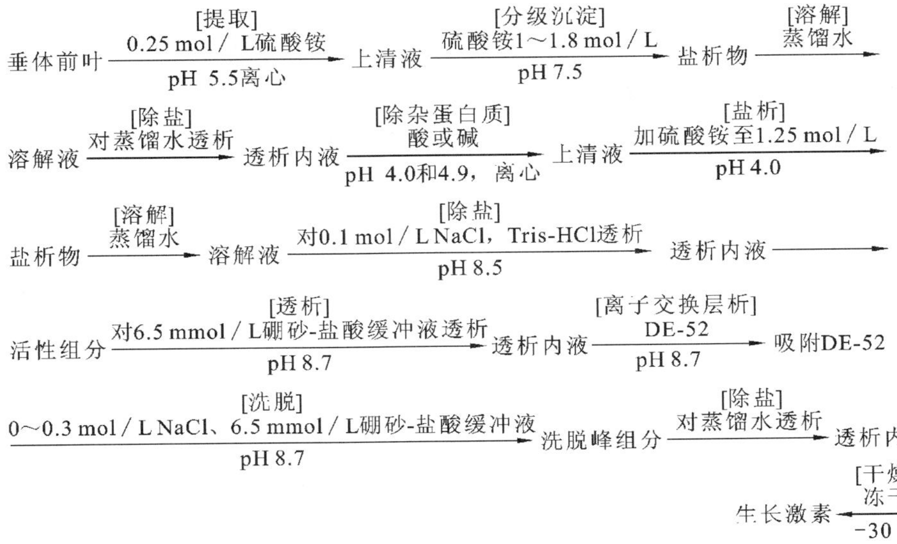

垂体前叶 —[提取] 0.25 mol / L硫酸铵，pH 5.5离心→ 上清液 —[分级沉淀] 硫酸铵1～1.8 mol / L，pH 7.5→ 盐析物 —[溶解] 蒸馏水→

溶解液 —[除盐] 对蒸馏水透析→ 透析内液 —[除杂蛋白质] 酸或碱，pH 4.0和4.9，离心→ 上清液 —[盐析] 加硫酸铵至1.25 mol / L，pH 4.0→

盐析物 —[溶解] 蒸馏水→ 溶解液 —[除盐] 对0.1 mol / L NaCl，Tris-HCl透析，pH 8.5→ 透析内液 →

活性组分 —[透析] 对6.5 mmol / L硼砂-盐酸缓冲液透析，pH 8.7→ 透析内液 —[离子交换层析] DE-52，pH 8.7→ 吸附DE-52

—[洗脱] 0～0.3 mol / L NaCl、6.5 mmol / L硼砂-盐酸缓冲液，pH 8.7→ 洗脱峰组分 —[除盐] 对蒸馏水透析→ 透析内液 —[干燥] 冻干，-30 ℃→ 生长激素

图 1-4-4　生长激素生产工艺流程图

(3) 分级沉淀：抽提液于 pH 7.5 加饱和硫酸铵溶液至硫酸铵浓度为 1 mol/L，离心后将沉淀弃去；上清液再加饱和硫酸铵溶液至 1.8 mol/L，离心后得盐析物。

(4) 透析：盐析物溶于少量蒸馏水中，对蒸馏水透析，得透析内液。

(5) 等电点沉淀：将所得透析内液用 HCl 或 NaOH 分别依次于 pH 4.0 和 pH 4.9 进行等电点沉淀，离心除去沉淀，收集上清液。

(6) 盐析：上清液于 pH 4.0 加饱和硫酸铵溶液至 1.25 mol/L 盐析、离心，得沉淀物。

(7) 凝胶过滤：将沉淀物溶于少量蒸馏水中，对含 0.1 mol/L 氯化钠的 pH 8.5 的 Tris-HCl 缓冲液进行透析。透析内液上 Sephadex G-75 凝胶柱，用含 0.1 mol/L 氯化钠的 50 mmol/L、pH 8.5 的 Tris-HCl 缓冲液进行洗脱，分步收集，生长激素活性存在于第 2 个峰中。

(8) DEAE-C(DE-52)层析：将活性峰部分对 pH 8.7、6.5 mmol/L 的硼砂-盐酸缓冲液进行透析，透析内液上 DEAE-C(DE-52)柱，用含 0～0.3 mol/L 氯化钠的 6.5 mmol/L、pH 8.7 硼砂-盐酸缓冲液进行梯度洗脱，合并活性峰，脱盐，冻干，得生长激素。

(9) 效价检验：生长激素的生物测定用鸽子嗉囊法及大白鼠尾骨法。结果应符合《中国药典》(2020 年版)有关规定。

任务五　胰岛素的生产

一、生产前准备

(一) 查找资料，了解胰岛素的基本知识

胰岛素由 16 种 51 个氨基酸残基组成，有 A、B 两条肽链。人胰岛素 A 链有 11 种 21

个氨基酸残基,B 链有 15 种 30 个氨基酸残基,其中 A_7(Cys)-B_7(Cys)、A_{20}(Cys)-B_{19}(Cys)四个半胱氨酸残基中的巯基形成两个二硫键,将 A、B 两链连接起来。在 A 链中 A_6(Cys)与 A_{11}(Cys)之间也存在一个二硫键。不同种属的动物胰岛素分子结构大致相同,主要差别在 A 链第 8、9、10 位上的三个氨基酸残基及 B 链 C 末端(B_{30})的一个氨基酸残基上,它们随种属而异,目前我国临床应用的是以猪胰腺为原料生产的胰岛素。表 1-4-4 列出了人和几种动物的胰岛素结构差异,但它们的生理功能是相同的。

表 1-4-4 人和几种动物的胰岛素结构差异

胰岛素来源	氨基酸排列的部分差异			
	A_8	A_9	A_{10}	B_{30}
人	苏	丝	异亮	苏
猪、狗	苏	丝	异亮	丙
牛	丙	丝	缬	丙
羊	丙	甘	缬	丙
马	苏	甘	异亮	丙
兔	苏	丝	异亮	丝

胰岛素为白色或类白色结晶粉末,晶形为扁斜形六面体。人胰岛素相对分子质量为 5784,等电点为 5.3~5.4。牛胰岛素的相对分子质量为 5733,猪胰岛素的相对分子质量为 5764。胰岛素在 pH 4.5~6.5 范围内几乎不溶,室温下溶解度为 10 μg/mL。胰岛素易溶于稀酸或稀碱溶液,在 80%以下乙醇或丙酮中溶解,在 90%以上乙醇或 80%以上丙酮中难溶,在氯仿或乙醚中不溶。胰岛素在弱酸性水溶液或混悬在中性缓冲液中较为稳定。在 pH 8.6 下,溶液煮沸 10 min即失活一半,而在 0.25%硫酸中要煮沸 60 min 才能导致同等程度的失活。在水溶液中胰岛素受 pH、温度、离子强度的影响产生聚合和解聚现象。在酸性(pH 2)水溶液中加热至 80~100 ℃,可发生聚合而转变为无活性纤维状胰岛素。如及时用冷 0.05 mol/L 氢氧化钠溶液处理,仍可恢复为有活性的胰岛素结晶。胰岛素能发生蛋白质的各种特殊反应。还原剂如硫化氢、甲酸、醛、乙酸酐、硫代硫酸钠、维生素 C 及多数重金属都能使胰岛素失活。

(二) 确定生产技术、生产菌种和工艺路线

(1) 确定生产技术:基因工程生产技术。

(2) 确定生产菌种:基因工程菌株为 RRhPI/PQE-40 *E. coli* M15 菌株。

(3) 确定基因工程技术生产胰岛素的工艺流程,如图 1-4-5 所示。

二、胰岛素生产工艺过程

(一) 种子活化

取 RRhPI/PQE-40 *E. coli* M15 菌株,接种于 3 mL LB/AK 培养基中(含 100 μg/mL 氨苄青霉素、50 μg/mL 卡那霉素),37 ℃ 220 r/min 振荡培养 12 h,然后取 100 μL 接种

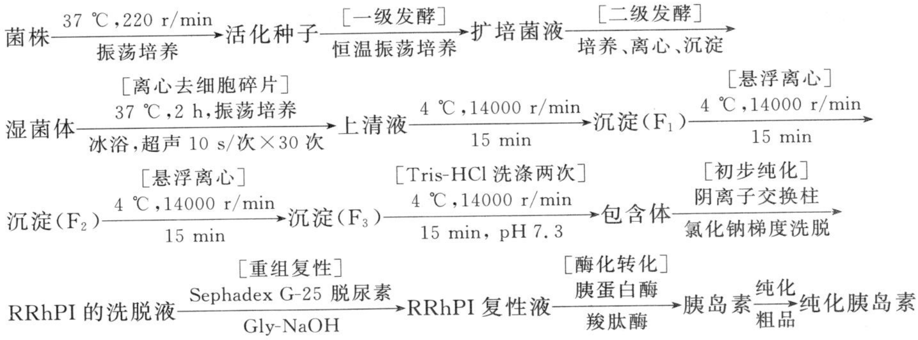

菌株 —37 ℃,220 r/min 振荡培养→ 活化种子 —[一级发酵] 恒温振荡培养→ 扩培菌液 —[二级发酵] 培养、离心、沉淀→

湿菌体 —[离心去细胞碎片] 37 ℃,2 h,振荡培养 冰浴,超声 10 s/次×30 次→ 上清液 —4 ℃,14000 r/min 15 min→ 沉淀(F_1) —[悬浮离心] 4 ℃,14000 r/min 15 min→

沉淀(F_2) —[悬浮离心] 4 ℃,14000 r/min 15 min→ 沉淀(F_3) —[Tris-HCl 洗涤两次] 4 ℃,14000 r/min 15 min, pH 7.3→ 包含体 —[初步纯化] 阴离子交换柱 氯化钠梯度洗脱→

RRhPI 的洗脱液 —[重组复性] Sephadex G-25 脱尿素 Gly-NaOH→ RRhPI 复性液 —[酶化转化] 胰蛋白酶 羧肽酶→ 胰岛素 —纯化 粗品→ 纯化胰岛素

图 1-4-5 胰岛素生产工艺流程图

于 5 mL LB/AK 培养基中,37 ℃ 220 r/min 再振荡培养 12 h,即得活化种子。活化种子可于 4 ℃保存数周待用。

（二）发酵

1. 一级发酵

将经过两级活化的 5 mL LB 培养液转至 50 mL 复合培养基中,恒温振荡 12 h。

2. 二级发酵

将 50 mL 经一级发酵扩培后的 RRhPI/PQE-40 *E. coli* M15 菌液转接到 500 mL 发酵培养基中(接种量为 1∶10),恒温振荡培养 12 h 后加入 IPTG 诱导人胰岛素原的表达,迅速升温,继续恒温振荡培养 12 h 后结束发酵。4000 r/min 离心 15 min,沉淀即 RRhPI/PQE-40 *E. coli* M15 湿菌体,于－20 ℃保存。

（三）RRhPI/PQE-40 *E. coli* M15 的发酵罐培养

将 10 mL 经过多级活化的 RRhPI/PQE-40 *E. coli* M15 转移至 100 mL 培养基中进行培养,12 h 后,将其转移至含有 1.5 L 培养基的发酵罐中,培养 12 h(转速为 300 r/min,通气量为 0.555～0.667 L/(L·min)),培养过程中加入一定量新鲜的培养基并用 NaOH 调节 pH,之后加适量 IPTG 并升温诱导 RRhPI 的表达,随即调转速为 400～500 r/min,增大通气量至 0.500～0.555 L/(L·min),继续培养,收集菌体。

（四）包含体的收集与洗涤

(1) 将收集的湿菌体冻存于－20 ℃,然后悬浮于缓冲液 A(50 mmol/LTris-HCl、0.5 mmol/LEDTA、50 mmol/LNaCl、5%甘油、0.1～0.5 mmol/L DTT,pH 7.9)中,加入溶菌酶(5 mg/g(湿菌体)),室温或 37 ℃振荡 2 h。冰浴超声(10 s/次)30 次,期间每次间隔 20 s,功率为 200 W。

(2) 裂解液在 4 ℃下 14000 r/min 离心 15 min,收集沉淀,然后用含 2 mol/L 尿素的缓冲液 A 充分悬浮,室温静置 30 min 后,4 ℃下 14000 r/min 离心 15 min,收集沉淀。将沉淀再用含 2%脱氧胆酸钠的缓冲液 A 充分悬浮,4 ℃下 14000 r/min 离心 15 min,收集沉淀。

(3) 最后将沉淀用 10 mmol/LTris-HCl(pH 7.3)洗涤两次,每次洗涤后 4 ℃下

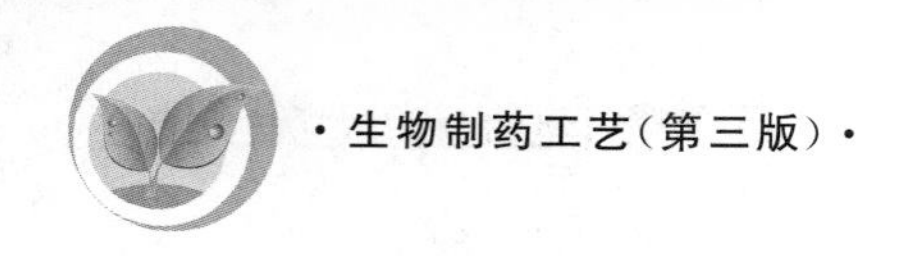

14000 r/min离心 15 min。

(五) RRhPI 的初步纯化

将收集的包含体用含有 0.1%～0.3% β-巯基乙醇的缓冲液 B(30 mmol/LTris-HCl、8 mol/L 尿素,pH 8.0)溶解,上样于已用缓冲液 B 平衡的 DEAE-Sepharose FF(琼脂糖快速阴离子交换剂)柱,用 0～0.1 mol/L 氯化钠溶液梯度洗脱,收集含 RRhPI 的洗脱液。

(六) RRhPI 的重组复性

将初步纯化后的 RRhPI 通过 Sephadex G-25 柱脱尿素,转换缓冲液为不同 pH 的 50 mmol/LGly-NaOH重组液,或含有适量 GSSG 的 Gly-NaOH 缓冲液,使蛋白质终浓度为 0.1～0.6 mg/mL,4 ℃下静置 24 h。

(七) 酶切

向 RRhPI 复性液中加入一定量的胰蛋白酶和羧肽酶 B,37 ℃酶切,然后用 0.1 mol/L $ZnCl_2$ 终止反应并沉淀生成的胰岛素。

(八) 纯化

胰岛素粗品用 0.2 mol/LNaAc-HAc(pH 4.0)溶解,在 Superdex 75 柱上进行纯化。层析平衡液及洗脱液均为 0.2 mol/L NaAc-HAc(pH 4.0)。

(九) 质量检测

胰岛素的质量检验标准和方法均引自《中国药典》(2020 年版)二部和四部。

(1)含量测定　照高效液相色谱法(通则 0512)测定。

(2)干燥失重法　取本品约 1.0 g,精密称定,在 105 ℃干燥至恒重,减失质量不得过 10.0%(通则 0831)。

(3)微生物限度检查　取本品 0.3 g,照非无菌产品微生物限度检查,用微生物计数法(通则 1105)检查 1 g,供试品中需氧菌总数不得超过 300 cfu。

项目实训　胃膜素的生产

一、实训目标

(1) 掌握胃膜素的生产方法。

(2) 掌握胃膜素的质量检验标准。

(3) 掌握一些相关仪器的使用方法。

(4)培养认真负责、团结协作、关心集体、珍惜实训成果的优良品质。

二、实训原理

胃膜素是从猪胃黏膜中提取的一种以黏蛋白为主要成分的药物。其多糖组分含葡萄糖醛酸、甘露糖、乙酰氨基葡萄糖和乙酰氨基半乳糖。氨基己糖的总量为 5%～8%。胃膜素着水后膨胀成为黏液,遇酸即沉淀,遇热不凝固,胃膜素水溶液能被 60%以上乙醇或丙酮沉淀。胃膜素与酸较长时间作用,能分解成各种蛋白质和多糖成分。胃膜素的等电点为 3.3～5。

胃膜素的工艺流程如图 1-4-6 所示。

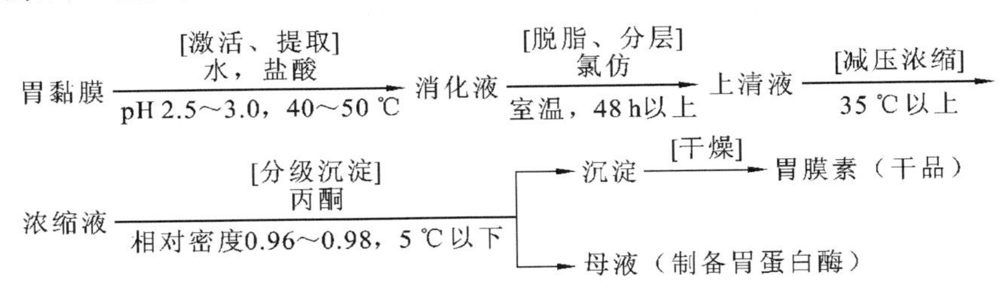

图 1-4-6　胃膜素的生产工艺流程

三、实训器材和试剂

1. 原料

猪胃黏膜。

2. 药品

工业盐酸、丙酮、氯仿。

3. 仪器设备

耐酸锅、浓缩罐、真空干燥器。

四、胃膜素的生产

（1）消化：猪胃黏膜 200 kg 加蒸馏水 120 kg 和工业盐酸 4 L 左右，使 pH 为 2.5～3.0，维持温度 45～50 ℃，消化约 3 h。

（2）脱脂、分层：消化液冷至 30 ℃以下，加氯仿 16 kg，充分搅拌，室温静置 48 h 以上。

（3）减压浓缩：将上清液吸入减压浓缩罐中，于 35 ℃以下浓缩至原体积 1/3 左右（25 ℃时相对密度为 1.15 左右），得浓缩液，预冷至 5 ℃以下。下层残渣回收氯仿。

（4）胃膜素的分离：将预冷至 5 ℃以下的丙酮在搅拌下缓缓加入冷至 5 ℃以下的浓缩液中，至相对密度为 0.96～0.98，即有白色长丝状的胃膜素沉淀出来。静置 20 h 左右（5 ℃以下），捞取胃膜素，以适量的 60%冷丙酮洗涤两次，然后用 70%冷丙酮浸洗一次，70 ℃真空干燥，得胃膜素成品。

五、质量检验

（1）定性反应　鉴定肽键：胃膜素样品与双缩脲试剂反应显紫红色。鉴定还原性物质：胃膜素样品的酸水解液用碱中和后，与碱性酒石酸铜试剂加热反应，生成红色氧化亚铜沉淀。

（2）含量测定　胃膜素目前还没有统一的含量测定标准，一般通过测定样品黏度、总氮量及还原性物质来控制其质量。黏蛋白含氮量一般低于蛋白质的平均含氮量（16%），半微量凯氏定氮法测定胃膜素的含氮量为 8.9%～10%，而其他还原性物质（主要是水解后生成的还原性糖）含量不低于 25%。黏度反映了胃膜素分子的完整性。其黏度的高低与含氮量、还原性物质含量三者之间有一定的关系。黏度高则总氮量低、还原性物质含量高，其纯度一般也相应较高。胃膜素的奥氏黏度不低于 1.3。

项目总结

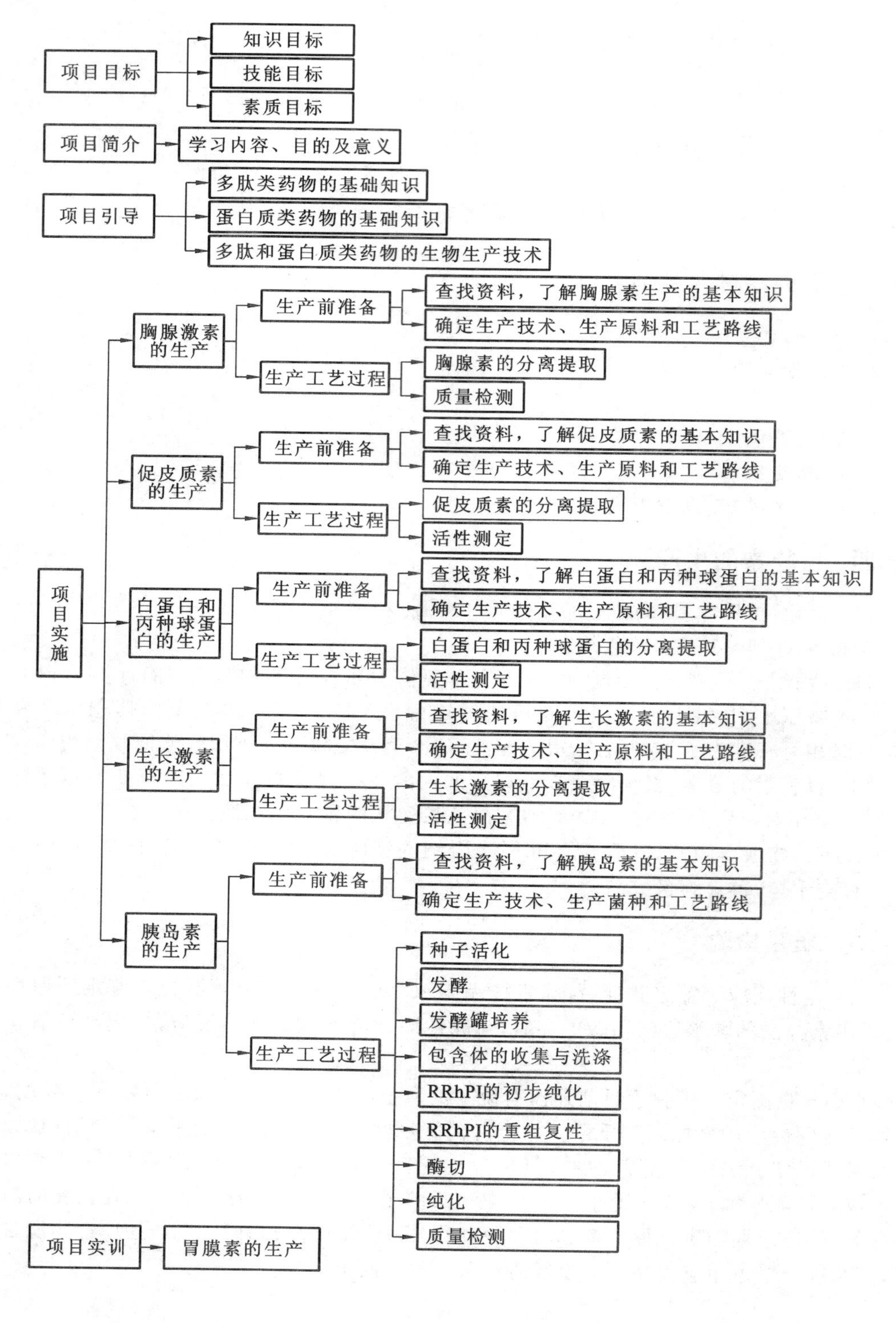

项目目标
知识目标
技能目标
素质目标
项目简介
学习内容、目的及意义
项目引导
多肽类药物的基础知识
蛋白质类药物的基础知识
多肽和蛋白质类药物的生物生产技术
项目实施
胸腺激素的生产
生产前准备
查找资料，了解胸腺素生产的基本知识
确定生产技术、生产原料和工艺路线
生产工艺过程
胸腺素的分离提取
质量检测
促皮质素的生产
生产前准备
查找资料，了解促皮质素的基本知识
确定生产技术、生产原料和工艺路线
生产工艺过程
促皮质素的分离提取
活性测定
白蛋白和丙种球蛋白的生产
生产前准备
查找资料，了解白蛋白和丙种球蛋白的基本知识
确定生产技术、生产原料和工艺路线
生产工艺过程
白蛋白和丙种球蛋白的分离提取
活性测定
生长激素的生产
生产前准备
查找资料，了解生长激素的基本知识
确定生产技术、生产原料和工艺路线
生产工艺过程
生长激素的分离提取
活性测定
胰岛素的生产
生产前准备
查找资料，了解胰岛素的基本知识
确定生产技术、生产菌种和工艺路线
生产工艺过程
种子活化
发酵
发酵罐培养
包含体的收集与洗涤
RRhPI的初步纯化
RRhPI的重组复性
酶切
纯化
质量检测
项目实训
胃膜素的生产

项目检测

一、单选题

1. ( )年人工合成了第一种有生物活性的多肽——催产素。

A. 1956　B. 1953　C. 1966　D. 1963

2. 多肽具有非常高的生物活性，( )mol/L 就可发挥活性，有的甚至在极低浓度下依然具有活性。

A. 1×10^{-5}　B. 1×10^{-6}　C. 1×10^{-7}　D. 1×10^{-8}

3. 能够治疗自身免疫病，如肝炎、肾病、红斑狼疮、类风湿性关节炎、重症肌无力等的多肽类药物是( )。

A. 胸腺激素　B. 降钙素　C. 胸腺肽　D. 促肾上腺皮质素

4. 主要用于维持血浆胶体渗透压，用于失血性休克、严重烧伤、低蛋白血症等的蛋白质类药物是( )。

A. 白细胞介素-2　B. 干扰素　C. 胰岛素　D. 白蛋白

5. 促皮质素的直链多肽的前( )个氨基酸对 ACTH 的活性至关重要，具有 ACTH 的全部生物活性。

A. 24　B. 25　C. 26　D. 27

6. 胰岛素为白色或类白色结晶粉末，晶形为扁斜形( )。

A. 三面体　B. 四面体　C. 五面体　D. 六面体

二、多选题

1. 下面激素中属于多肽类激素的有( )。

A. 垂体激素　B. 甲状腺激素　C. 血活素　D. 胸腺激素

2. 可作为蛋白质鉴别的反应主要有( )。

A. 茚三酮反应　B. 双缩脲反应

C. 福林-酚反应　D. 甲基化反应

3. 下面物质属于垂体蛋白质激素的有( )。

A. 生长素　B. 人绒毛膜促性腺激素

C. 促甲状腺素　D. 松弛素

4. 待提取的多肽和蛋白质，如果是细胞内成分，就需要先将细胞破碎，使胞内成分充分释放到溶液中再将其提纯。常用的细胞破碎方法有( )。

A. 机械法　B. 物理法　C. 化学法　D. 酶法

5. 多肽和蛋白质类药物的生产方法主要有( )。

A. 分离法　B. 化学合成法　C. 提取法　D. 发酵法

三、填空题

1. 多肽类生物化学药物是以( )和( )为主的一大类内源性活性成分。

2. 蛋白质生物化学药物包括( )、( )、蛋白质类细胞生长调节因子、( )、黏蛋白、胶原蛋白、( )及大量的其他生物化学药物等。

3. 多肽类细胞生长调节因子包括(　　)、(　　)、(　　)等。

4. 有些蛋白质除蛋白质部分外,还有非蛋白成分,称为(　　)或(　　),这样的蛋白质称为(　　)。

5. 不同物种间的血浆蛋白存在着(　　),动物血虽然与人血蛋白结构非常相似,但不能用于人体。

6. 胸腺原料要采自(　　),其中使用最多的是(　　)。

7. 国内在制备猪胸腺激素注射液时,一般先(　　),后(　　),以简化制剂工艺。

8. 由动物胰腺生产胰岛素的方法较多,目前被普遍采用的是(　　)和(　　)。

四、简述题

1. 简述多肽类药物的功能特性。

2. 简述多肽和蛋白质类药物的生物生产技术中的原料选择原则。

3. 简述胰岛素生产中的工艺要点。

五、论述题

1. 试述胸腺激素的生产工艺流程。

2. 试述人血丙种球蛋白的生产工艺过程。

项目拓展

基因工程法生产多肽和蛋白质类药物

传统的多肽与蛋白质类药物的生产方法以生化工程为主,即以动植物体为原料,经生化分离纯化制备。传统的制备方法存在原料来源受限、材料中有效成分含量低、存在种属特异性易引起安全问题等缺陷。现代生物技术,特别是基因工程技术的发展,为多肽与蛋白质类药物的生产开辟了新天地。通过基因重组,多数多肽和蛋白质类药物可能通过基因工程菌培养生产。

基因工程法生产多肽和蛋白质类药物,是指将合成多肽或蛋白质的基因分离纯化后,连接合适的表达载体转入其他种生物并稳定遗传和表达的过程。基因工程法生产多肽和蛋白质类药物包括基因工程菌(细胞)构建、发酵(或细胞培养)、分离纯化、检验及制剂等环节,其中基因工程菌(细胞)构建最为关键。基因工程菌(细胞)常用的宿主菌(细胞)包括微生物和真核生物细胞,最常用的有大肠埃希菌、酵母和中国仓鼠卵巢细胞,其中尤以大肠埃希菌和酵母最为普遍。

一、多肽和蛋白质类药物的提取

多肽和蛋白质在不同溶剂中的溶解度主要取决于蛋白质和多肽分子中非极性疏水基团和极性亲水性基团的比例,以及这些基团在多肽、蛋白质中相对的空间位置。此外,溶液的温度、pH、离子强度等外界因素也影响多肽、蛋白质在不同溶液中的溶解度。

(一) 水溶液提取

水溶液是蛋白质提取中最常用的溶剂。大多数蛋白质的极性亲水性基团位于分子表面,非极性疏水基团位于分子内部,因此蛋白质在水溶液中一般具有比较好的溶解性。用水为溶剂提取蛋白质时,还要考虑盐的浓度、pH、温度等的影响。

(1) 盐浓度　适当的稀盐溶液和缓冲液可以提高蛋白质在溶液中的稳定性并增大蛋白质在水溶液中的溶解度。一般使用等渗盐溶液，如0.002～0.005 mol/L磷酸盐缓冲液或0.15 mol/L氯化钠溶液。但有些蛋白质在稀盐溶液中溶解度低，可以适当提高盐溶液的浓度。

(2) pH　溶液pH不但影响蛋白质的溶解度，还可能对蛋白质的稳定性产生很大的影响。因此，对于蛋白质提取溶液的pH要保证在蛋白质稳定的范围内，选择偏离等电点两侧的某一点，如含碱性氨基酸残基较多的蛋白质选择偏酸的一侧，含酸性氨基酸残基较多的蛋白质则选择偏碱的一侧，以增大蛋白质的溶解度，提高提取率。

(3) 温度　为了防止蛋白质降解变性失活，提取时一般在低温(5 ℃)条件下进行。但对少数温度耐受力较高的蛋白质，可适当提高提取温度，导致杂蛋白变性沉淀，有利于提取和简化以后的纯化工作。

(二) 有机溶剂提取

一些与脂质结合比较牢固或非极性基团较多的蛋白质难溶或不溶于水、稀盐溶液、稀酸或稀碱中，常用有机溶剂提取。存在于细胞膜或线粒体膜中的蛋白质，由于与脂质结合牢固而常用正丁醇作为提取溶剂。正丁醇可取代膜脂与蛋白质结合，并阻止脂质重新与蛋白质分子结合，使蛋白质在水中的溶解能力大大增加。

离子表面活性剂(胆酸盐、十二烷基磺酸钠)和一些非离子表面活性剂(吐温-60、吐温-80等)不易使蛋白质变性失活，因而被广泛采用。

二、多肽和蛋白质类药物的纯化

多肽和蛋白质的纯化包括两部分内容：一是将蛋白质与非蛋白质分开，二是将不同的蛋白质分开。对非蛋白质部分可以根据其性质采用适当的方法去除。例如，脂类可用有机溶剂提取去除，核酸类用核酸沉淀剂或核酸水解酶水解去除，小分子杂质用透析或超滤去除。常用方法如下。

(1) 利用溶解度不同的纯化方法　利用蛋白质溶解度的不同进行分离的方法有盐析法、有机溶剂法、等电点沉淀法、加热变性法等。

(2) 利用分子结构和大小不同的纯化方法　蛋白质分子大小各异，相对分子质量从6000至几百万不等。利用这些差异，可以采用凝胶色谱法和超滤法来分离蛋白质。

(3) 利用解离性质不同的纯化方法　蛋白质分子侧链基团有的可解离，这些基团数量和分布各异，使不同蛋白质表面带电情况不相同，所以可以利用电荷性质分离纯化蛋白质。其中，电泳法是最常用的一种方法。

(4) 利用生物功能专一性不同的纯化方法　大部分蛋白质具有特异性，通过与底物相互结合而发挥其功能，这种结合方式经常是专一可逆的。蛋白质与其对应的分子间的这种结合能力称为亲和力。利用蛋白质这一特性可进行亲和层析来纯化蛋白质。先将具有高度特异性的不溶性配基装入色谱柱(亲和柱)，在一定的流动相中将含有待分离蛋白质的样品通过该柱，由于专一亲和力的作用，待分离蛋白质与柱上的配基结合而留在柱内，其他杂蛋白则直接流出柱外。然后用能降低待分离蛋白质与其配基的亲和力的洗脱液洗脱，则可分离出目标蛋白。

项目五　酶类生物技术药物的生产

项目目标

一、知识目标

明确酶类药物的基础知识。

熟悉酶类药物生产的基本技术和方法。

掌握典型酶类药物（如溶菌酶、超氧化物歧化酶、L-天冬酰胺酶）的生产工艺流程、生产技术及其操作要点。

二、技能目标

学会酶类药物生产的操作技术、操作方法和基本操作技能。

能熟练确定典型酶类药物（如溶菌酶、超氧化物歧化酶、L-天冬酰胺酶）的生产工艺。

能够进行L-天冬酰胺酶发酵生产相关参数的控制，并能编制生物化学制药技术生产溶菌酶和超氧化物歧化酶的工艺方案。

三、素质目标

具有高度的社会责任感、良好的职业道德和诚信品质；爱党爱国，认真践行社会主义核心价值观；具有正确运用所掌握的知识在典型酶类药物生产过程中发现问题、分析问题、解决问题的能力；具有创新能力、竞争与承受压力的能力；具有良好的组织协调与沟通能力；具有热爱劳动、造福人类的强烈意识。

项目简介

本项目的内容是酶类生物技术药物的生产，项目引导介绍酶类药物的基本知识，让学生在进行酶类药物生产之前进行基本的知识储备。在此基础上，安排三个典型的项目任务：生物化学制药技术生产溶菌酶和超氧化物歧化酶、发酵制药技术生产L-天冬酰胺酶。在完成三大任务的学习后，安排一个典型的项目实训——胃蛋白酶的生产，以期对前面已掌握的知识和技能进行强化。

项目引导

酶是一类由生物活性细胞产生的具有高效率和高度专一性、活性可调节的生物催化剂。存在于细胞内的酶称为胞内酶，在细胞内合成而分泌到细胞外起作用的酶称为胞外酶。除核酶外，几乎所有的酶都是蛋白质。蛋白酶中，少数是由单一蛋白质组成的，大多数则为复合蛋白质，即由酶蛋白和辅助因子组合成的完整的酶分子，称为全酶。酶蛋白是起催化作用的主体，辅助因子起着重要的辅助作用。辅助因子与酶蛋白结合较松，极易脱落，可以透析分离的称为辅酶；与酶蛋白部分结合较紧，不易分开的小分子部分则称为辅基。全酶的酶蛋白本身无活性，需要在辅助因子存在下才有活性。辅助因子可以是无机离子，也可以是有机化合物，它们都属于小分子物质。生物体内酶的种类很多，而辅酶(基)种类较少。

蛋白酶同其他蛋白质一样，结构单位为氨基酸。因此，也具有两性电解质的性质，具有一级结构和空间结构。在某些物理因素(如加热、紫外线照射等)及化学因素(如酸、碱和有机溶剂等)的作用下变性或沉淀，丧失酶活力。酶的相对分子质量也很大，其水溶液具有亲水胶体的性质，不能通过半透膜，在体外易被蛋白酶水解而失活。

酶类药物是直接用酶的各种剂型来改变体内酶活力，或改变体内某些生理活性物质和代谢产物的数量等，从而预防、诊断和治疗某些疾病的特殊酶类。生物体内的生化反应几乎都是在酶的催化作用下进行的，因此，酶在生物体内的新陈代谢中起着至关重要的作用，一旦酶的正常生物合成或酶活力受到影响，生物体的代谢就会出现障碍，甚至引起病变。若及时给机体补充所必需的酶，则代谢受阻状况可得到缓解或解除。因此，酶类药物的生产和应用日益受到重视。

酶类药物是以动植物的组织、器官，微生物发酵液，动植物细胞培养液等作为起始材料，采用生物学工艺或分离纯化技术制备，并以生物学技术和分析技术控制中间产物和成品质量制成的、既具有酶活性又有药效的活性制剂。各种动物器官、组织和体液中含有酶的种类和数量差别甚大。通常所含酶的总量并不很少，但每一种酶的含量很少，常在百万分之几至百分之几。因此，酶的提取、分离、纯化与质量检测需要较高水平的生物化学技术。

一、酶类药物的特点和分类

(一) 酶类药物的特点

酶类药物作为具有药理作用的特殊酶类，一般具有以下的特点。

(1) 用量少，药效高。酶类药物是作为生物催化剂，通过催化生物体内生化反应而表现其药效的，因此，只需少量的酶制剂就能催化血液或组织中较低浓度的底物发生化学反应，发挥有效的药理作用。

(2) 纯度高，特别是注射用的酶类药物纯度更高。

(3) 通常在生理 pH(中性环境)下具有最高活力和稳定性。例如，胰淀粉酶作用的最适 pH 为 6.7～7.0。

(4) 酶类药物都不同程度地存在免疫原性问题。将酶包埋在半透性的膜囊中，利用膜的性质只让酶与底物反应后的产物通过，而不让作为抗原的酶分子通过，并且使能产生抗体的细胞和酶分子抗原不能直接接触，故能防止抗体的产生并延长其作用时间。

(5) 酶类药物是生物活性物质，有时工艺条件的变化会导致其失活。因此，对酶类药物，除了用通常采用的理化法检验外，还需用生物检定法进行检定，以证实其生物活性。酶类药物一般需进行效价测定或酶活力测定，以表明其有效成分含量的高低。

（二）酶类药物的分类

根据药用酶的临床应用，可将其分为以下几类。

(1) 助消化酶类　这类酶研究最早，品种最多。它们可以用于补充内源消化酶的不足，促进食物中蛋白质、脂肪、糖类等营养物质的消化吸收，治疗消化器官疾病和由其他各种原因所致的食欲缺乏、消化不良等，使消化系统恢复正常消化机能。这类酶主要包括胃蛋白酶、胰酶、淀粉酶、脂肪酶、纤维素酶、木瓜酶、无花果酶、菠萝蛋白酶、β-半乳糖苷酶、消食素、凝乳酶等。

(2) 抗炎净创酶类　这是目前在治疗上发展最快、用途最广的一类酶。这类酶大多数是蛋白质水解酶，能够分解发炎部位纤维蛋白的凝结物，消除伤口周围的坏疽、腐肉和碎屑，如胰蛋白酶、菠萝蛋白酶、糜蛋白酶等；有些则是核酸和多糖水解酶，能够降解脓液中的核蛋白和黏多糖，降低脓液的黏性，达到清洁创口、消除痂皮、排除脓液、抗炎消肿的目的，如溶菌酶、α-淀粉酶、DNA 酶和 RNA 酶等。给药的方法有外敷、喷雾、灌注、注射、口服等。它们可以单独使用，也可以与抗生素等合用，可治疗各种溃疡、炎症、血肿、脓胸、肺炎、支气管扩张、气喘等症。临床上常用于外伤、手术后、关节炎、副鼻窦炎等伴有水肿的炎症，能促进渗出液再吸收，达到抗水肿的目的。

(3) 与治疗心血管疾病有关的酶类　这类酶主要有凝血酶、抗栓酶、降血脂酶、降血压酶等。凝血酶是指在机体意外出血的情况下，促进血液凝固，起止血作用的药用酶，如凝血致活酶、立止血等。抗栓酶是与纤维蛋白溶解作用有关的酶类，用于血栓的预防和治疗，其作用主要涉及以下几个方面：①防止血小板凝集；②阻止血纤维蛋白形成；③促进血纤维蛋白溶解。目前临床常用的抗栓酶主要有链激酶、尿激酶、蚓激酶、纤溶酶和蛇毒溶栓酶(蛇毒激酶)等。降血脂酶能降低血脂，用于防治动脉粥样硬化，如弹性蛋白酶等。降血压酶有扩张血管、降低血压作用，如激肽释放酶。

(4) 抗肿瘤的酶类　这类酶可在一定程度上预防和治疗某些肿瘤。如 L-天冬酰胺酶是一种引人注目的抗白血病药物，它能选择性地剥夺某些类型瘤组织的营养成分，干扰或破坏肿瘤组织代谢，而正常细胞能自身合成天冬酰胺故不受影响。谷氨酰胺酶能治疗白血病、腹水瘤、实体瘤等。乙酰-神经氨酸苷酶是一种良好的肿瘤免疫治疗剂。此外，尿激酶可用于加强抗癌药物(如丝裂霉素 C)的药效，米曲溶栓酶也能治疗白血病和肿瘤等。

(5) 与生物氧化还原电子传递有关的酶类　这类酶主要有细胞色素 c、超氧化物歧化酶(SOD)、过氧化物酶等。细胞色素 c 是酶的辅基，它是参与生物氧化的一种非常有效的电子传递体，是组织缺氧治疗的急救和辅助用药；超氧化物歧化酶用于治疗类风湿性关节炎、放射病，在抗衰老、抗辐射、消炎等方面也有显著疗效。

(6) 其他药用酶　PEG-腺苷脱氨酶(PEG-ADA)用于治疗严重的联合免疫缺陷症；透明质酸酶用作药物扩散剂，青霉素酶能分解青霉素分子中的β-内酰胺环，使其变成青霉噻唑酸，消除青霉素引起的过敏反应；有机磷解毒酶用以治疗有机磷农药中毒，缓解中毒症状；弹性蛋白酶有降血压和降血脂作用；激肽释放酶能治疗同血管收缩有关的各种循环障碍；组织葡聚糖酶能预防龋齿等。在一些由于特异性酶缺乏所引起的先天性代谢异常疾病的治疗中，药用酶的替代治疗是改善代谢紊乱的有效措施。近年来国内外正在研究和已开发成功的主要药用酶类见表 1-5-1。

表 1-5-1 主要酶类药物一览表

品　　种	来　　源	临床应用	剂　　型
胰酶(pancreatin)	猪、牛、羊等动物的胰脏	助消化	片剂
胃蛋白酶(pepsin)	胃黏膜	助消化	片剂、胶囊剂
胰脂酶(pancrelipase)	猪、牛胰脏	助消化	片剂
麦芽淀粉酶(diastase)	麦芽	助消化	片剂
高峰淀粉酶(taka-diastase)	米曲霉	助消化	片剂
β-半乳糖苷酶(β-galactosidase)	米曲霉	助消化	片剂
纤维素酶	黑曲霉	助消化	片剂
菠萝蛋白酶(bromelain)	菠萝茎	抗炎、消化	肠溶片
木瓜蛋白酶(papain)	木瓜果汁	抗炎、消化	肠溶片
胰蛋白酶(trypsin)	牛胰脏	局部清创、抗炎	片剂、肠溶片、注射剂、喷剂
糜蛋白酶(chymotrypsin)	牛胰脏	局部清创、抗炎	片剂、注射剂
胶原酶(collagenase)	溶组织梭菌	分解胶原、清创、抗炎	软膏剂、注射剂
超氧化物歧化酶(superoxide dismutase)	猪、牛等红细胞	消炎、抗辐射、抗衰老	软膏剂、注射剂
沙雷菌蛋白酶(serratiopeptidase)	沙雷菌	抗炎、局部清洁	肠溶片
蜂蜜曲霉菌蛋白酶(seaprose)	蜂蜜曲霉	抗炎	肠溶片
枯草杆菌蛋白酶(sutilins)	枯草杆菌、解淀粉芽孢杆菌等	局部清创	局部外用
灰色链霉菌蛋白酶(pronase)	灰色链霉菌	抗炎	肠溶片
核糖核酸酶(RNase)	红霉素生产菌	局部清创、抗炎	油膏剂、注射剂
溶菌酶(lysozyme)	鸡蛋卵蛋白	抗炎、抗出血	片剂、软膏剂、注射剂
酸性蛋白酶(acid proteinase)	黑曲霉	抗炎、化痰	片剂
脱氧核糖核酸酶(DNase)	牛胰脏	祛痰	片剂
透明质酸酶(hyaluronidase)	睾丸	局部麻醉增效剂	注射剂
葡聚糖酶(dextranase)	曲霉、细菌	预防龋齿	口含片
细胞色素 c(cytochrome c)	牛、马、猪心肝	抗组织缺氧	注射剂
蛇毒凝血酶(hemocoagulase)	蛇毒	凝血	注射剂
蚓激酶(earthworm plasminogen activator)	蚯蚓	溶解血栓	肠溶片

续表

品　　种	来　　源	临床应用	剂　　型
链激酶(streptokinase)	β-溶血性链球菌	溶解血栓	注射剂
尿激酶(urokinase)	男性人尿	溶解血栓	注射剂
弹性蛋白酶(elastase)	胰脏	治疗高脂血症,防止动脉粥样硬化、脂肪肝	粉剂
尿酸酶(尿酸氧化酶,uricase)	尿、黑曲霉	治疗痛风和高血尿酸	注射剂
青霉素酶(penicillinase)	大肠埃希菌、枯草杆菌、蜡状芽孢杆菌	抗青霉素过敏	注射剂
L-天冬酰胺酶(L-asparaginase)	大肠埃希菌	抗白血病、抗肿瘤	注射剂
谷氨酰胺酶(glutaminase)	微生物、动物、植物	抗肿瘤	注射剂
乙酰-神经氨酸苷酶(neu-raminidase)	产气荚膜梭菌	抗肿瘤	注射剂

二、酶类药物的生产

(一)酶类药物的生产技术

酶类药物的生产技术主要有直接提取酶技术、微生物发酵产酶技术和动植物细胞培养产酶技术。

1. 直接提取酶技术

直接提取酶技术又称生化制备技术,即从符合要求的含酶生物材料中制取酶的方法。一般包括四个步骤:酶原材料的选择和预处理、酶的提取、酶的纯化、酶活力的测定和纯度检测。

(1) 酶原材料的选取。

酶原材料的选取应遵循材料来源广、目的酶含量高、价格低廉、容易制取等原则。动物酶常取肝、肾、心肌、血液、胃液、尿液、乳汁、胃肠黏膜、腿股肌等,很多都是取自动物产品加工的新鲜下脚料;植物酶则尽量用加工废弃物,如果皮、米糠、生榨油的饼粕、非食用种子等。尽可能设计综合利用材料的联产工艺路线,以取得最大的经济效益。例如,从胰脏中提取胰岛素、弹性蛋白酶、激肽释放酶,从猪或牛血中同时提取超氧化物歧化酶、凝血酶等。

取材应注意时宜。动物酶含量因动物年龄、性别不同而有差别。例如,乳糖酶在大多数人类的哺乳期肠道中存在,哺乳期之后酶基因可能已关闭了。植物酶的合成速率常因植物的生长发育阶段不同而有明显变化,一般应当在目的酶合成高峰后期及时取材。一般来说,种子萌发阶段,某些分解代谢的酶大量合成,或是由无活性态转变为活性态;开花到种子成熟阶段,某些合成代谢的酶大量合成,活力增强。例如:大麦发芽时,α-淀粉酶开始大量合成,R 酶、β-淀粉酶大部分转为活性态;大豆发芽时,植酸酶含量上升;高淀粉植物(如薯芋类植物),在它们的块根或块茎迅速膨大阶段,淀粉合成酶的含量很高,活性很强。对动物要在经过一段时间饥饿之后再取材,这样可减少糖和脂肪的摄入,以利于酶的提取。

新鲜材料应即时提取酶,取材量大而来不及在短时间内处理的,一般要低温或冷冻(−50～−10 ℃)保存,并加酶的保护剂,以降低酶的分解速率。

(2) 原材料的预处理。

胞外酶可以直接提取分离,而对胞内酶,一般应根据各种生物组织的细胞特点、性质和处理量,选用适当的方法破碎组织细胞,使酶从其中释放出来,以利于提取。常用的原材料预处理的方法有下面几种。

① 机械法　利用机械剪切力破碎细胞。一般先用绞肉机将材料破碎成组织糜后匀浆。在实验室常用的是组织捣碎机、匀浆器、研钵和研磨等。工业上则用高压匀浆泵或高速珠磨机。高压匀浆泵处理容量大,适合于细菌和大多数真菌的细胞破碎,也可用于动物组织的预处理,但不适用于丝状微生物细胞的破碎。高速珠磨机具破碎和冷却双重功能,破碎效率高,对真菌菌丝和藻类的破碎效果也较好,但操作参数多。

② 冻融法　将材料冷冻到−10 ℃左右,再缓慢溶解至室温,反复多次而达到破壁作用,从而使酶释放出来。冷冻一方面能使细胞膜的疏水键结构破裂,从而增加细胞的亲水性能,另一方面在细胞内形成冰粒,剩余细胞液的盐浓度增高,引起细胞突然膨胀而破裂。多用于动物性材料,对于细胞壁较脆弱的菌体,也可采用此法。

③ 酶解法　利用微生物本身产生的酶进行组织自溶或利用溶菌酶、蛋白水解酶、糖苷酶、脱氧核糖核酸酶、磷脂酶等外源性的酶对细胞膜或细胞壁的降解作用使细胞崩解破碎。微生物发酵生产胞内酶时,可用自溶法大规模操作,植物细胞用纤维素酶、半纤维素酶和果胶酶混合酶去壁,效果显著。酶解法常与冻融法等破碎方法联合使用。

④ 丙酮粉法　用丙酮将组织细胞迅速脱水干燥制成丙酮粉,不仅可减少酶变性,而且可因细胞结构成分的破坏使酶蛋白与脂质结合的某些化学键断开,从而促使某些结合酶释放至溶液中。常用方法是将匀浆(或组织糜)悬浮于 0.01 mol/L pH 6.5 的磷酸盐缓冲液中,于 0 ℃下边搅拌边慢慢加入 5～10 倍体积的−15 ℃无水丙酮中,静置 10 min,离心过滤,取其沉淀物,用冷丙酮反复洗数次,真空干燥,即得含酶丙酮粉。丙酮粉在低温下可保存数年。

2. 微生物发酵产酶技术

微生物发酵产酶法是指选育优良的酶生产菌,采用适宜的发酵工艺,提供适当的营养和生长环境,使生产菌大量增殖,同时合成所需要的酶,再进行提取分离纯化,获得目的酶。其工艺过程与其他发酵产品相似,包括优良菌种的选育、发酵工艺过程及条件控制、酶产品的提取分离纯化。微生物发酵产酶法的技术关键如下。

(1) 高产菌株的选育。

优良菌种的选育是提高酶产量的关键,筛选符合生产需要的菌种是发酵生产酶的首要环节。一个优良的产酶菌种应具备以下特点:产酶量高、繁殖快、生产周期短;能利用廉价原料,容易培养和管理;产酶性能稳定,菌株不易退化;不易受噬菌体侵袭;产生的酶容易分离纯化;安全可靠、无毒性,既不是致病菌,在系统发生上也与病原体无关,不产毒素。

高产菌株可从以下三种途径中获得：从自然界分离筛选；用物理或化学的方法诱变育种；用基因重组与细胞融合技术育种。

(2) 发酵工艺的优化。

获得了酶的高产菌株，还必须探索产酶的最适培养基、培养条件(如培养温度、pH 和通气量等)，才能发挥菌株的最大产酶性能。工业生产中还应摸索出一系列发酵和提取分离纯化工程和工艺条件，并进行严格的过程控制，以获得最佳的综合效果，取得良好的经济效益。

(3) 发酵方法。

微生物发酵产酶的主要方式有固体发酵法、液体深层发酵法和固定化细胞或固定化原生质体发酵法。

① 固体发酵法　以麸皮、米糠等为主要原料，加入其他必要的营养成分，制成固体或半固体的麸曲，经灭菌、冷却后，加入产酶菌株，在一定条件下进行发酵。固体发酵法主要用于真菌的酶生产，其中用米曲霉生产淀粉酶，以及用曲霉和毛霉生产蛋白酶在我国已有悠久历史。该法所需设备简单，操作方便，麸曲中酶浓度较高，特别适用于各种霉菌的培养和发酵产酶。中等规模的固体发酵生产投资少，成本低，但劳动强度较大，原料利用率较低，固体发酵条件控制不易均匀，生产周期较长。

② 液体深层发酵法　将液体培养基置于发酵容器中，经灭菌、冷却后接入产酶细胞，在一定条件下进行发酵。液体深层发酵法是采用液体培养基，置于具有搅拌桨叶和通气系统的密闭发酵罐中，经灭菌、冷却后接入产酶菌株，借强大的无菌空气或自吸的气流进行充分搅拌，使气液接触面积尽量加大而进行发酵。液体深层发酵是目前酶发酵生产的主要方式。其主要特点是机械化程度较高，技术管理较严，培养条件容易人为控制，不易染杂菌，酶产率高、质量好，产品回收率较高，生产效率高。不仅适用于微生物细胞，也可用于各种植物细胞和动物细胞的悬浮培养和发酵。液体深层发酵法是现代酶制剂大规模生产的主要方式。

③ 固定化细胞或固定化原生质体发酵法　将产酶微生物细胞或原生质体固定在水不溶性载体上，在一定的空间范围内进行生命活动(生长、繁殖和新陈代谢)而产酶。固定化细胞或固定化原生质体的密度较高，反应器水平的生产强度较大，可提高生产能力；发酵稳定性好，可反复使用或连续使用较长的时间，易于连续化、自动化生产；细胞固定在载体上，流失较少，可在高稀释率的情况下连续发酵，大大提高设备利用率；发酵液中含菌体较少，利于产品分离纯化，产品质量高。但该法技术要求较高，需要特殊的固定化细胞反应器，只适用于胞外酶的生产。

(4) 影响产酶的条件及其控制。

① 温度　发酵温度既影响微生物的生长繁殖和产酶，也影响酶的稳定性。不同微生物生长繁殖和产酶，对温度的要求不同。发酵产酶的微生物，大多数在 30～40 ℃大量增殖，但是，生长繁殖的最适温度往往与酶合成的最适温度不一致。多数生产菌要求生长期的温度高于产酶期的温度，例如，酱油曲霉生长温度为 40 ℃，产蛋白酶的温度为 28 ℃；有的生产菌则相反，产酶期的温度高于生长期的温度，例如，根霉生长期要求 30 ℃，产酶期以 35 ℃为宜；有的菌种，生长和产酶温度一致，例如，链霉菌产葡萄糖异构酶，一直保持

32 ℃即可。发酵过程的温度控制应满足生产菌种的要求。一般初期需要保温，至菌体大量增长时，因微生物产生的呼吸热释放出来，发酵罐温度上升较快，这时必须降温，到酶合成阶段，则要根据产酶对温度的要求进行控制。

② pH　不同的微生物，生长繁殖的最适 pH 不同。一般来说，细菌和放线菌要求中性或微碱性（pH 6.5～8.0），霉菌要求偏酸性（pH 4.0～6.0）。而对于酶合成的适宜 pH，大多数生产菌要求在该酶的催化反应最适 pH 条件下进行。培养基 pH 不仅影响微生物的生长和产酶，而且对酶的分泌也有作用。有些细胞可以同时产生多种酶，通过控制培养基的 pH，往往可以改变各种酶之间的产量比例。pH 的调节可以通过改变培养基的组分或其比例来实现。必要时可使用缓冲液，发酵过程中可以根据 pH 的变化情况，流加适量的酸、碱溶液，当 pH 上升很快时，加糖或淀粉，下降很快时，加尿素或液氨，使 pH 保持在适宜的范围内，以利于微生物发酵产酶。

③ 溶氧与通风搅拌　酶蛋白质的生物合成要消耗大量 ATP，只有有氧呼吸才能满足这个需求。因此，酶制剂的发酵生产是需氧发酵，且不同的微生物对氧的要求不一样。发酵过程中的溶氧是由供气系统制备的无菌压缩空气中的氧溶解在培养基中而获得的。控制发酵过程的供氧量，主要手段是改变通气量，此外，在特定情况下，还需要在通入的空气中掺入纯氧，才能满足发酵高峰期的耗氧需求。提高发酵罐的罐压可以提高发酵液中的氧饱和度，也能在一定范围内提高供氧能力。在通用型通风搅拌发酵罐中发酵时，通过搅拌装置的搅拌，打碎进入罐体发酵液中的空气气泡，可以大大增加气体与液体的接触面积，从而加快溶氧速率；搅拌还可以使发酵液中的菌体分散均匀，更充分地与溶液接触，以利用氧。近年来发现，十一烷至十七烷的混合物、全氟化碳等有很强的溶氧力，本身不溶于水，被称为氧载体。在发酵液中加入适量氧载体，可以使氧的传递速率提高数倍。更新颖的是，将透明颤菌血红蛋白（*Vitreoscilla* hemoglobin，VHb）基因克隆到生产菌基因组中，提高菌体自身的载氧能力，称为生物工程溶氧。

④ 泡沫和消泡剂　在发酵过程中，由于搅拌等，会产生较多的泡沫，使微生物呼出的 CO_2 不易排除，氧与液体的接触面减小，溶氧速率下降；泡沫过多时，还会在较高的罐压下外溢，往往引起杂菌污染，危害性很大。因此，必须采取消泡措施，进行有效控制，生产上多用滴加消泡剂，如植物油、矿物油、“泡敌”（聚环氧丙烷或乙烷甘油醚）、甘油聚醚（聚氧丙烯甘油醚）、聚二甲基硅氧烷等进行消泡。

⑤ 添加产酶促进剂和生长因子　产酶促进剂是少量加入之后能显著增加酶产量的物质，一般是酶的诱导物或表面活性剂。例如，纤维素能诱导纤维素酶，吐温-80 可提高多种酶的产量。生产上提高胞外酶的活力，一般采用非离子型表面活性剂。

酶生产时需要供给微生物生长所需的氨基酸、维生素、嘌呤碱和嘧啶碱等生长因子。一般通过加入玉米浆、酵母膏、麸皮、米糠，以及豆饼等提供。例如，添加含有生长因子的大豆酒精提取物，可使米曲酶的蛋白酶产量提高 1.9 倍。

3. *动植物细胞培养产酶技术*

与微生物细胞相比，动植物细胞大几倍至数十倍，倍增时间长几倍至几十倍，培养周期长，对培养基的要求高，培养过程需要供氧，却又不耐搅拌等剪切力强的操作条件，尤其是动物细胞无壁，对剪切力更敏感。动物细胞属于异养型细胞，很多营养成分不能自己合成,因而对培养基成分要求苛刻,往往必须加血清或其代用品;大多数动物细胞,有附壁生长(黏附于某种固体物上生长)的特点,因而要实现大规模培养更加困难。动植物细胞培养产酶要点如下。

(1) 植物细胞组织培养产酶的工艺特点。

植物细胞组织培养有固体培养和液体培养两大类。培养方式有分批式、半连续式和连续式。植物细胞组织培养的主要工艺特点如下。

① 培养基　植物细胞组织培养中,常用Murashige-Skoog(MS)培养基和Gamborg's B5(B5)培养基,由碳源、氮源、大量元素、微量元素、维生素和植物激素5类组分合成。

② 培养温度和pH　一般植物细胞组织培养的适宜温度在20～25 ℃,酶合成温度因植物种类而异,总体上,温度一般控制在室温范围;植物细胞组织培养要求稳定的pH,一般在微酸性范围内,pH最好控制在5.8～6.1。

③ 通气与搅拌　植物细胞组织培养需要一定量的溶氧,因而需要通气和搅拌。但是和微生物相比,植物细胞代谢较慢,耗氧速率也较小,加之细胞比较大,对剪切力敏感,所以通气和搅拌不能太剧烈。

④ 添加刺激物(促进物)和前体　在植物酶的合成时期,添加适当的刺激物(促进物),如微生物细胞壁碎片、微生物胞外酶等,可以提高酶合成量。例如花生细胞合成苯丙氨酸氨裂合酶时,添加霉菌细胞壁碎片,可使酶合成量提高20倍。光照对一些植物酶有诱导作用或抑制作用。前体的添加可提高次级代谢物的产量,从而提高产酶量。

(2) 动物细胞培养产酶的工艺特点。

动物细胞培养生产疫苗、细胞生长因子等,技术上已很成熟。动物细胞的培养有悬浮培养法和固体或半固体培养法。前者用以培养来自血液的细胞、淋巴组织细胞等;后者用以培养来自动物复杂器官中的细胞,由于这些细胞与周围细胞互相依存,即所谓"定位依存",因此,它们必须依附于固体或半固体的表面才能正常代谢,这就是动物细胞的附壁生长特性。

① 培养基　通常以葡萄糖为碳源;各种盐类的阳离子总数必须与阴离子总数相等,溶液的渗透压必须与细胞内的渗透压相等,即是等渗溶液;添加血清或其代用品来提供必需氨基酸、必需脂肪酸、维生素、动物激素、一些动物细胞的生长因子等,确定各种必需氨基酸、脂肪酸等的配比时,既要考虑相互之间的关系,还要注意离子间的平衡和等渗等要求。

② 培养条件控制　动物细胞对温度控制的要求很严,温度的波动范围只能在±0.25 ℃;pH常用$NaHCO_3$来调节;溶氧条件调节,常用纯氧、氮、二氧化碳和空气四种气体的不同比例进行,不直接通气,更不搅拌;要严格控制渗透压。

动植物细胞培养产酶结束后,收取培养物,用酶提取缓冲液洗涤除去材料表面附着的培养基,然后加适量的提取缓冲液,匀浆破碎细胞,离心,收集酶液,再分离纯化。

(二) 酶类药物的提取

酶类药物的提取方法主要有水溶液法、有机溶剂法和表面活性剂法三种,应根据酶的溶解性质、稳定性及其影响因素、酶与其他物质结合的性质等选择适宜的方法。

(1) 水溶液法　用低浓度或等渗的盐溶液或缓冲液提取。胞外酶和经过预处理的原料，包括组织糜、匀浆、细胞颗粒以及丙酮粉等中的游离的酶，都可用水溶液抽提。用水溶液抽提酶时，应首先考虑温度，以保持酶的稳定性，防止提取过程中酶活力降低，并有较高的酶溶解度。因此，提取时一般在低温下进行，但对温度耐受性较高的酶应提高温度。例如：提取胃蛋白酶时，为了水解黏膜蛋白，需在 40 ℃左右水解 2～3 h 提取；超氧化物歧化酶的提取则可加热到 60 ℃左右使杂蛋白变性，以利于酶的提取与纯化。提取溶剂的 pH 也要适宜，其选择原则如下：在酶稳定的 pH 范围内，选择偏离等电点的适当 pH，酸性蛋白酶用碱性溶液提取，碱性蛋白酶用酸性溶液提取。

(2) 有机溶剂法　某些结合酶（如结合在微粒体膜和线粒体膜上的酶），由于和脂质结合牢固，难以用水溶液提取，必须用有机溶剂除去结合的脂质，且不能使酶变性。最常用的有机溶剂是正丁醇。正丁醇亲脂性强，特别是亲磷脂性强，兼具亲水性，在 0 ℃仍有较好的溶解度，在脂与水分子间能起类似去垢剂的桥梁作用。丁醇提取法有两种：一种称为均相法，向组织匀浆中加入丁醇搅拌后即成均相，然后离心，取下层液相层，该法丁醇用量小，但抽提时间较长，且许多酶在与脂质分离后极不稳定，需加注意；另一种称为二相法，在每克组织或菌体的干粉中加 5 mL 丁醇，搅拌 20 min，离心，取沉淀，然后用丙酮洗去沉淀上的丁醇，再在真空中除去溶剂，所得干粉可进一步用水提取。该法适用于易在水溶液中变性的材料。

(3) 表面活性剂法　表面活性剂有亲水性和疏水性的功能基团，分为阴离子型（如脂肪酸盐、烷基苯磺酸盐及胆酸盐等）、阳离子型（如十八烷基二甲基苄基氯化铵等）、两性离子型和非离子型（如 Triton 类、吐温-60 等）。表面活性剂能和酶结合并使之分散在溶液中，因此可用于提取酶。其中，非离子型表面活性剂比离子型的温和，不易引起酶失活，故使用较多。

(三) 酶类药物的纯化

不同的酶，由于性质的差异，其纯化工艺有很大差别。评价一个纯化工艺是否恰当，主要看两个指标：比活力（纯度）和总活力回收率。一个好的纯化工艺应是比活力（纯度）提高多，总活力回收率高，而且重现性好。

目前，国内外纯化酶的方法很多，且基本上都是根据酶与杂质在下列性质上的差异建立的：①根据溶解度的不同，包括盐析法、有机溶剂沉淀法、共沉淀及选择性沉淀法等；②利用稳定性的差异，如选择性热变性法、选择性酸碱变性法和选择性表面变性法；③根据解离特性的差异，如离子交换层析法、电泳法、等电聚焦法等；④利用分子大小的不同，如凝胶过滤（层析）法、超滤法及超速离心法等；⑤根据酶和底物、底物类似物、辅助因子及抑制剂间具有专一性作用的特点，如亲和层析法。一种酶的纯化往往要选择几种方法，按一定的程序使用上述方法，以达到一定的纯化目标。

1. 杂质的去除

在酶的提取液中，除了含有待纯化的酶外，还含有各种蛋白质、多糖、脂类和核酸等大分子杂质和一些小分子杂质。大分子杂质的去除是纯化的主要工作，去除的主要方法如下。

(1) 调节 pH 和加热沉淀法　利用蛋白质酸碱变性性质的差异，通过调节 pH 和等电点除去某些杂蛋白，也可利用不同蛋白质热稳定性的不同，将酶液加热到一定温度，使杂蛋白变性而沉淀。例如，胰蛋白酶、胰核糖核酸酶、溶菌酶等耐高温的酶在酸性条件下可加热到90 ℃不被破坏,而大量杂蛋白则变性沉淀而离开酶所在的溶液体系。

(2) 蛋白质表面变性法　利用蛋白质表面变性性质的差异去除杂蛋白。例如制备过氧化氢酶时,向酶抽提液中加入氯仿和乙醇混合振荡,造成选择性表面变性来制备。振荡处理后通常分为三层,乳浊状变性杂蛋白分布于中层而去除。

(3) 选择性变性法　利用不同的蛋白质对变性剂的稳定性差异,可以选择某种变性剂。例如,胰蛋白酶、细胞色素c等对三氯乙酸较稳定,可用2.5%三氯乙酸使几乎所有的杂蛋白变性沉淀除去。

(4) 加保护剂的热变性法　利用底物、底物类似物、辅酶、竞争性抑制剂和酶结合后酶的稳定性大大提高的特点,用底物等作为保护剂,再用加热的手段除去杂蛋白。例如,D-氨基酸氧化酶加抑制剂O-甲基苯甲酸后耐热性显著上升。

(5) 核酸沉淀或降解法　用微生物等为原料的抽提液中常含有大量核酸,可加硫酸链霉素、聚乙烯亚胺、三甲基十六烷基溴化铵、鱼精蛋白和二氯化锰等沉淀剂使之沉淀除去。也可用核酸酶将核酸降解成核苷酸后离心分离除去。黏多糖则常用乙酸铅、乙醇、单宁酸和离子型表面活性剂等处理后除去。

2. 脱盐和浓缩

(1) 脱盐。

粗酶常常需要脱盐,最常用的方法是透析和凝胶过滤。

① 透析　透析可除去酶液中的盐类、有机溶剂、低相对分子质量的抑制剂等。最常用的是玻璃纸袋,其截留相对分子质量极限一般在5000左右。透析袋的选择应根据欲提取酶的相对分子质量(大小)选定。由于透析主要是扩散过程,为了打破扩散平衡,需经常更换透析液,一般一天换2～3次,并且最好在0～4 ℃下透析,以防样品变性。透析脱盐是否完全可用化学试剂或电导仪检查。

② 凝胶过滤　这是目前最常用的方法,不仅可除去小分子的盐,而且可除去其他小相对分子质量的物质。用于脱盐的凝胶有Sephadex G-10、G-15、G-25以及Bio-Gel P-2、P-4、P-6、P-10等。

(2) 浓缩。

提取液或发酵液中酶的浓度一般很低,所以要加以浓缩。常用的浓缩方法如下。

① 冷冻干燥法　这是目前最有效的方法之一,且最适宜于溶剂为水的酶溶液,它可将酶液制成干粉。酶液量大时可用大型冷冻干燥机。采用这种方法既能使酶浓缩,酶又不易变性,便于长期保存。但浓缩过程可能发生离子强度与pH变化,从而导致酶活力降低。

② 超滤法　在一定的外加压力下,使待浓缩液通过只容许水和小分子选择性透过的微孔超滤膜,而酶等大分子被截留,浓缩的同时也可脱盐。只要膜选择恰当,浓缩过程还可能同时进行粗分。该法操作简便、快速且温和,操作中不产生相变化,成本低,因此使用较多。

③ 蒸发　工业生产中应用较多的是薄膜蒸发浓缩。在高度真空条件下使待浓缩的酶液变成极薄的液膜,并与热空气接触,其中水分能瞬时大量蒸发并带走部分热量。因此,只要真空条件好,酶在浓缩中受的影响不大,可用于热敏感性酶类的浓缩。

④ 凝胶吸水法　利用Sephadex G-25或G-50等能吸水膨润及吸收相对分子质量较

小的化合物而酶等大分子被排阻的特性进行浓缩。将凝胶干燥粉末直接加入需要浓缩的酶液中混合均匀，经吸水膨润一定时间后，再用过滤或离心等方法除去凝胶，酶液就得到浓缩。这些凝胶的吸水量为1～3.7 mL/g。该法条件温和，操作简便，且没有pH与离子强度等的改变。

⑤ 离子交换法　调节酶液的pH，使酶蛋白带一定的电荷，再让其通过离子交换柱，几乎所有的酶蛋白都会被交换吸附到柱上，然后改变pH或离子强度将其洗脱。常用的交换剂有DEAE Sephadex A-50、PAE Sephadex A-50等。

3. 酶的结晶

酶的结晶是指缓慢地降低酶蛋白的溶解度，使其处于略过饱和状态，酶分子有规则周期性地排列成晶体而析出的过程。通常当酶的纯度达到50%以上时可以使其结晶。由于变性的蛋白质和酶不能结晶，因此，结晶既是酶是否纯化的标志，也是酶和杂蛋白分离纯化的手段。但有些药用酶并不需要结晶，且结晶酶不一定就是纯酶。

酶结晶常用以下几种方法。

(1) 盐析法　在适当的pH、温度等条件下，保持酶的稳定，加入一定浓度的无机盐，中和酶蛋白表面电荷，并破坏其表面的水化膜而使酶结晶析出。酶制剂工业生产中，所用盐主要是硫酸铵和硫酸钠；实验室常用硫酸铵。盐析必须控制在低温下(一般在0 ℃左右)，缓冲液pH接近酶的等电点。利用硫酸铵结晶时，一般是将盐加入比较浓的酶溶液中，并使溶液微呈混浊为止。然后放置，并且非常缓慢地增加盐浓度，以获得较好的结晶。

(2) 有机溶剂法　有机溶剂的主要作用是降低溶液的介电常数，使酶蛋白分子间引力增强而溶解度降低。因此，在低温下向酶液中滴加有机溶剂能使酶结晶。本法的优点是结晶悬液中含盐少，缺点是易引起酶失活。因此，要选择使酶稳定的pH，且在低温下缓慢滴加有机溶剂，并不断搅拌；所使用的缓冲液一般不用磷酸盐，多用氯化物或乙酸盐，常用的有机溶剂为丙酮、乙醇或丁醇等。

(3) 透析平衡法　将酶液装入透析袋中，置于一定饱和度的盐溶液或有机溶剂中进行透析平衡，袋中的酶可缓慢地达到过饱和状态而结晶。本法的优点是随着透析膜内外浓度差的减小，平衡速度也变慢，酶不易失活。大量样品和微量样品均可用此法结晶，因此是常用方法之一。

(4) 等电点法　在等电点状态下，酶蛋白分子所带电荷为零，彼此之间的斥力最小，溶解度最低，因而容易结晶析出。但由于在等电点时仍有一定的溶解度，等电点法很少单独使用，多与其他方法组合使用。例如在盐析时，调节缓冲液pH接近酶的等电点而使酶结晶。

(四) 酶的分析与纯度检测

酶类药物分析与检测的内容主要有酶活力测定、酶的纯度检测、酶效价测定等。酶活力测定往往贯穿生产的各个步骤，当提纯到一恒定的比活力时，即可认为酶已纯化，可对纯化的酶进行纯度检测和效价测定，以最终鉴定酶的质量。

1. 酶活力测定

在酶的提取纯化过程中，几乎每一步骤前后都应进行酶活力测定，进行总活力与比活力的比较，以判断所选择的方法是否适宜和提取纯化的效果。关于如何进行酶活力测定可参考有关文献。如果待分离的酶已有报道,可参考其采用的测定方法和条件;如需要另建立新的酶活力测定方法,就得先对该酶反应动力学性质等有所了解,据此选择合适的底物和底物浓度、最适反应 pH 和温度等,同时确定一种相应的测定方法。

酶活力测定的方法很多,大致可分为两大类,即取样法和连续法。取样法的具体分析方法有化学法、光电比色法等,光电比色法是应用较广,又快捷方便的方法,化学法仍是常用的经济实用的方法。目前国内许多酶制剂生产厂采用这两种方法测酶活力。连续法需要一些特殊的设备,主要用于科研。

不管采用何种测定酶活力的方法,都必须符合下列要求。

(1) 测定酶活力的时间应选择在初速率范围内。一般在反应开始后 3～10 min,底物消耗量 5%以内,可得到初速率。

(2) 测定用的酶量必须和测得的酶活力呈线性关系。

(3) 底物浓度大于酶浓度,以使在测定时间内,反应速率与底物浓度成正比。

另外,纯化过程中的酶活力测定应考虑:①对于分离纯化过程的酶活力测定,样品中的成分较为复杂,因此,应设置空白或对照,以便消除未知因素的影响;②为迅速了解纯化结果,要求测定方法快捷、简便,而准确度在一定程度上相对次要,甚至可容许 5%～10%的误差,因此常用分光光度法、电学测定法等测定;③全酶在分离纯化过程中可能丢失辅助因子,因此,在反应系统中应加入相应的物质,如煮沸过的抽提液、辅酶、盐或半胱氨酸等,有时还要加入巯基乙醇或二硫苏糖醇等,以保护酶的巯基;④有时需要在测酶活力前进行透析或加入螯合剂等,以消除在纯化过程中引入的对酶的反应和测定有影响或干扰的某些物质。

酶活力通常用国际单位表示。但在纯化工作中,为求方便,也可自选规定的单位。工业酶制剂产品,经常标出酶活力是多少单位/毫升(U/mL)或单位/克,实际是酶浓度,有时也说是比活力。一般比活力越高,酶的纯度也越好,但并不能说明具体的纯净程度。

2. 酶的纯度检测

在酶的分离提纯中,总活力用于计算某一抽提或纯化步骤后酶的回收率(Y),而比活力则用于计算某一纯化步骤的效果,即纯度的提高(E),其关系式如下:

$$Y=\text{某步骤后的总活力}/\text{某步骤前的总活力}$$

$$E=\text{某步骤后的比活力}/\text{某步骤前的比活力}$$

酶的回收率和纯度可作为选择纯化方法和条件的根据之一。但对所获得的酶是否均一纯净还要进行一定的纯度检测,其中许多分离方法(如电泳、超速离心、等电聚焦等)反映酶的均一性程度,因此,也用于检测酶纯度。

3. 酶效价测定法

酶效价是指产品达到其目的作用的预期效能,它是根据该产品的某些特性,通过适宜的定量试验方法测定,以表明其有效成分的生物活性。效价测定均采用国际或国家参考品,或经过国家检定机构认可的参考品,以体内或体外法(细胞法)测定其生物活性,并标明其活性单位。酶类药物效价一般用单位质量的酶类药物所含有的酶的活力单位来表示。

项目实施

任务一 溶菌酶的生产

码1-5-2 溶菌酶的生产

一、生产前准备

（一）查找资料，了解溶菌酶生产的基本知识

1. 结构和性质

溶菌酶（lysozyme，LZM，EC3. 2. 1. 17）又称细胞壁质酶或N-乙酰胞壁质聚糖水解酶。溶菌酶是小分子蛋白酶，相对分子质量约1.4×10^4，由129个氨基酸组成，是一种碱性蛋白质，是能分解革兰阳性菌细胞壁缩氨酸聚糖分子中β-1，4-糖苷键的一组酶的总称，广泛存在于人体心、肝、脾、肺、肾等多种组织中，以肺与肾中含量最高。鸟类和家禽的蛋清，哺乳动物的泪、唾液、血浆、尿、乳汁等体液以及微生物中也含此酶，其中以蛋清中含量最为丰富。人体内的溶菌酶常与激素或维生素结合，以复合物的形式存在。该酶由粒细胞和单核细胞持续合成与分泌，对革兰阳性菌有较强杀灭作用。因此，它被认为是人体非特异性免疫中的一种重要的体液免疫因子。

（1）鸡蛋清溶菌酶。

鸡蛋清溶菌酶占蛋清总蛋白的3.4%～3.5%，作为溶菌酶类的典型代表，是目前重点研究的对象，也是了解得最清楚的溶菌酶之一。它可分解溶壁微球菌、巨大芽孢杆菌、黄色八叠球菌等革兰阳性菌。

鸡蛋清溶菌酶由18种129个氨基酸残基构成单一肽链，富含碱性氨基酸，有4对二硫键维持酶构型，是一种碱性蛋白质。其N末端为赖氨酸，C末端为亮氨酸。鸡蛋清溶菌酶的相对分子质量为14000～15000。最适pH为6.6，pI为10.5～11.0。

该酶非常稳定，耐热，耐干燥，室温下可长期保存。吡啶、盐酸胍、尿素、十二烷基磺酸钠等对酶有抑制作用，但酶对变性剂相对不敏感。

（2）哺乳动物的溶菌酶。

哺乳动物的溶菌酶与鸡蛋清溶菌酶的性质类似，空间结构也十分相似。人溶菌酶由130个氨基酸残基组成，相对分子质量为14600，存在于眼泪、唾液、鼻黏液、乳汁等分泌液以及淋巴结和白细胞中。人溶菌酶的溶菌活性比鸡蛋清溶菌酶高3倍。猪的溶菌酶主要集中在肝线粒体中，对脂溶性物质极不稳定，分离时易导致酶失活。

（3）药用溶菌酶。

药用溶菌酶为白色或微黄色的结晶性或无定形粉末；无臭，味甜；易溶于水，在水溶液中遇碱易破坏，难溶于丙酮或乙醚。

2. 药理作用与临床应用

溶菌酶具有多种生化功能，包括非特异性的防御感染免疫反应、血凝作用、间隙连接组织的修复、参与多糖的生物合成以及抗菌作用等。

(1) 抗菌消炎。

溶菌酶能有效地水解细菌细胞壁的肽聚糖,使细胞壁不溶性黏多糖分解成可溶性糖肽,导致细胞壁破裂,内容物逸出而使细菌溶解。它能阻碍致病细菌的活性繁殖,并杀死致病菌。因此,溶菌酶具有抗菌消炎的作用,并能保护机体不受感染。它还能分解黏厚的黏蛋白,消除黏膜炎症,分解黏脓液,促进黏多糖代谢及清洁上呼吸道。临床上主要用于五官科多种黏膜疾患,如治疗慢性副鼻窦炎及口腔炎等。也用于慢性支气管炎的去痰、鼻漏及耳漏等脓液的排出。

药用溶菌酶与抗生素合用具有良好的协同作用,可增强疗效,常用于难治的感染病症。它能影响消化道细菌对皮层的渗透力,用于治疗溃疡性结肠炎。也可分解突变链球菌的病原菌,用于预防龋齿。还用于治疗咽喉炎、扁平苔藓。对好氧细菌性死物寄生菌引起的炎症也有效。

(2) 抗病毒。

溶菌酶能与带负电荷的病毒蛋白直接作用,与DNA、RNA、脱辅基蛋白形成复盐,使病毒失活。该酶也可以预防和治疗病毒性肝炎,尤其对输血后肝炎及急性肝炎的效果较为显著。在机体内它还有抗流感病毒的活性,它与胆酸盐的复合物能强烈抑制流感病毒和腺病毒的生长,并能防止疱疹性病毒感染,因而具有抗病毒作用。溶菌酶内服能阻止流感和腺病毒繁殖。

(3) 参与机体多种免疫反应,增强免疫力。

溶菌酶作为机体非特异免疫因子之一,参与机体多种免疫反应,在机体正常防御功能和非特异免疫中,具有保持机体生理平衡的重要作用。它可改善和增强巨噬细胞吞噬和消化功能,激活白细胞吞噬功能,并能改善细胞抑制剂所导致的白细胞减少,从而增强机体的抵抗力。溶菌酶本身具有T淋巴细胞表位,能诱导2型(Th2)辅助T淋巴细胞反应,口服溶菌酶能诱导小鼠产生全身性的Th1和Th2免疫反应,增强免疫功能,因此,口服溶菌酶可控制上呼吸道感染并能治疗痢疾。

(4) 止血、消肿。

溶菌酶还具有激活血小板的功能,可以改善组织局部血液循环障碍,分泌脓液,增强局部防卫功能,从而体现其止血、消肿等作用。

(5) 其他药理作用。

溶菌酶可以作为一种宿主抵抗因子,对组织局部起保护作用,从而增强组织恢复功能;溶菌酶在婴儿体内可以直接或间接促进婴儿肠道细菌双歧乳酸杆菌的增殖,促进婴儿消化吸收,促进人工喂养婴儿肠道细菌的正常化;能够加强血清灭菌蛋白(properdin)、γ-球蛋白(γ-globulin)等体内防御因子对感染的抵抗力,特别对早产婴儿有防御体重减轻、预防消化器官疾病、增进体重等功效。

(二) 确定生产技术、生产原料和工艺路线

(1) 确定生产技术:生物化学制药技术、生物制药下游技术。

(2) 确定生产原料:蛋清。

(3) 确定生产工艺路线:如图1-5-1所示。

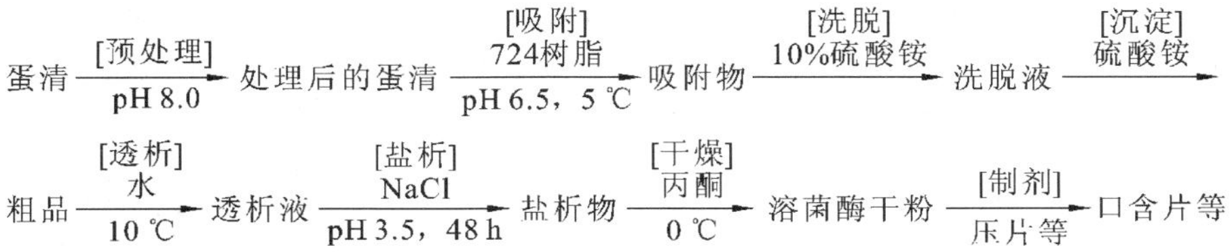

蛋清 —[预处理] pH 8.0→ 处理后的蛋清 —[吸附] 724树脂 pH 6.5，5 ℃→ 吸附物 —[洗脱] 10%硫酸铵→ 洗脱液 —[沉淀] 硫酸铵→

粗品 —[透析] 水 10 ℃→ 透析液 —[盐析] NaCl pH 3.5，48 h→ 盐析物 —[干燥] 丙酮 0 ℃→ 溶菌酶干粉 —[制剂] 压片等→ 口含片等

图 1-5-1 从蛋清中提取溶菌酶的工艺流程

二、生产过程

（一）原料预处理

取新鲜或冷冻蛋清（让其自然熔化），用试纸测 pH 应为 8.0 左右，过铜筛，除去蛋壳碎片、脐带等杂物。

（二）吸附

将上述处理过的蛋清降温至 5 ℃左右，边搅拌边加入已处理好的 724 树脂（pH 6.5，按蛋清量的 14%左右加入），使树脂全部悬浮在蛋清中，保持在 5 ℃下，搅拌吸附 5 h，低温静置过夜，分层。

（三）去杂蛋白

将上清液慢慢倾出弃去，下层树脂用清水反复洗几次，以除去杂蛋白，最后抽滤除去树脂的水分。再向树脂中加入等体积 pH 6.5、0.15 mol/L 磷酸钠缓冲液，搅拌洗脱 20 min，减压抽滤除去洗脱液（含杂质），重复 3 次。

（四）洗脱

向除去杂物的树脂中加入等量浓度为 10%的硫酸铵溶液，搅拌洗脱 30 min，滤出洗脱液，重复洗脱树脂 3 次，过滤抽干，合并洗脱液。

（五）沉淀

按洗脱液总量加入 32%（质量比）固体硫酸铵粉末，搅拌使其完全溶解，有白色沉淀产生，冷处放置过夜，虹吸弃去上清液，沉淀离心分离或减压抽滤，得粗制品。

（六）透析

将粗制品用蒸馏水全部溶解，装入透析袋中，在 10 ℃水中透析过夜，除去大部分硫酸铵，收集澄清透析液。

（七）盐析

向澄清的透析液慢慢滴加 4%的氢氧化钠溶液，同时不断搅拌，调节 pH 至 8.5～9.0，如有白色沉淀，应立即离心除去。然后边加入 3 mol/L 盐酸调节 pH 至 3.5，边按体积缓慢加入 5%的固体氯化钠，搅拌均匀即有白色沉淀析出。0～5 ℃静置 48 h 左右，离心或减压过滤，收取溶菌酶盐析物。

（八）干燥

将沉淀的盐析物加入 10 倍量的冷却至 0 ℃的无水丙酮中，不断搅拌，使颗粒松散，冷处放置数小时,滤除丙酮,沉淀经真空干燥即得溶菌酶产品。(如不用丙酮脱水,也可将盐析物用蒸馏水溶解后再透析,其透析液冷冻干燥,得不含氯化钠的溶菌酶制品。)

(九)制剂

取干燥、已粉碎的糖粉,加入总量为5%的滑石粉,过120目筛,加适量5%淀粉浆,在搅拌机内搅拌混合均匀,制成软料,12目筛制颗粒,55 ℃烘干,用14目筛整理颗粒,控制水分在2%~4%,再按计算量加入溶菌酶粉混合,加1%硬脂酸镁,过16目筛2次,压片机压制成口含片,每片含溶菌酶20 mg。也可以根据需要制成肠溶片、膜剂及眼药水滴剂等。

(十)质量检测

1. 质量检查

卫健委药品标准规定:药用溶菌酶为含氯化钠的结晶或无定形粉末。

(1) 性状。

本品为白色或微黄色的结晶性或无定形粉末;无臭,味甜;易溶于水,不溶于丙酮、乙醚。水溶液遇碱易破坏。

(2) 鉴别。

① 取本品约2 mg,加水2滴使其溶解,加10%氢氧化钠溶液5滴与10%硫酸铜溶液1滴,混匀后显紫红色。

② 取本品,加乙酸-乙酸钠缓冲液(取无水乙酸钠6.7 g,加水约900 mL,振摇使其溶解,用乙酸调节pH至5.4,加水稀释至1000 mL,摇匀)制成1 mL中含溶菌酶0.4 mg的溶液,用紫外-可见分光光度法(《中国药典》(2020年版)四部(下同)通则0401)测定,在280 nm波长处有最大吸收峰,吸光度应为0.39~0.49。

(3) 检查。

① 酸度　取本品0.1 g,加水至10 mL溶解后,依法测定(通则0631),pH应为3.5~6.5。

② 干燥失重　取本品0.2 g,置于五氧化二磷干燥器中,减压干燥3 h,失重不得过5.0%(通则0831)。

③ 总氮量　取本品,用氮测定法(通则0704),按干燥品计算,总氮量应为15.0%~17.0%。

2. 效价测定

卫健委药品标准规定:药用溶菌酶按干燥品计算,1 mg的效价不得少于6250单位。

(1) 供试品溶液的制备　取本品约25 mg,精密称定,置于25 mL容量瓶中,加磷酸盐缓冲液(取磷酸二氢钠10.4 g与磷酸氢二钠7.86 g及乙二胺四乙酸二钠0.37 g,加水溶解并稀释至1000 mL,调节pH至6.2)适量使其溶解,并稀释成1 mL中含溶菌酶50 μg的溶液。

(2) 底物悬液的制备　称取溶酶小球菌15~20 mg,加磷酸盐缓冲液(pH 6.2)0.5~1 mL,在研钵内研磨3 min,再加磷酸盐缓冲液(pH 6.2)适量,使总体积约为

50 mL，将悬液于(25±0.1) ℃下，在450 nm波长处测得的吸光度为0.70±0.05。(悬液临用前配制。)

(3) 测定法　精密量取(25±0.1) ℃的底物悬液3 mL，置于1 cm比色皿中，在450 nm波长处测定吸光度，作为零秒的读数 A_0，然后精密量取(25±0.1) ℃的供试品溶液0.15 mL(相当于溶菌酶7.5 μg)，加到上述比色皿中，迅速混匀，用秒表计时，至60 s时再测定吸光度 A；同时精密量取磷酸盐缓冲液(pH 6.2)0.15 mL，同法操作，作为空白试验，测得零秒的读数 A_0' 及60 s的读数 A'。按下式计算：

$$效价(U/mg)=\frac{(A_0-A)-(A_0'-A')}{m}\times 10^6$$

式中，m 为测定液中供试品的质量，μg。

效价单位的定义为：在25 ℃、pH 6.2时，在450 nm波长处，每分钟引起吸光度下降0.001为一个酶活力单位。

任务二　超氧化物歧化酶的生产

一、生产前准备

(一) 查找资料，了解超氧化物歧化酶生产的基本知识

超氧化物歧化酶(superoxide dismutase，SOD)是一种重要的氧自由基清除剂，在自然界中分布极广。SOD可清除生物体内超氧阴离子自由基，对抗与阻断氧自由基对细胞造成的损害，并及时修复受损细胞，因此引起了国内外生物化学界和医药界的极大关注。国际上将从牛红细胞中制备的SOD商品名定为"Orgotein"，药理研究证明它无毒、无抗原性，能抗炎、清除超氧阴离子、抗病毒感染，因而受到广泛重视，成为大有应用前景的药用酶。

1. SOD的氨基酸组成及结构

SOD是一类含有金属元素的活性蛋白酶，根据其所结合的金属离子，区分为Fe-SOD，Mn-SOD和Cu，Zn-SOD三种。Fe-SOD主要存在于原核细胞中；Mn-SOD存在于原核细胞体、真核细胞的细胞质内；Cu，Zn-SOD主要存在于真核细胞的细胞质内。另外，在牛肝中还发现一种Co，Zn-SOD。Fe-SOD和Mn-SOD在氨基酸组成、结构、性质等方面都很相似，而Cu，Zn-SOD则与它们差异较大。Fe-SOD和Mn-SOD都含有Tyr和Trp，而Cu，Zn-SOD则缺乏Tyr和Trp。SOD的活性中心有比较特殊的构象，金属辅基Cu和Zn与必需基团His的咪唑基等形成配位键。

2. SOD的理化性质

SOD的性质不仅取决于蛋白质部分，还取决于活性中心金属离子。由于SOD是一种金属蛋白，因此对热、对pH及在其他性质上表现出异常的稳定性。其主要理化性质见表1-5-2。

表 1-5-2　SOD 的化学组成和部分理化性质

SOD 类型	相对分子质量	含有金属原子数	最大吸收波长/nm		氨基酸组成特点	KCN 抑制(1 mol/L)	H_2O_2 处理	过氧化物酶作用
			紫外	可见				
Cu,Zn-SOD	32000	2Cu、2Zn	253	580	缺乏 Tyr 和 Trp	明显抑制	明显失活	有
Mn-SOD	44000	2Mn	280	475	含 Tyr 和 Trp	无	无影响	无
	80000	4Mn						
Fe-SOD	40000	2Fe	280		含 Tyr 和 Trp	无	明显失活	无

(1) 热稳定性　SOD 对热稳定,牛红细胞的 Cu,Zn-SOD 的 t_m 为 83 ℃,是迄今为止发现热稳定性最高的球蛋白之一。天然牛血 SOD 在 75 ℃下加热数分钟,酶活力丧失很少。酶的热稳定性与离子强度有关,如果离子强度非常低,即使加热到 95 ℃数分钟,酶活力丧失也很少。金属辅助因子对 SOD 的耐热性有明显增强作用。

(2) pH 的影响　SOD 的活性与 pH 关系较大,天然 Cu,Zn-SOD 在 pH 3.6 时,95%的 Zn 会脱落,在 pH 小于 6.0 时,Cu 的结合位点要移动。当 pH 大于 12.2 时,SOD 的构象会发生不可逆转变而导致酶失活。通常在 pH 5.3～9.5 范围内,其催化反应速率不受影响。

(3) 吸收光谱　Cu,Zn-SOD 的吸收光谱取决于酶蛋白和金属辅基,不同来源的 Cu,Zn-SOD 的紫外吸收光谱略有不同。例如,人血 SOD 最大吸收波长在 265 nm,而牛血 SOD 则在 258 nm。几乎所有的 Cu,Zn-SOD 的紫外吸收光谱的共同特点是在 280 nm 波长处的吸收不存在或不明显,这是由于它不含色氨酸和酪氨酸,而在 250～270 nm 波长处均有不同程度的吸收。Cu,Zn-SOD 的可见光吸收光谱反映二价铜离子的光学性质,不同来源的 SOD 都在 680 nm 波长附近呈现最大吸收。

(4) 金属辅基与酶活性　SOD 分子中含有金属离子,用电子顺磁共振测得 1 mol 酶中含 1.93 mol Cu 和 1.80 mol Zn(牛血 SOD)。Cu 是酶活性中心的必需组分,与催化活性直接相关。如透析去除 Cu,则酶活力全部丧失,重新加入 Cu 则酶活力又可恢复。Zn 则起稳定酶分子结构的作用。在 Mn-SOD 和 Fe-SOD 中,Mn 和 Fe 与 Cu 一样,对酶活力也是必不可少的。

(5) 变性剂和还原剂的影响　在含有 SDS、EDTA 的 6 mol/L 脲溶液中加热,牛红细胞 Cu,Zn-SOD 的活性丧失很快,但单独用 5 mol/L 脲溶液处理则酶活力不变。如在酶所在的缓冲液中加入一定量的 EDTA,则酶活力也要丧失。这是由于 EDTA 螯合了酶活性中心的必需组分 Cu 而使酶失活。还原剂主要作用于酶的巯基或二硫键,当加入巯基乙醇后 SOD 会解聚,导致酶活力的下降。

3. 药理作用与临床应用

(1) 对自身免疫性疾病的治疗作用　类风湿性关节炎、红斑狼疮、皮肌炎等是胶原性的自身免疫性疾病(胶原病),用 SOD 处理,均可获得缓解或治愈。回肠结肠炎是一种极为顽固的肠道自身免疫性疾病,也可用 SOD 皮下注射进行治疗。

（2）治疗其他炎症及水肿　用 SOD 静脉注射治疗肺炎有特效。SOD 对各类过敏性所致水肿（如抗血清引起的皮肤水肿、角叉菜聚糖引起的脚部水肿以及其他炎症性水肿）都有疗效，对各类细菌引起的发炎也有较好的疗效。

（3）抑制心脑血管疾病　SOD 可清除人体内多余的氧自由基，降低脂质过氧化物的含量，具有调节血脂的保健作用，可预防动脉粥样硬化，预防高血脂引起的心脑血管疾病。SOD 也用于抗辐射、抗肿瘤，治疗氧中毒、心肌缺氧与缺血再灌注综合征以及某些心血管疾病。

（4）治疗辐射病及辐射防护　SOD 可治疗因放疗引起的膀胱炎、皮肌炎及白细胞减少等疾病，对有可能受到电离辐射的人员，也可注射 SOD 作为预防措施。

（5）其他　SOD 可清除自由基，延缓衰老；抗疲劳，增强肝肾功能；对白内障也有较好的预防作用；对糖尿病有明显的恢复作用。

（二）确定生产技术、生产原料和工艺路线

（1）确定生产技术：生物化学制药技术、生物制药下游技术。

（2）确定生产原料：新鲜牛血。

（3）确定生产工艺路线：如图 1-5-2 所示。

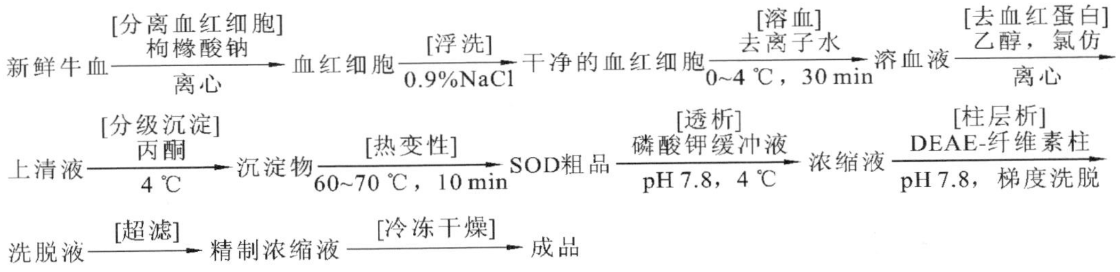

新鲜牛血 —[分离血红细胞] 枸橼酸钠 / 离心→ 血红细胞 —[浮洗] / 0.9%NaCl→ 干净的血红细胞 —[溶血] 去离子水 / 0~4 ℃，30 min→ 溶血液 —[去血红蛋白] 乙醇，氯仿 / 离心→

上清液 —[分级沉淀] 丙酮 / 4 ℃→ 沉淀物 —[热变性] / 60~70 ℃，10 min→ SOD粗品 —[透析] 磷酸钾缓冲液 / pH 7.8，4 ℃→ 浓缩液 —[柱层析] DEAE-纤维素柱 / pH 7.8，梯度洗脱→

洗脱液 —[超滤]→ 精制浓缩液 —[冷冻干燥]→ 成品

图 1-5-2　以新鲜牛血为原料提取 SOD 的工艺流程

二、工艺过程

（一）分离、收集血红细胞

取新鲜牛血，按 100 kg 牛血加 3.8 g 枸橼酸钠的比例投料，搅拌均匀，以 3000 r/min 冷冻离心 15 min，收集血红细胞。

（二）浮选、溶血、去血红蛋白

将收集的血红细胞用 0.9％氯化钠溶液洗 3 次。在干净的血红细胞中加入等体积的去离子水，在 0～4 ℃下，搅拌溶血 30 min，再缓慢加入溶血液 0.25 倍体积的 4 ℃以下的 95％乙醇和 0.15 倍体积（相对于溶血液体积而言）的 4 ℃以下的氯仿，搅拌 15 min，使之均匀，静置 15 min，冷冻离心 30 min，去除血红蛋白，收集上清液。

（三）分级沉淀、热变性

向上清液中加入 1.5 倍体积的冷丙酮，搅拌均匀，产生大量的絮状沉淀，于冷处静置 20 min，离心得沉淀物。沉淀物用 1～2 倍体积的去离子水溶解，在 60～70 ℃水浴中保温 10 min，冷却，冷冻离心，收集浅绿色的上清液，再用 1.5 倍体积的冷丙酮使上清液沉淀，

5 ℃以下静置过夜，冷冻离心，收集沉淀，得 SOD 粗品。

(四) 透析、柱层析

将 SOD 粗品溶于 pH 7.8、2.5 mmol/L 磷酸钾缓冲液中，以相同缓冲液平衡透析。将透析液小心加到已用 pH 7.8、2.5 mmol/L 磷酸钾缓冲液平衡好的 DEAE-纤维素(DEAE-32)柱或 DEAE-Sephadex A-50 上吸附，加样后，先用 2.5 mmol/L、pH 7.8 磷酸钾缓冲液洗脱杂蛋白，然后用 2.5～50 mmol/L、pH 7.8 的磷酸钾缓冲液进行梯度洗脱，收集具有 SOD 活性的洗脱液。

(五) 超滤、冷冻干燥

将上述洗脱液超滤浓缩，无菌过滤，冷冻干燥，即得 Cu,Zn-SOD 成品(冻干粉)。

(六) 质量检测

1. 质量检查

主要是对 SOD 进行纯度检查，鉴定 SOD 纯度主要根据以下三个指标。

(1) 均一性，常用电泳鉴定，观察其是否达到电泳纯，通常用聚丙烯酰胺凝胶电泳；也可用琼脂糖凝胶平板电泳，此法操作较简便，试剂单一且色带的间隔远比前者大，更易观察与分析；还可进行超离心分析，观察其均一性。

(2) 酶的比活力要求达到一定标准，如牛红细胞的 Cu,Zn-SOD，其比活力(黄嘌呤氧化酶-细胞色素 c 法)应不低于 3000 U/mg(蛋白质)。

(3) 酶的某些理化性质应符合要求，如金属离子含量、氨基酸含量和吸收光谱等。

2. 酶活力测定

SOD 活力测定法很多，主要有化学法、免疫法和等电聚焦法三种。其中以化学法测定最为普遍。

(1) 黄嘌呤氧化酶-细胞色素 c 法(简称 550 nm 法)。

① 测定系统：取 pH 7.8、300 mmol/L 磷酸缓冲液 0.5 mL(其中含 0.6 mmol/L 的 EDTA)、6×10^{-6} mol/L 氧化型细胞色素 c 溶液 0.5 mL、0.3 mmol/L 黄嘌呤溶液 0.5 mL、双蒸水 1.3 mL，在 25 ℃下保温 10 min，最后加入 1.7×10^{-3} U/mg(蛋白质)的黄嘌呤氧化酶溶液 0.2 mL，并立即开始计时，速率变化在 2 min 内有效，要求还原速率(在 550 nm 波长处，每分钟内吸光度 A 的变化值)控制在 0.025/min。测定酶活力时，加入 0.3 mL 被测 SOD 溶液，双蒸水相应减至 1 mL，并控制 SOD 浓度，使氧化型细胞色素 c 还原速率降为0.0125/min。

② 酶活力计算公式：

$$\text{SOD 活力(U/mL)}=\frac{0.025-\text{加酶后还原速率}}{0.025\times50\%}\times\frac{V_{\text{总}}}{V_{\text{定义体积}}}\times\frac{\text{酶稀释倍数}}{\text{取酶体积}}$$

式中，$V_{\text{总}}:V_{\text{定义体积}}=3:3$。

③ 酶活力定义：在上述条件下，3 mL 的反应液中，每分钟抑制氧化型细胞色素 c 在 550 nm 波长处还原速率达 50%(550 nm，0.0125/min)的酶量定为一个活力单位。

(2) 微量邻苯三酚自氧化法(简称 325 nm 法)。

① 测定系统：取 pH 8.2、50 mmol/L Tris-HCl 缓冲液 2.99 mL(其中含 1 mmol/L EDTA)，在 25 ℃预保温 10 min，最后加入 50 mmol/L 邻苯三酚溶液(配制于 10 mmol/L 盐酸中)10 μL，使反应体积为 3 mL，立即计时，自氧化速率变化在 4 min 内有效，控制邻苯三酚自氧化速率为 0.070/min，测 SOD 活力时，加入约 0.4 mL SOD 溶液，缓冲液相应减至 2.55 mL，并控制 SOD 浓度，使邻苯三酚自氧化速率降为 0.035/min 左右。

② 酶活力计算公式：

$$\text{SOD 活力(U/mL)}=\frac{0.070-\text{加酶后还原速率}}{0.070\times 50\%}\times\frac{V_{\text{总}}}{V_{\text{定义体积}}}\times\frac{\text{酶稀释倍数}}{\text{取酶体积}}$$

式中，$V_{\text{总}}:V_{\text{定义体积}}=3:1$。

③ 酶活力定义：在上述条件下，1 mL 反应液中，每分钟抑制邻苯三酚自氧化速率达 50%时的酶量(325 nm，0.035/min)定为一个活力单位。若自氧化速率在 35%～65%，通常可按比例计算，不在此范围内的数值应相应增减酶量。

任务三　L-天冬酰胺酶的生产

一、生产前准备

(一) 查找资料，了解 L-天冬酰胺酶生产的基本知识

1. 结构与性质

L-天冬酰胺酶又叫 L-天门冬酰胺酶，其分子式为 $C_{14}H_{17}NO_4S$，相对分子质量为 295.35。天冬酰胺酶是从大肠埃希菌中提取分离的酰氨基水解酶，其商品名为 Elspar，可用于治疗白血病。

L-天冬酰胺酶为白色结晶状粉末，微有吸湿性。冻干品在 2～5 ℃下可稳定存放数月；干品在 50 ℃下持续 15 min，酶活力降低 30%，60 ℃下 1 h 内失活；20%水溶液，室温下储存 7 d，5 ℃下储存 14 d 均不减少酶活力。最适 pH 为 8.5，最适作用温度为 37 ℃。

2. 药理作用与临床应用

L-天冬酰胺酶是抗肿瘤类药物，它能将血清中的 L-天冬酰胺水解为天冬氨酸和氨，而天冬酰胺是细胞合成蛋白质及增殖生长所必需的氨基酸。正常细胞有自身合成天冬酰胺的功能，而急性白血病等肿瘤细胞则无此功能，因而当用天冬酰胺酶使天冬酰胺急剧缺失时，肿瘤细胞既不能从血中取得足够天冬酰胺，又不能自身合成，其蛋白质合成受障碍，增殖受抑制，细胞大量破坏而不能生长、存活。L-天冬酰胺酶对急性粒细胞型白血病和急性单核细胞白血病都有一定疗效，对恶性淋巴瘤也有较好的疗效，对急性淋巴细胞白血病缓解率在 50%以上。目前多与其他药物合并应用于治疗肿瘤。

(二) 确定生产技术、生产菌种和工艺路线

(1) 确定生产技术：微生物发酵生产技术。

(2) 确定生产菌种：大肠埃希菌 AS1-375。

(3) 确定生产工艺路线：如图 1-5-3 所示。

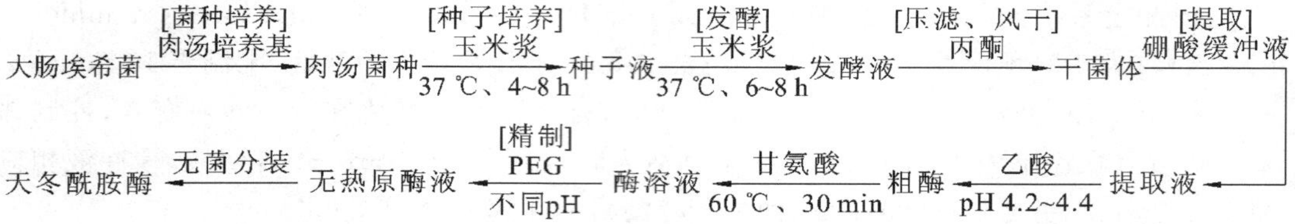

大肠埃希菌 —[菌种培养] 肉汤培养基→ 肉汤菌种 —[种子培养] 玉米浆 37 ℃、4~8 h→ 种子液 —[发酵] 玉米浆 37 ℃、6~8 h→ 发酵液 —[压滤、风干] 丙酮→ 干菌体 —[提取] 硼酸缓冲液→ 提取液 —乙酸 pH 4.2~4.4→ 粗酶 —甘氨酸 60 ℃、30 min→ 酶溶液 —[精制] PEG 不同pH→ 无热原酶液 —无菌分装→ 天冬酰胺酶

图 1-5-3　微生物发酵生产 L-天冬酰胺酶工艺流程

二、生产工艺过程及其控制要点

(一) 菌种培养

将大肠埃希菌 AS1-375 接种于肉汤培养基,于 37 ℃培养 24 h,获得肉汤菌种。

(二) 种子培养

按 1%～1.5%接种量将肉汤菌种接种于 16%玉米浆培养基中,37 ℃通气搅拌培养 4～8 h。

(三) 发酵生产

使用玉米浆培养基,接种量为 8%,37 ℃通气搅拌培养 6～8 h,得发酵液。

(四) 预处理

离心分离发酵液,获菌体,加 2 倍量丙酮搅拌,压滤,滤饼过筛,自然风干成菌体干粉。

(五) 提取、沉淀、热处理

每千克菌体干粉加入 0.01 mol/L pH 8.3 的硼酸缓冲液 10 L,37 ℃保温搅拌 1.5 h,降温到 30 ℃以后,用 5 mol/L 乙酸调节 pH 至 4.2～4.4,进行压滤,滤液中加入 2 倍体积的丙酮,放置 3～4 h,过滤,收集沉淀,自然风干,即得干粗制酶。取粗制酶,加入 0.3%甘氨酸溶液,调节 pH 至 8.8,搅拌 1.5 h,离心,收集上清液,加热到 60 ℃保温 30 min 进行热处理后,离心弃去沉淀,上清液中加入 2 倍体积的丙酮,搅匀,析出沉淀,离心,收集酶沉淀。用 0.01 mol/L pH 8.0 磷酸缓冲液溶解沉淀后,再离心弃去不溶物,收集上清液,即得酶溶液。

(六) 精制、冻干

将上述酶溶液调节 pH 至 8.8 后,离心收集上清液,将清液再调节 pH 至 7.7,加入 50%聚乙二醇,使浓度达到 16%。在 2～5 ℃下放置 4～5 d,离心得沉淀。用蒸馏水溶解沉淀后,加 4 倍量的丙酮,沉淀,同法重复 1 次,沉淀再用 0.05 mol/L pH 6.4 的磷酸缓冲液溶解,50%聚乙二醇处理,即得无热原的 L-天冬酰胺酶。将其溶于 0.5 mol/L 磷酸缓冲液,在无菌条件下用 6 号垂熔漏斗过滤,分装,冷冻干燥,制得注射用 L-天冬酰胺酶成品,每支 1 万或 2 万单位。

(七) L-天冬酰胺酶的检测

1. 性状

本品为白色结晶状粉末,无臭。在水中易溶,在乙醇和乙醚中不溶。

2. 鉴别

(1) 取本品 5 mg,加水 1 mL 溶解,加 20%氢氧化钠溶液 5 mL,摇匀,再加 1%硫酸铜溶液 1 滴,摇匀,溶液呈蓝紫色。

(2) 依照高效液相色谱法(通则 0512)试验,供试品溶液色谱图中主峰的保留时间应与对照品溶液主峰的保留时间一致。

3. 检查

（1）酸碱度　取本品，加水制成 1 mL 中含 10 mg 的溶液，依法测定（《中国药典》（2020 年版）四部通则 0631），pH 应为 6.5～7.5。

（2）溶液的澄清度与颜色　取本品，加水溶液并制成 1 mL 中含 5 mg 的溶液，依法测定（通则 0901 第一法和通则 0902 第一法），溶液应澄清无色。

（3）纯度　取本品适量，加流动相溶解并制成 1 mL 约含 2 mg 的溶液，照分子排阻色谱法（通则 0514）测定，按峰面积归一法计算主峰相对含量，不得低于 97.0%。

（4）干燥失重　取本品 0.1 g，105 ℃干燥 3 h，失重不得超过 5.0%（通则 0831）。

（5）重金属　取本品 0.5 g，依法检查（通则 0821 第二法），含重金属不得过百万分之二十。

（6）异常毒性　取本品适量，加氯化钠注射液制成 1 mL 中含 4.4 万单位的溶液。取体重（20±1）g 的雄性小白鼠 5 只，分别自尾静脉注射 0.5 mL，给药后 30 min 内不得出现呼吸困难、抽搐症状。

（7）降压物质　取本品适量，依法检查（通则 1145），剂量按每千克猫体重注射 1 万单位，应符合规定。

（8）细菌内毒素　取本品适量，依法检查（通则 1143），每单位天冬酰胺酶中内毒素的含量应小于 0.015 EU。

4. 效价测定

（1）酶活力测定。

① 对照品溶液的制备　取 105 ℃干燥至恒重的硫酸铵适量，精密称定，加水溶解并定量稀释，制成 0.0015 mol/L 的溶液。

② 供试品溶液的制备　取本品约 0.1 g，精密称定，加入 pH 为 8.0 的磷酸盐缓冲液（取 0.1 mol/L 磷酸氢二钠溶液适量，用 0.1 mol/L 磷酸二氢钠溶液调节 pH 至 8.0）溶解并定量稀释成 1 mL 约含天冬酰胺酶 5 单位的溶液。

测定方法：取试管 3 支（ϕ1.2 cm×14 cm），分别加入用上述磷酸盐缓冲液配制的 0.33%天冬酰胺溶液 1.9 mL，于 37 ℃水浴中预热 3 min，分别于第 1 管（t_0）加入 25%三氯乙酸溶液 0.5 mL，第 2、3 管（t）各精密加入供试品溶液 0.1 mL，置 37 ℃水浴中，准确反应 15 min，立即于第 1 管（t_0）精密加入供试品溶液 0.1 mL，第 2、3 管（t）各加入 25%三氯乙酸溶液 0.5 mL，摇匀，分别作为空白反应液（t_0）和反应液（t）。精密量取 t_0、t 和对照品溶液各 0.5 mL 置于试管中，每份平行做 2 管，各加水 7.0 mL 及碘化汞钾溶液（取碘化汞 23 g、碘化钾 16 g，加水至 100 mL，临用前用 20%氢氧化钠溶液等体积混合）1.0 mL，混匀；另取试管一支，加水 7.5 mL 及碘化汞钾溶液 1.0 mL，作为空白对照管，室温放置 15 min，用紫外-可见分光光度法（通则 0401），在 450 nm 波长处，分别测定吸收度 A_0、A_t 和 A_s（对照品），以 A_t 的平均值，按下式计算：

$$效价(\text{U/mg})=\frac{(A_t-A_0)\times 5\times 稀释倍数\times F}{A_s\times 称样量(\text{mg})}$$

式中，5 为反应常数；F 为对照品溶液浓度的校正值。

效价单位的定义：在上述条件下，一个 L-天冬酰胺酶单位相当于每分钟分解 L-天冬酰胺产生 1 μmol 氨所需的酶量。

（2）蛋白质含量。

取本品约 20 mg，精密称定，依照蛋白质含量测定法（通则 0731 第一法）测定，即得。

(3)比活力。

由测得的效价和蛋白质含量计算每毫克蛋白质中L-天冬酰胺酶活力的单位数。

项目实训　胃蛋白酶的生产

一、实训目标

(1) 了解胃蛋白酶的物理化学性质及其与胃蛋白酶生产之间的关系。

(2) 掌握从猪胃黏膜中分离提取胃蛋白酶的工艺和方法。

(3)培养热爱劳动、崇尚技能、吃苦耐劳的精神。

二、实训原理

胃蛋白酶(pepsin)是脊椎动物胃液中最主要的蛋白酶，由胃部中的胃黏膜主细胞分泌。胃蛋白酶的结晶于1930年获得，是第二种结晶酶。其结晶呈针状或板状，经电泳可分出四个组分。其组成元素除N、C、H、O、S外，还有P、Cl。相对分子质量为34500。猪胃蛋白酶的一级结构已被阐明。

胃蛋白酶于1864年最早载入英国药典，随后世界多个国家相继将之载入药典，作为优良的消化药广泛使用。主要剂型有含葡萄糖胃蛋白酶散剂、胃蛋白酶片、与胰酶和淀粉酶配伍制成的多酶片。其消化力以含0.2%～0.4%盐酸时最强，故常与稀盐酸合用。临床上常用于治疗缺乏胃蛋白酶或因消化机能减退而引起的消化不良、食欲缺乏等。

干燥胃蛋白酶较稳定，100 ℃加热10 min无明显失活。在水中，于70 ℃以上或pH 6.2以上开始失活，pH 8.0以上则呈不可逆性失活。在酸性溶液中较稳定，但在2 mol/L以上的盐酸中也会慢慢失活。

胃蛋白酶能水解大多数天然蛋白质，能水解的肽键的范围相当广，尤其容易水解芳香族氨基酸残基或具有大侧链的疏水性氨基酸残基形成的肽键，对羧基末端或氨基末端的肽键也容易水解。胃蛋白酶对蛋白质的水解不彻底，其产物有胨、肽和氨基酸。

胃蛋白酶的最适温度为37～40 ℃。生产上用作催化剂时常选用45 ℃，我国药典规定在(37±0.5) ℃测定其活力。胃蛋白酶的抑制剂有胃蛋白酶抑制素、蛔虫胃蛋白酶抑制剂及胃黏膜的硫酸化糖蛋白等。

药用胃蛋白酶是胃液中多种蛋白水解酶的混合物，含有胃蛋白酶、组织蛋白酶和胶原酶等。药用胃蛋白酶为粗酶制剂，外观为淡黄色粉末，具有肉类特殊气味及微酸味，吸湿性强，易溶于水，水溶液呈酸性。可溶于70%乙醇和pH为4的20%乙醇，难溶于氯仿、乙醚等有机溶剂，在冷的磺基水杨酸中不沉淀，加热后可产生沉淀。最适pH为1.5～2.0，等电点为1.0。

胃蛋白酶多用生物化学提取技术从猪胃黏膜中分离提取。其工艺路线如下：

猪胃黏膜 —[激活、提取] 盐酸 / 45～48 ℃、3～4 h→ 自溶液 —[脱脂、去杂] 氯仿或乙醚 / 30 ℃以下、24～48 h→ 清酶液 —[浓缩、干燥] / 40 ℃以下→ 胃蛋白酶成品

三、实训器材和试剂

1. 器材

真空干燥箱、夹层蒸汽锅、电炉、搅拌器、浓缩罐、球磨机、80～100目筛子、纱布、猪胃

黏膜、722型可见分光光度计。

2. 试剂

盐酸、丙酮、氯仿或乙醚。

四、实训方法和步骤

1. 胃蛋白酶的分离提取

(1) 原材料的选取　选取直径10 cm、深2～3 mm的胃基底部黏膜20 kg(每个猪胃平均剥取黏膜100 g左右)。

(2) 激活、提取　在夹层蒸汽锅内预先加水10 L及化学纯盐酸360～400 mL,搅匀,加热至50 ℃时,在搅拌下加入猪胃黏膜20 kg,快速搅拌使酸度均匀,保持45～48 ℃消化3～4 h,得自溶液。过滤除去未消化的组织蛋白,收集滤液。

(3) 脱脂、去杂　将所得滤液降温至30 ℃以下,加入15%～20%氯仿或乙醚,搅匀后静置24～48 h(氯仿在室温,乙醚在30 ℃以下)使杂质沉淀。过滤弃杂质,得脱脂清酶液。

(4) 浓缩、干燥　取脱脂清酶液,在40 ℃以下减压浓缩至原体积的1/4左右后,真空干燥。干品球磨过80～100目筛,即得胃蛋白酶粉。

2. 质量检测

(1) 质量标准　《中国药典》(2020年版)规定:本品系自猪、羊或牛的胃黏膜中提取的胃蛋白酶;1 g胃蛋白酶活力不得少于3800单位;在100 ℃干燥4 h,失重不得过5.0%。

(2) 酶活力测定

① 对照品溶液的制备　精密称取酪氨酸对照品适量,加盐酸(取1 mol/L盐酸65 mL,加水至1000 mL)溶解并定量稀释成0.5 mg/mL的溶液。

② 供试品溶液的制备　取本品适量,精密称定,加上述盐酸溶解并定量稀释成0.2～0.4 U/mL的溶液。

测定方法:取试管6支,其中3支各精密加入对照品溶液1 mL,另3支各精密加入供试品溶液1 mL,置(37±0.5) ℃水浴中,保温5 min,精密加入预热至(37±0.5) ℃的血红蛋白试液5 mL,摇匀,并准确计时,在(37±0.5) ℃水浴中反应10 min。立即精密加入5%三氯乙酸溶液5 mL,摇匀,过滤,取续滤液备用。另取试管2支,各精密加入血红蛋白试液5 mL,置(37±0.5) ℃水浴中,保温10 min,再精密加入5%三氯乙酸5 mL,其中1支加供试品溶液1 mL,另1支加盐酸1 mL,摇匀,过滤,取续滤液,分别作为供试品和对照品的空白对照。在275 nm波长处测吸收度,算出平均值$\overline{A_s}$和$\overline{A}$,按下式计算:

$$\text{胃蛋白酶活力(U/g)}=\frac{\overline{A}\times m_s\times n}{\overline{A_s}\times m\times 10\times 181.19}$$

式中,$\overline{A_s}$为对照品的平均吸光度;$\overline{A}$为供试品的平均吸光度;m_s为对照品溶液1 mL中含酪氨酸的量,μg;m为供试品取样量,g;n为供试品稀释倍数。

在上述条件下,每分钟能催化水解血红蛋白生成1 μmol酪氨酸的量为1个蛋白酶活力单位(U)。

五、实训报告

写出实训报告,要求内容真实、完整。

项目总结

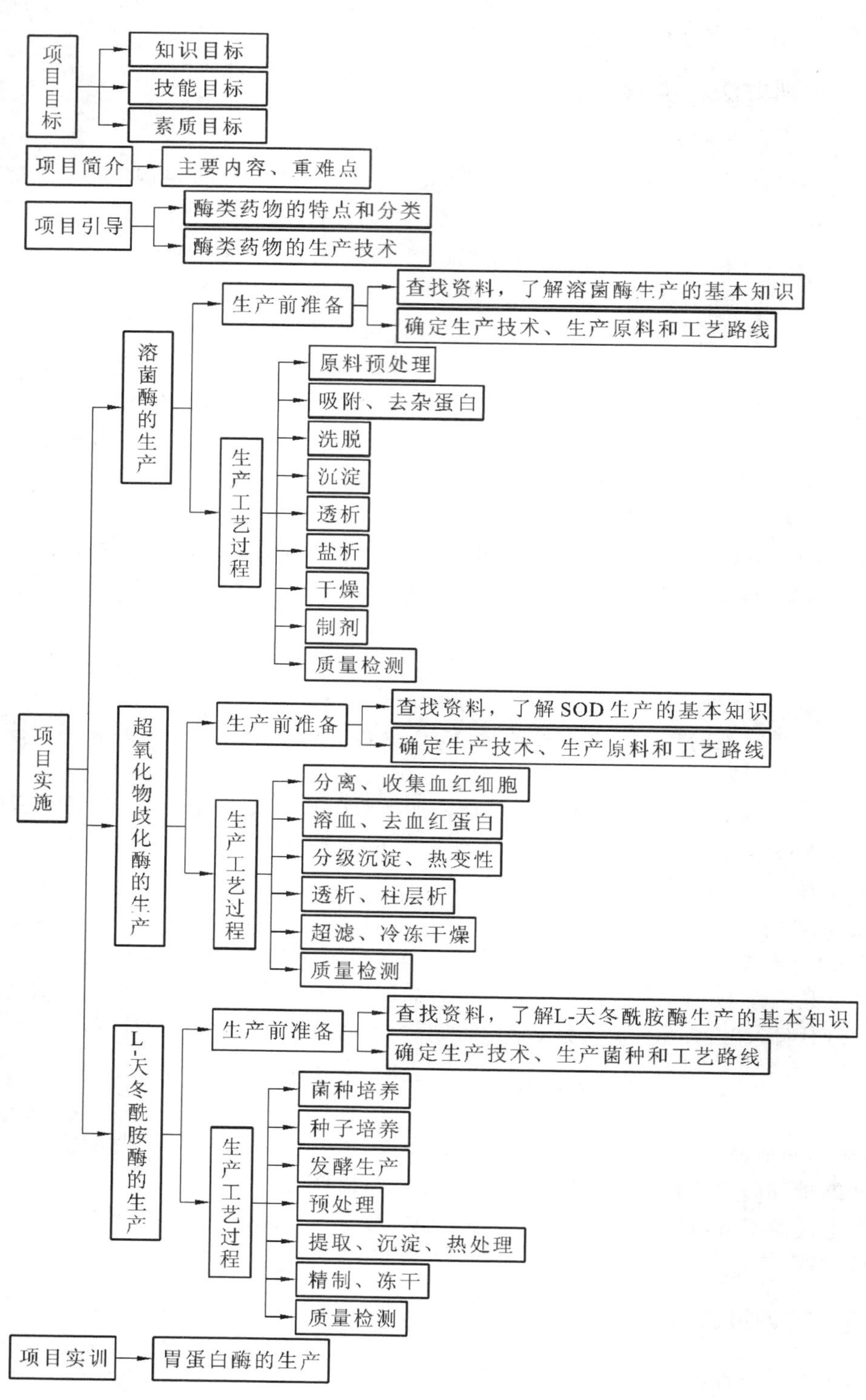

项目目标
知识目标
技能目标
素质目标
项目简介
主要内容、重难点
项目引导
酶类药物的特点和分类
酶类药物的生产技术
项目实施
溶菌酶的生产
生产前准备
查找资料，了解溶菌酶生产的基本知识
确定生产技术、生产原料和工艺路线
生产工艺过程
原料预处理
吸附、去杂蛋白
洗脱
沉淀
透析
盐析
干燥
制剂
质量检测
超氧化物歧化酶的生产
生产前准备
查找资料，了解SOD生产的基本知识
确定生产技术、生产原料和工艺路线
生产工艺过程
分离、收集血红细胞
溶血、去血红蛋白
分级沉淀、热变性
透析、柱层析
超滤、冷冻干燥
质量检测
L-天冬酰胺酶的生产
生产前准备
查找资料，了解L-天冬酰胺酶生产的基本知识
确定生产技术、生产菌种和工艺路线
生产工艺过程
菌种培养
种子培养
发酵生产
预处理
提取、沉淀、热处理
精制、冻干
质量检测
项目实训
胃蛋白酶的生产

项目检测

一、填空题

1. 根据药用酶的临床应用，可将其分为(　　　　　)、(　　　　　)、(　　　　　)、(　　　　　)、(　　　　　)、(　　　　　)六类，其中(　　　　　)类酶的研究最早，品种最多，而(　　　　　)类酶在治疗上发展最快，用途最广。

2. 酶类药物的主要生物生产技术有(　　　　　)、(　　　　　)、(　　　　　)。

3. 酶类药物的提取方法主要有(　　　　　)、(　　　　　)、(　　　　　)三种。

二、选择题

1. 下列酶中(　　)是与治疗心血管疾病有关的酶。

A. 凝血酶　　B. 胃蛋白酶　　C. 溶菌酶　　D. 抗栓酶

2. (　　)主要存在于真核细胞浆。

A. Fe-SOD　　B. Mn-SOD　　C. Cu,Zn-SOD

3. 取 L-天冬酰胺酶 5 mg，加水 1 mL 溶解，加 20%氢氧化钠溶液 5 mL，摇匀，再加 1%硫酸铜溶液 1 滴，摇匀，溶液呈(　　)。

A. 蓝紫色　　B. 红褐色　　C. 粉红色　　D. 无色

4. 动物细胞培养产酶对温度控制的要求很严，温度的波动范围只能在(　　)℃。

A. ±2.00　　B. ±1.00　　C. ±0.50　　D. ±0.25　　E. ±0.10

5. 测定酶活力的时间应选择在初速率范围内。一般在反应开始后 3～10 min，底物消耗量(　　)以内，可得到初速率。

A. 5%　　B. 10%　　C. 15%　　D. 20%　　E. 25%

三、简述题

1. 简述酶类药物的特点。

2. 简述用蛋清生产溶菌酶的一般工艺流程。

3. 简述黄嘌呤氧化酶-细胞色素 c 法测定 SOD 的操作要点。

四、论述题

试述发酵法生产 L-天冬酰胺酶的工艺过程及其控制要点。

五、思考与探索

用不同的原料生产 SOD 的工艺流程和操作要点有何异同?

项目拓展

当今世界酶类药物的研究热点和我国的研发策略

一、研究热点

1. 研究和开发基因工程酶类药物

现已开发成功的酶类药物大多属异种蛋白，作为药物，有可能出现免疫反应或副作用。另外，酶通常在细胞内含量非常低，产业化难度大，故世界各国争相

用基因工程方法研究和开发新的酶类药物,尤其是重组人的酶类药物,并有不少品种已进入Ⅱ期或Ⅲ期临床,这些品种有尿激酶、超氧化物歧化酶、天冬酰胺酶、黄嘌呤氧化酶和溶葡球菌酶等。

2. 对酶进行分子改造,以提高酶的稳定性

酶是生物大分子,对环境条件的变化特别敏感,因而易受有关因素的影响而失活,对酶进行针对性化学修饰,能大大提高酶的稳定性。例如,用PEG修饰SOD,修饰酶的热稳定性、pH稳定性、半衰期及抗炎活性都可得到不同程度的提高。也有将酶用脂质体包裹或制成微囊的,这不仅能保护酶活性,还能大大提高生物利用率。

二、我国的研发策略

面对国际酶类药物的迅猛发展态势,我国应瞄准国际市场,提高产品质量,降低生产成本,研制和开发具有竞争力的优势品种。

近年来我国进口的生物化学药物品种中,酶类药物占有很大比例,不少品种实际是“出口转内销”,这些品种有高峰淀粉酶、尿激酶、沙雷肽酶、链激酶、细胞色素c、凝血酶、溶菌酶和天冬酰胺酶。上述进口产品不少是我国传统产品,只要稍加“包装”完全可与进口产品竞争,有的还需联合攻关,使其尽早产业化。我国曾多次召开药用酶专业会议,有良好的合作基础,只要共同努力,相信我国的酶类药物的研究和应用将会走在世界的前列。

码1-6-1 模块一项目六PPT

项目六 糖类生物技术药物的生产

项目目标

一、知识目标

明确糖类药物的基础知识。

熟悉糖类药物生产的基本技术和方法。

掌握典型糖类药物生产的工艺流程、生产技术及其操作要点、相关参数的控制。

二、技能目标

学会糖类药物生产的操作技术、方法和基本操作技能。

能熟练完成典型糖类药物的生产操作。

能够进行典型糖类药物的相关生产参数的控制，并能编制生产糖类药物的工艺方案。

三、素质目标

通过对糖类药物的生产和检验，体会到药品质量与生产和检验的关系，提高系统思维意识。在生产操作过程中，养成严谨、负责和实事求是的工作态度，具备诚实守信、团结协作、爱岗敬业的职业素质，具有探究与创新精神。

项目简介

本项目的内容是糖类生物技术药物的生产，项目引导介绍糖类药物的基础知识，让学生在进行药物生产前储备相应的理论知识。在此基础上，安排了四个典型的项目任务，以学习和掌握典型糖类药物生产的知识和技术。在完成四大任务的学习后，安排了一个典型的项目实训——甘露醇的生产及鉴定，以期对前面已完成的任务进行强化。

项目引导

糖类是自然界广泛存在的一大类生物活性物质，已发现不少糖类物质及其衍生物具有很高的药用价值，有些已在临床上广泛应用。多糖类药物近来很引人注目，尤其在抗凝、降血脂、提高机体免疫和抗肿瘤、抗辐射方面具有显著的药理作用与疗效。例如：PS-K 多糖和香菇多糖对小鼠 S_{180} 瘤株有明显抑制作用，已作为免疫型抗肿瘤药物；猪苓多糖能促进抗体的形成，是一种良好的免疫调节剂；还有茯苓多糖、云芝多糖、银耳多糖、胎盘脂多糖等都已在临床上应用。肝素是天然抗凝剂，用于防治血栓、周围血管病、心绞痛、充血性心力衰竭与肿瘤的辅助治疗。硫酸软骨素有利尿、解毒、镇痛作用。右旋糖酐可以代替血浆蛋白以维持血液渗透压。中相对分子质量右旋糖酐用于增加血容量，维持血压，以抗休克为主;低相对分子质量右旋糖酐主要用于改善微循环,降低血液黏度,是一种安全、有效的血浆扩充剂。海藻酸钠能增加血容量,使血压恢复正常。另外,一些硫酸化多糖具有显著的抗病毒作用,是抗病毒药物研究的一个重要方向。随着糖生物学的发展,糖类在生命过程中的重要作用逐渐显现出来,对糖类药物的研究也越来越受到重视。

一、糖类药物的分类与来源

(一)糖类药物的分类

糖类药物种类繁多,其分类方法也有多种,按照所含糖基数目的不同可分为以下几种。

(1)单糖类及其衍生物:如葡萄糖、果糖、维生素C、木糖醇、山梨醇、甘露醇、氨基葡萄糖、6-磷酸葡萄糖和1,6-二磷酸果糖等。

(2)低聚糖类:2～20个单糖以糖苷键相连组成的聚合物,如蔗糖、麦芽乳糖、乳果糖和水苏糖等。

(3)多糖:20个以上单糖聚合而成的醛糖或酮糖组成的大分子物质,如香菇多糖、肝素、透明质酸、硫酸软骨素等。

(二)糖类药物的来源

1. 单糖及其衍生物的来源

自然界已发现的单糖主要是戊糖和己糖。常见的戊糖有D-(－)-核糖、D-(－)-2-脱氧核糖、D-(＋)-木糖和L-(＋)-阿拉伯糖。它们都是醛糖,以多糖或苷的形式存在于动植物中。常见的己糖有D-(＋)-葡萄糖、D-(＋)-甘露糖、D-(＋)-半乳糖和D-(－)-果糖,后者为酮糖。己糖以游离或结合的形式存在于动植物中。氨基糖常以结合状态存在于黏蛋白和糖蛋白中,但游离的氨基半乳糖对肝脏有毒性。

2. 低聚糖的来源

低聚糖又称寡糖,低聚糖的获取方法大体上可分为以下几种:从天然原料中提取、微波固相合成法、酸碱转化法、酶水解法等。

3. 多糖的来源

多糖种类繁多,广泛存在于动物、植物、微生物(细菌和真菌)和海藻中。

(1)动物多糖　动物多糖来源于动物结缔组织、细胞间质,是研究最多、临床应用最早、生产技术最成熟的多糖,重要的有肝素、类肝素、透明质酸和硫酸软骨素等。

(2)植物多糖　植物多糖来源于植物的各种组织,从各种中草药中都可以提取分离出药用多糖。天然中草药是我国传统医学的瑰宝,其有效成分主要有多糖、生物碱、蛋白质、苷类、油脂等生物活性物质。近30年来国内对大量中草药来源的多糖及糖缀合物进行了广泛的活性研究,相继报道了这些多糖及糖缀合物具有免疫调节、抗肿瘤、降血糖、抗放射、抗突变、抗遗传损伤、抗凝血、抗血栓等多方面的药理作用,有的已被批准在临床上应用,为创制新药迈出了坚实的一步。

(3)微生物多糖　微生物多糖是一类无毒、高效、无残留的免疫增强剂,能够提高机体的非特异性免疫和特异性免疫反应,增强对细菌、真菌、寄生虫及病毒的抗感染能力和对肿瘤的杀伤能力，具有良好的防病治病效果。微生物多糖的生产不受资源、季节、地域和病虫害条件的限制，而且周期短，工艺简单，易于实现生产规模大型化和管理技术自动化。微生物多糖的种类繁多，依生物来源分为细菌多糖、真菌多糖和藻类多糖，按分泌类型又可分为胞内多糖与胞外多糖。从真菌（主要是担子菌纲和子囊菌纲）得到的真菌多糖已达数百种，有的已经开发利用。香菇多糖、云芝多糖、灰树花多糖、裂褶多糖、猪苓多糖、灵芝多糖、银耳多糖、茯苓多糖等微生物多糖已用于肿瘤治疗。

全世界的藻类有 3 万多种，迄今为止被人们广泛利用的主要是红藻、绿藻和褐藻三大类，有 100 余种。海藻细胞间富含黏质多糖、醛酸多糖和含硫多糖。从海藻中提取得到的多糖大多含有硫酸根，作为抗血栓药物已被广泛接受。海藻多糖除了具有免疫促进作用及抗肿瘤作用外，还具有抗病毒作用。现已从海藻中开发出具有降胆固醇、降血脂的多糖保健品，从红藻中已分离到一种对感冒具良好治疗作用的多糖，从海藻中提取到有价值的抗艾滋病的多糖药物。

二、糖类药物的生理活性

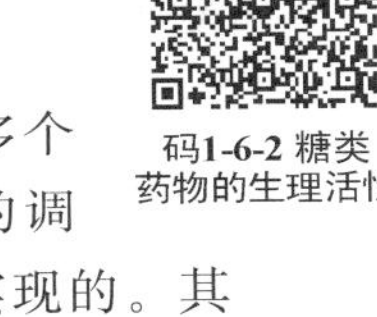
码1-6-2 糖类药物的生理活性

糖类，尤其是多糖，具有十分广泛的药理生理作用。

（1）抗肿瘤和免疫促进活性　多糖对免疫功能具有重要的调节作用，从多个层次、多个途径激活机体免疫系统，包括对各种免疫细胞的调节、对细胞因子的调节以及对补体的调节等。多糖的抗肿瘤活性一般是通过增强机体免疫功能来实现的。其免疫抑癌作用是多靶点的，遍及非特异性免疫和特异性免疫应答的各个主要环节。香菇多糖已用于临床，另外灵芝多糖、地黄多糖、冬虫夏草多糖、海带多糖、微藻多糖等也具有抗肿瘤活性。

（2）抗病毒活性　多糖类，尤其是硫酸多糖类，在结构上与细胞表面糖胺聚糖类似，竞争性抑制病毒与细胞的结合，同时又是许多细胞表面分子的模拟配体，能直接与细胞结合，阻碍病毒的吸附。一些多糖对艾滋病毒（HIV-1）、单纯疱疹病毒、巨细胞病毒、流感病毒、囊状胃炎病毒、劳斯肉瘤病毒和鸟肉瘤病毒等各种病毒具有抑制作用。

（3）抗凝血活性　肝素是天然抗凝剂，带有负电荷。甲壳素、硫酸化昆布多糖、海带多糖均具有体内外抗凝血作用。芦荟多糖、黑木耳多糖等也具有肝素样的抗凝血作用。

（4）抗氧化活性　多糖可提高抗氧化酶活性、清除自由基、抑制脂质过氧化，从而保护生物膜。泥鳅多糖能有效消除 O^{2-}、$\cdot OH$、H_2O_2 等活性氧，对 DNA 链具有良好的保护作用，另有甲壳素、怀山药多糖、五味子多糖、银杏叶多糖、大豆低聚糖、淫羊藿多糖等被报道具有抗氧化活性。

（5）抗感染作用　多糖可以提高机体组织细胞对细菌、原虫、病毒和真菌感染的抵抗力。例如，甲壳素对皮下肿胀有治疗作用，对皮肤伤口有愈合作用。

（6）降血脂、抗动脉粥样硬化作用　类肝素（heparinoid）、硫酸软骨素、小相对分子质量肝素等具有降血脂、降胆固醇、抗动脉粥样硬化作用，用于防治冠心病和动脉硬化。现已发现硫酸软骨素 A、果胶、褐藻胶、海带淀粉、褐藻糖胶、甘蔗多糖均具有降血脂作用。

（7）抗辐射、抗突变　茯苓多糖、紫菜多糖、透明质酸、甲壳素、海带淀粉、海带多糖等均能抗 ^{60}Co-γ 射线的损伤。柴胡多糖在抗辐射试验中，有效程度与盐酸胱胺接近。灰树花多糖、黄精多糖、芦荟多糖等也具抗辐射作用。

随着对多糖研究的不断深入,将会发现多糖更多的作用和用途。

三、糖类药物生产的一般方法

(一) 单糖及其衍生物的生产

游离单糖及小分子寡糖,包括单糖(如葡萄糖、果糖、半乳糖、阿拉伯糖、鼠李糖)、双糖类(如蔗糖、麦芽糖)、三糖类(如棉籽糖、龙胆糖)、四糖类(如来苏糖),以及多元醇类(如卫矛醇、甘露醇)等,易溶于冷水及温乙醇。可以用水或在中性条件下以 50%乙醇为提取溶剂,也可以用 82%乙醇,在 70～78 ℃下回流提取。溶剂用量一般为材料的 20 倍,需多次提取。将植物材料磨碎,经乙醚或石油醚脱脂,拌加碳酸钙,以 50%乙醇温浸,浸液合并,于 40～45 ℃减压浓缩至适当体积,用中性乙酸铅去杂蛋白及其他杂质,铅离子可通 H_2S 除去,再浓缩至黏稠状。以甲醇或乙醇温浸,除去不溶物(如无机盐或残留蛋白质等)。醇液经活性炭脱色、浓缩、冷却、滴加乙醚,或置于硫酸干燥器中旋转,析出结晶。单糖或小分子寡糖也可以在提取后,用吸附层析法或离子交换法进行纯化。

(二) 多糖的生产

多糖的生产包括提取、纯化、浓度的测定和纯度检查等环节。

1. 多糖的提取

提取多糖时,一般先进行脱脂,以便于多糖释放。方法是将材料粉碎,用甲醇或 1∶1 乙醇-乙醚混合液,加热搅拌 1～3 h,也可用石油醚脱脂。动物材料可用丙酮脱脂、脱水处理。

多糖的性质不同,提取方法也不同,主要有以下几种。

(1) 稀碱液提取　这一类多糖主要是不溶性胶类,如木聚糖、半乳聚糖等。用冷水浸润材料后用 0.5 mol/LNaOH 溶液提取,提取液用盐酸中和、浓缩后,加乙醇沉淀得多糖。在稀碱中仍不易溶出者,可加入硼砂,甘露聚糖、半乳聚糖等能形成硼酸配合物多糖,此法可制得相当纯的多糖。

(2) 用热水提取　材料用冷水浸过,用热水提取,必要时可加热至 80～90 ℃搅拌提取,提取液用正丁醇与三氯甲烷混合液除去杂蛋白(或用三氯乙酸除杂蛋白),取离心除去杂蛋白后的清液,透析后用乙醇沉淀得多糖。

2. 多糖的纯化

多糖的纯化方法很多,但必须根据目的物的性质及条件选择合适的纯化方法。而且往往用一种方法不易得到理想的结果,因此必要时应考虑合用几种方法。

(1) 乙醇沉淀法　乙醇沉淀法是制备黏多糖的最常用手段。乙醇的加入改变了溶液的极性,导致糖溶解度下降。供乙醇沉淀的多糖溶液,其多糖的浓度以 1%～2%为佳。如使用充分过量的乙醇,黏多糖浓度小于 0.1%也可以沉淀完全。向溶液中加入一定浓度的盐(如乙酸钠、乙酸钾、乙酸铵或氯化钠),有助于使黏多糖从溶液中析出,盐的最终浓度为 5%即足够。使用乙酸盐的优点是在乙醇中其溶解度更大,即使在乙醇过量时,也不会发生这类盐的共沉淀。一般只要黏多糖浓度不太小,并有足够的盐存在，加入4～5倍乙醇后，黏多糖可完全沉淀。可以使用多次乙醇沉淀法使多糖脱盐，也可以用超滤法或分子筛法（Sephadex G-10或G-15）进行多糖脱盐。加完乙醇，搅拌数小时，以保证多糖完全沉淀。沉淀物可用无水乙醇、丙酮、乙醚脱水，真空干燥，即可得疏松粉末状产品。

（2）分级沉淀法　不同多糖在不同浓度的甲醇、乙醇或丙酮中的溶解度不同，因此可用不同浓度的有机溶剂分级沉淀相对分子质量不同的黏多糖。在Ca^{2+}、Zn^{2+}等二价金属离子的存在下，采用乙醇分级分离黏多糖可以获得最佳效果。

（3）凝胶过滤法　凝胶过滤法根据多糖相对分子质量的不同而进行分离，常用于多糖分离的凝胶有Sephadex G类、Sepharose 6B、Sephacryl S类等。

此外，季铵盐配位法、离子交换层析法、区带电泳法、超滤法及金属配位法等在多糖的分离纯化中也常用到。例如，应用区带电泳法可分离透明质酸、硫酸软骨素与肝素等。

3. 溶液中多糖浓度的测定

（1）蒽酮-硫酸比色法测定糖含量。

糖类遇浓硫酸脱水生成糠醛或其衍生物，可与蒽酮试剂结合产生颜色反应，反应后溶液呈蓝绿色，于620 nm波长处有最大吸收，吸光度与糖含量呈线性关系。

标准曲线：准确称取干燥至恒重的葡萄糖10 mg，溶解后置于100 mL容量瓶中，加水至刻度，分别吸取0 mL、0.1 mL、0.2 mL、0.4 mL、0.6 mL、0.8 mL、1.0 mL标准溶液，置于带塞试管中，加蒸馏水至1 mL。加入2 mg/mL蒽酮试剂4 mL，混匀，沸水浴10 min。冷却后测定620 nm波长处的吸光度。以零管作为空白对照，以吸光度对葡萄糖浓度作图得标准曲线。

取样品液0.1 mL，按上述步骤操作，测吸光度，以标准曲线计算多糖含量。

（2）3,5-二硝基水杨酸（DNS）比色法测定还原糖。

在碱性溶液中，DNS与还原糖共热后被还原成棕红色氨基化合物，在一定范围内还原糖的量与反应液的颜色强度呈线性关系，利用比色法可测定样品中的含糖量。

标准曲线：准确称取干燥至恒重的葡萄糖100 mg，溶解后置于100 mL容量瓶中，加水至刻度，分别吸取0 mL、0.2 mL、0.4 mL、0.6 mL、0.8 mL、1.0 mL标准溶液，置于带塞试管中，加蒸馏水至1 mL，分别加入3 mLDNS试剂，沸水浴15 min显色，冷却后用蒸馏水稀释至25 mL，测定550 nm波长处的吸光度。以零管作为空白对照，以吸光度对葡萄糖浓度作图得标准曲线。

取样品液1 mL，按上述步骤操作，测定吸光度，以标准曲线计算多糖含量。

（3）苯酚-硫酸比色法。

苯酚-硫酸试剂可与多糖中的己糖、糖醛酸起显色反应，在490 nm波长处有最大吸收，吸光度与糖含量呈线性关系。

标准曲线：准确称取干燥至恒重的葡萄糖10 mg，溶解后置于100 mL容量瓶中，加水至刻度，分别吸取0 mL、0.10 mL、0.20 mL、0.30 mL、0.40 mL、0.50 mL、0.60 mL、0.70 mL、0.80 mL，用蒸馏水补到1.00 mL，振摇混匀。各管再加入5%苯酚溶液1 mL，振摇混匀，迅速加入5.0 mL硫酸，振摇混匀，室温下放置20 min后，在490 nm波长处分别测定吸光度。以葡萄糖溶液的浓度为横坐标，吸光度为纵坐标，绘制标准曲线。

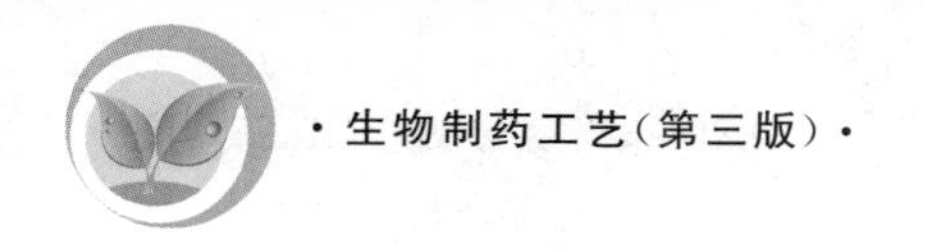

吸取样品液 0.1 mL,按上述步骤操作,测吸光度,以标准曲线计算多糖含量。

(4) 葡萄糖氧化酶法测定葡萄糖。

葡萄糖氧化酶专一性氧化β-葡萄糖,生成葡萄糖酸和过氧化氢,再利用过氧化物酶催化过氧化氢氧化某些物质(如邻甲氧苯胺)使其从无色转变为有色,通过比色法计算葡萄糖含量。葡萄糖溶液中α-葡萄糖和β-葡萄糖存在着动态平衡,随着β-葡萄糖的氧化,最终所有α型全部转变成β型被氧化。此法专一性高、灵敏,适用于测定生成葡萄糖的酶反应。

(5) Nelson 法。

还原糖将铜试剂还原生成氧化亚铜,在浓硫酸存在下与砷钼酸生成蓝色溶液,在 560 nm 波长下的吸光度与糖含量呈线性关系。此方法重复性较好,产物稳定,测定范围为 0.01~0.18 mg。

4. 纯度检查

多糖的纯度只代表某一多糖的相似链长的平均分布,通常所说的多糖纯品也是指具有一定相对分子质量范围的均一组分。多糖纯度的鉴定通常有以下几种方法:比旋光度法、超离心法、高压电泳法、常压凝胶层析法和高效凝胶渗透色谱法。其中高效凝胶渗透色谱法是目前最常用、较准确的方法,发展较快,而常压凝胶层析法被普遍认为是实验室中最简便的方法。

(1) 常压凝胶层析法　常压凝胶层析法是根据在凝胶柱上不同相对分子质量的多糖与洗脱体积成一定关系的特性来进行分离的。凝胶层析的分离过程是在装有多孔物质(交联葡聚糖、多孔硅胶、多孔玻璃等)填料的柱中进行的。选择适宜的凝胶是取得良好分离效果的保证。

(2) 高效凝胶渗透色谱法　HPLC 法具有快速、分辨率高和重现性好的优点,因此得到越来越多的应用。用于 HPLC 的凝胶柱均为商品柱,可直接使用。其填料有疏水性的,也有亲水性的,而且每根柱的孔径不同,分离相对分子质量的范围也不同。选用哪一种性质的填料和用多大的排阻限和渗透限,主要取决于被分离溶质的性质和可能的相对分子质量大小。在实际操作中,对于未知相对分子质量的样品,通常是采用分离范围较广的凝胶柱(如 Line 柱)进行粗分离,确定相对分子质量的大致范围及分离条件,再据此选定合适的凝胶柱进行细分离。为提高柱效和分离度,常将几根孔径不同的柱串联起来,或几根相同的柱串联,以及用一根柱再循环操作。多糖的检测不采用柱后衍生化方法,而是采用直接检测方法。最常用的为示差折光(RI)检测器,具有中等灵敏度。对于酸性多糖,则可以用紫外(UV)检测器,但多数是采用 RI 和 UV 检测器同时检测。

(3) 比旋光度法　不同的多糖具有不同的比旋光度,在不同浓度的乙醇中具有不同的溶解度。如果多糖的水溶液经不同浓度的乙醇沉淀所得的沉淀物具有相同比旋光度,则该多糖为均一组分。

(4) 超离心法　如果多糖在离心作用下形成单一区带,说明多糖微粒沉降速度相同,表明其分子的密度、大小和形状相似。

(三) 黏多糖类生化产品的生产

黏多糖是广泛存在于动物体内的复合多糖。它基本上由特定的重复双糖结构构成,在此双糖单位中,包含一个氨基己糖。黏多糖因所含单糖的种类、比例,O-硫酸基等的位置而异，还因所含糖苷键的类型、不同糖苷键的比例以及与此相关的支链程度等而有所不同。并且这些结构因素可能与生理功能的实现有关。随着生物学、生物化学及生化分离技术等的发展，对黏多糖类的理化性质、生理功能、生物活性及药理作用有了更新、更全面的认识，并公认它是一类比较有发展潜力的新型生物化学药物或生物制品。

1. 黏多糖的提取

黏多糖大多与蛋白质以共价键结合，通常先用酶降解蛋白质部分或用碱使多糖与蛋白质间的键裂开，目的是促进黏多糖在提取时的溶解。另外，碱性提取可避免黏多糖中硫酸基团水解而破坏。目前，多采用在碱性提取的同时用蛋白质水解酶来处理组织。

2. 黏多糖的分离纯化

一般组织中存在多种黏多糖，因而需要对黏多糖混合物进行分级分离。常用的分离方法有以下几种。

(1) 有机溶剂分离法　因为黏多糖有较强的极性，在其水溶液中加入乙醇、丙酮或甲醇等有机溶剂即可产生沉淀，并且不同的黏多糖所含极性基团及相对分子质量不同，产生沉淀所需的乙醇浓度也不同。Meyer 等曾将黏多糖溶于 5%乙酸钙和 0.5 mol/L 乙酸缓冲液中，用不同浓度的乙醇溶液分别将硫酸皮肤素(18%～25%乙醇沉淀)、硫酸软骨素 A(30%～40%乙醇沉淀)、硫酸软骨素 C(40%～45%乙醇沉淀)逐一分开；45%～65%乙醇可将硫酸角质素分离出来。

Lasker 和 Stivala 于 1966 年按 2%乙醇级差由 61%至 65%浓度递减，将商品肝素分成 11 种组分，测定各组分的相对分子质量、微分比容、特性黏度及抗凝血活性等，发现其理化特性及生物学特性各不相同。

(2) 季铵化合物沉淀法　黏多糖是一类高分子物质，含有大量的酸性基团，并且在溶液中以聚阴离子形式存在，这样就与表面活性剂，如十六烷基三甲基溴化铵(CTAB)等形成了季铵配合物。而这些配合物在低离子强度的水溶液中不溶解，只有增大离子强度才可解离并溶解。不同多糖的酸性不同，解离所需的临界盐浓度也不同，利用此性质可分离多糖。另外，一般硫酸基含量越高，所需解离的离子强度越大。例如，肝素的临界电解质浓度较高，而只含羧基的透明质酸，其临界电解质浓度最低。

(3) 离子交换色谱法　因为黏多糖在溶液中是以聚阴离子的形式存在的，所以可以用阴离子交换剂进行交换吸附。常用的阴离子交换剂有 DEAE-纤维素、Dowexl-X2、ECTEOLA-纤维素、TEAE-纤维素、DEAE-葡聚糖凝胶等。洗脱时可用氯化钠溶液进行梯度洗脱。

这几种方法都具有成本低、操作简便、适于当前我国生产等优点。

(4) 凝胶过滤　Bianchinid 等曾经用 Sephadex G-50 对胰肝素进行色谱分离，得到生物活性(抗补体、部分凝血活素(凝血质)时间活性和凝血酶时间活性)不同的 4 种成分。Lane 用凝胶过滤法得到的高分子肝素(相对分子质量为 20000)具有强的部分凝血活素时间活性，但是其Ⅹa 因子的抑制效应很弱，若长期使用可能引起血小板减少症。而得到的低分子肝素(相对分子质量为 5000～6000)的部分凝血活素时间活性虽然很低，但其Ⅹa 因子抑制效应很强，即使长期用于防治血栓也不易引起出血等副作用。这就说明，对于引起副作用的特殊组分也是可分离的。

(5) 亲和色谱　亲和色谱(affinity chromatography)的方法也适用于黏多糖的分离，

这是因为黏多糖是一类生物高分子物质，它可与某些对应物质发生专一的可逆结合，如肝素与抗凝血酶Ⅲ(ATⅢ)和脂蛋白脂肪酶有高度亲和性等。Lindahi 于 1979 年将肝素酶解后，得到对 ATⅢ有高亲和性的最小片段(12～16 糖残基)，并且其艾杜糖醛酸含量较高。

(6) 等电聚焦　Nader 在 pH 3.0～5.0 梯度介质的聚丙烯酰胺凝胶中对肝素酶解液进行等电聚焦(isoelectric focussing)，至少可以分出 21 种组分。将凝胶载体各区带切下洗脱后，测定各组分的相对分子质量和抗凝血活性，发现只有相对分子质量大于 7000 的组分才具有抗凝性。

随着近代生化分离技术和分析技术的发展，对黏多糖的认识不断深入。而采用高效、可靠的分离技术，并为临床提供具有专一作用、副作用小的组分是完全可行的。

项目实施

任务一　1,6-二磷酸果糖的生产

一、生产前准备

(一) 查找资料，了解 1,6-二磷酸果糖生产的基本知识

1,6-二磷酸果糖(FDP)是果糖的 1,6-二磷酸酯，其分子形式有游离酸 $FDPH_4$ 与钠盐，如 1,6-二磷酸果糖三钠($FDPNa_3H$)等。

$FDPNa_3H$ 为白色晶形粉末，无臭，熔点为 71～74 ℃，易溶于水，不溶于有机溶剂，4 ℃时较稳定，久置于空气中易吸潮结块，转为微黄色。

FDP 是葡萄糖代谢过程中的重要中间产物，是分子水平上的代谢调节剂。FDP 具有促进细胞内高能基团的重建，保持红细胞的韧性及向组织释放氧气的能力，是糖代谢的重要促进剂。临床验证表明，FDP 是急性心肌梗死、心功能不全、冠心病、心肌缺血发作、休克等症状的急救药物，它有利于改善心力衰竭、肝肾功能衰竭等临床危象，在各类外科手术中可以作为重要辅助治疗药物，对各类肝炎引起的深度黄疸、转氨酶升高及低白蛋白血症也有较好的治疗作用。

(二) 确定生产技术、生产菌种和工艺路线

(1) 确定生产技术：固定化细胞法。

(2) 确定生产菌种：FDP 生产菌种子。

(3) 确定生产工艺路线，如图 1-6-1 所示。

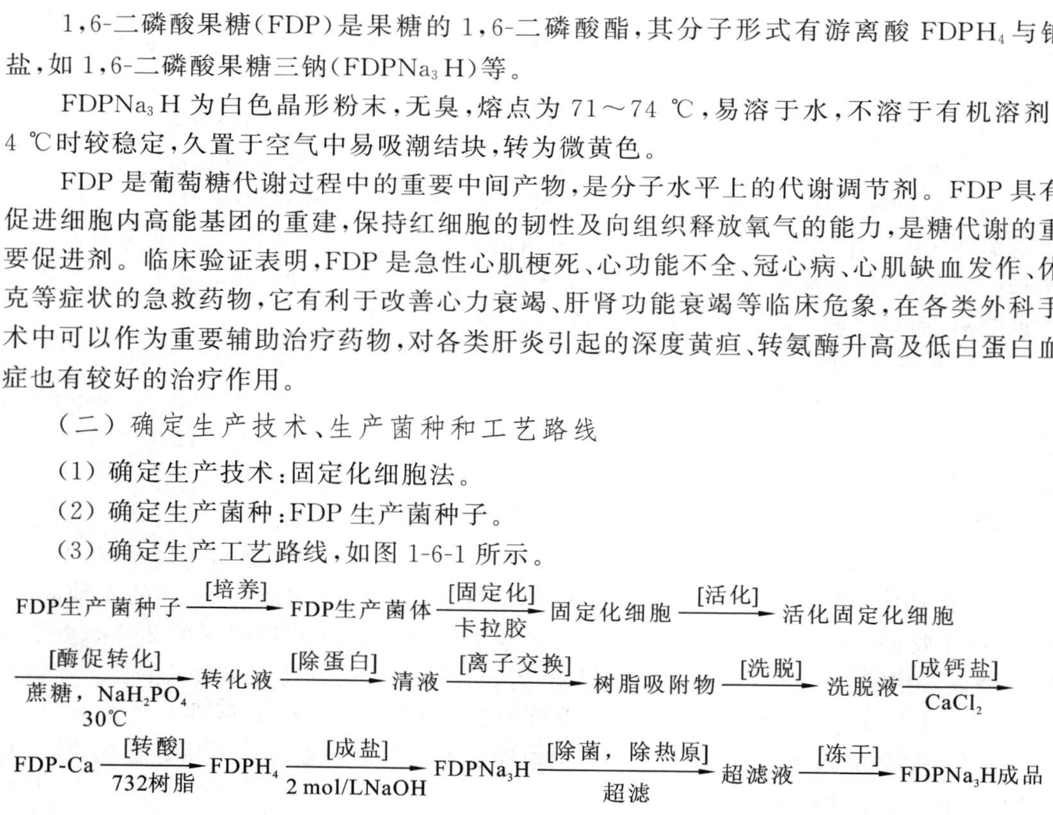

FDP生产菌种子 —[培养]→ FDP生产菌体 —[固定化] 卡拉胶→ 固定化细胞 —[活化]→ 活化固定化细胞

—[酶促转化] 蔗糖，NaH_2PO_4 30℃→ 转化液 —[除蛋白]→ 清液 —[离子交换]→ 树脂吸附物 —[洗脱]→ 洗脱液 —[成钙盐] $CaCl_2$→

FDP-Ca —[转酸] 732树脂→ $FDPH_4$ —[成盐] 2 mol/LNaOH→ $FDPNa_3H$ —[除菌，除热原] 超滤→ 超滤液 —[冻干]→ $FDPNa_3H$成品

图 1-6-1　1,6-二磷酸果糖的生产工艺路线

二、生产工艺过程

(1) FDP生产菌的培养　将啤酒酵母接种于麦芽汁斜面培养基上，26 ℃培养24 h，转入种子培养基中，培养至对数生长期，转种于发酵培养基中，于28 ℃发酵培养24 h，静置1周，离心，收集菌体。

(2) 固定化细胞的制备　取活化菌体用等体积生理盐水悬浮，预热至40 ℃，用4倍量生理盐水加热溶解卡拉胶(卡拉胶用量为32 g/L)，两者于45 ℃混合并搅拌10 min，倒入成型器皿中，4～10 ℃冷却30 min，加入等量0.3 mol/L KCl溶液浸泡硬化4 h，切成3 mm×3 mm×3 mm小块。

(3) 活化固定化细胞　用含底物的表面活性剂于35 ℃浸泡活化固定化细胞12 h，用0.3 mol/L KCl溶液洗涤后浸泡于生理盐水中备用。

(4) 酶促转化　使用活化固定化细胞填充柱反应器，以上行法通入30 ℃底物溶液(内含8%蔗糖、4% NaH_2PO_4、5 mmol/L ATP、30 mmol/L $MgCl_2$)，收集反应液。

(5) 离子交换　反应液经除蛋白澄清过滤，清液通过已处理好的DEAE-C阴离子交换柱，经洗涤、洗脱，收集洗脱液，加入适量 $CaCl_2$ 使其生成FDP-Ca沉淀。

(6) 转酸　FDP-Ca悬浮于无菌水中，用732 H型树脂将其转成 $FDPH_4$，用2 mol/L NaOH溶液调pH为5.3～5.8，经活性炭脱色，超滤冻干，得 $FDPNa_3H$ 成品。

三、检验方法

FDP的含量测定采用酶分析法。用醛缩酶将FDP裂解成3-磷酸基-甘油醛和磷酸基-二羟丙酮，然后利用异构酶把磷酸基-二羟丙酮转变为3-磷酸基-甘油醛，再用磷酸甘油醛脱氢酶将3-磷酸基-甘油醛还原成磷酸基-甘油，与此同时，还原型辅酶Ⅰ(NADH)脱氢氧化成氧化型辅酶Ⅰ(NAD)，根据340 nm波长处辅酶Ⅰ的吸光度变化，即可测定供试品中FDP的含量。本法的特点为快速、特异性好。

任务二　肝素的生产

一、生产前准备

(一) 查找资料，了解肝素生产的基本知识

肝素是天然抗凝剂，是一种含有硫酸基的酸性黏多糖。其分子具有由六糖或八糖重复单位组成的线形链状结构。三硫酸双糖是肝素的主要双糖单位，L-艾杜糖醛酸是此双糖的糖醛酸。二硫酸双糖的糖醛酸是D-葡萄糖醛酸。三硫酸双糖与二硫酸双糖以2:1的比例在分子中交替联结。肝素酶能使肝素降解成三硫酸双糖单位和二硫酸双糖单位。乙酰肝素酶Ⅱ能将四糖单位降解为一个三硫酸双糖单位和一个二硫酸双糖单位。肝素活性还与葡萄糖醛酸含量有关，活性高的分子片段其葡萄糖醛酸含量较高，艾杜糖醛酸含量较低。

硫酸化程度高的肝素具有较高的降脂和抗凝活性。高度乙酰化的肝素，其抗凝活性

降低甚至完全消失，而降脂活性不变。小相对分子质量肝素(相对分子质量为4000～5000)具有较低的抗凝活性和较高的抗血栓形成活性。

肝素是典型的抗凝血药，能阻止血液的凝结过程，用于防止血栓的形成。因为肝素在α-球蛋白参与下，能抑制凝血酶原转变成凝血酶。肝素还具有澄清血浆脂质、降低血胆固醇和增强抗癌药物等作用。临床广泛用于各种外科手术前后防治血栓形成和栓塞、输血时预防血液凝固和作为保存新鲜血液的抗凝剂。小剂量肝素用于防治高脂血症与动脉粥样硬化，广泛用于预防血栓疾病、治疗急性心肌梗死和肾病患者的渗血治疗，还可以用于清除小儿肾病形成的尿毒症。肝素软膏在皮肤病与化妆品中也已广泛应用。

肝素广泛分布于哺乳动物的肝、肺、心、脾、肾、胸腺、肠黏膜、肌肉和血液里。因此，肝素可由猪肠黏膜、牛肺、猪肺提取。其生产工艺主要有盐解-季铵盐沉淀法、盐解-离子交换法和酶解-离子交换法。肝素在组织内和其他黏多糖一起与蛋白质结合成复合物，因此肝素制备过程包括肝素蛋白质复合物的提取、解离和肝素的分离纯化两个步骤。

提取肝素多采用钠盐的碱性热水或沸水浸提，然后用酶(如胰蛋白酶、胰酶(胰脏)、胃蛋白酶、木瓜蛋白酶和细菌蛋白酶等)水解与肝素结合的蛋白质，使肝素解离释放。也可以用碱性食盐水提取，再经热变性并结合凝结剂(如明矾、硫酸铝等)除去杂蛋白。所得的粗提液仍含有未除尽的杂蛋白、核酸类物质和其他黏多糖，需经阴离子交换剂或长链季铵盐分离，再经乙醇沉淀和氧化剂处理等纯化操作，即得肝素成品。

(二) 确定生产技术、生产原料和工艺路线

(1) 确定生产技术：生物化学制药技术。

(2) 确定生产原料：猪肠黏膜。

(3) 确定生产工艺路线。

① 盐解-离子交换生产工艺流程如图1-6-2所示。

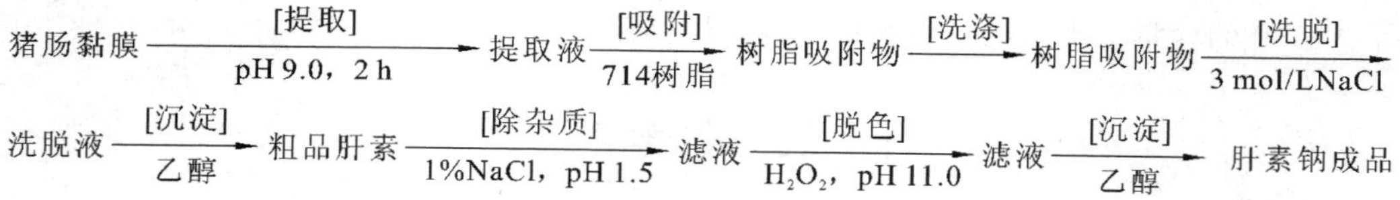

猪肠黏膜 —[提取] pH 9.0，2 h→ 提取液 —[吸附] 714树脂→ 树脂吸附物 —[洗涤]→ 树脂吸附物 —[洗脱] 3 mol/LNaCl→ 洗脱液 —[沉淀] 乙醇→ 粗品肝素 —[除杂质] 1%NaCl，pH 1.5→ 滤液 —[脱色] H_2O_2，pH 11.0→ 滤液 —[沉淀] 乙醇→ 肝素钠成品

图1-6-2　盐解-离子交换的肝素生产工艺流程

② 酶解-离子交换生产工艺流程如1-6-3所示。

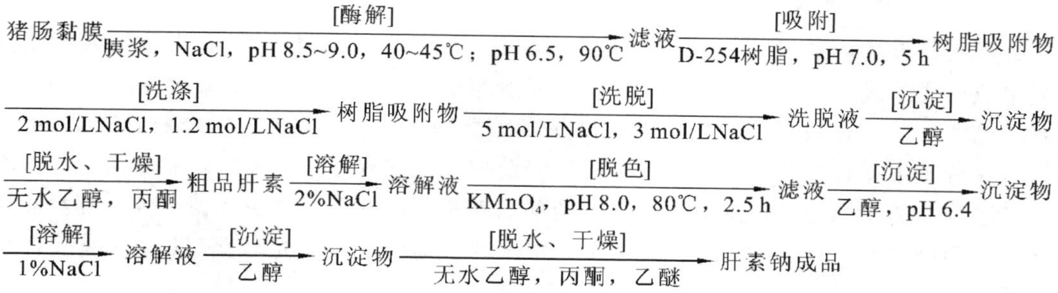

猪肠黏膜 —[酶解] 胰浆，NaCl，pH 8.5~9.0，40~45℃；pH 6.5，90℃→ 滤液 —[吸附] D-254树脂，pH 7.0，5 h→ 树脂吸附物 —[洗涤] 2 mol/LNaCl，1.2 mol/LNaCl→ 树脂吸附物 —[洗脱] 5 mol/LNaCl，3 mol/LNaCl→ 洗脱液 —[沉淀] 乙醇→ 沉淀物 —[脱水、干燥] 无水乙醇，丙酮→ 粗品肝素 —[溶解] 2%NaCl→ 溶解液 —[脱色] $KMnO_4$，pH 8.0，80℃，2.5 h→ 滤液 —[沉淀] 乙醇，pH 6.4→ 沉淀物 —[溶解] 1%NaCl→ 溶解液 —[沉淀] 乙醇→ 沉淀物 —[脱水、干燥] 无水乙醇，丙酮，乙醚→ 肝素钠成品

图1-6-3　酶解-离子交换的肝素生产工艺流程

二、生产工艺过程

(一) 盐解-离子交换生产工艺过程

(1) 提取　取新鲜猪肠黏膜投入反应锅内，按 3%加入 NaCl，用 30%NaOH 溶液调 pH 为 9.0，于 40～45 ℃保温提取 2 h。继续升温至 95 ℃，维持 10 min，冷却至 50 ℃以下，过滤，收集滤液。

(2) 吸附　加入 714 强碱性 Cl^- 型树脂，树脂用量为提取液的 2%。搅拌吸附 8 h，静置过夜。

(3) 洗涤　收集树脂，用水冲洗至洗液澄清，滤干，用 2 倍量 1.4 mol/L NaCl 溶液搅拌 2 h，滤干。

(4) 洗脱　用 2 倍量 3 mol/L NaCl 溶液搅拌洗脱 8 h，滤干，再用 1 倍量 3 mol/L NaCl 溶液搅拌洗脱 2 h，滤干。

(5) 沉淀　合并滤液，加入等量 95%乙醇沉淀过夜。收集沉淀，丙酮脱水，真空干燥得粗品。

(6) 精制　将粗品肝素溶于 15 倍量 1%NaCl 溶液，用 6 mol/L 盐酸调 pH 为 1.5 左右，过滤至清，随即用 5 mol/L NaOH 溶液调 pH 为 11.0，按 3%量加入 H_2O_2(H_2O_2浓度为 30%)，25 ℃放置。维持 pH 11.0，第 2 天再按 1%量加入 H_2O_2，调节 pH 为 11.0，继续放置，共 48 h，用 6 mol/L 盐酸调 pH 为 6.5，加入等量的 95%乙醇，沉淀过夜。收集沉淀，经丙酮脱水真空干燥，即得肝素钠成品。

(二) 酶解-离子交换生产工艺过程

(1) 酶解　取 100 kg 新鲜猪肠黏膜(总固体占 5%～7%)，加苯酚 200 mL(0.2%)，气温低时可不加。在搅拌下，加入已绞碎胰脏 0.5～1 kg(0.5%～1%)，用 10%NaOH 溶液调 pH 至 8.5～9.0，升温至 40～45 ℃，保温 2～3 h。维持 pH 8.0，加入 5 kg NaCl (5%)，升温至 90 ℃，用 6 mol/L 盐酸调 pH 为 6.5，停止搅拌，保温 20 min，过滤即得。

(2) 吸附　取酶解液，冷却至 50 ℃以下，用 6 mol/L NaOH 溶液调 pH 至 7.0，加入 5 kg D-254 强碱性阴离子交换树脂，搅拌吸附 5 h，收集树脂，用水冲洗至洗液澄清，滤干，用等体积 2 mol/L NaCl 溶液洗涤 15 min，滤干，树脂再用 2 倍量 1.2 mol/L NaCl 溶液洗涤 2 次。

(3) 洗脱　将树脂吸附物用 50%量 5 mol/L NaCl 溶液搅拌洗脱 1 h，收集洗脱液，再用 1/3 量 3 mol/L NaCl 溶液洗脱 2 次，合并洗脱液。

(4) 沉淀　洗脱液经纸浆助滤，得清液，加入用活性炭处理过的 90%体积的 95%乙醇，冷处沉淀 8～12 h，收集沉淀，按 100 kg 黏膜加入 300 mL 的比例，向沉淀中补加蒸馏水，再加 4 倍量 95%乙醇，冷处沉淀 6 h，收集沉淀，用无水乙醇洗 1 次，丙酮脱水 2 次，真空干燥，得粗品肝素。

(5) 精制　将粗品肝素溶于 10 倍量 2%NaCl 溶液，加入 4%$KMnO_4$溶液(加入量为每亿单位肝素加入 0.65 mol $KMnO_4$)。加入方法：将 $KMnO_4$溶液调至 pH 8.0，预热至 80 ℃，边搅拌边加入 NaCl 溶液，保温 2.5 h。以滑石粉做助滤剂，过滤，收集滤液，调 pH 为 6.4，加 90%体积的 95%乙醇，置于冷处沉淀 6 h 以上。收集沉淀，溶于 1%NaCl 溶液中(配成 5%肝素钠溶液)，加入 4 倍量 95%乙醇，冷处沉淀 6 h 以上，收集沉淀，用无水乙

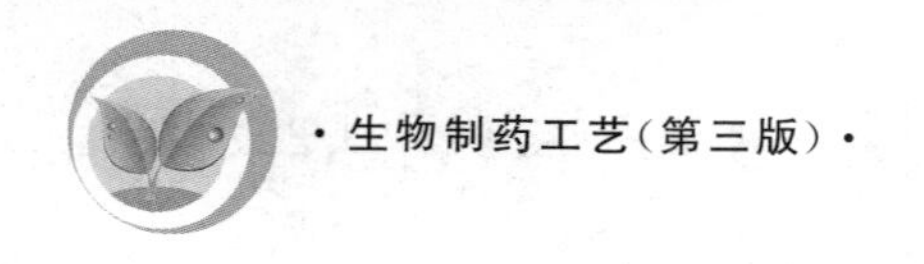

醇、丙酮、乙醚洗涤,真空干燥,得精品肝素。

三、检验方法

(一)生物检定法

肝素效价的生物检定法包括抗凝血因子法和凝血时间测定法等。《中国药典》(2020年版)四部通则1208肝素生物测定法规定,肝素类产品的效价测定方法为抗Ⅱa因子/抗Ⅹa因子效价测定法和凝血时间测定法。抗Ⅱa因子/抗Ⅹa因子效价测定法是通过微量显色法比较肝素标准品与供试品抗Ⅱa因子/抗Ⅹa因子的活性,以测定供试品的效价。凝血时间测定法是比较肝素标准品与供试品延长新鲜兔血或兔、猪血浆凝结时间的作用,以测定供试品的效价。具体测定方法又包括兔全血法、血浆复钙法和APTT法。兔全血法是取肝素标准品和供试品,用健康家兔新鲜血液比较两者延长凝血时间的程度,以决定供试品的效价。抽取兔的全血,离体后立即加到一系列含有不同量肝素的试管中,使肝素与血液混匀后,测定其凝血时间。按统计学的要求,用生理盐水按等比级数稀释成高、中、低剂量稀释液,相邻两浓度之比不得大于10:7。

英国药典和日本药局方采用硫酸钠牛全血法,是取硫酸钠牛全血,加入凝血激酶(从牛脑提取)和肝素溶液,测定标准品与供试品的凝血时间,决定样品效价。美国药典用枸橼酸羊血浆法测定肝素效价,是取枸橼酸羊血浆,加入标准品和供试品,重钙化后,观察凝固程度。如标准品和供试品浓度相同,凝固程度也相同,则说明它们效价相同。

肝素的标准生物效价是以每毫克肝素(60 ℃、266.64 Pa真空干燥3 h)所相当的单位(U)数来表示。1 U为24 h内在冷处可阻止1 mL猫血凝结所需的最低肝素量。国际常用的标准品是WHO的第三次国际标准,以国际单位表示为173 IU/mg。我国使用中国食品药品检定研究院颁发的标准品(如S.6为158 IU/mg)。美国采用美国药典标准,称为美国药典单位(USPU)。曾对我国标准品S.6(158 IU/mg)用枸橼酸羊血浆法测定,结果为美国药典标准142.2 USPU/mg(此数可供参比)。

(二)天青A比色法

此法是以天青A与肝素结合后的吸光度变化为测定依据。以巴比妥缓冲液固定测定pH和离子强度,并以西黄芪胶为显色稳定剂,在505 nm波长处测定吸光度,结果与生物检定法接近,适用于肝素生产研究过程中控制检测。因为变色活性与黏多糖的阴离子强度有关,所以变色测定值也是抗凝血活性的有用参考指标。

任务三　透明质酸(HA)的生产

一、生产前准备

(一)查找资料,了解透明质酸生产的基本知识

透明质酸是由(1→3)-2-乙酰氨基-2-脱氧-β-D-葡萄糖-(1→4)-O-β-D-葡萄糖醛酸的双糖重复单位所组成的酸性多糖,相对分子质量为50万~200万。透明质酸的分子式为$(C_{14}H_{21}NO_{11})_n$。

透明质酸为白色、无定形固体，无臭无味，有吸湿性，溶于水，不溶于有机溶剂，水溶液的比旋光度$[\alpha]_D^{20}$为－800～－700，具有较高的黏度。一些因素会影响透明质酸溶液的黏度，如pH低于或高于7.0，或有透明质酸酶存在时引起分子中糖苷键的水解。许多还原性物质(如半胱氨酸、焦性没食子酸、抗坏血酸)、重金属离子和紫外线、电离辐射等也能引起分子间的解聚而造成黏度下降。

透明质酸具有很强黏性，对骨关节具有润滑作用，还能促进物质在皮肤中的扩散、调节细胞表面和细胞周围的Ca^{2+}、Mg^{2+}、K^+、Na^+运动。在组织中的强力保水作用是其最重要的生理功能之一，故被称为理想的天然保湿因子。其理论保水值高达800 mL/g，在结缔组织中的实际保水值为80 mL/g。此外，透明质酸还有促进纤维增生、加速伤口愈合作用。透明质酸作为药物主要应用于眼科治疗手术，如晶体植入、摘除，角膜移植，抗青光眼手术等，还用于治疗骨关节炎、外伤性关节炎和滑囊炎以及加速伤口愈合。透明质酸在化妆品中的应用更为广泛，它能保持皮肤湿润光滑、细腻柔嫩，富有弹性，具有防皱抗皱、美容保健和恢复皮肤生理功能的作用。

(二) 确定生产技术、生产原料和工艺路线

(1) 确定生产技术：生物制药下游技术。

(2) 确定生产原料：鸡冠。

(3) 确定生产工艺路线，如图1-6-4所示。

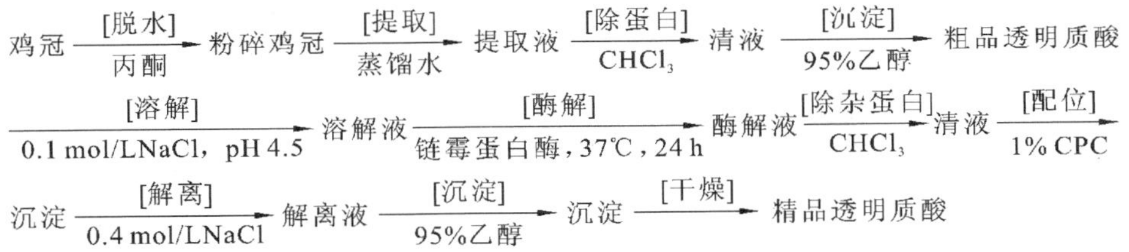

鸡冠 —[脱水] 丙酮→ 粉碎鸡冠 —[提取] 蒸馏水→ 提取液 —[除蛋白] $CHCl_3$→ 清液 —[沉淀] 95%乙醇→ 粗品透明质酸

—[溶解] 0.1 mol/LNaCl，pH 4.5→ 溶解液 —[酶解] 链霉蛋白酶，37℃，24 h→ 酶解液 —[除杂蛋白] $CHCl_3$→ 清液 —[配位] 1% CPC→

沉淀 —[解离] 0.4 mol/LNaCl→ 解离液 —[沉淀] 95%乙醇→ 沉淀 —[干燥]→ 精品透明质酸

图1-6-4 透明质酸生产工艺流程

二、生产工艺过程

(1) 提取 新鲜鸡冠用丙酮脱水后粉碎，加蒸馏水浸泡提取24 h，重复3次，合并滤液。

(2) 除蛋白、沉淀 提取液与等体积$CHCl_3$混合搅拌3 h，分出水相，加2倍量95%乙醇，收集沉淀，丙酮脱水，真空干燥，得粗品透明质酸。

(3) 酶解 将粗品透明质酸溶于0.1 mol/L NaCl溶液，用1 mol/L盐酸调pH至4.5～5.0，加入等体积$CHCl_3$搅拌，分出水层，用稀NaOH溶液调pH为7.5，加链霉蛋白酶，于37 ℃酶解24 h。

(4) 配位、解离、沉淀、干燥 酶解液用$CHCl_3$除杂蛋白，然后加入等体积1%CPC溶液，放置后，收集沉淀，用0.4 mol/LNaCl溶液解离，离心，取出清液，加入3倍量95%乙醇，收集沉淀，丙酮脱水，真空干燥，得透明质酸成品。

三、检验方法

透明质酸分子为葡萄糖醛酸与氨基葡萄糖双糖单位所组成,因此又可以通过测定分子中的某一残基单糖来计算样品中透明质酸的含量。通常有化学法和生化分析法。

化学法主要采用 Elson-Morgan 法测定氨基葡萄糖含量和用 Bitter 的硫酸咔唑法测定葡萄糖醛酸的含量。

生化分析法是用透明质酸酶水解透明质酸,然后用比色法测定产生的游离还原糖(氨基葡萄糖和葡萄糖醛酸),本法特异性好、准确、可靠。还可以用电泳法分析透明质酸,样品经电泳后,用阿利新蓝染色、洗脱透明质酸染色区带,用比色法测定含量,此法结果也比较准确。

任务四　香菇多糖的生产

一、生产前准备

(一)查找资料,了解香菇多糖生产的基本知识

香菇多糖(lentinan)是从担子菌纲伞菌科真菌香菇(*Lentinus edodes*(Berk)Sing)子实体中提取、分离纯化而获得的均一组分的多糖,香菇多糖是以 β-(1→3)-葡萄糖为主链,β-(1→6)-葡萄糖为侧链的葡聚糖。其重复结构单位(图 1-6-5)一般含有 7 个葡萄糖残基,其中 2 个在侧链上。

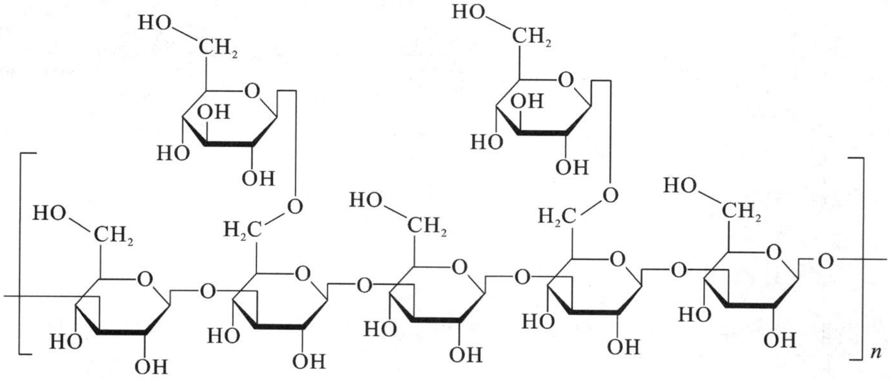

图 1-6-5　香菇多糖结构式

香菇多糖为白色粉末。香菇多糖的抗肿瘤作用与其化学结构尤其是 β-(1→3)链关系密切。采用凝胶过滤法(HPLC)和激光拉曼散射法测得其相对分子质量为 $4\times10^5\sim8\times10^5$。香菇多糖具有广泛的药理学活性,如免疫调节作用,抗肿瘤、抗衰老作用,对化学物质所致肝损害具有保护作用,可作为 LAK 细胞活性上向调节剂等。香菇多糖毒副作用小,小鼠急性毒性试验表明静脉给药 LD_{50} 为 304.5 mg/kg,腹腔给药 $LD_{50}>2500$ mg/kg。六个月的大鼠长期毒性试验和生殖毒性的研究,均未发现明显异常。亚急性毒性试验中分别给药 2.5 mg/kg、300 mg/kg,结果对试验动物正常生长和一般状态均无明显影响。病理学检查大鼠心、肺、肝、肾、胃等脏器均未见毒性作用,也未见致畸胎作用。香菇多糖给药后血

浓度曲线(大鼠)半衰期 $t_{1/2}$ 为 1.9 h,其后 72 h 呈双指数衰减。香菇多糖主要分布于肝,其次为脾、肺、肾等脏器。绝大部分经尿排出。目前主要用于恶性肿瘤的辅助治疗。

(二) 确定生产技术、生产原料和工艺路线

(1) 确定生产技术:生物化学制药技术。

(2) 确定生产原料:香菇子实体。

(3) 确定生产工艺路线:如图 1-6-6 所示。

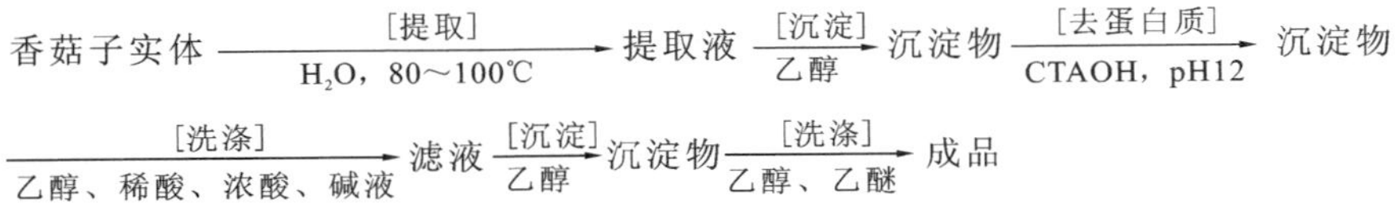

香菇子实体 —[提取] H_2O,80~100℃→ 提取液 —[沉淀] 乙醇→ 沉淀物 —[去蛋白质] CTAOH,pH12→ 沉淀物 —[洗涤] 乙醇、稀酸、浓酸、碱液→ 滤液 —[沉淀] 乙醇→ 沉淀物 —[洗涤] 乙醇、乙醚→ 成品

图 1-6-6　香菇多糖的生产工艺路线

二、生产工艺过程

(1) 提取　香菇子实体经冲洗、破碎后,用蒸馏水于 80～100 ℃下提取 2 次,每次 8 h,加水量分别为投料量的 5 倍和 3 倍,所得悬液在 4000 r/min 下离心 30 min,去除滤渣,滤液蒸发浓缩至原体积的 1/4。

(2) 沉淀　加入等量乙醇进行沉淀,收集沉淀物,用乙醇洗涤,得粗品。

(3) 去蛋白质　将粗品研成细粉,加蒸馏水匀浆,水量逐渐增至投料量的 100 倍,膨胀一昼夜,再加 100 倍水稀释,搅拌 2 h,静置沉淀后,滴加 0.2 mol/L CTAOH 试剂至 pH 12,离心分离,收集沉淀物。

(4) 洗涤　沉淀物依次用乙醇、稀酸(10%乙酸)、浓酸(50%乙酸)和碱液(6%NaOH 溶液)进行洗涤,醇洗、碱洗各 2 次,每次用 10 倍量的醇、碱液洗涤即可,稀酸洗 2 次,浓酸洗 1 次,每次用 5 倍量的稀酸、浓酸洗涤即可。

(5) 沉淀　碱洗后的滤液以 5 倍量乙醇进行沉淀,沉淀用 5 倍量乙醇洗涤 2 次,最后用乙醚洗涤,得成品。

三、检验方法

香菇多糖的含量测定方法有滴定法、苯酚-硫酸法、蒽酮-硫酸法、3,5-二硝基水杨酸法和高效液相色谱法等,下面以苯酚-硫酸法为例介绍香菇多糖的含量的具体测定方法。糖类物质在浓硫酸作用下脱水,生成糠醛或糠醛衍生物,糠醛能与芳香族化合物缩合生成红色化合物。该有色化合物在 490 nm 波长处有最大吸收,测定 490 nm 波长处的吸光度,就能计算出多糖浓度,这是苯酚-硫酸法测定多糖的基本原理。具体操作如下。

1. 葡萄糖标准溶液的配制

精密称取 105 ℃干燥至恒重的葡萄糖 100.0 mg,加蒸馏水溶解并定容于 100 mL 容量瓶中,摇匀,配成 1 mg/mL 葡萄糖标准溶液备用。

2. 5%苯酚试剂的配制

将苯酚水浴加热溶解后称取 100 g,加铝片 0.1 g(先用 1∶6 的盐酸除去铝片表面氧化铝,再称量使用),加入碳酸氢钠 30 g,蒸馏,收集 178～182 ℃的馏分,取馏出液 7.5 g,

加入蒸馏水 150 mL,得 5.0%的苯酚溶液,置于棕色瓶中备用。

3. 标准曲线的绘制

以葡萄糖作为标准品,采用苯酚-硫酸法,用紫外分光光度计测定多糖含量。精密吸取已配制的葡萄糖标准溶液 0.5 mL、1 mL、1.5 mL、2 mL、2.5 mL、3 mL,置于6 个50 mL 容量瓶中,加蒸馏水至刻线,摇匀。分别精密吸取 2 mL,加入 5%苯酚溶液1 mL,摇匀,迅速加入 5 mL 浓硫酸,振摇 5 min,置沸水浴中加热 15 min,然后置冷水浴中冷却 30 min,以蒸馏水作为空白对照,在 400～600 nm 内扫描,最大吸收波长为 490 nm。在 490 nm 波长处测吸光度。以浓度为纵坐标,吸光度为横坐标,绘制标准曲线,得出葡萄糖标准品浓度(μg/mL)与吸光度的回归方程,在 2.5～15.0 μg/mL 范围内呈线性关系。

4. 含量测定

取 2 mL 滤液,加入 5%苯酚溶液 1 mL,摇匀,迅速加入 5 mL 浓硫酸,振摇 5 min,置于沸水浴中加热 15 min,然后置于冷水浴中冷却 30 min,即以蒸馏水作为空白对照,在 490 nm 波长处用分光光度计测吸光度,从而得出香菇多糖浓度。

5. 质量标准

香菇多糖是类白色或浅黄色粉末,无味,有吸湿性。在水、甲醇、乙醇或丙酮中几乎不溶,在 0.5 mol/L NaOH 溶液中溶解。按干燥品计算,含香菇多糖应不得少于 92.0%。

项目实训　甘露醇的生产及鉴定

一、实训目标

(1) 了解甘露醇的性质和结构。

(2) 掌握提取法和发酵法制备甘露醇的基本原理、方法和基本操作技能。

(3)培养正确的劳动观念和劳动习惯,形成兢兢业业的劳动作风。

二、实训原理

甘露醇又名己六醇,为白色针状晶体,无臭,略有甜味,不潮解。易溶于水,溶于热乙醇,微溶于低级醇类和低级胺类,微溶于吡啶,不溶于有机溶剂。甘露醇在体内代谢甚少,肾小管内重吸收也极微。静脉注射后,可吸收水分进入血液中,降低颅内压,使由脑水肿引起休克的患者神志清醒。用于大面积烧伤及烫伤产生的水肿,并有利尿作用,用以防止肾脏衰竭,降低眼内压,治疗急性青光眼,还用于中毒性肺炎、循环虚脱症等。甘露醇在海藻、海带中含量较高。海藻洗涤液和海带洗涤液中甘露醇的含量分别为 2%与 1.5%,是提取甘露醇的重要资源。以葡萄糖为原料,经电解、脱盐、精制即可制得,电解转化率为 98%～99.6%,也可以用发酵法生产。

(1) 提取法制备甘露醇的工艺路线如图 1-6-7 所示。

海藻或海带 $\xrightarrow[\text{自来水}]{\text{[浸泡提取]}}$ 浸泡液 $\xrightarrow[\text{pH 10～11, 8 h}]{\text{[凝集黏性物]}}$ 上清液 $\xrightarrow[\text{pH 6～7}]{\text{[中和]}}$ 中性提取液 $\xrightarrow[\text{110～115℃}]{\text{[浓缩]}}$ 浓缩液

$\xrightarrow[\text{95\% 乙醇}]{\text{[乙醇沉淀]}}$ 沉淀物 $\xrightarrow[\text{乙醇回流}]{\text{[除杂质]}}$ 精品甘露醇 $\xrightarrow[H_2O\text{，活性炭}]{\text{[精制]}}$ 结晶甘露醇 $\xrightarrow[\text{105～110℃}]{\text{[干燥]}}$ 药用甘露醇

图 1-6-7　提取法制备甘露醇的工艺路线

（2）发酵法制备甘露醇的工艺路线如图 1-6-8 所示，菌种为米曲霉菌（*Aspergillus oryzae*）。

3.409菌种 —[菌种选育] 斜面培养30~32℃，4~5 d→ 斜面菌种 —[种子培养] (31±1)℃，20~24 h→ 种子培养液 —[发酵] pH 3~6，30~32℃，4~5 d→

发酵液 —[除杂质]→ 清液 —[浓缩结晶] 55~60℃减压浓缩→ 粗品晶体 —[脱色] 活性炭→ 脱色液 —[离子交换除盐] 717与732树脂→

纯化液 —[浓缩结晶] 55~60℃→ 精品晶体 —[干燥] 105~110℃→ 药用甘露醇

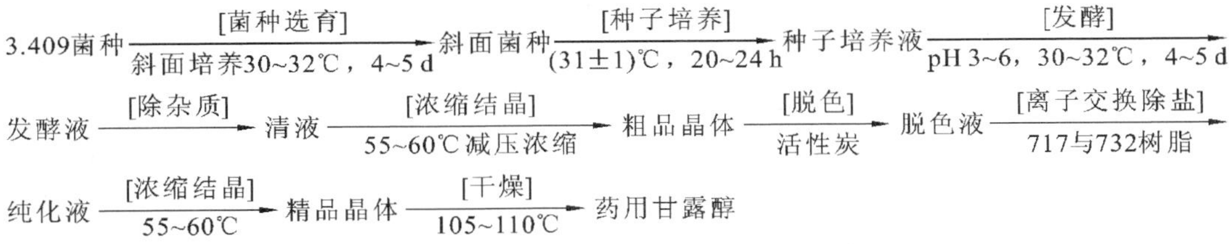

图 1-6-8　发酵法制备甘露醇的工艺路线

三、实训器材和试剂

1. 器材

（1）提取法：试管、烧杯、容量瓶、玻璃棒、回流装置、离心机、旋转蒸发仪、烘箱。

（2）发酵法：试管、烧杯、冰箱、高压灭菌锅、恒温培养箱、离心机、小型发酵罐、离子交换柱。

2. 试剂

（1）提取法：海藻或海带、30%NaOH、硫酸、乙醇、活性炭。

（2）发酵法：3.409 菌种、麦芽、碘液、硫酸、0.3% $NaNO_3$、0.1% KH_2PO_4、0.05% $MgSO_4$、0.05%KCl、0.001% $FeSO_4$、0.5%玉米浆、2%淀粉糖化液、2%玉米粉、豆油、活性炭、717 强碱型阴离子交换树脂与 732 强酸型阳离子交换树脂。

四、实训方法和步骤

（一）提取法工艺过程

（1）浸泡提取、碱化、中和　海藻或海带加 20 倍量自来水，室温浸泡 2～3 h，浸泡液套用为第二批原料的提取溶剂，一般套用 4 批，浸泡液中的甘露醇含量已较大。取浸泡液，用 30%NaOH 溶液调 pH 为 10～11，静置 8 h，凝集沉淀多糖类黏性物。虹吸上清液，用 1∶1 H_2SO_4 调至 pH 6～7，进一步除去胶状物，得中性提取液。

（2）浓缩、沉淀　沸腾浓缩中性提取液，除去 NaCl 和胶状物，直到浓缩液含甘露醇 30%以上，冷却至 60～70 ℃，趁热加入 2 倍量 95%乙醇，搅拌均匀，冷却至室温，离心收集灰白色松散沉淀物。

（3）精制　沉淀物悬浮于 8 倍量 94%乙醇中，搅拌回流 30 min，出料，冷却过夜，离心得粗品甘露醇，含量为 70%～80%。重复操作一次，经乙醇重结晶后，含量大于 90%，氯化物含量小于 0.5%。取此样品重溶于适量蒸馏水中，加入 1/10～1/8 活性炭，80 ℃保温 0.5 h，过滤。清液冷却至室温结晶，抽滤，洗涤，得结晶甘露醇。

（4）干燥、包装　结晶甘露醇于 105～110 ℃烘干。检验 Cl 合格后（低于 0.007%）进行无菌包装，含量 98%～102%。

（二）发酵法工艺过程

（1）菌种选育　将米曲霉菌（*Aspergillus oryzae*）3.409 菌种接种于 10 mL 斜面培

养基中,31 ℃左右培养 4～5 d。斜面存于 4 ℃冰箱中,2～3 个月传代一次。使用前重新转接活化培养。培养基的制备:取麦芽 1 kg,加水 4.5 L,于 55 ℃保温 1 h,升温到 62 ℃,再保温 5～6 h,加热煮沸后,用碘液检查糖化度应在 12°Bé 以上,pH 5.1 以上,即可存于冷室备用,取此麦芽汁加 2.1%琼脂,灭菌后,冷冻制成斜面,存于 4 ℃备用。

(2) 种子培养　取经活化培养 4 d 的斜面菌种 2 支,转接于 17.5 L 种子培养基中,(31±1) ℃搅拌通气培养 20～24 h。通气量为 2 L/(L · min),搅拌速度为 350 r/min,罐压为 0.1 MPa。种子培养基:0.3% $NaNO_3$,0.1% KH_2PO_4,0.05% $MgSO_4$,0.05% KCl,0.001% $FeSO_4$,0.5%玉米浆,2%淀粉糖化液,2%玉米粉,pH 6～7。

(3) 发酵　于 500 L 发酵罐中,加入 350 L 发酵培养基,0.15 MPa 蒸汽灭菌 30 min,移入种子培养液,接种量为 5%,pH 3～6、30～32 ℃发酵 4～5 d,通气量为 3.33 L/(L · min),发酵 20 h 后改为 2.5 L/(L · min),罐压为 0.1 MPa,搅拌速度为 230 r/min,配料时添加适量豆油,防止产生泡沫。发酵培养基与种子培养基相同。

(4) 除杂质、分离结晶　将发酵液加热至 100 ℃,保持 5 min,使蛋白质凝固,加入 1%活性炭,80～85 ℃加热 30 min,离心,澄清滤液于 55～60 ℃真空浓缩至 31°Bé,于室温结晶 24 h,甩干,得甘露醇晶体。将晶体溶于 0.7 倍体积水中,加 2%活性炭,70 ℃加热 30 min,过滤。清液通过 717 强碱型阴离子交换树脂与 732 强酸型阳离子交换树脂,检查流出液,应无氯离子存在。

(5) 浓缩、结晶、烘干　精制液于 55～60 ℃真空浓缩至 25°Bé,浓缩液于室温结晶 24 h,甩干晶体,于 105～110 ℃下烘干,粉碎包装。

(6) 制剂　取适量注射用水,按 20%标示量称取结晶甘露醇,加热至 90 ℃搅拌溶解后,加入 1%活性炭,加热 50 min,过滤,再补足注射用水至标示量。检测 pH(4.5～6.5)和含量,合格后,经 G_3 垂熔漏斗澄清过滤,分装于 50 mL、100 mL、250 mL 安瓿或输液瓶中,以 0.1 MPa 蒸汽灭菌 40 min,即得甘露醇注射液。20%甘露醇注射液是饱和溶液,为防止温度过低时结晶,配制时需保温 45 ℃左右趁热过滤。5.07%甘露醇溶液为等渗溶液,长时间高温加热,会引起色泽变黄,在 pH 为 8 时尤为明显,配制时应注意操作。含热原的注射液可通过阳离子交换树脂 Amberlite IRho(氢型)与阴离子交换树脂 Amberlite IRA-400(羟型)处理,制得 pH 合适又不含热原的注射液。

五、实训结果处理

(1) pH　注射液的 pH 应为 4.5～6.5,用电位法测定。

(2) 含量测定　《中国药典》规定应用碘量法测定甘露醇含量。取本品样液,加入高碘酸钠硫酸液,加热反应 15 min,冷却后加入碘化钾试液,用硫代硫酸钠标准溶液滴定,以淀粉为指示剂,经空白试验校正后,计算样品含量。

(3) 计算　计算通过海带或海藻制备甘露醇的提取率。

六、知识和技能探究

比较提取法和发酵法制备甘露醇的生产工艺,两种制备方法又可从哪些方面改进?

项目总结

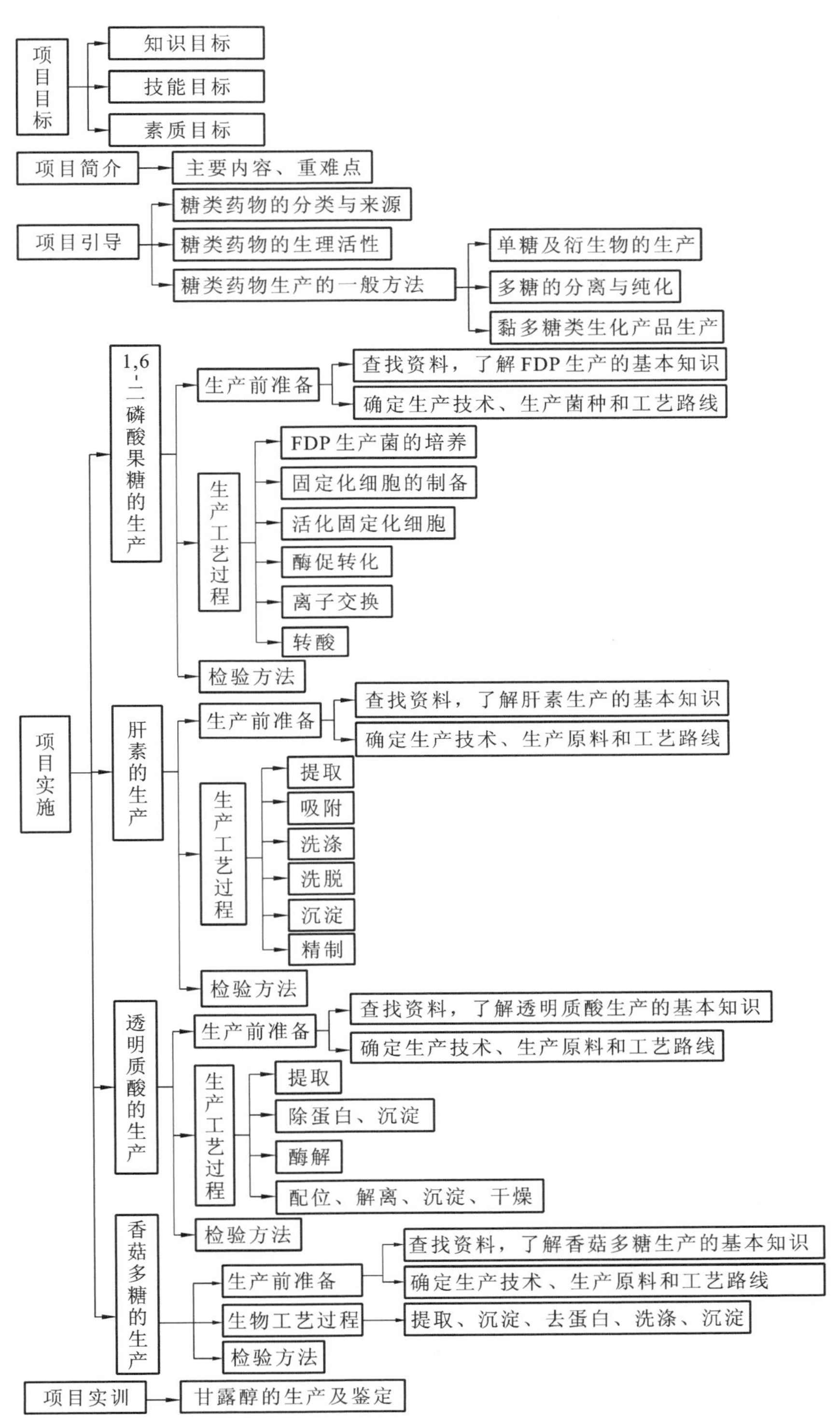
项目目标
知识目标
技能目标
素质目标
项目简介
主要内容、重难点
项目引导
糖类药物的分类与来源
糖类药物的生理活性
糖类药物生产的一般方法
单糖及衍生物的生产
多糖的分离与纯化
黏多糖类生化产品生产
项目实施
1,6-二磷酸果糖的生产
生产前准备
查找资料，了解FDP生产的基本知识
确定生产技术、生产菌种和工艺路线
生产工艺过程
FDP生产菌的培养
固定化细胞的制备
活化固定化细胞
酶促转化
离子交换
转酸
检验方法
肝素的生产
生产前准备
查找资料，了解肝素生产的基本知识
确定生产技术、生产原料和工艺路线
生产工艺过程
提取
吸附
洗涤
洗脱
沉淀
精制
检验方法
透明质酸的生产
生产前准备
查找资料，了解透明质酸生产的基本知识
确定生产技术、生产原料和工艺路线
生产工艺过程
提取
除蛋白、沉淀
酶解
配位、解离、沉淀、干燥
检验方法
香菇多糖的生产
生产前准备
查找资料，了解香菇多糖生产的基本知识
确定生产技术、生产原料和工艺路线
生物工艺过程
提取、沉淀、去蛋白、洗涤、沉淀
检验方法
项目实训
甘露醇的生产及鉴定

项目检测

一、填空题

1. 生物体内的糖以不同形式出现则会有不同功能。糖类药物种类繁多,其分类方法也有多种,按照所含糖基数目的不同可分为( )、( )和( )三类。

2. 提取多糖时,一般需先进行( ),以便多糖释放。方法是将材料粉碎,加甲醇或乙醇-乙醚混合液(1∶1),加热搅拌 1~3 h,也可用石油醚脱脂。动物材料可用( )脱脂、脱水处理。

3. ( )是分级分离复杂黏多糖与从稀溶液中回收黏多糖的最有用方法之一。

4. 黏多糖由于具有酸性基团如糖醛酸和各种硫酸基,在溶液中以聚阴离子形式存在,因而可用( )交换剂进行交换吸附。

5. 多糖纯度的鉴定通常有比旋光度法、超离心法、高压电泳法、常压凝胶层析法和高效凝胶渗透色谱法等方法,其中( )是目前最常用的也较准确的方法,发展较快,而( )被普遍认为是实验室中最简便实用的方法。

6. 硫酸化程度高的肝素具有较高的降脂和抗凝活性。高度( )的肝素,抗凝活性降低甚至完全消失,而降脂活性不变。

7. 黏多糖药物的提取方法有( )和( )。其中( )已逐步取代碱提取法而成为提取多糖的最常用方法。

8. 香菇多糖的生产包括( )、( )、( )、( )和( )五个工艺环节。

二、简述题

1. 简述糖类药物的生理活性。

2. 简述通过微生物发酵法生产 D-甘露醇的工艺过程。

三、工艺路线题

绘制通过微生物发酵技术生产甘露醇的工艺路线图。

项目拓展

糖类药物的研究现状

1. 国外现状

糖类是除蛋白质、核酸之外的第三类生物大分子,细胞表面结构复杂的糖链在生物体内多种生理和病理过程中扮演着重要角色。然而,由于糖结构的高度复杂性和多样性,与蛋白质和核酸研究相比,糖类的结构和功能研究在许多方面尚未建立起成熟、统一的概念和技术。糖类药物的开发也远远滞后于蛋白质和核酸类药物的开发。近年来,随着糖组学、糖生物学的发展,以及糖的分离纯化、结构解析、定性定量分析手段的提高,更多具有优良药理活性的糖类成为重要的研究对象。糖科学和糖类药物已成为 21 世纪生命科学研究以及新药研发的重要组成部分。

全球范围内已有数百种糖类药物上市应用于临床,处在研究阶段的糖类药物更是种类繁多。目前市场上有几种基于碳水化合物的药物。例如:BGM Galectin-3 可用于慢性心力衰竭临床中的血液检测;GSC_{100}(以前称为 GBC_{590})是一种复合多糖，具有结合和阻断半乳糖凝集素-3作用的能力；Galectin Therapeutics有两种先导糖类药物——用于癌症免疫治疗的GM-CT-01和用于纤维化的GM-MD-02。

2.国内现状

我国在糖类药物研究上取得了一系列成果。中国海洋大学海洋药物教育部重点实验室就建立了海洋糖工程药物研究开发技术体系，并以海洋多糖为基础原料，采用生物降解和化学降解等方法，制得纯度高、结构清楚的海洋寡糖单体化合物50个，分属褐藻胶、卡拉胶、琼胶及几丁质4个系列；并以此糖类化合物为基础原料，获得糖缀合物60个，初步构建我国第一个海洋糖库。

国家糖工程技术研究中心(NGRC)通过研究开发糖的工业规模制备和利用技术、分析与评价技术，搭建一个以糖为主要研发对象的工程化技术研究平台，侧重于糖类生物质资源转化为能源和化工产品、新型糖及其衍生物药物的研发，以及功能糖的研制及其在食品、饲料、农药等方面的应用，面向企业规模生产的实际需要，促进糖科研成果向生产力转化，提高现有糖科技成果的成熟性、配套性和工程化水平，并不断地推出具有高科技含量、高增值效益的系列产品。植物多糖类药物是我国研究最多、应用最早的药物之一，广泛地应用于各类疾病的治疗当中。如人参、枸杞、黄芪、当归、海藻等都含有多糖。近年来，我国以糖生物工程技术为核心的生物糖产业呈现出快速发展的局面，年增长率维持在20%左右，预计其复合增长率将超过40%，糖工程技术也被列入《国家中长期科学和技术发展规划纲要(2006—2020年)》确定的重点领域及前沿技术。

功能糖和糖组学分析糖类药物研发技术服务平台旨在服务于糖类药物、多糖及糖缀合物的化学结构测定、各种理化性质测定，以及质量控制标准建立等方面的研究，同时建立基于细胞表面糖链及其相关酶为靶标的药物筛选模型，探索活性多糖作用机理，形成糖类创新药物研究开发所必需的平台。由中国科学院上海药物研究所、中国海洋大学和上海绿谷制药有限公司联合研发的治疗阿尔茨海默症(AD)的新药“甘露寡糖二酸(GV-971)”即为糖类药物研发的最新成果，作为国际首个AD治疗性海洋寡糖药物，GV-971抗老年痴呆三期临床的顺利完成，为引领国际糖类药物研究，攻克世界复杂疾病治疗难题，提升我国创新药物研究发展起到积极的推动作用。国家糖工程技术研究中心的建立，为国内外糖科学领域搭建科技成果转化与技术交流平台，对于推进糖生物科技成果加速转化具有重要意义。

目前，糖类药物的研发方向主要集中在抗炎症药物、免疫调节药物、抗感染药物与疫苗、心血管病药物、癌症诊断、靶向治疗及一些遗传病和慢性病的治疗药物上。而糖类药物研发的主要难点有两个方面：第一，对糖的功能研究有待深入；第二，缺乏规模化制备糖的关键技术。由于糖链结构的复杂性，目前获得糖链的主要方法还是提取或化学合成，难以像核酸和蛋白质那样进行高效、准确的自动化化学合成，也不能像核酸PCR扩增或蛋白质表达那样大量制备。直接后果就是在药物研发及后续的应用中，没有成本较低的大规模制备技术，进而制约了糖类药物的发展。

码1-7-1 模块一 项目七PPT

项目七　脂类生物技术药物的生产

项目目标

一、知识目标

明确不同脂类药物的基本特性、不同工艺流程的优点及方法。

熟悉脂类药物生产的基本技术和方法。

掌握典型脂类药物如胆固醇、前列腺素和辅酶 Q_{10} 的生产工艺流程、生产技术及操作要点、相关参数的控制。

二、技能目标

学会常用脂类药物生产的操作技术、操作方法和基本操作技能。

熟练掌握脂类等药物生产工艺,熟悉脂类药物检验评价标准,能正确进行脂类药物质量检验工作。

能按照工艺流程图,合理地选择药物生产方法。能按照脂类药物的生产特点,进行生产组织与管理。

三、素质目标

具有自主学习和综合学习的能力,形成自主学习的有效途径;培养团队合作意识和承受挫折的能力、严谨的工作作风、实事求是的工作态度、分析问题和解决问题的能力以及科学的思维方式;树立正确的劳动观念,培养热爱劳动、热爱集体、艰苦奋斗的良好品质以及自我管理、自我教育、自我服务、自我约束的能力,提高综合素质。

项目简介

本项目的内容是脂类生物技术药物的生产,项目引导介绍脂类药物的基本知识,让学生在进行脂类药物生产之前进行基本的知识储备。在此基础上,尝试运用已获得的制药工艺的基本知识对具体的脂类药物进行分析,作出判断。同时通过学习典型药物的生产,让学生加深对脂类药物生产方法的认知。在完成以上的学习及实训项目后,让学生尝试从现实生产中运用有关知识和方法,提出看法或解决问题的设想。

项目引导

脂类物质是脂肪、类脂(包括磷脂、糖脂、固醇和固醇酯)及其衍生物的总称。脂类物质广泛存在于生物体中,它有结构不同的几类化合物,由于分子中的碳氢比例都较高,能够溶解在乙醚、氯仿、苯等有机溶剂中,不溶于水。脂类化合物往往是互溶在一起的,依据脂溶性这一共同特点归为一大类,称为脂类,并不是一个准确的化学名词,其中具有特定生理、药理效应者称为脂类药物，可通过生物组织抽提、微生物发酵、动植物细胞培养、酶转化及化学合成等途径制取。

一、脂类药物的种类、结构和性质

（一）脂类药物的种类

脂类药物在生物化学上可分为以下几类：①简单脂类，这类药物为不包含脂肪酸的脂类，如甾体化合物（如胆固醇、谷固醇、胆酸、胆汁酸等）、前列腺素以及其他（如胆红素、辅酶 Q_{10}、人工牛黄等）；②复合脂类，这类药物为与脂肪酸相结合的脂类，如酰基甘油（如卵磷脂、脑磷脂、豆磷脂等）、磷酸甘油酯类、鞘脂类、蜡等；③也有将萜类作为一类，称为萜式脂，如多萜类、固醇和类固醇。

常见的脂类药物有不饱和脂肪酸类、磷脂类、胆酸类、固醇类和色素类等。

（二）脂类药物的结构

1. 脂肪和脂肪酸

脂肪的化学组成是甘油与三分子高级脂肪酸，故又称为甘油三酯，天然脂肪大多数是混合甘油酯，具有不对称结构而存在异构体。脂肪酸链长及饱和度的差异直接影响其组成物的理化性质，从而引起生理功能的变化。

$$\begin{array}{l} CH_2—O—CO—R_1 \\ | \\ CH—O—CO—R_2 \\ | \\ CH_2—O—CO—R_3 \end{array}$$

甘油三酯

R_1、R_2 及 R_3 分别代表三分子脂肪酸的羟基。如果其中三分子脂肪酸相同，构成的脂肪称为单纯甘油酯，如三油酸甘油酯；如果是不同的，则称为混合甘油酯。

不饱和脂肪酸组分主要为十八碳烯酸，其中有 1 个双键的称为油酸，有 2 个双键的称为亚油酸，有 3 个双键的称为亚麻酸。这 3 种十八碳烯酸的第一个双键都在 C(9) 和 C(10)之间，在分子的中间部位。不饱和键超过 2 个的，又称为多不饱和脂肪酸，可分为 ω-6 系列及 ω-3 系列。ω-6 系列主要有亚油酸、亚麻酸及花生四烯酸，ω-3 系列主要有 α-亚麻酸、二十碳五烯酸（EPA）和二十二碳六烯酸（DHA）。

2. 磷脂

磷脂主要是指甘油磷脂和神经鞘磷脂。甘油磷脂主要包含磷脂酰胆碱（PC）、磷脂酰乙醇胺（PE，也称脑磷脂）、磷脂酸（PA）、磷脂酰肌醇（PI）等；狭义的卵磷脂仅指 PC。磷脂分子中，以酯键形式和胆碱结合，常见的有硬脂酸、软脂酸、油酸、亚油酸、亚麻酸及花生四烯酸等，PC 结构中饱和脂肪酸主要分布在第一位，不饱和脂肪酸主要分布在第二位。

3. 萜式脂

固醇是脂质类中不被皂化、在有机溶剂中容易结晶出来的化合物。一般固醇结构都有一个环戊烷多氢菲环，A、B 环之间和 C、D 环之间都有一个甲基，称为角甲基。带有角甲基的环戊烷多氢菲称为“甾”，因此固醇也称甾醇。典型结构以胆烷（甾）醇为代表。胆烷醇在 5、6 位脱氢后变成胆固醇，胆固醇在 7、8 位上脱氢变成 7-脱氢胆固醇。

（三）脂类药物的理化性质

1. 脂肪和脂肪酸

(1) 水溶性　脂肪一般不溶于水，易溶于有机溶剂(如乙醚、石油醚、氯仿、二硫化碳、四氯化碳、苯等)。由低级脂肪酸构成的脂肪则能在水中溶解。脂肪的相对密度小于1，故浮于水面上。

(2) 熔点　脂肪的熔点各不相同，脂肪的熔点取决于脂肪酸链的长短及其双键数的多寡。脂肪酸的碳链越长，则脂肪的熔点越高。饱和脂肪酸熔点随其相对分子质量而变化，相对分子质量越大，其熔点就越高。带双键的脂肪酸存在于脂肪中能显著地降低脂肪的熔点。不饱和脂肪酸的双键越多，熔点越低。

(3) 吸收光谱　脂肪酸在紫外和红外区显示出特有的吸收光谱，可对脂肪酸进行定性、定量或结构研究。饱和酸和非共轭酸在220 nm以下的波长区域有吸收峰。共轭酸中的二烯酸在230 nm附近、三烯酸在260～270 nm附近、四烯酸在290～315 nm附近显示出吸收峰。红外吸收光谱可有效地应用于测定脂肪酸的结构，它可以用于判断有无不饱和键、是反式还是顺式、脂肪酸侧链的情况。

(4) 皂化作用　脂肪内脂肪酸和甘油结合的酯键容易在氢氧化钾或氢氧化钠作用下水解，生成甘油和水溶性的肥皂。这种水解称为皂化作用。通过皂化作用得到的皂化价(皂化1 g脂肪所需氢氧化钾的质量(以mg计))，可以求出脂肪的相对分子质量，即

脂肪的相对分子质量＝3×氢氧化钾的相对分子质量×1000/皂化价

(5) 加氢作用　脂肪分子中如果含有不饱和脂肪酸，可因双键加氢而变为饱和脂肪酸。

(6) 加碘作用　脂肪不饱和双键可以加碘，100 g脂肪所吸收碘的质量(g)称为碘价。脂肪中不饱和脂肪酸越多，或不饱和脂肪酸所含的双键越多，则碘价越高。根据碘价高低可以判断脂肪中脂肪酸的不饱和程度。

(7) 氧化和酸败作用　脂类的多不饱和脂肪酸在体内容易氧化而生成过氧化脂质，它不仅能破坏生物膜的生理功能，导致机体的衰老，还会伴随某些溶血现象的发生，促使贫血、血栓、动脉硬化、糖尿病。

脂肪的不饱和脂肪酸可为氧或各种细菌、霉菌所产生的脂肪酶和过氧化物酶所氧化，形成一种过氧化物，最终生成短链酸、醛和酮类化合物，这些物质能使油脂散发刺激性的臭味，称为酸败作用。

2. 磷脂

由于磷脂分子中含有疏水性脂肪酸链和亲水基团(磷酸、胆碱或乙醇胺等基团)，因此具有表面活性，可乳化于水，以胶体状态在水中扩散。卵磷脂、脑磷脂及神经鞘磷脂的溶解度在不同的脂肪溶剂中具有显著差别，可用来分离此三种磷脂。

卵磷脂为白色蜡状物，在空气中极易氧化，迅速变成暗褐色。卵磷脂有降低表面张力的能力，若与蛋白质或碳水化合物结合则作用更大，是一种极有效的脂肪乳化剂。它与其他脂类结合后，在体内水系统中均匀扩散。因此，能使不溶于水的脂类处于乳化状态。

神经鞘磷脂对氧较为稳定。不溶于醚及冷乙醇，可溶于苯、氯仿及热乙醇。

3. 萜式脂

胆固醇为白蜡状结晶片，不溶于水而溶于脂肪溶剂，可与卵磷脂或胆盐在水中形成乳状物。胆固醇与脂肪混合时能吸收大量水分。胆固醇不能皂化，能与脂肪酸结合成胆固

醇酯，为血液中运输脂肪酸的方式之一。脑中含胆固醇很多，约占湿重的2%，几乎完全以游离的形式存在。

类固醇与固醇比较，甾体上的氧化程度较高，含有2个以上的含氧基团，这些含氧基团以羟基、酮基、羧基和醚基的形式存在，主要化合物有胆酸、鹅去氧胆酸、熊去氧胆酸、睾酮、雌二醇、黄体酮(孕酮)等。胆酸的3、7、12位上各有1个羟基，鹅去氧胆酸3、7位有2个羟基，胆酸7位上失去1个羟基可得去氧胆酸。

二、脂类的药用价值

(1) 胆酸类的药用价值　胆酸类化合物是人及动物肝脏产生的甾体类化合物，集中于胆囊，排入肠道对脂肪起乳化作用，促进脂肪消化吸收，同时促进肠道正常菌落繁殖，抑制致病菌生长，保持肠道正常功能。不同的胆酸又有不同的药理效应及临床应用。

胆酸钠用于治疗胆囊炎、胆汁缺乏症及脂肪消化不良等；鹅去氧胆酸及熊去氧胆酸用于治疗胆石症、高血压、急性及慢性肝炎、肝硬化及肝中毒等；去氢胆酸用于治疗胆道炎、胆囊炎及胆结石，加速胆囊造影剂的排泄；猪去氧胆酸可降低血浆胆固醇，治疗高脂血症；牛磺熊去氧胆酸用于退热、消炎及溶胆石；牛磺鹅去氧胆酸、牛磺去氢胆酸及牛磺去氧胆酸用于防治艾滋病、流感及副流感病毒感染引起的传染性疾病等。

(2) 色素类的药用价值　色素类药物有胆红素、胆绿素、血红素、原卟啉、血卟啉及其衍生物。胆红素用于消炎、镇静等，也是人工牛黄的重要成分。胆绿素是胆南星、胆黄素等消炎药的成分。原卟啉用于治疗肝炎。血卟啉为激光治疗癌症的辅助剂，临床上用于治疗多种癌症。血红素用于制备抗癌特效药，临床上可制成血红素补铁剂。

(3) 不饱和脂肪酸的药用价值　不饱和脂肪酸主要包括前列腺素、亚油酸、亚麻酸、花生四烯酸及二十碳五烯酸等。前列腺素主要用于肝炎、肝硬化、脑梗死、糖尿病、呼吸系统疾病，用于催产、中早期引产、肾功能不全、抗早孕及抗男性不育症。亚油酸用于防治动脉粥样硬化，用于治疗高血压、糖尿病等。花生四烯酸治疗冠心病、糖尿病、预防脑血管疾病，对婴幼儿的大脑、神经及视神经系统的发育也具有重要作用。二十碳五烯酸用于预防和改善动脉硬化，防止高血压等。

(4) 磷脂类的药用价值　该类药物包括卵磷脂、脑磷脂和大豆磷脂。卵磷脂用于预防高血压、心脏病、老年痴呆症、痛风、糖尿病等，临床上可用于治疗神经衰弱及防治动脉粥样硬化。脑磷脂用于防治肝硬化、肝脂肪性病变、动脉粥样硬化，治疗神经衰弱，有局部止血作用。大豆磷脂用于口服制剂的乳化，治疗高血脂、急性脑梗死和神经衰弱等。

(5) 固醇类的药用价值　该类药物包括胆固醇、麦角固醇及β-谷固醇等。胆固醇为合成人工牛黄原料、机体多种甾体激素和胆酸原料。麦角固醇是机体维生素D_2的原料。β-谷固醇可降低血浆胆固醇。

(6) 人工牛黄的药用价值　该类药品包括胆红素、胆酸、猪胆酸、胆固醇及无机盐等。临床上用于治疗热病癫狂、神昏不语、小儿惊风、恶毒症及咽喉肿胀等，外用可治疗疔疮及口疮。

表1-7-1列出了常见脂类药物的来源及主要用途。

表 1-7-1　常见脂类药物的来源及主要用途

品　　名	主 要 用 途
胆固醇	人工牛黄的原料
麦角固醇	维生素 D_2 原料,防治小儿软骨病
β-谷固醇	降低血浆胆固醇
亚油酸	降血脂
亚麻酸	降血脂,防治动脉粥样硬化
花生四烯酸	降血脂,合成前列腺素 E_2 的原料
鱼肝油脂肪酸钠	止血,治疗静脉曲张及内痔
胆酸钠	治疗胆汁缺乏、胆囊炎及消化不良
胆酸	合成人工牛黄的原料
α-猪去氧胆酸	降低胆固醇,治疗支气管炎
胆石去氧胆酸	治疗胆囊炎
脑磷脂	止血、防治动脉粥样硬化及神经衰弱
卵磷脂	防治动脉粥样硬化、肝病及神经衰弱
卵黄油	抗绿脓杆菌及治疗烧伤
前列腺素 E_1 和 E_2	中期引产,催产或降血压
辅酶 Q_{10}	治疗亚急性肝坏死及高血压
胆红素	抗氧化剂,消炎,合成人工牛黄的原料
原卟啉	治疗急性及慢性肝炎
血卟啉及其衍生物	肿瘤激光疗法辅助剂及诊断试剂
人工牛黄	清热解毒,抗惊厥

三、脂类药物的生物生产技术

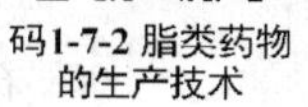
码1-7-2 脂类药物的生产技术

(一) 直接提取法

在生物体或生物转化反应体系中,有些脂类药物是以游离形式存在的,如卵磷脂、脑磷脂、花生四烯酸及前列腺素等。因此,通常根据各种成分的溶解性质,采用相应溶剂系统从生物组织或反应体系中直接抽提出粗品,再经过分离纯化并进一步精制,得到纯品。

(1) 提取法往往采用几种溶剂组合的方式进行,以醇作为组合溶剂的必需组分。醇能裂开脂质-蛋白质复合物,溶解脂类和使生物组织中脂类降解酶失活。醇溶剂的缺点是糖、氨基酸、盐类等也被提取出来,要除去水溶性杂质,最常用的方法是水洗提取物,但可能形成难处理的乳浊液。采用 $V_{氯仿}:V_{甲醇}:V_{水}$ 为1:2:0.8 组合溶剂提取脂质,提取物再用氯仿和水稀释,形成两相体系,$V_{氯仿+甲醇}:V_{水}=1:0.9$,水溶性杂质分配进入甲醇-水相,脂类进入脂肪相,基本能克服上述问题。

(2) 提取一般在室温下进行，阻止其发生过氧化与水解反应，如有必要，可低于室温。提取不稳定的脂类时，应尽量避免加热。

(3) 使用含醇的混合溶剂，能使许多酯酶和磷脂酶失活，对较稳定的酶，可将提取材料在热乙醇或沸水中浸 1～2 min，使酶失活。

(4) 提取溶剂要刚蒸馏的，不含过氧化物。

(5) 提取高度不饱和的脂类时，溶剂中要通入氮气以驱除空气，操作应置于氮气环境下进行。

(6) 不要使脂类提取物完全干燥或在干燥状态下长时间放置，应尽快溶于适当的溶剂中。

(7) 脂类具有过氧化与水解等不稳定性质，提取物不宜长期保存。如要保存可溶于新鲜蒸馏的 $V_{氯仿}$∶$V_{甲醇}$ 为2∶1的溶剂中，于－15～0 ℃保存，时间较长者(1～2 年)，必须加入抗氧化剂，保存于－40 ℃。

(二) 水解法

对有些和其他成分构成复合物质的脂类药物，需经水解或适当处理后，再进行提取分离纯化，或先提取再水解。

(1) 脑干中胆固醇酯经丙酮提取，浓缩后残留物用乙醇结晶，再用硫酸水解和结晶才能获得胆固醇。

(2) 辅酶 Q_{10} 与动物细胞内线粒体膜蛋白结合成复合物，故从猪心提取辅酶 Q_{10} 时，需将猪心绞碎后用氢氧化钠水解，然后用石油醚提取，经分离纯化制得。

(3) 在胆汁中，胆红素大多与葡萄糖醛酸结合成共价化合物，故提取胆红素需先用碱水解胆汁，然后用有机溶剂抽提。

(4) 胆汁中胆酸大都与牛磺酸或甘氨酸形成结合型胆汁酸，要获得游离胆酸，需将胆汁用 10%氢氧化钠溶液加热、水解后，再进一步分离纯化才可得到产物。

(三) 生物转化法

生物转化法包括微生物发酵、动植物细胞培养和酶工程技术。例如：微生物发酵法或烟草细胞培养法生产辅酶 Q_{10}；紫草细胞培养用于生产紫草素；以花生四烯酸为原料，用类脂氧化酶-2 为前列腺素合成酶的酶原，通过酶工程技术将原料转化合成前列腺素。

四、脂类药物的分离纯化

(一) 有机溶剂分离法

有机溶剂分离法是指利用不同的脂类在不同溶剂中的溶解度不同而实现分离目的的方法。此法操作简单，效果好。

(1) 大部分磷脂不溶于冷丙酮，这样可将磷脂从可溶于冷丙酮的中性脂类中分离开来；卵磷脂溶于乙醇，不溶于丙酮，脑磷脂溶于乙醚而不溶于丙酮和乙醇，故脑干的丙酮抽提液用于制备胆固醇，不溶物用乙醇抽提得到卵磷脂，乙醚抽提得到脑磷脂。

(2) 对于甾体类化合物，可以通过有机溶剂将其先从动植物组织或微生物细胞中提取出来，然后通过相应的浓缩、选择适当的溶剂进行结晶来进行分离纯化，常用于萃取的

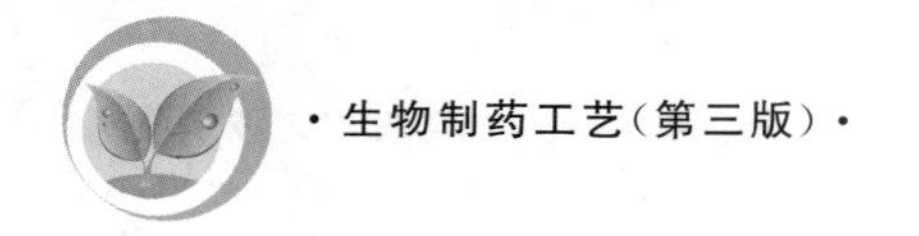

有机溶剂有短链烷烃、苯、短链醇类、乙醚、酮类、酯类以及它们的混合溶剂。

(3) 可利用低温下不同的脂肪酸或脂肪酸盐在有机溶剂中的溶解度不同来进行分离纯化。一般来说,脂肪酸在有机溶剂中的溶解度随碳链长度的增加而减小,随双键数的增加而增加,这种溶解度的差异随着温度降低表现得更为显著。因此,可选择适当的溶剂体系和一定的温度条件分步结晶,达到分离脂肪酸的目的。

(二) 尿素包合法

尿素包合法是针对脂肪酸进行分离纯化的主要方法。尿素通常呈四方晶形,当与某些脂肪族物质化合时,会形成这些脂肪族物质的六方晶型,许多直链脂肪酸及其甲酯均易与尿素形成配合物。饱和脂肪酸相对于不饱和脂肪酸更易与尿素化合,形成稳定配合物。

(三) 结晶法

饱和脂肪酸在室温下通常呈固态,可在适宜的溶剂中于室温或低于室温结晶,过滤,收取晶体制得。不饱和脂肪酸熔点较低而溶解度较高,需在低温下(0~5 ℃)结晶,并在相应低温下过滤,分离。结晶法是一种温和的分离程序,对于易氧化的多烯酸、饱和脂肪酸与单烯酸的分离,常用溶剂有甲醇、乙醚、石油醚和丙酮等,每克常用 5~10 mL 溶剂稀释。

(四) 蒸馏法或精馏法

蒸馏法是目前使用最广泛的脂肪酸分离技术,蒸馏可脱除气味和杂质,如低沸点烃、酮,使产品带色的醛,高沸点聚合物与残留的甘油三酯等。

(五) 超临界流体萃取法

超临界流体萃取常选用CO_2(临界温度为 31.3 ℃,临界压力为 7.374 MPa)等临界温度低且化学惰性的物质为萃取剂,不仅可有效进行热敏物质和易氧化物质的分离,而且制得的产品无有机溶剂残留。

项目实施

任务一　胆固醇的生产

固醇类药物包括胆固醇、麦角固醇及β-谷固醇等,均为甾体化合物。在此仅以胆固醇为例学习固醇类药物的生产工艺。

一、生产前准备

(一) 查找资料,了解胆固醇生产的基本知识

胆固醇是动物细胞膜的重要成分,也属于体内固醇类激素、维生素 D 及胆酸之前体,存在于所有组织中,脑及神经中含量最高,100 g 组织约含 2 g,在肝脏、肾上腺、卵黄及羊毛脂中含量也很丰富,是胆结石的主要成分。其分子式为$C_{27}H_{46}O$,相对分子质量为 386.64,结构式如图 1-7-1 所示。胆固醇化学名称为胆甾-5-烯-3β-醇,其分子结构中含一条 8 个碳原子的饱和侧链,C(5)位为一个双键,C(3)位为一个羟基。其化学性质及生理功能均与上述

特征有关。胆固醇自稀醇中可形成白色闪光片状水合物晶体，于 70～80 ℃成为无水物，熔点为 148～150 ℃，难溶于水，易溶于乙醇、氯仿、丙酮、吡啶、苯、石油醚、油脂及乙醚中。

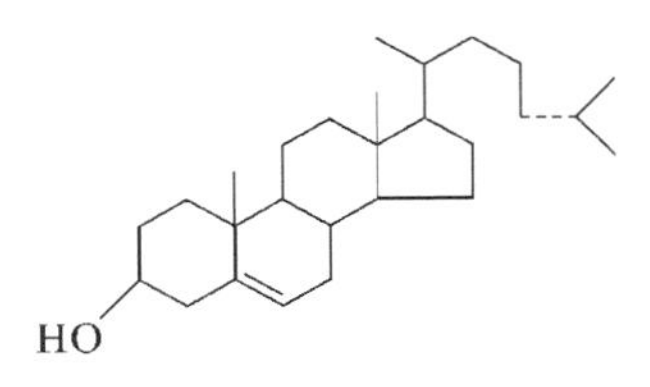

图 1-7-1 胆固醇的结构式

（二）确定生产技术、生产原料和工艺路线

（1）确定生产技术：生化制药技术。

（2）确定生产原料：猪大脑干（或脊髓）。

（3）确定生产工艺路线，如图 1-7-2 所示。

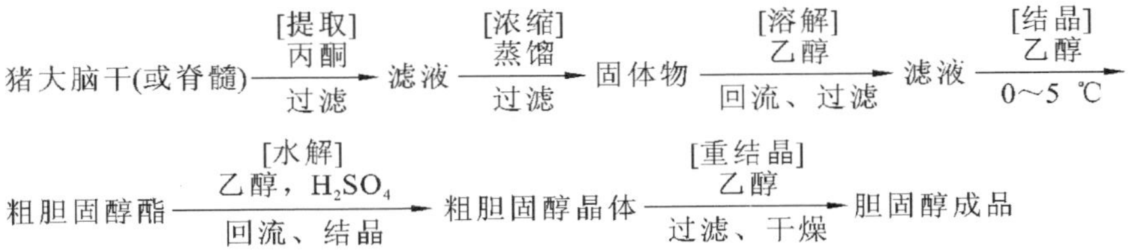

猪大脑干(或脊髓) —[提取] 丙酮 / 过滤→ 滤液 —[浓缩] 蒸馏 / 过滤→ 固体物 —[溶解] 乙醇 / 回流、过滤→ 滤液 —[结晶] 乙醇 / 0～5 ℃→

粗胆固醇酯 —[水解] 乙醇，H_2SO_4 / 回流、结晶→ 粗胆固醇晶体 —[重结晶] 乙醇 / 过滤、干燥→ 胆固醇成品

图 1-7-2 胆固醇生产工艺流程

二、生产工艺过程

（1）提取：猪大脑干用丙酮提取，过滤，得猪大脑干丙酮提取液。

（2）浓缩与溶解：取猪大脑干丙酮提取液，蒸馏浓缩至出现大量黄色固体物为止，向固体物中加入 10 倍体积工业乙醇，加热回流溶解，过滤，得滤液。

（3）结晶与水解：上述滤液于 0～5 ℃冷却结晶，滤取晶体，得粗胆固醇酯。晶体加 5 倍体积工业乙醇和 5%～6%硫酸加热回流 8 h，置于 0～5 ℃下结晶。滤取晶体并用 95%乙醇洗至中性。

（4）重结晶：上述晶体用 10 倍体积工业乙醇和 3%活性炭加热溶解并回流 1 h，保温过滤，滤液于 0～5 ℃下冷却结晶，重复 3 次。滤取晶体，压干，挥发除去乙醇后，70～80 ℃真空干燥，得精制胆固醇。

三、质量检验

（1）鉴别 ①在胆固醇氯仿溶液中加硫酸 1 mL，氯仿层显血红色，硫酸层显绿色荧光。②取胆固醇 5 mg，溶于 2 mL 氯仿中，加 1 mL 乙酸酐及硫酸 1 滴即显紫色，稍后变红，继而变蓝，最后呈亮绿色，此为不饱和甾醇特有的显色反应，也是比色法测定胆固醇含量的基础。

（2）检验 胆固醇的质量检验规范和方法均引自《中国药典》（2020 年版）二部和四部。

① 熔点：取本品适量，依法测定（通则 0612），熔点应为 148～150 ℃。

② 干燥失重测定法：取本品 1 g，依法测定（通则 0831），置于与供试品相同条件下干燥至恒重的扁形称量瓶中，精密称定，其失重不大于 0.3%。

③ 炽灼残渣检查法：取本品 1.0 g，依法检查（通则 0841），其残渣含量不大于 0.1%。

④ 酸度(通则 0631)和溶解度均应符合《中国药典》(2020 年版)的要求。

任务二　前列腺素 E_2 的生产

一、生产前准备

(一) 查找资料,了解前列腺素生产的基本知识

前列腺素(PG)通常是以花生四烯酸为生物合成前体,经酶或非酶转化生成的以前列腺烷酸为骨架的内源性生理活性物质,生理作用极为广泛,共分八类。易溶于乙醚的 PG 用 E 表示,即 PGE;易溶于磷酸盐溶液的 PG 用 F 表示,即 PGF。PGE 主要包括 PGE_1、PGE_2、PGE_3,其中 PGE_1 和 PGE_2 应用较为广泛;PGF 主要包括 $PGF_{1\alpha}$、$PGF_{2\alpha}$、$PGF_{3\alpha}$。PGA、PGB 分别表示 PGE 经酸或碱处理后生成的产物。

PG 合成酶存在于动物组织中,如羊精囊、羊睾丸、兔肾髓质及大鼠肾髓质等,以羊精囊中含量最高。目前多采用羊精囊为酶原、花生四烯酸为前体生产 PGE_2。

PGE_2 为含羰基及羟基的二十碳五元环不饱和脂肪酸,化学名称为 11α,15(*S*)-二羟基-9-羰基-5-顺-13-反前列双烯酸,分子式为 $C_{20}H_{32}O_5$,相对分子质量为 352,结构如图 1-7-3所示。

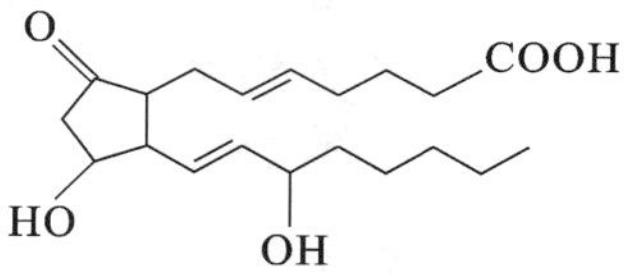

图 1-7-3　前列腺素 E_2 的结构式

PGE_2 为白色晶体,熔点为 68～69 ℃,溶于乙酸乙酯、丙酮、乙醚、甲醇及乙醇等有机溶剂,不溶于水。在酸性和碱性条件下可分别异化为 PGA_2 和 PGB_2,紫外吸收波长分别为 217 nm 和 278 nm。

(二) 确定生产技术、生产原料和工艺路线

(1) 确定生产技术:酶解提取技术。

(2) 确定生产原料:羊精囊。

(3) 确定生产工艺路线,如图 1-7-4 所示。

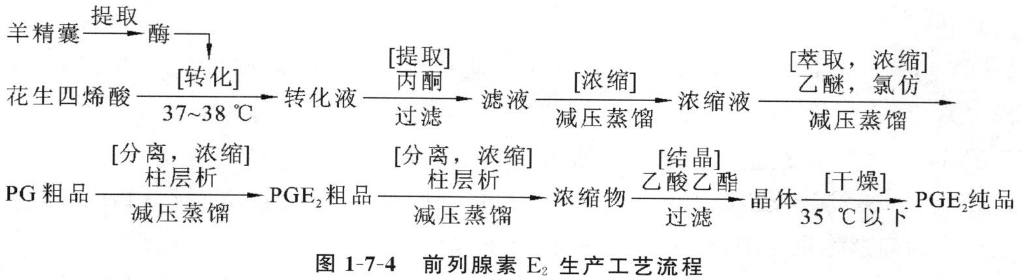

羊精囊 —提取→ 酶 ↓

花生四烯酸 —[转化] 37~38 ℃→ 转化液 —[提取] 丙酮 / 过滤→ 滤液 —[浓缩] / 减压蒸馏→ 浓缩液 —[萃取,浓缩] 乙醚,氯仿 / 减压蒸馏→

PG 粗品 —[分离,浓缩] 柱层析 / 减压蒸馏→ PGE_2 粗品 —[分离,浓缩] 柱层析 / 减压蒸馏→ 浓缩物 —[结晶] 乙酸乙酯 / 过滤→ 晶体 —[干燥] 35 ℃以下→ PGE_2 纯品

图 1-7-4　前列腺素 E_2 生产工艺流程

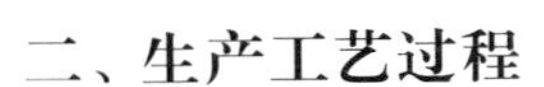

二、生产工艺过程

(1) 酶的制备:取-30 ℃冷冻的羊精囊,除去杂质,按 1 kg 加 1 L 0.154 mol/L KCl 溶液,分次加入匀浆,然后 4000 r/min 离心 20 min,取上层液用双层纱布过滤,滤渣再用 KCl 溶液匀浆,如上法离心过滤。合并上清液,用 2 mol/L 枸橼酸调 pH 为 5.0,4000 r/min 离心,弃去上清液。用 100 mL pH 8.0、0.2 mol/L 磷酸缓冲液洗出沉淀,再加 100 mL 6.25 μmol/L EDTA-Na_2溶液搅匀,用 2 mol/L KOH 溶液调 pH 为 8.0,得酶混悬液。

(2) 转化:取上述酶制剂混悬液,每升酶混悬液加入用少量水溶解的氢醌 40 mg 和谷胱甘肽 500 mg。再按 1 kg 羊精囊量加 1 g 花生四烯酸,搅拌通氧,升温至 37 ℃,并于 37～38 ℃转化 1 h,加 3 倍体积丙酮终止反应,得反应液。

(3) 提取:将反应液过滤、压干。滤渣用少量丙酮抽提 1 次,于 45 ℃减压浓缩,回收丙酮,浓缩液用 4 mol/L 盐酸调 pH 为 3.0,以 2/3 体积乙醚分 3 次萃取,取醚层以2/3体积 0.2 mol/L 磷酸缓冲液分 3 次萃取。水层再以 2/3 体积石油醚分 3 次萃取脱脂。取水层,加 4 mol/L 盐酸调 pH 为 3.0,加 2/3 体积二氯甲烷分 3 次萃取,二氯甲烷层用少量水洗涤,去水层,二氯甲烷层加无水硫酸钠密封于冰箱内脱水过夜,滤出硫酸钠,滤液于 40 ℃减压浓缩,得黄色油状物,即 PG 粗品。

(4) PGE_2分离:1 g PG 粗品用 15 g 100～160 目活化硅胶。湿法装柱,用少量氯仿溶解 PG 粗品,过柱层析分离,依次以氯仿、氯仿-甲醇($V_{氯仿}$∶$V_{甲醇}$=98∶2)、氯仿-甲醇($V_{氯仿}$∶$V_{甲醇}$=96∶4)三种溶液洗脱,分别收集 PGA 和 PGE 洗脱液,硅胶柱层析鉴定,将相同洗脱液合并,得 PGA 和 PGE 部分。将 PGE 洗脱液在 35 ℃以下减压浓缩,得 PGE 粗品。

(5) 纯化:1 g PGE 粗品用 20 g 硅胶。取 200～250 目 10 倍 PGE 质量的活化硝酸银硅胶混悬于乙酸乙酯-冰乙酸-石油醚-水(体积比为 220∶22.5∶125∶5,石油醚的沸点为 90～120 ℃)展开剂中,湿法装柱。将粗晶用少量的同一展开剂溶解,上柱,洗脱。通过硝酸银硅胶 G 薄层追踪鉴定,分别收集 PGE_1 和 PGE_2洗脱液,分别于 35 ℃以下充氮浓缩至无乙酸味,用适量乙酸乙酯溶解,少量水洗酸,加生理盐水除银。乙酸乙酯液用无水硫酸钠充氮密封于冰箱中脱水过夜,过滤,滤液于 35 ℃以下充氮减压浓缩除尽有机溶剂,得 PGE_2纯品。经乙酸乙酯-己烷结晶可得 PGE_2晶体。PGE_1可用少量乙酸乙酯溶解后置于冰箱中结晶(晶体熔点为 115～116 ℃)。

三、质量检验

前列腺素 E_2 的质量检验标准和方法均引自《中国药典》(2020 年版)二部和四部。

PGE_2为无色或微黄色无菌澄清透明醇溶液,0.5 mL 内含 2 mg PGE_2,其含量应不低于标示量的 85%。

(一) 鉴别

(1) 取本品适量,溶于无水甲醇中,于 278 nm 波长处应无特征吸收峰,若加等体积 1 mol/L KOH 溶液,室温异构化 15 min,278 nm 波长处应有特征吸收峰。

(2) 经硝酸银硅胶 G(硝酸银与硅胶 G 的质量比为 1∶10)薄层鉴定,PGE_2注射液应只有 PGE_2点和微量 PGA。

(3) 取本品1滴,加1%间二硝基苯甲醇液1滴,再加10%KOH甲醇溶液1滴,摇匀,显紫红色。

(二) 检验

(1) 含银量测定:取本品适量,依法(通则0821)加NaOH溶液5 mL与水20 mL溶解后,至纳氏比色管中,加入硫化钠试液5滴,摇匀,与一定量的标准铅溶液同样处理后比色,不得更深。

(2) 安全性试验应符合《中国药典》(2020年版)注射剂无菌检查项下有关规定。

任务三　辅酶 Q_{10} 药物的生产

一、生产前准备

(一) 查找资料,了解辅酶 Q_{10} 生产的基本知识

自然界存在的辅酶Q(CoQ)也称泛醌,是一些脂溶性苯醌的总称,其结构如图1-7-5所示。

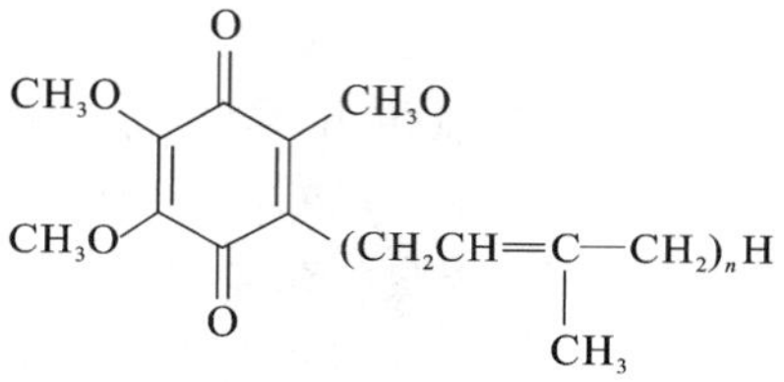

图1-7-5　辅酶Q的化学结构式

根据侧链 n 值的不同,辅酶Q分为 CoQ_1、CoQ_5、CoQ_6、CoQ_7、CoQ_8、CoQ_9、CoQ_{10} 等。辅酶Q存在于大多数好气性生物(从细菌到动物)中,特别是这些生物的线粒体中。不同生物来源的辅酶Q的侧链 n 值不同,为5～10,在人类及高等动物中仅有辅酶 Q_{10},主要集中在肝、心、肾、肾上腺、脾、横纹肌等。药品辅酶 Q_{10} 主要由生物材料提取获得。

辅酶 Q_{10} 为黄色或淡橙黄色、无臭、无味结晶性粉末。易溶于氯仿、苯、四氯化碳,溶于丙酮、乙醚、石油醚,微溶于乙醇,不溶于水和甲醇。遇光易分解成微红色物质,对温度和湿度较稳定,熔点为49 ℃。易被化学还原剂及相应的酶还原为对应的醌醇。其氧化还原反应伴随明显的光谱变化。在乙醇中辅酶 Q_{10} 在275 nm波长处有一强吸收带,若在乙烷中则移至272 nm波长处,转成醌醇后则变为在290 nm波长处有一弱吸收带,这为测定辅酶 Q_{10} 提供了一种灵敏而专一的方法。

微生物发酵法是近年兴起的新的辅酶 Q_{10} 生产方法。由于微生物细胞易于大规模培养生长,产品完全为天然的全反式构型,生物利用率高。产品中几乎无毒害化学物质残留,易于分离纯化,临床疗效较好,微生物发酵法是最有开发前景的生产方法。

(二) 确定生产技术、生产原料和工艺路线

(1) 确定生产技术:微生物发酵生产技术。

（2）生产原料：类球红细菌 JDW-610 突变株。

（3）确定生产工艺路线，如图 1-7-6 所示。

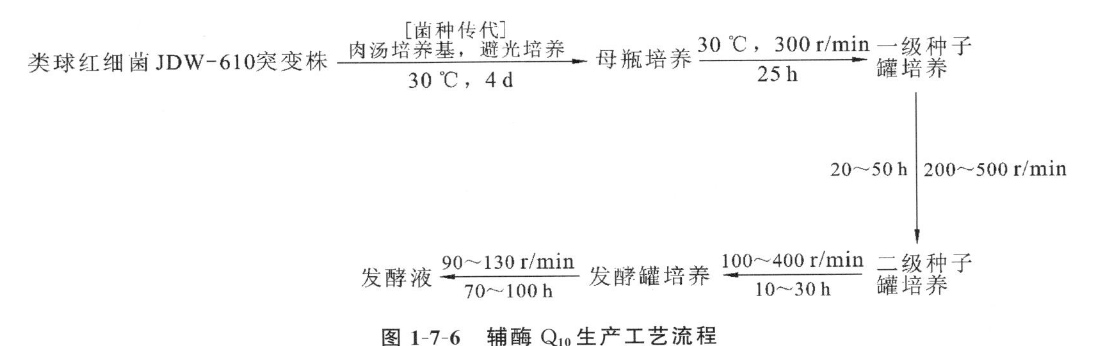

图 1-7-6　辅酶 Q_{10} 生产工艺流程

二、生产工艺过程

（1）菌种传代：采用斜面传代（培养基为肉汤培养基），于 30 ℃避光培养 4 d，长出草绿色圆形菌落，直径为 1.4～2.0 mm。

（2）母瓶培养：挑出长势良好的草绿色圆形单菌落，接种于已灭菌的母瓶培养基上，在 30 ℃、300 r/min 条件下摇床培养 25 h。（培养基配方：葡萄糖 10 g，酵母粉 6 g，蛋白胨 5 g，氯化钠 5 g，硫酸铵 0.75 g，硫酸镁 1 g，磷酸二氢钾 0.3 g，硫酸亚铁 0.2 g，硫酸锰 0.05 g，硝酸铜 0.03 g，硫酸锌 0.007 g，水 1000 mL。pH 7.2，灭菌温度 121 ℃，灭菌时间 25 min。）

（3）一级种子罐培养：将母瓶培养液接入已灭菌的一级种子罐。控制搅拌转速为 200～500 r/min，通气量为 0.5～2 L/(L·min)，罐温为 28～32 ℃，罐压为 0.02～0.05 MPa，培养时间为 20～50 h。

（4）二级种子罐培养：当一级种子液菌体形态均匀，菌量丰富，且无菌度合格后，全部移入已灭菌的二级种子罐培养。控制搅拌转速为 100～400 r/min，通气流量为 0.3～1 L/(L·min)，罐温为 28～32 ℃，罐压为 0.02～0.05 MPa，培养时间为 10～30 h。（一级、二级种子罐培养基配方：葡萄糖 3～10 g，酵母粉 1～5 g，硫酸铵 2～6 g，味精 0.5～2 g，玉米浆粉 0.3～2 g，硫酸镁 1～4 g，磷酸二氢钾 0.3～2 g，氯化钠 1～4 g，硫酸亚铁0.2～1 g，硫酸锰 0.03～0.1 g，硫酸锌 0.001～0.01 g，轻质碳酸钙 5～10 g，水 1000 mL。pH 6.5～7.0。）

（5）发酵罐培养：发酵罐接种，控制搅拌转速为 90～130 r/min，通气量为 0.3～1 L/(L·min)，罐温为 30～35 ℃，罐压为 0.03～0.06 MPa，培养时间为 70～100 h。（发酵基础料的配方：葡萄糖 10～20 g，硫酸铵 3～10 g，味精 2～8 g，玉米浆粉 4～9 g，硫酸镁 5～10 g，磷酸二氢钾 0.1～0.5 g，氯化钠 1～5 g，硫酸亚铁 1～3 g，硫酸锰 0.1～0.4 g，氯化钴 0.005～0.01 g，水 1000 mL。pH 6.5～7.0。）发酵罐培养至菌体染色变浅，部分菌丝自溶，效价增长缓慢时放罐。

三、质量检验

（1）避光条件下，精密吸取 5 mL 发酵培养液，置于 50 mL 容量瓶中，分别加入

6 mol/L盐酸 1 滴、丙酮 10 mL、30%过氧化氢溶液 0.5 mL,轻微振荡。再加入 30 mL 无水乙醇,将容量瓶置于超声器中超声处理 30 s,取出,用无水乙醇定容至刻度。再将容量瓶置于超声器中超声提取 45 min (水温控制在 30～35 ℃),取出,摇匀。用 0.45 μm 一次性有机过滤头过滤,弃去初滤液,收集续滤液。

(2) 含量测定:照高效液相色谱法(《中国药典》(2020 年版)四部(下同)通则 0512)测定,避光操作。

(3) 炽灼残渣检查:取本品 1.0 g,依法检查(通则 0841),遗留残渣不得过 0.1%。

(4) 重金属检查:取炽灼残渣项下遗留的残渣,依法检查(通则 0821),含重金属不得过百万分之三十。

项目实训　胆红素的生产

一、实训目标

(1) 掌握胆红素的基本生产技术。

(2) 掌握胆红素的质量检验方法。

(3) 进一步熟悉相关仪器的使用方法。

(4) 在实训中培养协作、创新意识和艰苦奋斗精神。

二、实训原理

胆红素为二次甲胆色素,其分子式为 $C_{33}H_{36}N_4O_6$,相对分子质量为 584.65。胆红素存在于人及多种动物胆汁中,是胆结石的主要成分之一,乳牛及狗胆汁中含量最高,猪及人胆汁次之,牛胆汁更次之。名贵中药材天然牛黄(病牛胆囊、胆管及肝管中结石)中的胆红素含量一般在 50%左右。

药用胆红素是人工牛黄的贵重原料,为游离型、淡橙色或深红棕色单斜晶体或粉末,加热逐渐变黑而不熔。干品较稳定。在碱液中或遇 Fe^{3+} 极易被氧化成胆绿素,含水物易被过氧化脂质破坏。血清蛋白、维生素 C 及 EDTA 可提高其稳定性。游离胆红素溶于二氯甲烷、氯仿、氯苯及苯等有机溶剂和稀碱溶液,微溶于乙醇,不溶于乙醚及水。其钠盐溶于水,不溶于二氯甲烷及氯仿,其钙、镁及钡盐不溶于水。根据胆红素的性质,以动物胆汁为原料,采用生物化学制药技术制备胆红素。以猪胆汁为原料制备胆红素的生产工艺如图 1-7-7 所示。

猪胆汁 —[生成钙盐] 1%Ca(OH)$_2$ / 90~97 ℃, 15 min, 过滤→ 胆红素钙盐 —[酸化] 抗氧化剂, 盐酸 / pH 2, 40 min→ 酸化物 —[醇洗] 10倍乙醇 / 1 h→

沉淀胆红素 —[水洗] 50 ℃水 / 乙醇脱水→ 胆红素粗品 —[提取] 氯仿 / 10 min→ 氯仿溶液 —[结晶] 蒸发、干燥→ 胆红素精品

图 1-7-7　胆红素的生产工艺流程

三、实训器材和试剂

1. 原料

猪胆汁。

2. 药品

工业盐酸、氢氧化钙、氯仿、乙醇、乙醚、抗氧化剂。

3. 仪器设备

耐酸锅、浓缩罐、真空干燥器。

四、实训过程

(1) 制钙盐:取新鲜猪胆汁,加等体积的1%$Ca(OH)_2$乳液,搅匀,迅速加热至90～97 ℃,保温10～15 min,过滤得钙盐。胆汁应保持新鲜,采集后冷冻存放且不可过久。加热至40 ℃即出现油脂物,可轻轻除去。所得钙盐可用热水冲洗一次,除去过量的碱及其他杂质。

(2) 酸化:酸化程度主要与温度、浓度、酸度、时间等条件有关。一般取钙盐加10倍量以上水使其分散均匀,加1%抗氧化剂,搅拌下(60 r/min)滴加盐酸(1∶2)。40 min内达pH 2.0,pH保持不变为止。

(3) 醇洗:将酸化胆红素室温下加10倍量乙醇,使其分散均匀,pH不应高于5,加0.5%抗氧化剂。搅匀,放置约1 h即分层。去上层醇液,收集沉淀胆红素。

(4) 水洗:将醇洗胆红素加50 ℃水冲洗,保温约5 min,收集漂浮胆红素,迅速加乙醇脱水,除去乙醇得胆红素粗品。

(5) 提取:将胆红素粗品加10倍氯仿,50 ℃振摇10 min。如有必要可提取2～3次,残渣为灰白色即可。

(6) 精制:将氯仿提取液减压蒸馏近干,此时出现大部分胆红素结晶,冷却至室温后加入乙醇,继续冷却至4 ℃,放置10 min,滤出胆红素晶体,用无水乙醇或乙醚处理后,真空干燥,即得胆红素精品。(除考虑介质、浓度、pH外,还注意胆红素结晶应在暗处进行。)

(7) 质量检验:胆红素含量测定有重氮显色法及摩尔吸收系数法,下面以摩尔吸收系数法为例。

精密称取供试品10 mg,用少量分析纯氯仿研磨溶解,移入100 mL棕色容量瓶中,超声处理使其溶解,迅速放冷,再加三氯甲烷稀释至刻度,摇匀。精密量取该溶液5 mL于50 mL容量瓶中并定容至50 mL,摇匀,于450 nm波长处测定吸收度(A),依下式计算供试品中胆红素含量:

$$胆红素含量(\%)=A\times 104.03$$

式中的104.03为胆红素相对分子质量(584.65)与其在氯仿中摩尔吸收系数(56200)之比值与10000的乘积。供试品按干燥品计算,含胆红素($C_{33}H_{36}N_4O_6$)不得少于90.0%。

五、实训结果处理

(1) 计算胆红素的提取率。

(2) 评价所提取的胆红素的质量。

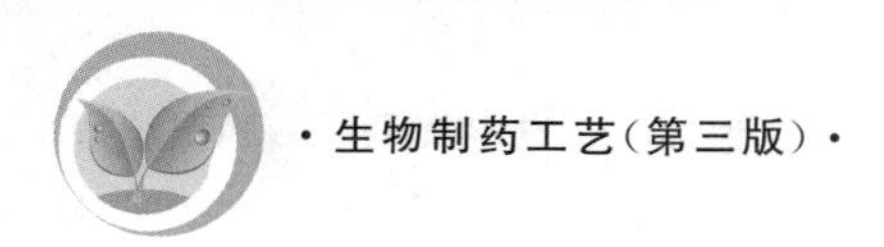

项目总结

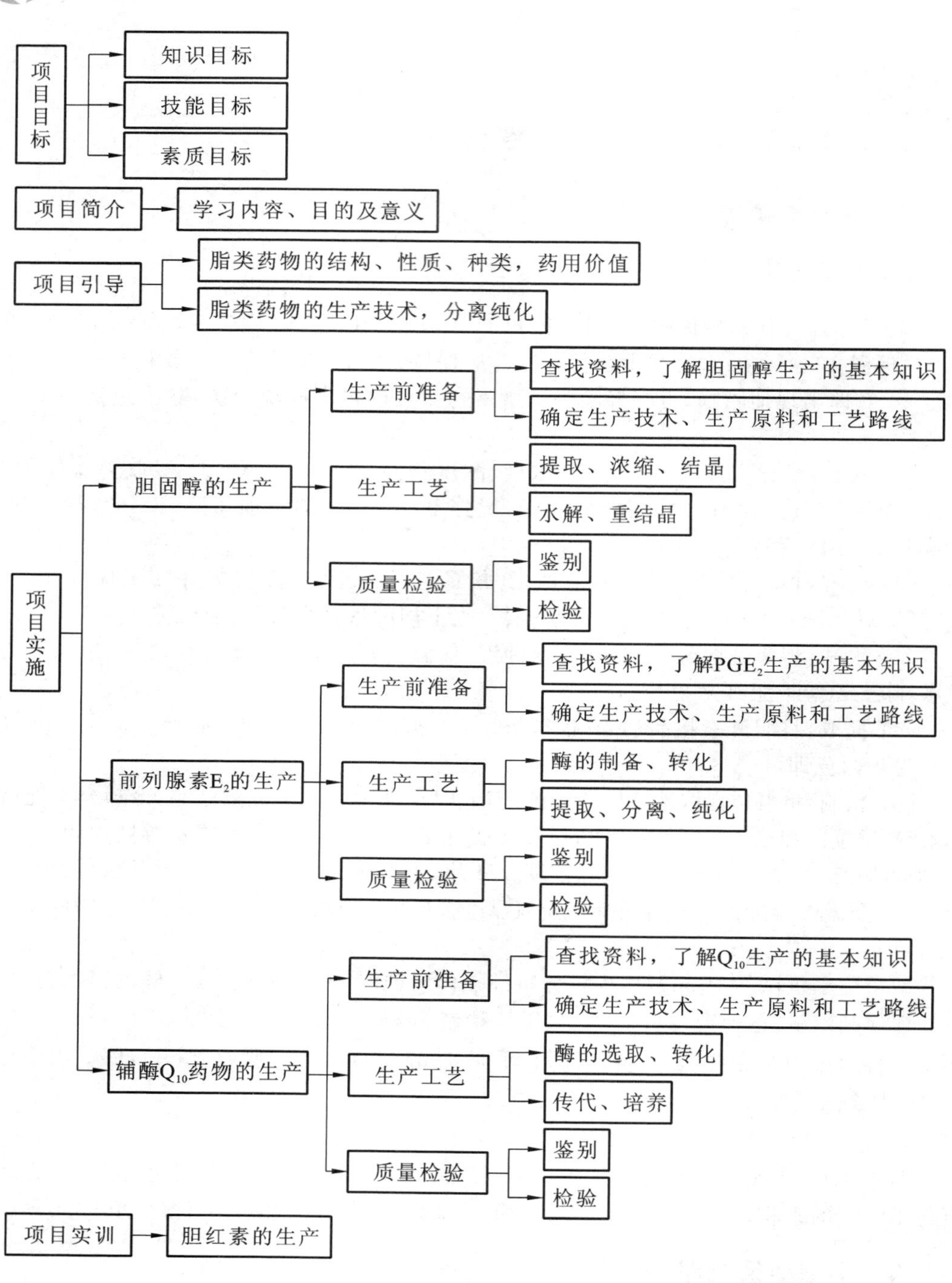
项目目标
知识目标
技能目标
素质目标
项目简介
学习内容、目的及意义
项目引导
脂类药物的结构、性质、种类，药用价值
脂类药物的生产技术，分离纯化
项目实施
胆固醇的生产
生产前准备
查找资料，了解胆固醇生产的基本知识
确定生产技术、生产原料和工艺路线
生产工艺
提取、浓缩、结晶
水解、重结晶
质量检验
鉴别
检验
前列腺素E2的生产
生产前准备
查找资料，了解PGE2生产的基本知识
确定生产技术、生产原料和工艺路线
生产工艺
酶的制备、转化
提取、分离、纯化
质量检验
鉴别
检验
辅酶Q10药物的生产
生产前准备
查找资料，了解Q10生产的基本知识
确定生产技术、生产原料和工艺路线
生产工艺
酶的选取、转化
传代、培养
质量检验
鉴别
检验
项目实训
胆红素的生产

项目检测

一、单选题

1. 卵磷脂在脑、神经组织、精液、肾上腺、肝脏及红细胞中含量较多，卵黄中含量高达(　　)。

A. 6%～7%　　B. 5%～6%　　C. 8%～10%　　D. 10%～12%

2. 在进行胆固醇的鉴别时，在胆固醇氯仿溶液中加硫酸 1 mL，氯仿层显(　　)，硫酸层显(　　)荧光。

A. 血红色、绿色　　B. 绿色、血红色

C. 血红色、蓝色　　D. 绿色、蓝色

3. 下列营养激素中，(　　)是前列腺素(PG)的合成前体。

A. 亚麻酸　　B. 花生四烯酸

C. 亚油酸　　D. 以上都是

4. 脑磷脂又称磷脂酰乙醇胺，在脑组织中含量最多。根据在(　　)中溶解度不同可将它与卵磷脂分开。

A. 氢氧化钠　　B. 丙酮　　C. 盐酸　　D. 乙醇

5. 超临界流体萃取常选用(　　)等临界温度低且化学惰性的物质为萃取剂。

A. CO_2　　B. N_2　　C. CO　　D. NO

二、填空题

1. 脂类药物在生物化学上可分为(　　)、(　　)和(　　)。

2. 磷脂主要是指(　　)和(　　)。

3. 色素类药物包括(　　)、(　　)、(　　)、原卟啉、血卟啉及其衍生物等。

4. 脂类药物的生物生产技术包括(　　)、(　　)、(　　)及生物转化法。

5. 胆固醇是动物(　　)的重要成分，也属于体内固醇类激素、(　　)及胆酸之前体。

6. 在乙醇中辅酶 Q_{10} 在(　　)nm 波长处有一强吸收带。

三、简述题

1. 简述色素类脂肪的药用价值。

2. 简述人工牛黄的药用价值。

3. 简述辅酶 Q_{10} 的生产工艺过程。

四、论述题

试述脑磷脂的结构与性质。

项目拓展

分辨真假牛黄的7种方法

牛黄系黄牛的胆囊结石(少数为胆管结石和肝管结石)，习称“天然牛黄”。胆囊结石俗名“蛋黄”。杀牛时注意检查胆囊，发现硬块时，滤去胆汁，取出即为毛牛黄，去净附着物，干燥即成。牛黄为传统的名贵中药，其性凉、味甘，具有清热解毒、定惊开窍、清心安神等功能，主治热病发狂、神志不清、癫痫惊风等症。

以牛黄配成的中药已达120多种,如安宫牛黄丸、牛黄解毒丸、牛黄千金散、牛黄清热散、至宝丹和六神丸等,牛黄的药用价值已为世界所公认。因为牛黄药用广泛,药源匮乏,其价格不断上涨,国产牛黄供不应求,我国还需进口牛黄。牛黄在国际上被视为无价之宝,价格远远高于黄金,可代替外汇在国际市场上流通使用。目前市场上进口和国产牛黄都不乏假货,且其炮制手段也很高明,真伪难辨。已知的就有伪制、假代、掺伪等多种形式。以下介绍性状识别和鉴别法。

(1) 伪制品:模仿天然牛黄的味甘、色黄,有层纹和小白点等性状特征,以味苦色黄的植物类中药大黄、黄芩、黄连、黄柏和姜黄粉等为主料,辅以蛋黄、淀粉等,以牛胆汁、鸡蛋清调和,用皮胶和树脂等黏合成不定形假货。

(2) 假代牛黄:以其他动物的结石假冒牛黄,如骆驼胆石、猪胆石、鸵鸟胆石等。我国常见以猪胆石"猪黄"假代牛黄,而南亚和西非国家以"猪黄"为名贵药材。人体胆结石来源较广,可用于制备胆红素(人工合成牛黄主要成分)和其他生物制品,部分还可望代替牛黄,但药效远不如天然牛黄。

(3) 掺伪品:将完整的牛黄置于葡萄糖浓溶液中浸渍若干昼夜,取出晾干,再用白线缠绕。如此掺伪,既不破坏牛黄的个体完整性,又基本保持其性状特征,但能使牛黄重量大增而牟取暴利,但药效明显下降。

(4) "蛋黄"(天然牛黄):多呈卵形、不规则球形,大小不等,小者如豆粒,大者如鸡蛋。外表常为棕黄色,光滑细腻,少数粗糙或有裂隙。有的外表有一层黑色物质,较光亮而稍硬,习称"挂乌金衣",此为上品。体轻,质松脆易碎,断面黄色,有排列整齐的环状层纹,色深浅相间而重叠,在两层间有微小白点,层间易剥离。气清香,味先微苦而后微甜,入口芳香清凉,嚼之不粘牙,可缓慢溶化,并能将舌和唾液染成黄色。取牛黄粉末少许,用水溶化后涂在指甲上则指甲被染成黄色,经久不退,习称"挂甲"。牛黄以完整、色棕黄、质松脆、断面层纹清晰而细腻者为佳品。

(5) "管黄"和"肝黄":管状,表面不平,有横曲纹,形如竹节,俗称"竹节黄"。外表红棕色或棕褐色,有龟裂纹和小突点,常附有干燥后的皮膜(胆管皮膜)。断面有较少的圈状层纹,有的中空,色较深。

(6) 人工(合成)牛黄:为土黄色疏松粉末,也有制成不规则的球形或方形的。质较松,气清香而略腥,味微甜而后苦(而天然品相反),水溶液也能"挂甲"。与天然牛黄之主要区别:多为粉末状;块状者断面无明显的层纹;里外层颜色无区别;入口无清凉感。

(7) 植入培育牛黄:外观性状与天然牛黄极为类似,但仔细观察,表面色泽较浅,无"挂乌金衣";断面的环状层纹疏松,层与层之间极易剥离,中央可见明显的植入的牛黄晶核或塑料框架。

码1-8-1 模块一项目八PPT

项目八　核酸类生物技术药物的生产

项目目标

一、知识目标

明确核酸类药物的基础知识。
熟悉核酸类药物生产的基本技术和方法。
掌握三磷酸腺苷二钠、免疫核糖核酸的生产工艺流程、生产技术及其操作要点。

二、技能目标

学会核酸类药物生产的操作技术、方法和基本操作技能。
能够熟练操作典型核酸类药物如三磷酸腺苷二钠生产的各工艺环节。
能够进行典型核酸类药物生产相关参数的控制，并能制定其工艺方案。

三、素质目标

具有严谨求实的科学态度和勤于思考、刻苦钻研、认真细致的工作作风；具备良好的职业道德和社会责任感；诚信、刻苦，严守操作规程；具有发现问题、分析问题和解决问题的能力和较强的创新意识和创新能力；具有正确的世界观、人生观、价值观和劳动观。

项目简介

本项目的内容是核酸类生物技术药物的生产，项目引导介绍核酸类药物的基本知识，让学生在进行典型药物生产之前储备相应的基本知识。在此基础上安排两个典型的核酸类药物，即三磷酸腺苷二钠和免疫核糖核酸的生产任务，让学生学会典型的核酸类药物生产的操作技术、方法和基本操作技能。在完成两大任务后，安排了一个项目实训——肌苷的生产，以巩固所掌握的知识和技能。

项目引导

核酸类药物是具有药用价值的核酸、核苷酸、核苷以及碱基的统称。除了天然存在的碱基、核苷、核苷酸以外，它们的类似物、衍生物或这些类似物、衍生物的聚合物也属于核酸类药物。

核酸是生命的物质基础，它不仅携带各种生物所特有的遗传信息，而且影响生物的蛋白质合成和脂肪、糖类的代谢。核酸类药物在恢复生物体的正常代谢或干扰某些异常代谢中发挥作用。具有天然结构的核酸类物质有助于改善机体的物质代谢和能量平衡、修复受损伤的组织并使之恢复正常机能。

一、核酸的组成、分类和性质

(一) 核酸的组成

核酸(nucleic acid)由核苷酸(nucleotide)以 3′,5′-磷酸二酯键连接而成,核苷酸又由磷酸、核糖和碱基三部分组成。将核苷酸中的磷酸基团去掉,剩余部分称为核苷(nucleoside)。核苷进一步水解可生成戊糖和碱基(base)。

(二) 核酸及核酸类药物的分类

1. 核酸的分类

根据化学组成不同,可将核酸分为核糖核酸(简称 RNA)和脱氧核糖核酸(简称 DNA)两大类。

2. 核酸类药物的分类

依据核酸药物及其衍生物的化学结构和组成可将其分为四大类。

(1) 核酸碱基及其衍生物　多数是经过人工化学修饰的碱基衍生物,主要有别嘌呤醇(allopurinol)、赤酮嘌呤(eritadenine)、硫代鸟嘌呤(thioguanine)、氮杂鸟嘌呤(azaguanine)、硫唑嘌呤(azathioprine)、巯嘌呤(mercaptopurine)、磺硫嘌呤(tisupurine)、氯嘌呤(chloropurine)、乳清酸、氟胞嘧啶(flucytosine)等。

(2) 核苷及其衍生物　依据形成核苷的碱基或核糖的不同,又可分为:腺苷类,如腺苷;胞苷类,如阿糖胞苷(Ara-C);肌苷类,如肌苷;脱氧核苷类,如氮杂脱氧胞苷(5-aza-2′-deoxycytidine)。

(3) 核苷酸及其衍生物　根据所含的核苷酸数目又可分为:单核苷酸类,如腺苷酸(AMP)、尿苷二磷酸葡萄糖(UDPG)、胞三磷(CTP)等;二核苷酸类,如辅酶Ⅰ(CoⅠ);多核苷酸类,如聚肌胞苷酸(PolyI:C)。

(4) 核酸　包括 RNA 和 DNA。

(三) 核酸的性质

1. 理化性质

RNA 和核苷酸的纯品都为白色粉末或晶体,DNA 则为白色石棉样的纤维状物。除肌苷酸、鸟苷酸具有鲜味外,核酸和核苷酸大都具酸味。

DNA、RNA 和核苷酸都是极性化合物,一般溶于水,不溶于乙醇、氯仿等有机溶剂,它们的钠盐比游离酸易溶于水,RNA 钠盐在水中溶解度可达 4%。相对分子质量在 10^8 以上的 DNA 在水中浓度达 1%以上时,呈黏性胶体溶液。在酸性溶液中,DNA、RNA 和核苷酸分子上的嘌呤易水解,分别成为具有游离糖醛基的无嘌呤核酸和磷酸酯。在中性或弱碱性溶液中较稳定。

DNA、RNA 和核苷酸既有磷酸基又有碱性基,故为两性电解质,但总体上酸性较强,能与 Na^+、K^+、Mg^{2+} 等金属离子结合成盐,也易与碱性化合物结合成复合物,如能与甲苯胺蓝、派罗红、甲基绿等碱性染料结合,其中甲苯胺蓝能使 RNA 和 DNA 均染上蓝色,派罗红专染 RNA 呈红色,甲基绿专染 DNA 呈绿色。

核酸具有旋光性,旋光方向为右旋,由于核酸分子具有高度不对称性,故旋光性很强,这是核酸的一个重要特性。当核酸变性时，比旋光度值大大降低。

2. 核酸的颜色反应

DNA 和 RNA 经酸水解后，易脱下嘌呤形成无嘌呤的醛基化合物，或水解得到核糖和脱氧核糖，这些物质与某些酚类、苯胺类化合物结合形成有色物质，可用来进行定性分析或根据颜色的深浅进行定量测定。

孚尔根染色法是一种对 DNA 的专一染色法，其基本原理是 DNA 的部分水解产物能使已被亚硫酸钠退色的无色品红碱（希夫试剂）重新恢复颜色。用显微分光光度法可定量测定颜色强度。

核糖利用地衣酚（3,5-二羟甲苯，又称苔黑酚）法来检验：将含有核糖的 RNA 与浓盐酸及 3,5-二羟甲苯一起在沸水浴中加热 20～40 min，即有绿色物质产生。这是由于 RNA 脱嘌呤后的核糖与酸作用生成糠醛，再与 3,5-二羟甲苯作用而显蓝绿色。

脱氧核糖用二苯胺法测定：DNA 在酸性条件下与二苯胺一起水浴加热 5 min，产生蓝色，这是脱氧核糖遇酸生成 ω-羟基-γ-酮基戊醛，再与二苯胺作用而显蓝色。

3. 核苷酸的解离性质

核苷酸由磷酸、碱基和核糖组成，为两性电解质，在一定 pH 条件下可解离而带有电荷，各种核苷酸分子上可解离的基团有氨基、烯醇基和第 1、第 2 磷酸基。这是电泳和离子交换法分离各种核苷酸的重要依据。在 pH 为 3.5 的条件下进行电泳可将这四种核苷酸分开，移动速度 UMP＞GMP＞AMP＞CMP。将斑点用稀盐酸洗脱下来，用紫外分光光度法测定，利用核苷酸的摩尔吸收系数可计算出含量。该法简便迅速，灵敏度高，干扰因素较少。

4. 核苷酸的紫外吸收性质

由于核酸、核苷酸类物质都含有嘌呤、嘧啶碱，都具有共轭双键，故对紫外光有强烈的吸收。在一定 pH 条件下，各种核苷酸都有特定紫外吸收的吸光度比值。当定性测定某一未知碱基或核苷酸样品时，可在 250 nm、260 nm、280 nm、290 nm 波长处先测得吸光度值，再计算出相应比值（A_{250}/A_{260}、A_{280}/A_{260}、A_{290}/A_{260}），与已知核苷酸的标准比值比较，判断属于哪一种碱基或核苷酸。

二、核酸的药用价值

核酸是由数十个到数十万个核苷酸连接而成的高分子化合物。它是生物遗传的物质基础，与生物的生长、发育、繁殖、遗传和变异有密切关系，又是蛋白质合成不可缺少的物质。核酸组成中的碱基嘌呤化合物和嘧啶化合物都有较好的抗肿瘤作用，阻断蛋白质、核酸的生物合成，抑制癌细胞的增殖。由于该药物是干扰或作用于核酸的代谢过程，故被称为核酸抗代谢药物。临床试用已达 30 种以上。

（一）碱基类的药用价值

1. 6-巯基嘌呤（乐疾宁）

（1）阻止肌苷酸转变为腺苷酸、黄嘌呤核苷酸，抑制 CoⅠ的生物合成；

（2）竞争性抑制次黄嘌呤转变为肌苷酸，阻止鸟嘌呤转变为鸟苷酸，从而抑制 RNA 和 DNA 合成，杀伤各期增殖细胞；

(3) 临床用于治疗急性白血病,儿童效果优于成人。

2. 6-氨基嘌呤(腺嘌呤)

(1) 用于血液储存、维持红细胞内 ATP 水平,延长储存血液中红细胞的存活时间等。

(2) 临床用于升高白细胞水平,治疗由化疗及放疗引起的白细胞减少症等。

3. 氟尿嘧啶

(1) 抑制胸腺嘧啶脱氧核苷酸合成酶,阻断脱氧尿嘧啶核苷酸转变成胸腺嘧啶脱氧核苷酸,从而影响 DNA 的生物合成,抑制肿瘤细胞的生长增殖;

(2) 对 S 期最敏感,以伪代谢物形式掺入 RNA 中影响其功能,对增殖细胞各期都有作用,对非增殖细胞无效;

(3) 用于治疗消化系统癌症、头颈部癌、宫颈癌等,可口服和注射给药,是较常用的抗肿瘤药物。

(二) 核苷类的药用价值

1. 肌苷(次黄嘌呤核苷)

(1) 直接进入细胞,参与糖代谢,促进体内能量代谢和蛋白质合成;

(2) 提高丙酮酸氧化酶的活性,尤其能提高低氧病态细胞 ATP 的水平,激活代谢,改善细胞呼吸,使处于低能、缺氧状态的细胞顺利进行代谢;

(3) 用于治疗急慢性肝炎、心肌梗死、心肌炎、胆石症等。

2. 碘苷(碘去氧尿苷,疱疹净)

(1) 阻断胸腺嘧啶进入 DNA,从而抑制肿瘤细胞 DNA 的合成,抑制腺病毒、单纯疱疹病毒、牛痘、巨细胞病毒等 DNA 病毒的复制;

(2) 局部用于单纯性疱疹角膜炎,静滴用于疱疹脑炎及其他病毒病,但毒性大,与胸腺嘧啶合用可减少不良反应。

(三) 核苷酸及其衍生物类的药用价值

1. 辅酶 A

(1) 辅酶 A 是体内乙酰化反应的辅酶,是调节糖、脂肪及蛋白质代谢的重要因子,特别是对促进乙酰胆碱的合成,降低血中的胆固醇,增加肝糖原的积存有着重要作用。

(2) 用于治疗动脉硬化、脂肪肝、各种肝炎等,与三磷酸腺苷、辅酶Ⅰ、辅酶Ⅱ同时使用,临床效果更好。

2. 三磷酸腺苷(adenosine triphosphate)

(1) 可改善各种器官的功能状态,提高细胞的活动能力,增强机体抗病能力;

(2) 用于治疗心肌炎、心肌梗死、心力衰竭、脑动脉或冠状动脉硬化、骨髓灰白质炎、肌肉萎缩、肝炎及耳鸣等。

3. 转移因子(transfer factor)

(1) 传递供体细胞的免疫能力;

(2) 用于病毒、真菌感染病,肌肿瘤辅助治疗等。

4. 聚肌胞苷酸(聚肌胞)

(1) 可调整机体的免疫能力,具有抗病毒、抗肿瘤病、增强淋巴细胞免疫功能、抑制核酸代谢等作用；

（2）诱导产生干扰素，使正常细胞产生抗病毒蛋白（AVF），干扰病毒繁殖，保护未受感染细胞免受感染；

（3）临床用于治疗肿瘤、血液病、病毒性肝炎等多种病毒感染性疾病。

（四）核酸类的药用价值

1. RNA

（1）促白细胞生成；

（2）用于治疗精神迟缓、记忆衰退、痴呆、慢性肝炎、肝硬化、肝癌。

2. DNA

（1）有抗放射作用；

（2）能提高细胞毒药物对癌细胞的选择性；

（3）降低毒性，提高抗癌疗效。

3. 免疫核糖核酸

（1）诱导或通过反转录酶系统促使癌细胞发生逆分化；

（2）既可传递细胞免疫性，又可传递体液免疫性；

（3）可作为免疫触发剂和免疫调节剂。

三、核酸类药物的生产方法

在真核生物细胞中，RNA 主要存在于细胞质中，约占总 RNA 的 90%；DNA 则主要存在于细胞核中，占总 DNA 的 98%，另 2%存在于线粒体和叶绿体中。由于 RNA 和 DNA 存在于细胞中的不同部位，因此它们的预处理是相关的，同一资源可用于生产 RNA，又可用于生产 DNA。至于核苷酸、碱基的生产，则可用水解相应的核酸的方法。有些非天然或含量较少的核苷酸、核苷和碱基则用酶法合成，或用特异的发酵方法生产。

（一）材料的选择与预处理

在一些生物材料中，除含有核酸外，还有许多杂质，如磷蛋白、糖类、磷脂、核苷酸类辅酶和游离核苷酸等。必须去掉杂质，才能消除干扰，准确测定核酸含量。因此，样品必须预处理，如图 1-8-1 所示。

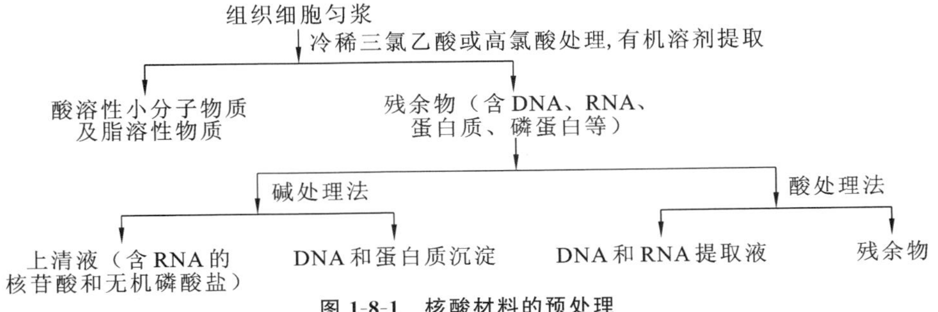

图 1-8-1　核酸材料的预处理

一般先要将生物组织细胞在低温下磨碎成匀浆，然后用冷的稀三氯乙酸或 1%的高氯酸溶液在低温下抽提几次，离心，去上清液，即去掉酸溶性小分子物质，如含磷化合物、糖、氨

基酸、核苷酸等。沉淀为蛋白质、核酸、脂类、多糖等，再用有机溶剂(乙醇、乙醚、氯仿等)抽提去掉脂溶性的磷脂等物质，残余物为不溶于酸的非脂化合物，主要成分是DNA、RNA、蛋白质和少量其他含磷化合物。再进一步用下面两种方法处理，测定DNA和RNA。

(1) 酸处理法　经预处理的核酸样品，用5%三氯乙酸或6%高氯酸溶液在90 ℃下提取15 min，DNA和RNA都成为酸溶性物提取出来，用定糖法分别测定DNA和RNA含量。该法简便快速，但没有把DNA和RNA分开，干扰因素多，不十分准确。

(2) 碱处理法　经预处理的核酸样品，用温热(37 ℃)的稀碱液(0.3～1 mol/L氢氧化钾或氢氧化钠溶液)保温18 h，使RNA降解为酸溶性的单核苷酸，而DNA则不发生降解。然后用酸中和，再用三氯乙酸或高氯酸进行酸化，使来自RNA的核苷酸存于上清液中，离心分离，测定DNA和RNA含量。如上清液中存在无机磷和其他含磷化合物，可将无机磷酸盐沉淀后测定酸溶性上清液的总磷量和无机磷量，以总磷量减去无机磷量即为RNA的磷量。

(二) 制备方法

1. RNA的制备

(1) 材料的选择和预处理。

制备RNA的材料大多选择动物的肝、肾、脾等含核酸丰富的组织，所要制备的RNA种类不同，选取的材料也各有不同。工业生产上，则主要采用啤酒酵母、面包酵母、酒精酵母、白地霉、青霉等真菌的菌体为原料。例如酵母和白地霉，其RNA含量丰富，易于提取，而其DNA含量则较少，所以它们是制备RNA的好材料。

对于动物组织，预处理过程如下：先把组织捣碎，制成组织匀浆，然后利用0.14 mol/L氯化钠溶液能溶解RNA核蛋白而不能溶解DNA核蛋白这一特性，将组织匀浆中含有RNA的核糖核蛋白提取出来(含有DNA的细胞核物质则留在沉淀中)，再调节pH为4.5，RNA仍保留在溶液中，核蛋白则成为沉淀，从而将两者分开。

核酸含量测定可用下述的预处理方法。将材料用组织匀浆器捣碎后，先用5%～10%的三氯乙酸(TCA)或过氯酸(PCA)溶液处理，以除去其中的酸溶性含磷化合物，然后将残留物用有机溶剂(如乙醇、乙醚等)处理，以除去脂溶性含磷化合物(主要为磷脂类物质)。留下的沉淀物为不溶于酸的非脂类含磷化合物，其中有RNA、DNA、蛋白质和少量其他含磷化合物。将此沉淀物用酸处理法或碱处理法处理，可将RNA与DNA分开。如图1-8-2所示。

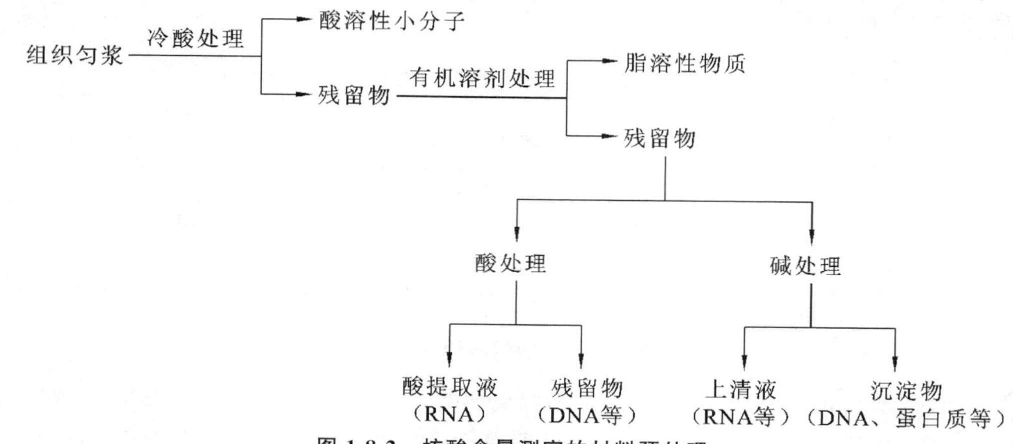

图1-8-2　核酸含量测定的材料预处理

① 酸处理法　将经酸和有机溶剂处理后的残留物用 1 mol/L 过氯酸溶液于 4 ℃下处理 18 h，从中抽提出 RNA，沉淀部分再用 1 mol/L 过氯酸溶液于 80 ℃下处理 30 min（植物材料用 0.5 mol/L 过氯酸溶液于 70 ℃下处理 20 min），提取 DNA。以上提取液即可用定糖法、定磷法或紫外分光光度法测定。此法的缺点是有些材料的 DNA 在冷过氯酸抽提时被少量提取，从而使 RNA 部分中混杂有少量 DNA。

② 碱处理法　将残留物用 1 mol/L 氢氧化钠溶液于 37 ℃下处理过夜，则 RNA 被碱解为碱溶性核苷酸，DNA 不降解。加入过氯酸或三氯乙酸使溶液酸化，至酸浓度为 5%～10%，此时 RNA 的分解产物溶解在上清液中，DNA 等则被沉淀下来。此法的优点是 RNA 和 DNA 分开得较为彻底，缺点是 RNA 中还含有其他含磷化合物（如磷肽、磷酸肌醇等），用定磷法测定 RNA 时结果偏高。

（2）提取。

目前最广泛使用的是酚法或其改良方法，此外还有乙醇沉淀法及去污剂处理法等。

① 酚法　酚法最大的优点是能得到未被降解的 RNA。酚溶液能沉淀蛋白质和 DNA，经酚处理后 RNA 和多糖处于水相中，可用乙醇使 RNA 从水相中析出。随 RNA 一起沉淀的多糖则可通过以下步骤去除：用磷酸缓冲液溶解沉淀，再用 2-甲氧乙醇提取 RNA，透析，然后用乙醇沉淀 RNA。改良后的皂土酚法，由于皂土能吸附蛋白质、核酸酶等杂质，因此其稳定性比酚法好，其 RNA 得率也比酚法高。

② 乙醇沉淀法　将核糖核蛋白溶于碳酸氢钠溶液中，然后加入含少量辛醇的氯仿，长时间连续振荡多次，除去蛋白质，RNA 留在水溶液中，加入乙醇使 RNA 以钠盐的形式沉淀下来。或用乙醇使核糖核蛋白变性，以 10%氯化钠溶液提取 RNA，再用 2 倍量的乙醇沉淀 RNA。

③ 去污剂处理法　在核糖核蛋白溶液中加入 1%的十二烷基磺酸钠（SDS）、乙二胺四乙酸钠（EDTA）、三乙醇胺、苯酚、氯仿等以除去蛋白质，使 RNA 留在上清液中，然后用乙醇沉淀 RNA。或者先用 2 mol/L 盐酸胍溶液于 38 ℃下溶解蛋白质，再冷却至 0 ℃左右，使 RNA 沉淀，沉淀中混有少量蛋白质，然后用去污剂处理。

（3）纯化。

用上述方法取得的 RNA 一般是多种 RNA 的混合物，这种混合 RNA 可以直接作为药物使用，如以动物肝脏为材料制备的 RNA 即可作为治疗慢性肝炎、肝硬化等疾病的药物。但有时需要均一性的 RNA，常用的纯化方法有密度梯度离心法、柱色谱法和凝胶电泳法等。

① 密度梯度离心法　一般采用蔗糖溶液作为分离 RNA 的介质，建立从管底向上逐渐降低的浓度梯度，管底浓度为 30%，最上面为 5%；然后将混合 RNA 溶液小心地放于蔗糖面上，经高速离心数小时后，大小不同的 RNA 分子即分散在相应密度的蔗糖部位中。然后从管底依次收集一系列样品，分别在 260 nm 波长处测其吸光度并绘成曲线。合并同一峰内的收集液，即可得到相应的较纯 RNA。

② 柱色谱法　用于分离 RNA 的柱色谱法有多种系统，较常用的载体有二乙胺乙基（DEAE）纤维素、葡聚糖凝胶、DEAE-葡聚糖凝胶以及 MAK（甲基化清蛋白吸附于硅藻土）等。混合 RNA 从色谱柱上洗脱下来时一般按相对分子质量从小到大的顺序，分步收

集,即可得到相应的RNA。

③ 凝胶电泳法 各种RNA分子所带电荷与其质量之比都非常接近,故一般电泳法无法使之分离。但若用具有分子筛作用的凝胶作载体,则不同大小的RNA分子在电泳中将具有不同的泳动速度,从而可分离纯化RNA。琼脂糖凝胶和聚丙烯酰胺凝胶即有这种作用,故常被用作分离RNA的载体。

(4) 含量测定。

RNA是磷酸和戊糖通过磷酸二酯键形成的长链,所以磷酸或戊糖的量与RNA的量成正比,因此,可通过测定磷酸或戊糖的量来断定RNA的量,前者称为定磷法,后者称为定糖法。

① 定磷法 此法首先必须将RNA中的磷水解成无机磷。常用浓硫酸或过氯酸将RNA消化,使其中的磷变成正磷酸。正磷酸在酸性条件下与钼酸作用生成磷钼酸,后者在还原剂(如抗坏血酸、α-1,2,4-氨基萘酚磺酸或氧化亚锡等)存在下,立即还原成钼蓝。钼蓝的最大光吸收在660 nm波长处,在一定浓度范围内,溶液在该处的吸光度和磷的含量成正比,从而可通过测定吸光度,用标准曲线法计算出样品含磷量。根据对RNA和DNA的分析,已知前者的含磷量为9.4%,后者的为9.9%,于是可从含磷量推算出核酸的含量。

用抗坏血酸作还原剂时,比色的最适范围在含磷量1 μg/mL左右,在室温下颜色可稳定60 h以上。用α-1,2,4-氨基萘酚磺酸作还原剂时,比色的最适范围在含磷量为2.5~25.0 μg/mL,室温下颜色可稳定20~25 min。前者重复性好,后者测定范围较宽。

钼蓝反应非常灵敏,若核酸制品中含有微量的磷、硅酸盐、铁离子,以及酸度偏高或偏低,都会影响测定结果。因此,测试时样品应尽量除去杂质,反应条件要严格控制,试剂要可靠。

② 定糖法 此法先用盐酸水解RNA,使核糖游离出来,并进一步变成糠醛,然后与地衣酚反应。产物呈鲜绿色,在670 nm波长处有最大吸收,当RNA浓度在20~200 μg/mL范围时,吸光度与RNA的浓度成正比,从而可测出RNA的含量。此法的显色试剂为地衣酚,故又称地衣酚法,反应需用三氯化铁作催化剂。

地衣酚反应的特异性不强,凡是戊糖均有反应,因此,对被测溶液的纯度要求较高,最好能同时测定样品中的DNA含量以校正所测得的RNA含量。

2. DNA的制备

(1) 材料的选择与预处理 制备DNA的材料一般用小牛胸腺或鱼精,这类组织的细胞体积较小,细胞质的含量极少,故这类组织的DNA含量高。预处理方法与RNA的类似,只不过制备DNA时用0.14 mol/L氯化钠溶液溶解RNA的目的是去掉RNA而留下DNA。

(2) 提取与纯化 将含DNA的沉淀物用0.14 mol/L氯化钠溶液反复洗涤,尽量除去RNA,然后用生理盐水溶解沉淀物,并加入去污剂(SDS溶液)使DNA与蛋白质解离、变性,此时溶液变黏稠。冷藏过夜后,再加入氯化钠溶液使DNA溶解,当盐浓度达1 mol/L时,溶液黏稠度下降,DNA处在液相,蛋白质沉淀。离心去杂质,得乳白状清液,过滤后加入等体积的95%乙醇,使DNA析出,得白色纤维状粗制品。在此基础上反复用去污剂除去蛋白质等杂质,可得到较纯的DNA。当DNA中含有少量RNA时,可用核糖核酸酶、异丙醇等处理，用活性炭柱色谱以及电泳去除。

分离混合 DNA 可采用与分离、纯化 RNA 类似的方法。

(3) 含量测定　DNA 的含量测定也有定磷法和定糖法两种方法。定磷法与用于 RNA 测定的定磷法相同，DNA 的含磷量为 9.9%，从而可根据定磷的结果推算出 DNA 的含量。定糖法又称二苯胺法。在酸性溶液中，将 DNA 与二苯胺共热，生成蓝色化合物，该化合物在 595 nm 波长处有最大吸收。当 DNA 浓度在 20～200 μg/mL 范围时，吸光度与 DNA 浓度成正比，从而可测出 DNA 的含量。若在反应液中加入少量乙醛，则可在室温下将反应时间延长至 18 h 以上，从而使灵敏度提高，将其他物质造成的干扰降低。

3. 核苷酸、核苷及碱基的生产

(1) 主要生产方法。

① 直接提取法　类似于 RNA 和 DNA 的生产，可直接从生物材料中提取。此法的关键是去杂质，被提取物不管是呈溶液状态还是呈沉淀状态，都要尽量与杂质分开。为了制得精品，有时还需多次溶解、沉淀。从兔肌肉中提取 ATP 和从酵母或白地霉中提取辅酶 A 即是采用此法。

② 水解法　核苷酸、核苷和碱基都是 RNA 或 DNA 的降解产物，所以当然能通过相应的原料水解制得。水解法又分酶水解法、碱水解法和酸水解法三种。

③ 酶合成法　利用酶系统和模拟生物体条件生产核苷酸，如酶促磷酸化生产 ATP。

④ 光合磷酸化法　在离体条件下利用植物叶中的叶绿体(通常用菠菜叶)，把光能转变成高能磷酸键，固定在 ADP 上，使 ADP 形成 ATP。

⑤ 微生物发酵法　利用微生物的特殊代谢使某种代谢物积累，从而获得该产物的方法称为发酵法。如在微生物正常代谢下肌苷酸是中间产物，不会积累，但当其突变为腺嘌呤营养缺陷型后，该中间物不能转化成 AMP，于是在前面的代谢不断进行的情况下，大量的肌苷酸就成为终产物而积累在发酵液中。事实上肌苷酸的生产正是采用了此法。

(2) 含量测定。

核苷酸、核苷及碱基均有其独特的紫外吸收曲线，采用紫外分光光度法，先将碱基、核苷或核苷酸用某种溶剂配成一定浓度的溶液，然后在某一特定波长下测定该溶液的吸光度，通过计算即可得出该物质的含量。

项目实施

任务一　三磷酸腺苷二钠的生产

码1-8-2 三磷酸腺苷二钠的生产

一、生产前准备

(一) 查找资料，了解三磷酸腺苷二钠的基本知识

腺嘌呤核苷三磷酸简称腺三磷(ATP)，又称三磷酸腺苷。核苷三磷酸是一类具有高能键的化合物，在生物体内起着很重要的作用，其中最重要的是 ATP，药用 ATP 是其二钠盐，此外还有胞嘧啶核苷三磷酸和鸟嘌呤核苷三磷酸等。

带3个结晶水的ATP二钠盐($ATP\text{-}Na_2 \cdot 3H_2O$)为白色晶体或类白色粉末,无臭,微有酸味,有吸湿性,易溶于水,难溶于乙醇、乙醚、苯、氯仿。在水中溶解后呈氢型的钠盐、钡盐或汞盐。在碱性溶液(pH 10)中较稳定,25 ℃下每月约分解3%,在稀碱作用下水解成5′-AMP,在酸作用下则水解产生核苷和碱基。pH 5、90 ℃加热70 h,可完全水解为腺苷。

ATP二钠分子中的碱基部分含有共轭双键,具有吸收紫外光的特性,在pH为2时吸光度的比值:$A_{250}/A_{260}=0.85$,$A_{280}/A_{260}=0.22$,$A_{290}/A_{260}<0.1$。

ATP二钠盐是两性化合物,水解时其$-NH_2$变成阳离子,磷酸基变成阴离子,解离度大于ADP和AMP,可与树脂交换吸附。ATP二钠盐能与可溶性汞盐和钡盐形成不溶于水的沉淀物,利用这种性质可分离ATP二钠盐。

(二)确定生产技术、生产原料和工艺路线

(1)确定生产技术:生化制药技术。

(2)确定生产原料:兔肌肉。

(3)确定生产工艺路线,如图1-8-3所示。

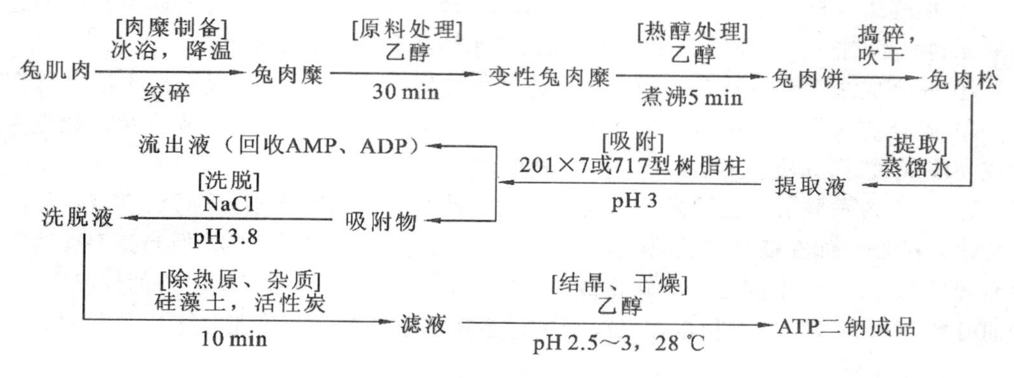

图1-8-3 ATP二钠的生产工艺路线

二、生产工艺过程

(1)兔肉松的制备 将兔体冰浴降温,迅速拆去骨,绞碎,加入兔肌肉质量3~4倍的冷95%乙醇,搅拌30 min,过滤,压榨,制成肉糜。再将肉糜捣碎,以2~2.5倍量的冷95%乙醇同上操作处理1次,然后置于预沸的乙醇中(乙醇为用过两次的),继续加热至沸,保持5 min,取出兔肉,迅速置于冷乙醇中降温至10 ℃以下,过滤,压榨,肉饼再捣碎,分散在盘内,冷风吹干至无乙醇味为止,即得兔肉松。

(2)提取 取兔肉松,加入4倍量冷蒸馏水,搅拌提取30 min,过滤,压榨成肉饼,捣碎后再加3倍量的冷蒸馏水提取1次。合并2次滤液,按总体积加入4%冰乙酸,再用6 mol/L盐酸调pH为3,冷处静置3 h,经布氏漏斗过滤至澄清。

(3)吸附 取处理好的氯型201×7或717型阴离子交换树脂装入层析柱,柱高与直径之比以(3~5):1为宜,用pH为3的水将柱平衡。提取液上柱,流速控制在0.6~1 mL/($cm^2 \cdot min$)左右,吸附ATP。上柱过程中用DEAE-C(二乙氨基乙基纤维素)薄板检查,待出现 AMP 或 ADP 斑点时可收集 AMP 和 ADP。继续进样,待追踪检查出现 ATP 斑点时,说明树脂已被 ATP 饱和,停止上柱。

(4) 洗脱　饱和 ATP 柱用 pH 3、0.03 mol/L 的氯化钠溶液洗涤柱上滞留 AMP、ADP 及无机盐等,流速控制在 1 mL/(cm^2 · min)左右。薄层检查无 AMP、ADP 斑点并有 ATP 斑点出现时,再用 pH 3.8、1 mol/L 的氯化钠溶液洗脱 ATP,流速为 0.2～0.4 mL/(cm^2 · min),收集洗脱液。操作温度为 0～10 ℃,以防 ATP 分解。

(5) 除热原、杂质　将洗脱液按总体积计,以 0.6%的比例加入硅藻土(CP),以 0.4%的比例加入活性炭后,搅拌 10 min,除去热原及杂质。用 4 号垂熔漏斗过滤,收集 ATP 滤液。

(6) 结晶、干燥　用 6 mol/L 盐酸调节 ATP 滤液 pH 至 2.5～3,在 28 ℃的水浴中恒温,加入 3～4 倍量 ATP 溶液的 95%乙醇,不断搅拌,使 ATP 二钠结晶,用 4 号垂熔漏斗过滤,分别用无水乙醇、乙醚洗涤 1～2 次,收集 ATP 二钠晶体,置于五氧化二磷干燥器内真空干燥,即得成品。

(7) 质量检测　ATP 二钠的质量检测规范和方法均引自《中国药典》(2020 年版)二部和四部。

① 酸度　取本品 0.50 g,加水 10 mL 溶解后,依法测定(通则 0631),pH 应为 2.5～3.5。

② 溶液的澄清度与颜色　取本品 0.15 g,加水 10 mL 溶解后,依法检查(通则 0901 第一法和通则 0902 第一法),溶液应澄清无色;如显色,与黄色 1 号标准比色液比较不得更深。

③ 有关物质　照高效液相色谱法(通则 0512)测定。供试品溶液色谱图中如有杂质峰,除一磷酸腺苷和二磷酸腺苷外的杂质不得过 1.0%;杂质总量不得过 5.0%。

④ 水分　取本品适量,精密称定,以乙二醇-无水甲醇(60∶40)为溶剂,使供试品溶解完全,照水分测定法(通则 0832 第一法 1)测定,含水分应为 6.0%～12.0%。

⑤ 氯化物　取本品 0.10 g,依法检查(通则 0801),与氯化钠标准溶液 5.0 mL 制成的对照液比较,不得更浓(0.05%)。

⑥ 铁盐　取本品 1.0 g,依法检查(通则 0807),与铁标准溶液 1.0 mL 制成的对照液比较,不得更深(0.001%)。

⑦ 重金属　取本品 1.0 g,加水 23 mL 溶解后,加乙酸盐缓冲液(pH 3.5)2 mL,依法检查(通则 0821 第一法),含重金属不得过百万分之十。

⑧ 细菌内毒素　取本品,依法检查(通则 1143),每 1 mg ATP 二钠中含内毒素的量应小于 2.0 EU。

⑨ 含量测定　总核苷酸照紫外可见分光光度法(通则 0401)测定。

供试品溶液:取本品适量,精密称定,加 0.1 mol/L 磷酸盐缓冲液(取磷酸氢二钠 35.8 g,加水至 1000 mL,取无水磷酸二氢钾 13.6 g,加水至 1000 mL,两液互调 pH 至 7.0),溶解并定量稀释成每 1 mL 中约含 20 μg 的溶液。

测定法:取供试品溶液,在 259 nm 波长处测定吸光度,按 $C_{10}H_{14}N_5Na_2O_{13}P_3$ 的百分吸收系数($E_{1\,cm}^{1\%}$)为 279 计算。

任务二　免疫核糖核酸的生产

一、生产前准备

（一）查找资料，了解免疫核糖核酸的基本知识

免疫核糖核酸(immunoribonucleic acid，iRNA)是指从致敏动物的细胞中提取的RNA，相对分子质量约为135000，具有转移免疫活性的作用。iRNA分为特异性iRNA和非特异性iRNA两种，用特异性抗原使动物致敏，然后从细胞中提取到的iRNA称为特异性iRNA，用弗氏完全佐剂致敏或者不经致敏，直接提取到的iRNA称为非特异性iRNA，非特异性iRNA其实是正常RNA，具有免疫触发或免疫调节的重要作用。免疫核糖核酸的临床适应证与转移因子相似。目前主要用于恶性肿瘤如肾癌、肺癌、消化道癌及神经母细胞瘤和骨肉瘤等的辅助治疗。也试用于慢性乙型肝炎和流行性乙脑，可使细胞免疫功能低下的部分患者恢复正常。

（二）确定生产技术、生产原料和工艺路线

(1) 确定生产技术：生化制药技术。

(2) 确定生产原料：脾脏。

(3) 确定生产工艺路线，如图1-8-4所示。

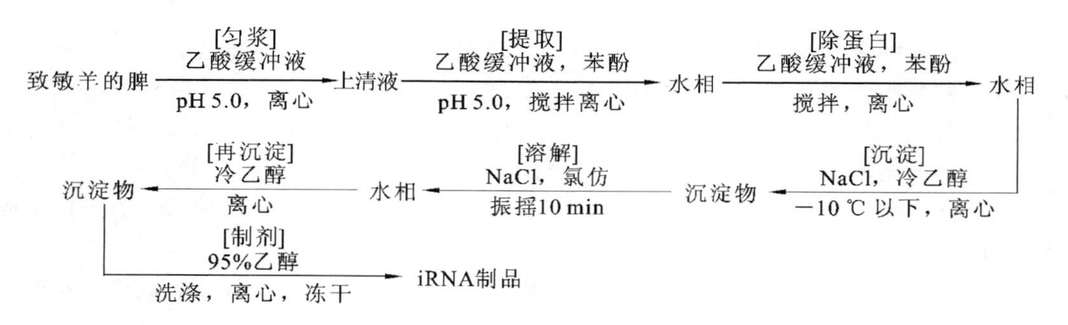

图1-8-4　免疫核糖核酸的生产工艺路线

二、生产工艺过程

(1) 匀浆　取致敏羊的脾，去脂肪组织，称重，剪碎，加入等质量的pH 5.0、0.01 mol/L的乙酸缓冲液(内含0.5%SDS、0.14 mol/L氯化钠、0.2%吐温-80、0.1%皂土)，用组织捣碎机匀浆，3000 r/min离心，得上清液。

(2) 提取　对上清液加等体积的pH 5.0、0.01 mol/L的乙酸缓冲液(内含0.5% SDS、0.14 mol/L氯化钠、0.001 mol/L EDTA)，搅拌15 min后，再加等体积的80%苯酚溶液(用0.01 mol/L、pH 5.0的乙酸缓冲液配制，内含0.001 mol/L EDTA、0.1%8-羟基喹啉)，搅拌10 min，3000 r/min离心20 min，取上层水相。

（3）去蛋白质　加 1/2 体积用上述乙酸缓冲液配制成的 90% 苯酚溶液，搅拌 5 min，3000 r/min 离心 20 min，留上层水相。

（4）沉淀　加入固体氯化钠至 0.1 mol/L，在搅拌下加入 2.5 倍体积预冷至 −20 ℃ 的 95% 乙醇，于 −10 ℃以下沉淀，2000 r/min 离心 10 min，收集沉淀。

（5）溶解　将沉淀物溶于适量的 0.14 mol/L 氯化钠溶液中，加等体积氯仿，振摇 10 min，3000 r/min 离心 15 min，取水相。

（6）再沉淀　搅拌下加入 2.5 倍体积冷至 −20 ℃ 的 95% 乙醇，2000 r/min 离心 10 min，得沉淀。

（7）制剂　沉淀用 95% 乙醇洗涤，6000 r/min 离心 25 min，按制剂需要添加赋形剂，经 6 号垂熔漏斗过滤，无菌分装，冻干即得。

（8）质量检测。

① 质量检查　iRNA 没有明显的种属特异性，所以用于人体无免疫原性。但对制品的热原反应应符合《中国药典》（2020 年版）的规定，蛋白质含量应小于 RNA 的 1%。

② 含量测定　iRNA 含量用定磷法测定。操作步骤如下。

a. 标准曲线制作　分别取磷酸盐标准溶液（用磷酸二氢钾配制成 5 μg/mL 的溶液）0 mL、0.5 mL、1.0 mL、1.5 mL、2.0 mL、2.5 mL，加定磷法试剂（3 mol/L 硫酸、2.5% 钼酸铵、水和 10% 抗坏血酸按 1∶1∶2∶1 体积比混合）3 mL，45 ℃保温 20 min，于 660 nm 波长处测吸光度。

以含量（μg）为横坐标，吸光度为纵坐标，作标准曲线，求出吸光度为 1.0 时的含磷量（μg），即标准曲线常数 K。K 值因仪器、试剂及测试条件的不同而异，故每次测定含量时均要作标准曲线，且样品测试的仪器、试剂和条件都要与作标准曲线时相同。

b. 样品总磷量测定　将样品配成 2.5～5 mg/mL 的溶液，取 1 mL，加 1 mL 18 mol/L 硫酸及约 50 mg 催化剂（$CuSO_4 \cdot 5H_2O$），消化（小火加热至发白烟，样品由黑色变成淡黄，取下稍冷，小心滴加 2 滴 30% 过氧化氢溶液，再继续加热至溶液呈无色或淡蓝色，冷却，加1 mL水，100 ℃下加热 10 min 以分解消化过程中形成的焦磷酸）。空白对照不加样品消化。两者均定容至 50 mL。

取样品及对照品处理液各 1 mL，加蒸馏水 2 mL、定磷试剂 3 mL，测 660 nm 波长处的吸光度（操作同前）。

c. 样品无机磷含量测定　取未经消化的样品 1 mL，定容至 50 mL，取其中 1 mL，测 660 nm 波长处的吸光度，空白对照用蒸馏水。

③ 含量计算：

$$\text{iRNA 含量} = \frac{(A_{\text{总磷},660} - A_{\text{无机磷},660}) \times K \times D \times 11}{C \times 10^3} \times 100\%$$

式中，$A_{\text{总磷},660}$ 为总磷在 660 nm 波长处的吸光度；$A_{\text{无机磷},660}$ 为无机磷在 660 nm 波长处的吸光度；K 为标准曲线常数；D 为稀释倍数，即消化后定容体积/消化时取样体积，此处为 50；11 为磷含量与核酸含量间的换算系数，即 1 mg 磷相当于 11 mg RNA；C 为样品的浓度，单位为 mg/mL，由于求 K 值时的浓度单位为 μg/mL，故应乘以 10^3。

项目实训　肌苷的生产

一、实训目标

(1) 掌握发酵法生产肌苷的基本原理、方法和基本操作技能。

(2) 掌握树脂吸附法在肌苷药物提取和精制方面的应用。

二、实训原理

肌苷是由次黄嘌呤与核糖结合而成的核酸类化合物,又称次黄嘌呤核苷。肌苷为白色结晶性粉末,溶于水,不溶于乙醇、氯仿,在中性、碱性溶液中比较稳定,在酸性溶液中不稳定,易分解成次黄嘌呤和核糖。

最初,用棒状杆菌发酵制得肌苷酸,再以化学法加压脱掉磷酸得到肌苷,其工艺复杂,产量低,成本高。现多采用直接发酵法生产。

直接发酵法生产肌苷的工艺路线如图 1-8-5 所示。

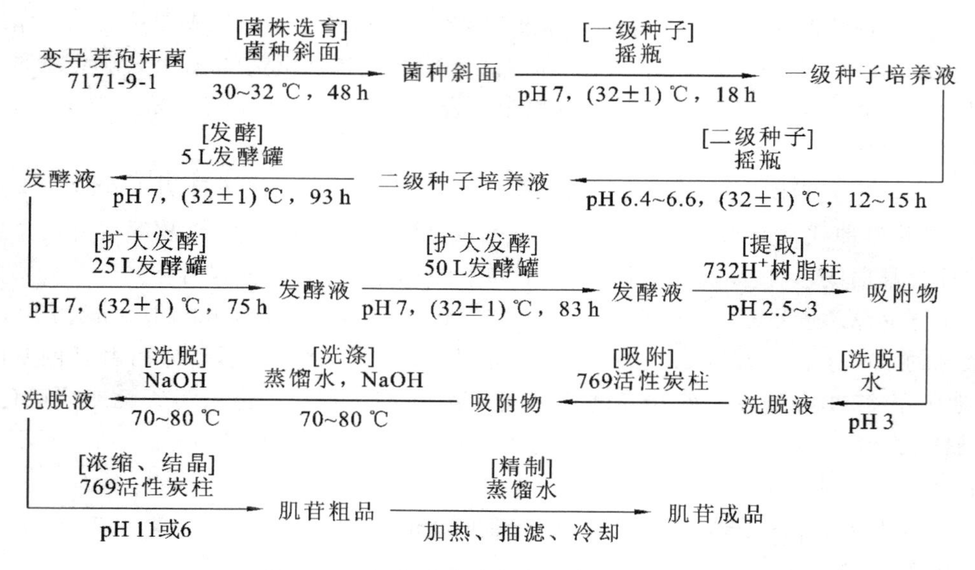

图 1-8-5　直接发酵法生产肌苷的工艺路线

三、实训器材和试剂

1. 器材

冰箱、恒温培养箱、摇床、发酵罐、灭菌锅等。

2. 试剂

葡萄糖、蛋白胨、酵母浸膏、牛肉浸膏、琼脂、玉米浆、尿素、氯化钠等。

四、实训方法和步骤

(1) 菌株选育:将变异芽孢杆菌 7171-9-1 移接到斜面培养基上,30～32 ℃培养 48 h。在 4 ℃冰箱中菌种可保存一个月。斜面培养基成分为葡萄糖 1%、蛋白胨 0.4%、酵母浸膏 0.7%、牛肉浸膏 1.4%、琼脂 2%,在 pH 7、120 ℃灭菌 20 min。

(2) 种子培养。

一级种子:培养基成分为葡萄糖 2%、蛋白胨 1%、酵母浸膏 1%、玉米浆 0.5%、尿素 0.5%、氯化钠 0.25%。灭菌前 pH 为 7,用 200 mL 三角瓶装 50 mL 培养基,115 ℃灭菌 15 min。三角瓶中接入白金耳环菌苔,放置在往复式摇床上,振荡频率为 100 次/min,(32±1)℃培养 18 h。

二级种子:培养基同一级种子,放大为 1 L 三角瓶,定容体积为 500 mL,接种量为 3%,(32±1)℃培养 12～15 h,振荡频率为 100 次/min,生长指标 $A_{650}=0.78$,pH 为 6.4～6.6。

(3) 发酵。

用 5 L 不锈钢标准发酵罐,定容体积为 3.5 L。培养基成分为淀粉水解糖 10%、干酵母水解液 1.5%、豆饼水解液 0.5%、硫酸镁 0.1%、氯化钾 0.2%、磷酸氢二钠 0.5%、尿素 0.4%、硫酸铵 1.5%、有机硅油(消泡剂)0.05%。pH 为 7,接种量为 0.9%,(32±1)℃培养 93 h,搅拌速度为 320 r/min,通气量为 2 L/(L·min)。

用 25 L 发酵罐,定容体积为 15 L。培养基成分为淀粉水解糖 10%、干酵母水解液 1.5%、豆饼水解液 0.5%、硫酸铵 1.5%、硫酸镁 0.1%、磷酸氢二钠 0.5%、氯化钾 0.2%、碳酸钙 1%、有机硅油小于 0.3%。pH 为 7,接种量为 7%,(32±1)℃培养 75 h,搅拌速度为 230 r/min,通气量为 4 L/(L·min)。

扩大发酵进入 50 L 发酵罐,培养基同上,接种量为 2.5%,(32±1) ℃培养 83 h。

(4) 提取、洗脱、吸附:取发酵液 2～3 L,调节 pH 为 2.5～3,连同菌体通过两个串联的 100 g 732H^+ 树脂柱吸附。再用相当树脂总体积 3 倍的 pH 为 3 的水洗 1 次,然后把两个柱分开,用 pH 为 3 的水把肌苷从柱上洗脱下来。再经 769 活性炭柱吸附后,先用 2～3 倍体积的水洗涤,后用 70～80 ℃水洗,70～80 ℃ 1 mol/L 氢氧化钠溶液浸泡 30 min,最后用 0.01 mol/L 氢氧化钠溶液洗脱肌苷,收集洗脱液,真空浓缩。pH 11 或 6 下放置,析出结晶,过滤,得肌苷粗品。

(5) 精制:取粗品配成 5%～10%溶液,加热溶解,加入少量活性炭作为助滤剂抽滤,放置冷却,得白色针状晶体,过滤,用少量水洗涤 1 次,80 ℃烘干,得肌苷成品。

五、知识和技能探究

温度对肌苷提取有何影响?

项目总结

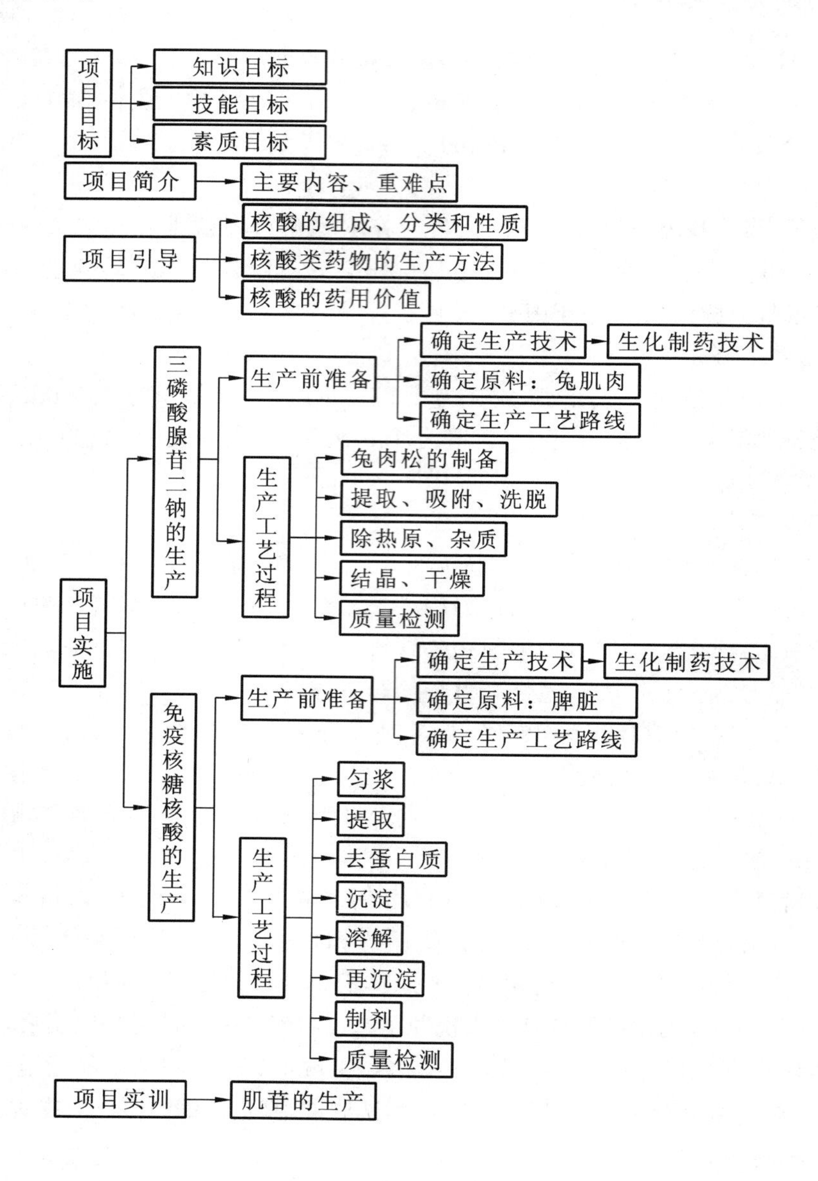

一、选择题

1. DNA 的中文名称是(　　)。

A. 脱氧核糖核苷酸　　B. 核糖核苷酸

C. 脱氧核糖核酸　　D. 核糖核酸

2. 组成核酸的基本结构单位是(　　)。

A. 多核苷酸　　B. 单核苷酸　　C. 含氮碱基　　D. 磷酸和核糖

3. 核酸在下列哪一波长附近有最大吸收峰?(　　)

A. 200 nm　　B. 220 nm　　C. 260 nm　　D. 280 nm

4. 核酸对紫外线的吸收主要由哪一结构产生?(　　)

A. 氢键　　B. 糖苷键

C. 磷酸二酯键　　D. 嘌呤环和嘧啶环上的共轭双键

5. 酸处理核酸样品时常用的酸是(　　)。

A. 盐酸　　B. 高氯酸　　C. 硫酸　　D. 磷酸

二、填空题

1. 核酸可分为(　　)和(　　)两大类。

2. 核酸完全水解的产物是(　　)和(　　)。

3. 核酸类药物的生产方法有(　　)、(　　)和(　　)。

4. RNA 含量测定方法有(　　)和(　　)。

5. 生产 ATP 的方法有(　　)、(　　)、(　　)和(　　)。

三、名词解释

核酸　核苷酸　三磷酸腺苷　iRNA　转移因子

四、简述题

1. 制备 RNA 时,生物材料的预处理方法有哪些?各有何优缺点?

2. RNA 的提取和纯化方法有哪些?简述其原理。

五、论述题

1. 论述核酸类药物发展现状。

2. 论述温度对肌苷提取的影响。

项目拓展

未来的"基因药物"

早在 1868 年,德国生理学家 F. 米歇尔博士就已从细胞中分离出核酸,当时他将这种未知物质命名为"核素"(nuclein)。由于核酸类产品市场前景看好,国内自 20 世纪 90 年代以来已有十几家厂商在开发研制核酸类保健食品。已上市的产品包括大连的"珍奥核酸"、北京的"生命口服液"和福建的"花粉核酸口服液"等。全球科学家通力合作完成了解读人类全部基因组的宏伟任务,从而为基因疗法与基因药物的研制开创了光辉灿烂的明天。核酸将成为基因疗法与基因药物的重要基础。核酸与寡核苷将成为未来医药工业开发新药的重点产品,早在十几年前,核酸在国外已被广泛用于基因工程研究。从基因试样的制备、顺序放大到诊断试剂等均离不开核酸。未来的"基因药物"也以核酸为基础。迄今为止,真正作为治疗药开发上市的核酸类药物为美国 Isis 制药公司开发的"反义药物"——Vitravene,它属于寡核苷类化合物,可用于治疗艾滋病患者常见并发症之一——巨细胞病毒性角膜炎。该产品已在美国与欧盟国家同时上市，销路还不错。正在开发中的核酸疫苗是另一类热门商品。国外正在研制中的核酸疫苗包括对付登革热病毒的新型疫苗、对付钩端螺旋体的疫苗、治疗T淋巴瘤的疫苗、免疫疗法用的核酸疫苗、治疗和预防鸡新城疫的核酸疫苗以及对付其他一些棘手病毒性疾病的新型疫苗等。总而言之，核酸作为基因治疗药的研究与应用在国际上方兴未艾。可以相信，核酸与寡核苷作为治疗药应用范围广阔，市场前景十分光明。

码1-9-1 模块一项目九PPT

项目九　抗体类生物技术药物的生产

项目目标

一、知识目标

明确抗体的基础知识。

熟悉多克隆抗体、单克隆抗体与基因工程抗体生产的基本原理和方法。

掌握典型抗体药物如抗 HBsAg 的单克隆抗体生产的工艺流程、生产技术及其操作要点。

二、技能目标

学会质粒构建、细胞培养、动物免疫及亲和层析等抗体制药的相关技术。

能熟练操作典型抗体药物抗 HBsAg 的单克隆抗体生产的各工艺环节。

能够进行典型单克隆抗体生产相关参数的控制，以及多克隆抗体的制备、纯化与鉴定。

三、素质目标

在掌握相关专业知识和技能的基础上，能够举一反三，查阅资料并能理解和参与讨论，将理论与实际相结合；培养诚实守信、独立思考、勇于创新的精神和吃苦耐劳、团结协作的实践能力；关注并理解疫情防控措施，培养良好的职业道德与社会责任感，牢固树立社会主义核心价值观。

项目简介

本项目的内容是抗体类生物技术药物的生产，项目引导介绍抗体的基本知识，让学生在进行药物生产之前储备相应的基础知识。在此基础上安排两个典型的任务，分别以基因工程和细胞工程两种不同的工艺流程来生产应用较广、疗效较好的抗 HBsAg 的单克隆抗体，拓展学生思路。在项目实训中设置了用基因工程方法制备抗 RIP3 多克隆抗体，培养学生综合运用所学知识解决实际问题的能力。

项目引导

抗体是机体的免疫系统在抗原的刺激下，由浆细胞和 B 淋巴细胞前体产生的，它在血液和淋巴系统中循环，并和促其产生的特异性抗原相结合，随后这些抗原抗体复合物从循环系统被巨噬细胞吞噬而移走。

人体感染病毒后会产生 IgM 或 IgG 抗体，通过检测血清中这些特异性抗体，可判断被试者是否曾经感染病毒。通过抗体检测识别已获得免疫的人群,将为后续实施精细化隔离、解除封城等科学防控措施提供依据。另外,由于 IgM 和 IgG 产生时间先后不同,抗体检测还可帮助判断不同阶段感染者。患者感染病毒后,IgM 最先产生,IgM 较高提示患者处于早期感染阶段,病毒复制活跃;而 IgG 出现较晚,在感染中后期长期存在,提示患者已感染了一段时间或已痊愈。无症状和轻症患者痊愈后,体内还会存在 IgG 抗体,就可以用血清抗体快筛找出未被发现的感染者。

一、抗体的概述

码1-9-2 抗体的概述

抗体(antibody,可缩写为 Ab)是具有抗原(Ag)结合部位,能与抗原分子上相应表位发生特异性结合的具有免疫功能的球蛋白。

免疫球蛋白(Ig)是结构化学的概念,而抗体是生物学功能的概念。可以说,几乎所有抗体都是免疫球蛋白(极少数抗体为 RNA),但并非所有免疫球蛋白都是抗体。

(一) 分子结构

抗体具有 4 条多肽链,呈 Y 形对称结构(见图 1-9-1)。其中 2 条较长、相对分子质量较大的称为重链(H 链),另 2 条较短、相对分子质量较小的称为轻链(L 链)。链间由二硫键和非共价键连接。

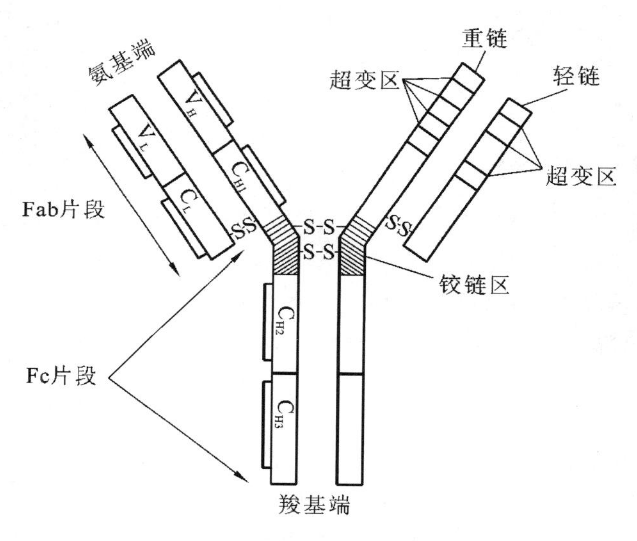

图 1-9-1　抗体的结构

整个抗体分子可分为恒定区(C 区)和可变区(V 区)两部分。在给定的物种中,不同抗体分子的恒定区都具有相同的或几乎相同的氨基酸序列。恒定区决定了抗体分子的种属特异性。可变区位于"Y"的两臂末端,在可变区内有一小部分氨基酸残基变化特别强烈,这些氨基酸的残基组成和排列顺序更易发生变异的区域称为超变区。超变区位于分子表面,最多由 17 个氨基酸残基构成,少则只有 2～3 个。超变区氨基酸序列决定了该抗体结合抗原的特异性。

一个抗体分子上的两个抗原结合部位是相同的,称为抗原结合片段(antigen-binding

fragment,Fab)。“Y”的柄部称为结晶片段(crystalline fragment,Fc),Fc调节细胞的效应功能。

（二）功能

抗体是用于免疫研究、临床诊断和治疗的重要试剂。抗体不仅具有特异性结合抗原的能力,还能活化补体,结合细胞表面的Fc受体,并能通过母体胎盘转移给胎儿,从而赋予被动免疫的重要作用。长期以来,抗体被用于治疗感染和毒素。在生物工程上,通过免疫层析,可使用抗体来分离和纯化重组蛋白质。而在免疫分析中,抗体可用于对抗体和抗原的检测及定量分析,还能研究抗原的结构。

（三）种类

按照不同的分类方式,抗体可以有不同的种类。

(1) 按理化性质和生物学功能,可将其分为IgG、IgM、IgA、IgE和IgD五类。

① IgG分子为单体,有IgG1、IgG2、IgG3、IgG4四个亚类。IgG是血清中含量最多的免疫球蛋白类型,是机体再次免疫应答后形成的抗体的主要组分,在机体防御机制中发挥主要的作用。

② IgM是对抗原初次免疫应答产生的抗体种类,也是新生儿最先合成的免疫球蛋白。存在于未成熟B淋巴细胞表面的膜结合型IgM(mIgM)是单体,而由成熟浆细胞分泌的IgM则为五聚体。

③ IgA是外分泌型抗体,在机体的外分泌液(如乳汁、唾液、泪液、支气管黏液、泌尿生殖道及消化道分泌液)中广泛存在。外分泌液中的IgA称为分泌型IgA(secretory IgA,sIgA),为二聚体或四聚体。而在血清中,IgA主要以单体形式存在。

④ IgE为单体,可介导速发型超敏反应。

⑤ IgD也是单体,膜IgD(mIgD)是B淋巴细胞成熟的主要标志。在B淋巴细胞分化过程中,先出现mIgM,后出现mIgD。当B淋巴细胞只有mIgM时,抗原刺激易表现耐受,但IgM和IgD同时存在时,则B淋巴细胞易被抗原激活。

(2) 按与抗原结合后是否出现可见反应,可将其分为两类。

① 完全抗体。它在介质参与下能出现可见的结合反应,也是通常所说的抗体。

② 不完全抗体。它不出现可见的结合反应,但能阻抑抗原与其相应的完全抗体结合。

(3) 按作用对象,可将其分为抗毒素抗体、抗菌抗体、抗病毒抗体和亲细胞抗体。

(4) 按抗体的来源,可将其分为天然抗体和免疫抗体。

(5) 按抗体研究领域的进展,大致可分为多克隆抗体、单克隆抗体(见图1-9-2)和基因工程抗体三类。

① 多克隆抗体(polyclonal antibody,PAb)。

多克隆抗体是带有多种抗原决定簇(也称表位)的抗原性物质免疫动物所得到的抗体,即多个B淋巴细胞克隆所分泌的抗体。

多克隆抗体的抗原识别谱广,可有效阻断抗原对抗体的危害,多年来一直是一种有效

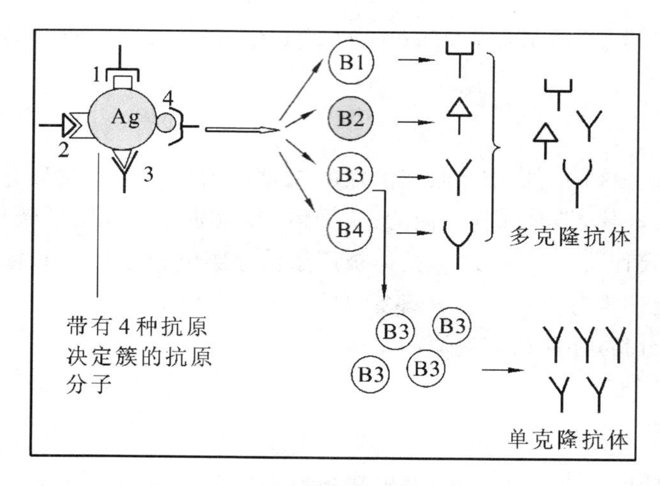

图 1-9-2 单克隆抗体和多克隆抗体

的治疗制剂,但是抗体的特异性差,灵敏度低。

② 单克隆抗体(monoclonal antibody,McAb)。

单克隆抗体是单个B淋巴细胞克隆所分泌的抗体。该种抗体仅针对一个抗原决定簇,又是单一的B淋巴细胞克隆产生,结构和特异性完全相同,具有纯度高、特异性强、灵敏度高的优点。

③ 基因工程抗体。

基因工程抗体是以基因工程方法制备的抗体。基因工程抗体技术包括抗体片段及抗体融合蛋白的制备技术、基因水平改造单克隆抗体技术及噬菌体抗体库技术。

基因工程抗体存在抗体亲和性相对较弱的缺点,其原因是大多数蛋白质在大肠埃希菌表达系统表达后不具备天然蛋白的构象,无翻译后修饰。而用真核表达系统如酵母、昆虫和哺乳类动物细胞表达蛋白质,存在着试验周期长、表达产量低、技术难度大等问题。

还有一些基因工程常见的小分子抗体,它们仅表达抗体的V区片段,而不表达C区。例如:a. Fab片段抗体,由完整的轻链和重链(V_H+C_{H1})组成;b. Fv抗体,由V_H和V_L组成,天然Fv片段中V_H和V_L为非共价结合;c. 单链抗体(single chain antibody,SCA,或single chain Fv,scFv),是由抗体V_H和V_L通过一段连接肽(linker)连接而成的重组蛋白。重组蛋白能较好地保持抗体亲和力,具有相对分子质量小、穿透力强、免疫原性小的特性,且易与效应分子相连接,构建出多种新功能的抗体分子,故成为基因工程抗体研究领域中的热点。

二、抗体药物的生产技术

(一) 多克隆抗体的生产工艺

多克隆抗体的生产多采用传统的从动物的抗血清提取的方法。其生产工艺流程如图1-9-3所示。

在多克隆抗体的生产过程中,应注意以下环节。

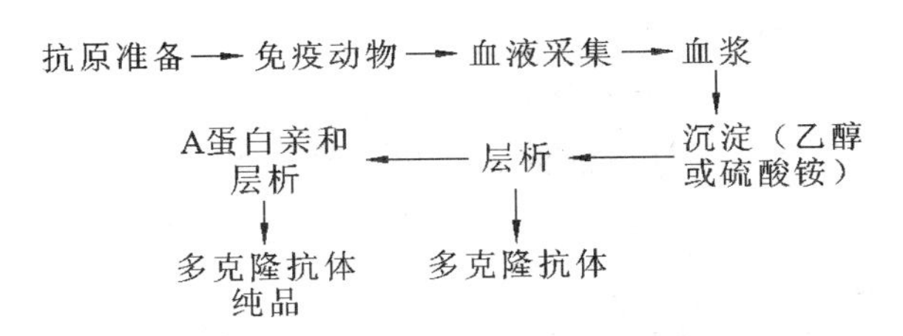

图 1-9-3　多克隆抗体生产工艺流程

1. 免疫动物

(1) 选择动物种类：供免疫的动物主要是哺乳类和禽类，常选择家兔、绵羊、马、小鼠等。

(2) 选择动物属性：通常选用适龄健康雄性，雌性特别是妊娠动物不适合生产免疫抗体。

(3) 数量：由于对免疫应答的个体差异，应同时选用数只动物进行免疫。

2. 抗原准备

(1) 抗原种类：有蛋白质抗原、类脂抗原、多糖类抗原和核酸抗原等，不同抗原的免疫原性强弱均不相同。为了获得较好的抗血清，最好选用蛋白质抗原。

(2) 佐剂：对可溶性抗原而言，常采用加佐剂的方法以刺激机体产生较强的免疫应答。加佐剂的注射剂量比不加佐剂的要小。

将抗原与佐剂混合的过程称为乳化。乳化的方法很多，可采用研钵乳化，可直接在振荡器上乳化，也可用组织捣碎器乳化。乳化好的标志是取一滴乳化剂滴入水中后呈球形而不分散。如出现平展扩散，则为未乳化好。乳化过的物质放置一段时间后不能出现油水分层现象。

目前常用的佐剂有氢氧化铝胶、明胶、弗氏佐剂、脂质体、液状石蜡、植物油、矿物油等，也有采用结核杆菌、分枝杆菌、白喉杆菌以及细小棒状杆菌的。

3. 免疫过程

(1) 免疫途径与剂量　免疫途径包括皮下注射、皮内注射、肌肉注射、静脉注射、腹腔注射、淋巴结内注射。免疫剂量应依照动物的种类、免疫周期以及所要求的抗体特性等不同而定。若免疫剂量过低，则不能引起足够强度的免疫刺激；若免疫剂量过高，又有可能引起免疫耐受。在一定范围内，抗体的效价随注射剂量的增加而增高。免疫剂量中一般静脉注射剂量大于皮下注射剂量，而皮下注射又比掌内和跖内皮下注射时剂量大。加强剂量为首次剂量的 1/5～2/5。

(2) 免疫周期　带佐剂的皮内、皮下注射，一般间隔 2～4 周免疫一次。不带佐剂的皮下或肌肉注射，间隔时间为 1～2 周。肌肉或静脉注射，一般间隔 5 d 左右。也可以把各种注射途径联合起来应用，最终以达到效价要求为目的。一般免疫周期长的，可少量多次；免疫周期短的，应大量少次。

4. 抗体的鉴定

(1) 效价鉴定　不管是用于诊断还是治疗，生产抗体时都希望得到较高效价。鉴定效价的方法很多，包括试管凝集反应、琼脂扩散试验、酶联免疫吸附(ELISA)试验。

(2) 特异性鉴定　抗体特异性是指对相应抗原或近似抗原物质的识别能力。抗体的特异性高,其识别能力就强。特异性通常以交叉反应率来表示。如一抗血清与其他抗原物质的交叉反应率近似为零,即该血清的特异性较好。

(3) 亲和力　抗体的亲和力是指抗体和抗原结合的牢固程度,常用亲和常数 K 表示。通常 K 的范围在 10^8～10^{10} mol/L,也有多达 10^{14} mol/L。

5. 抗血清的保存

抗血清收获后,加 0.01%叠氮化钠或 0.01%硫柳汞溶液防腐,也可加入等量中性甘油,分装后于－20 ℃以下保存,注意避免反复冻融。也可将抗血清冷冻干燥后保存。

(二) 单克隆抗体的生产工艺

单克隆抗体生产多采用杂交瘤技术,它是将抗体产生细胞与具有无限增殖能力的骨髓瘤细胞相融合,通过有限稀释法及克隆化使杂交瘤细胞成为单一的单克隆细胞系而产生的。

单克隆抗体生产的工艺流程如图 1-9-4 所示,可分为五个环节:

①亲本细胞制备;②细胞融合;③杂交瘤细胞的选育;④杂交瘤细胞的培养;⑤单克隆抗体的分离纯化。其工艺要点如下。

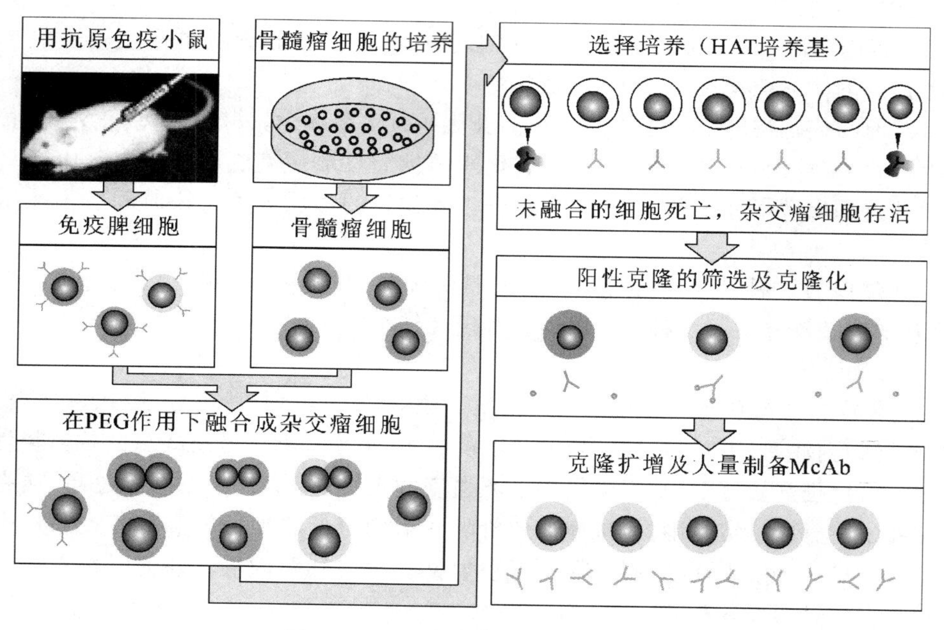

图 1-9-4　单克隆抗体生产工艺流程

1. 免疫动物

免疫动物品系与骨髓瘤细胞相同,杂交瘤才稳定。常用的骨髓瘤品系为 BALB/C 小鼠和 Lou 大鼠。

免疫方法有体内免疫和体外免疫两种方式。前者由静脉直接注入 Ag,可追加免疫,在 B 淋巴细胞受到可靠的最大限度刺激后,增殖率最高时收集。适用于免疫原性强、抗原量较多的情况。而后者适用于不能采用体内免疫法的情况,如 Ag 的免疫原性弱且能引起免疫抑制时。优点:所需 Ag 量少、免疫期短、干扰因素少。缺点:融合后产生的杂交瘤不够稳定。

2. 亲本细胞的制备

(1) 制备B淋巴细胞。

杀死发生免疫反应的动物(如4～8周龄、体外免疫的小鼠),取出脾脏,洗净、研碎,制成单细胞悬液。再加入适当Ag使其浓度达0.5～5 μg/mL,在5%CO_2下,37 ℃培养4～5 d。分离B淋巴细胞,制成悬液。

(2) 制备骨髓瘤细胞。

选用次黄嘌呤-鸟嘌呤磷酸核糖转移酶缺陷型($HGPRT^-$)骨髓瘤细胞,还应具备融合率高、自身不分泌抗体,所产生的杂交瘤细胞分泌抗体的能力强且长期稳定等特点。目前常用较为理想的骨髓瘤细胞系有SP2/0、P3.653等。

骨髓瘤细胞的培养采用RPMI1640或DMEM培养基等一般培养液即可,小牛血清的浓度一般在10%～20%。细胞浓度最大不得超过10^6个/mL,当细胞处于对数生长中期时可传代培养,避免细胞密度过大。传代时定期用8-氮鸟嘌呤进行处理,使生存的细胞对HAT(次黄嘌呤(hypoxanthine)、氨基蝶呤(aminopterin)、胸腺嘧啶(thymidine))呈均一的敏感性。

3. 细胞融合

适量混合:脾细胞1×10^8,骨髓瘤细胞1×10^7～5×10^7。

PEG(相对分子质量为4000,40%～50%)诱导融合,2 min以内。

PEG相对分子质量和浓度越大,融合率越高,但毒性越大。为提高融合率,可加入DMSO以提高细胞接触的紧密性。

此外还有电融合法、激光法等。

4. 杂交瘤细胞的选择性培养

(1) 融合后的细胞转入选择性培养基中以获得目的细胞。

融合细胞悬浮于HAT培养基中,加入96孔板内,2～3 d换液一次,每次吸去1/2～2/3的培养液,再加入等量新鲜培养液。

采用HAT培养基是由于氨基蝶呤能阻断DNA合成的主要途径,瘤-瘤融合细胞和瘤细胞因$HGPRT^-$,不能利用次黄嘌呤合成DNA而死亡。脾-脾融合细胞培养几天后也会死亡,而杂交瘤细胞则由于脾细胞提供HGPRT,以及补充的嘧啶而可存活。

(2) 7～14 d改用HT培养液。

(3) 14 d后用普通的RPMI1640或DMEM完全培养液。

杂交瘤数量少,不易存活,故常加入饲养细胞(feeder cell),分泌生长刺激因子,满足新生杂交瘤细胞对细胞密度的要求。例如,小鼠腹腔巨噬细胞、脾细胞、胸腺细胞等。

5. 杂交瘤细胞的筛选

由于上述选择性培养得到存活的杂交瘤细胞中具备产生特定Ab能力的细胞比例很小,因此要进行每孔培养上清液的Ab活性筛选工作,以选择出阳性克隆,然后进行克隆化培养。为了尽快筛选出产抗体的阳性克隆,筛选方法应微量、快速、特异、敏感、简便,并能一次性检验大批标本,可选用免疫酶技术、放射免疫技术、免疫荧光技术。

6. 杂交瘤细胞克隆化与培养

筛选出的阳性克隆可能含有不分泌Ab的细胞或有多株分泌Ab的细胞,刚融合的细胞不稳定,应尽早进行克隆化,要经过3次克隆化才能达到100%的阳性。方法如下。

(1) 有限稀释法:把杂交瘤细胞悬液稀释至每孔1个细胞,第一次克隆化时用HT培养液,以后的可用RPMI 1640并加入饲养细胞。

(2) 软琼脂法:在培养液中加入0.5%左右的琼脂糖凝胶,细胞分裂后形成小球样团块,由于培养基是半固体的,可用毛细管将小球吸出,团块经打碎后,移入96孔板继续培养。

7. 杂交瘤细胞与Ab性状的检定

(1) 染色体检定　正常鼠脾细胞染色体数是40,小鼠骨髓瘤细胞染色体数大于40(54~64,62~68)。染色体数目较多且较集中的杂交瘤细胞能分泌高效价的Ab。

(2) 纯度检定　采用SDS-PAGE电泳法。

8. 单克隆抗体的大量生产方法

(1) 腹水诱导法　小鼠腹腔注射0.5 mL降植烷(或液状石蜡)致敏,8~10 d后腹腔接种1×10^6个杂交瘤细胞,待2~4 d后腹部胀大,生成腹水后(1~2周)再抽取,隔日采集3~5 mL至死(也可最大腹水时处死,一次性抽取)。离心去细胞沉淀,取上清液冻存,可获得5~20 mg/mL的抗体。

(2) 体外培养　筛选鉴定后的杂交瘤细胞体外扩增培养可获得10 μg/mL的抗体。体外培养法多采用RPMI1640培养液,添加10%~20%胎牛或小牛血清。

9. 单克隆抗体的分离纯化

由于单克隆抗体Ig的类和亚类的不同,纯化的方法也不同。另外,应根据用途不同,选择不同的纯化方法。动物体内诱生法生产的单克隆抗体的具体纯化方法及一般过程如下。

(1) 澄清和沉淀处理。

由于小鼠腹水中含有红细胞、细胞碎块、纤维蛋白凝块及脂质等,应首先1000g离心5 min,去除沉淀物,再20000g高速离心30 min,去除残留的小颗粒物质;用0.2 μm微孔滤膜过滤,除掉污染的细菌、支原体和脂质;用硫酸铵饱和溶液沉淀抗体,50%饱和硫酸铵溶液能回收90%以上的单克隆抗体。

(2) 分离。

根据用途不同,可选用不同的方法,主要分离方法有凝胶过滤、阴离子交换层析、亲和层析等。

① 凝胶过滤　凝胶过滤用于IgG和IgM类单克隆抗体的分离纯化。常用Sephadex G-200作分离介质,可收集到3个峰,最高峰为IgM,另外两个峰为IgG,抗体回收率达50%~80%,能去除污染的微量杂蛋白,抗体纯度可达95%以上。

② 阴离子交换层析　阴离子交换层析用于IgG类单克隆抗体的分离纯化。在pH为7.4的条件下,IgG1和IgG2能结合在DEAE填料上。在pH为5.5的条件下,把杂交瘤细胞培养的上清液加到琼脂糖柱上时,所有的抗体都能结合到柱上,而55%的杂蛋白可被洗脱掉,再用不同离子强度的洗脱剂洗下。在最适离子强度及pH条件下,以离子交换层析分离单克隆抗体可以纯化25~100倍。

③ 亲和层析　亲和层析也称亲和色谱,是专门用于纯化生物大分子的色谱分离技术,它是基于固定相的配基与它的互补结合体(配体)生物分子间的特殊生物亲和能力来

进行相互分离,使目标产物得以纯化的液相层析方法。配基与配体的结合方式为立体构象结合,因而具有空间位阻效应,并且它们的结合具有高度特异性和亲和性,如酶与底物、抗原与抗体、激素与受体等。

亲和层析的操作大致可分为三步(见图 1-9-5)。

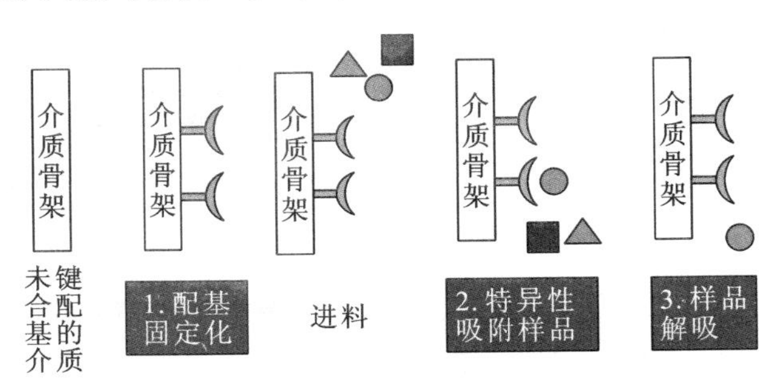

图 1-9-5 亲和层析基本原理示意图

a. 配基固定化:选择合适的配基(如 Ag)与不溶性的支撑载体偶联,或共价结合成具有特异亲和性的介质。

b. 特异性吸附样品:亲和层析介质选择性吸附 Ab 或其他生物活性物质,杂质与层析介质间没有亲和作用,故不能被吸附而被洗涤除去。

c. 样品解吸:选择适宜的条件使被吸附的亲和介质上的 Ab 或其他生物活性物质解吸下柱。抗体的亲和层析多用蛋白 A,它收获的抗体纯度很高,适用于 IgG 类单克隆抗体的纯化。

(三)基因工程抗体生产工艺

基因工程抗体生产是利用基因工程方法(如噬菌体抗体库技术)获得目的抗体基因的阳性克隆后,再根据终产物的目标选用原核细胞、真核细胞、转基因植物和动物等不同方式进行表达。

1. 噬菌体抗体库技术

在免疫系统中,B 淋巴细胞携带编码抗体的基因,能表达并分泌抗体到细胞外,识别抗原。噬菌体类似于 B 淋巴细胞,也可以用于表达抗体基因。通过将抗体片段表达并呈现在丝状噬菌体表面,可以快速建立抗体文库,筛选具有高度亲和力的抗体,使基因工程抗体在大肠埃希菌等系统中的表达得以迅速发展。

下面以基因工程人单链抗体(scFv)的生产为例,介绍噬菌体抗体库技术,其主要流程如图 1-9-6 所示,具体过程如下:①淋巴细胞的分离纯化;②总细胞 RNA 的提取和经反转录 PCR 合成 cDNA;③PCR 扩增抗体可变区基因及单链抗体(scFv)基因;④连接肽连接片段的制备;⑤人单链 Fv(scFv)片段的组装;⑥scFv 单链噬菌体抗体库的构建;⑦单链噬菌体抗体库的富集筛选。其中 scFv 构建过程如图 1-9-7 所示。

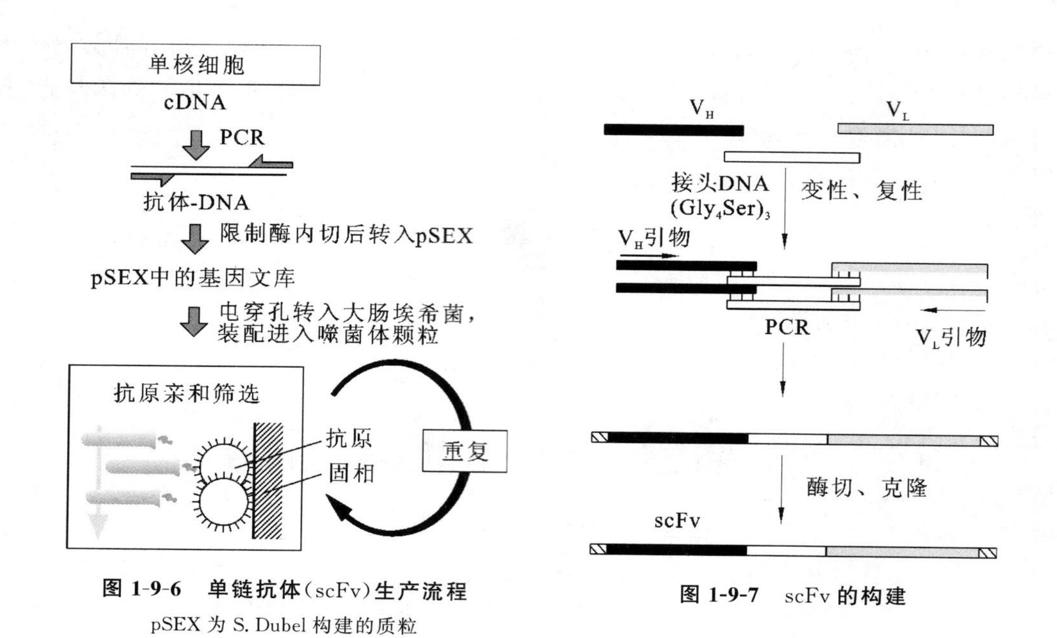

图 1-9-6　单链抗体(scFv)生产流程

pSEX 为 S. Dubel 构建的质粒

图 1-9-7　scFv 的构建

2. 基因工程抗体的表达

在筛选出阳性克隆后，按其目的不同，可选用原核细胞、真核细胞、转基因植物和动物等不同表达方式进行表达。

(1) 原核细胞表达：抗体表达，又分为融合表达和分泌型表达两种。融合表达有利于对抗体文库进行富集筛选，且有利于对克隆和抗体活性进行鉴定；分泌型表达则能形成可溶性抗体。

(2) 真核细胞表达：该方式都是分泌型表达，故在病毒疾病的防治和基因治疗上有重要价值。用于表达的真核细胞有酵母、昆虫细胞、中国仓鼠卵细胞等。

(3) 转基因植物表达：将人的抗体基因转入植物中表达，该抗体称为植物抗体(plantibody)，它可使抗体大规模农业化生产。常见的表达植物为烟草叶和拟南芥菜。

(4) 转基因动物表达：将人的抗体基因组转移到动物体内，让动物产生人源化抗体。例如，利用乳腺表达系统生产尿激酶等。

项目实施

任务一　抗 HBsAg 的单克隆抗体生产(基因工程)

一、生产前准备

(一) 查找资料，了解抗 HBsAg 单克隆抗体生产的基本知识

乙型肝炎是一种世界范围的流行性传染病，目前还没有有效的治疗手段，因此预防是防治乙型肝炎的重点。血源性抗乙肝表面抗原(HBsAg)的抗体可用于乙型肝炎的被动

免疫，防止乙肝的母婴垂直传播。但是，血源性抗体的来源有限且具有潜在的传染性，其应用受到限制。开发重组人源性抗 HBsAg 抗体，可以实现抗体的工业化大规模生产，而且使用安全，可以弥补血源性抗体所存在的缺陷，进而取代血源性抗体，因此具有良好的社会效益和经济效益。

抗乙肝表面抗原单克隆抗体是专一性识别 HBsAg 的单一抗体，能与 HBsAg 产生免疫反应，临床上用于检测乙肝病毒的感染及生产预防乙肝的免疫制剂。单链抗体（scFv）是由抗体重链可变区（V_H）和轻链可变区（V_L）经连接肽拼接后形成的小分子抗体。这种新的抗体片段保持原有抗体结合位点的特异性及亲和力，并有相对分子质量小、穿透力强、体内半衰期短与免疫原性低等特点，且易于与效应分子相连，是构建免疫毒素和双特异抗体的理想元件。因此，本任务是基因工程抗体的获得及在大肠埃希菌中的表达实例。

抗体的生产包括胞内包含体表达和胞外分泌两种形式。胞内包含体表达是指抗体在大肠埃希菌细胞质中形成一种不溶无活性包含体，需要破碎细胞将抗体释放出来。其优点在于防止宿主酶类对抗体的降解，抗体产量高但和抗原结合活性较低。胞外分泌时细胞表达和分泌完整功能抗体，此时分泌肽可将抗体片段引向胞周质，抗体在此折叠，形成适当二硫键、异源二聚体联系，而可变区内二硫键对于稳定 Fab、Fv 和 scFv 及其早期折叠有重要意义。

（二）确定生产技术、生产原料和工艺路线

（1）确定生产技术——基因工程：噬菌体抗体库技术将人源性抗 HBsAg 单链抗体在大肠埃希菌中表达及纯化、复性。

（2）确定生产原料：乙肝疫苗免疫志愿者的外周血淋巴细胞。

（3）确定生产工艺路线，如图 1-9-8 所示。

用噬菌体呈现技术克隆人源性 HBsAg 抗体的 Fab 片段→将重链和轻链可变区相连，
获得抗 HBsAg 单链抗体基因→插入原核表达载体→在大肠埃希菌中高效表达
→纯化表达产物→鉴定分析

图 1-9-8　抗 HBsAg 的单克隆抗体生产工艺路线（基因工程）

二、生产工艺过程

（一）材料准备

（1）质粒和菌株：表达载体 pQE40 及宿主菌 M15[pREP4]，构建含有抗 HBsAg Fab 片段抗体基因的质粒 pComb3H-Fab。

（2）主要试剂：各种工具酶、鼠 RGS-His™单克隆抗体、质粒提取和胶回收试剂盒、乙型肝炎表面抗体试剂盒、His-Trap™镍螯合层析柱。

PCR 引物的序列分别为

V_H5′引物　5′-TTGGATCCCAGGTGCAGCTGGTGGAGTCT-3′

V_H3′引物　5′-CCGCCACTGCCCCCTCCACCGCTCCCTCCGCCACCTGAGGAGACGGTGACCAGGGT-3′

Vκ5′引物　5′-GGAGCGGTGGAGGGGGCAGTGGCGGGGGAGGTAGCGACATTGTGTTGACC CAGTCT-3′

Vκ3′引物　5′-GCAAGCTTTTATCGATTGATTTCCACCTTGGT-3′

其中 V_H3′引物和 Vκ5′引物含有连接肽序列$(Gly_4Ser)_3$(能使重、轻链可变区自由折叠、使抗原结合位点处于适当的构型,并尽可能减少蛋白酶攻击和防止单链抗体聚集的连接肽)。

(二) 含人抗乙型肝炎表面抗原(HBsAg)抗体的 Fab 片段的获得及其质粒构建

利用噬菌体呈现技术将 Fab 段表达在噬菌体表面,克隆所需抗体,改善抗体的性能。其过程如下:从经乙肝疫苗免疫的志愿者的外周血分离淋巴细胞,提取 RNA,反转录合成 cDNA,PCR 扩增重链 Fd 和 κ 基因(轻链只有两种类型的序列,且一个抗体分子中只有一种轻链,故非 κ 型即 λ 型),依次将 PCR 产物克隆进载体 pComb3H 相应的位点,构建成一个实际库容量为 1.8×10^5 的噬菌体呈现文库,通过特异的富集筛选(panning,其基本过程是,抗原固相化后,对噬菌粒群吸附、洗涤和洗脱后再感染扩增,与辅助噬菌体超感染获得大容量次级文库,再反复与抗原吸附,经几轮淘汰筛选后,淘汰了非目的克隆,且使目的克隆大量地扩增)获得与 HBsAg 有较高亲和力的 Fab 抗体。经测序鉴定后,该人源性 HBsAg 特异性 Fab 片段在大肠埃希菌中获得分泌表达。

(三) scFv 表达质粒的构建

为克服 Fab 抗体分泌表达量较低的缺点,将 Fab 抗体的轻、重链可变区连接起来构建成单链抗体。但由于单链抗体无恒定区,对后期进行的 ELISA 检测造成困难,因此可设计为先在目的基因的 N 末端融合 RGS-6×His 标签,以便纯化和检测。

以含抗 HBsAg Fab 抗体基因的 pComb3H-Fab 质粒为模板,分别以 H 链和 κ 链引物进行 PCR,扩增出 H 链和 κ 链可变区,再以回收的 V_H和 Vκ 基因为模板,用 H 链 5′引物和 κ 链 3′引物进行 PCR,使 H 和 κ 连接成单链。PCR 回收产物及表达载体 pQE40 分别用 *Bam*H Ⅰ和 *Hin*d Ⅲ双酶切后连接,导入感受态菌株 JM109,筛选重组质粒 pQE-scFv,然后以 Sanger 双脱氧法测定目的基因序列。

(四) 单链抗体在大肠埃希菌中的表达

单链抗体相对分子质量小,只有两对链内二硫键,易于以包含体的形式获得高效表达。

测序正确的重组质粒转化表达宿主菌 M15[pREP4],挑选单克隆接种于 2 mL 含 Amp 100 mg/L、Kan 25 mg/L 的 LB 培养基,37 ℃振荡培养过夜,次日按 5%接种量转入含同样抗生素的 LB 培养基中,37 ℃剧烈振摇约 1 h 至 A_{600}为 0.5~0.7。此时加入 IPTG 至终浓度为 1 mmol/L,继续培养 4~5 h,诱导包含体高效表达,离心收集菌体,SDS-PAGE 及 Western-blot 分析结果。

(五) 目的蛋白的纯化及体外复性

表达菌体以 TE 重悬,超声破碎,收集沉淀;先后用含 1% TritonX-100 的 TE 和含 2 mol/L尿素的 TE 各洗涤 1 次,再用含 8 mol/L 尿素的变性液溶解。离心收集包含体裂解上清液,上样至 His-Trap™镍螯合层析柱,收集目的峰成分,透析复性。透析复性时,将透析液中的尿素浓度从 4 mol/L 逐步降低至 10 mmol/L,则获得的产物比活力最强,其亲和常数在 10^8 mol/L 水平。

(六) 复性蛋白活性测定

采用间接 ELISA 法测定。在包被 HBsAg 的酶标板内加入复性蛋白液 100 μL,

37 ℃温育 1 h 后加入鼠 RGS-His™抗体，继续温育 1 h，洗涤后加入 HRP（辣根过氧化物酶）标记的羊抗鼠 IgG，温育 40 min 后用 TMB（四甲基联苯胺，为辣根过氧化物酶常用显色底物）显色；用酶标仪在 450 nm、630 nm 波长处测定吸光度。

（七）蛋白质定量

采用 Bradford 法，根据蛋白质所在溶剂的不同，以 BSA（牛血清白蛋白）作不同的标准曲线，同时在每次测定时，以已知浓度的 BSA 作为质控物。

任务二　抗 HBsAg 的单克隆抗体生产（细胞工程）

一、确定生产技术、生产原料和工艺路线

（1）确定生产技术——细胞工程：采用细胞融合技术制备抗 HBsAg 单克隆抗体。

（2）确定生产原料：HBsAg 免疫后的 Lou/c 大鼠淋巴细胞与 Lou/c 大鼠骨髓瘤的 IR983F 细胞系。

（3）确定生产工艺路线，如图 1-9-9 所示。

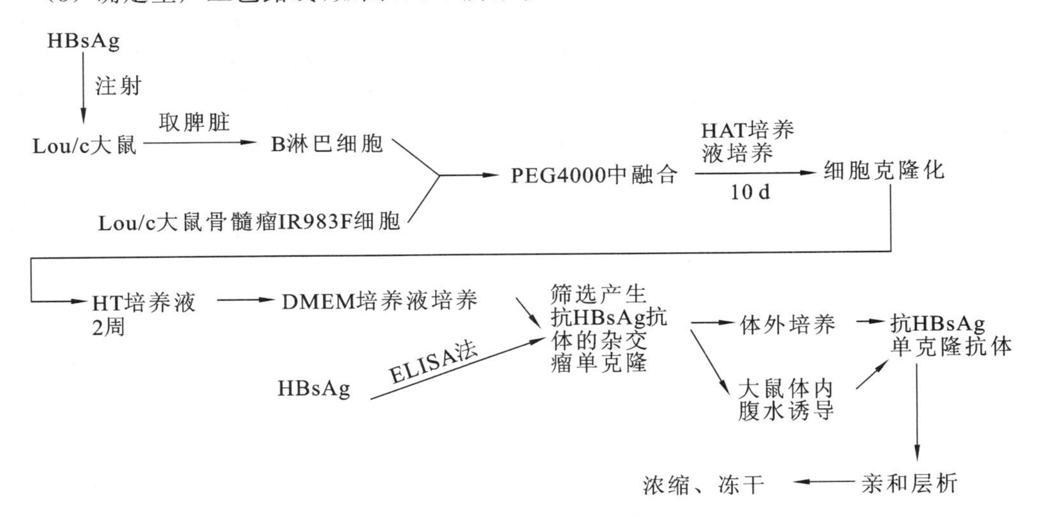

图 1-9-9　抗 HBsAg 的单克隆抗体生产工艺路线（细胞工程）

二、生产工艺过程

（一）材料准备

1. 培养基

（1）大鼠骨髓瘤 IR983F 细胞系培养基：改良的 DMEM 培养基（将 Eagle 培养基中 15 种氨基酸浓度增加 1 倍，8 种维生素浓度增加 3 倍而成），还需要 10%灭活小牛血清、1%非必需氨基酸、0.1 mol/L 丙酮酸钠、1%谷氨酰胺及 50 mg/mL 庆大霉素。

（2）杂交瘤细胞筛选系统培养基：用含有 HAT 的 DMEM 培养基。

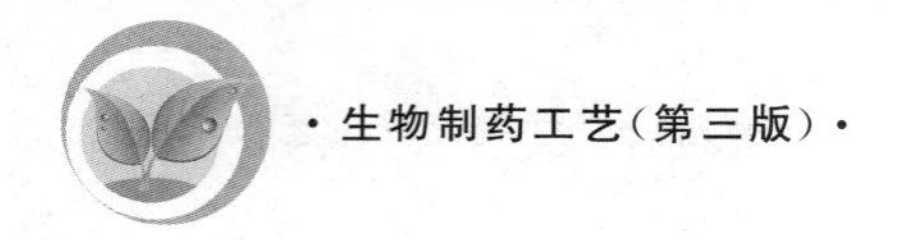

2. 饲养细胞制备

在组织培养中,单个或少数分散的细胞不易生长繁殖,若加入其他活细胞,则可促进这些细胞生长繁殖,所加入的这种细胞为饲养细胞。在 McAb 制备的过程中,如杂交瘤细胞的筛选、克隆化和扩大培养等许多环节都需要添加饲养细胞。

在细胞融合前 2～3 d,取健康大鼠处死,向腹腔内注入 10 mL DMEM 培养液,使细胞悬浮,在腹壁吸出全部细胞悬液,离心后用 pH 7.4、0.1 mol/L 的磷酸缓冲液洗涤,收集细胞,用含 10%小牛血清、100 U/mL 青霉素和链霉素及 HAT 的 DMEM 培养液制成 2×10^5个/mL 细胞悬液,在 96 孔板上每孔加 0.1 mL 悬液,然后置于 37 ℃的 CO_2培养箱中温育,备用。

3. 亲本细胞准备

(1) 骨髓瘤细胞　取 Lou/c 大鼠骨髓瘤 IR983F 细胞,用常规方法制成细胞悬液,按 1.5×10^5个/mL 细胞的接种量接种于 DMEM 培养液中,于 37 ℃的 CO_2培养箱中培养至对数生长期,经常规消化分散法用 DMEM 培养液制成细胞悬液。

(2) 免疫大鼠脾淋巴细胞　取 HBsAg,用 pH 7.4、0.1 mol/L 的磷酸缓冲液溶解并稀释成 20 μg/mL 的溶液,加等体积弗氏完全佐剂充分乳化后,取 2 mL 注入 Lou/c 大鼠腹腔,两周后进行第二次免疫,3 个月后于融合前 3～4 d 进行加强免疫,3 次免疫的剂量和注射途径均相同(第三次免疫时不加弗氏佐剂),在细胞融合前处死大鼠,取出脾脏,用磷酸缓冲液洗去血液,切成 1 mm^3小块,再用磷酸缓冲液洗涤至澄清后,加入组织块 5～6 倍体积的 0.25%胰蛋白酶溶液于 37 ℃保温消化,至组织块松软为止。倾去胰蛋白酶溶液,经磷酸缓冲液洗涤后,加入少量磷酸缓冲液分散大部分组织块为细胞,用两层无菌纱布过滤,离心收集细胞并用磷酸缓冲液洗涤,然后用无血清的 DMEM 培养液稀释制成细胞悬液。

(二) 细胞融合

取 10^4个 IR983F 细胞与 10^8个免疫大鼠脾淋巴细胞,于 50 mL 离心管中混匀,4 ℃离心去上清液,并使沉淀的细胞松动。于 37 ℃水浴中保温,滴加 0.8 mL50%PEG4000,轻轻搅动后滴加 20 mL DMEM 培养液,离心去上清液,再用含 20%小牛血清的 DMEM 培养液稀释至 50 mL,制成细胞悬液。取 25 mL 悬液加至两块含饲养细胞的 24 孔培养板中,每孔加 0.5 mL;余下 25 mL 悬液再用含 20%小牛血清的 DMEM 培养液稀释至 50 mL,依上法再接种两块 24 孔培养板;以此类推,每次悬液可接种 8～10 块 24 孔培养板,按 IR983F 计,每孔接种细胞数约为 10^5个。然后于 37 ℃的 CO_2培养箱中培养2～4 d,每天从各孔中吸去 1 mL 原培养液,替换含 20%小牛血清及 HAT 的 DMEM 培养液,继续培养至第 5～6 d 可见小克隆,至第9～10 d 可见大克隆,中途不换 HT 培养液。若培养液出现淡黄色,可取出一部分培养液进行抗体检测。培养 10 d 后改换含 HT 的培养液,继续培养两周后改用常规 DMEM 培养液培养。

(三) 杂交瘤细胞筛选

筛选产生抗 HBsAg 单克隆抗体的杂交瘤细胞的方法是用 AUSAB 酶联免疫试剂盒测定表达抗体的细胞,即将包被了人 HBsAg 的聚苯乙烯珠于待测杂交瘤培养上清液培育。用磷酸缓冲液洗涤后，加入用生物素偶联的 HBsAg 培育后洗涤，再加过氧化物酶标记的亲和素培育，最后用邻苯二胺（UPD）显色，经酶标仪定量测定，以确定产生抗 HBsAg 单克隆抗体（见图 1-9-10）。

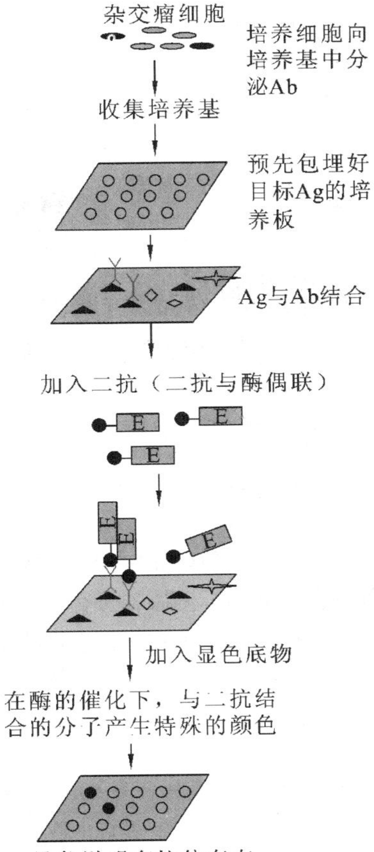

图 1-9-10　杂交瘤细胞筛选（酶联免疫法）

经检测确定为产生抗 HBsAg 单克隆抗体的阳性孔细胞需进行克隆和再克隆，并经全面鉴定与分析后，才获得产生抗 HBsAg 单克隆抗体的杂交瘤克隆系。其过程如下：将阳性孔中的培养细胞用常规消化分散法制成细胞悬液，用含 20% 小牛血清的 DMEM 培养液依次稀释成 50 个/mL 细胞悬液，然后在已有饲养细胞的 96 孔培养板的第 1～3 行中接种细胞，每孔接种细胞数平均为 5 个；余下细胞悬液再稀释，在第 4～6 行孔中每孔接种细胞数平均为 1 个；余下细胞悬液再稀释，在 7～8 行孔中每孔接种细胞数平均为 0.2 个，然后置于 37 ℃的 CO_2 培养箱中，通入含 5% CO_2 的无菌空气培养至第 5～6 d，经镜检记下单克隆孔，补加 0.1 mL 培养液。在生长良好的情况下，第 1～3 行难有单克隆，第 4～6 行偶有单克隆，第 7～8 行多为单克隆。培养至 9～10 d 后有部分孔中培养上清液变淡黄色，表明可能已有抗体产生。然后将阳性孔内细胞分散接种至其他孔板中培养，并在原板各孔中替换培养液，以防污染及细胞死亡。当新的孔板中细胞生长良好时，即进行消化分散转移至小方瓶中扩大培养，同时将细胞保存。所获的阳性培养物需反复再克隆和全面鉴定，直至确认为止。

（四）抗 HBsAg 单克隆抗体的生产

抗 HBsAg 单克隆抗体可采用人工生物反应器培养杂交瘤细胞进行生产，也可通过诱发实体瘤及腹水瘤进行生产。腹水瘤生产过程如下：向健康的 Lou/c 大鼠腹腔注射 1 mL降植烷，饲养 1～9 周后，向大鼠腹腔接种 5×10^6 个杂交瘤细胞，饲养 9～11 d 后即可明显产生腹水，待腹水量达到最大限度而大鼠濒于死亡时，处死并抽取腹水，一般可得 50 mL 左右。或者不处死动物，每 1～3 d 抽取 1 次腹水，一般可抽取 10 次以上，从而获得更多单克隆抗体。

（五）抗 HBsAg 单克隆抗体的分离纯化

将抗 HBsAg 单克隆抗体的亲和吸附剂——固定化抗大鼠 κ 轻链的 Sepharose 4B 亲和吸附剂装柱。用 5 倍柱床体积的 pH 7.4、0.1 mol/L 磷酸缓冲液洗涤和平衡柱床，然后将 100 mL 含抗 HBsAg 单克隆抗体的腹水用生理盐水稀释 5 倍后上柱，再用 pH 7.4、

0.1 mol/L磷酸缓冲液洗涤柱,同时测定 A_{280},待出现第一个杂蛋白峰后,改用含 2.5 mol/L NaCl 的上述磷酸缓冲液洗涤,除去非特异性吸附的杂蛋白,然后用 pH 2.8 的甘氨酸-HCl 缓冲液洗脱,同时分部收集洗脱液,用 pH 8.0、0.1 mol/L Tris-HCl 缓冲液中和(至 pH 7.0),经超滤、浓缩及冻干后即得抗 HBsAg 单克隆抗体。

项目实训　抗 RIP3 多克隆抗体的制备与鉴定

一、实训目标

(1) 掌握多克隆抗体制备的基本原理和操作技能。

(2) 掌握多克隆抗体制备的一般工艺流程。

(3) 掌握多克隆抗体纯化和鉴定的方法。

二、实训原理

RIP3 为 RIP(receptor interacting protein family,受体相互作用蛋白激酶家族)的成员,在 N 末端和 C 末端之间有 1 个能介导同源相互作用的 RHM 结构。通过比较 RIP 家族成员的结构发现,RIP3 C 末端存在特异性,并且与功能密切相关,因此,选择 C 末端作为 RIP3 蛋白表达的片段,以高纯度的 RIP3 抗原免疫新西兰兔制备抗血清并纯化。具体流程如图 1-9-11 所示。

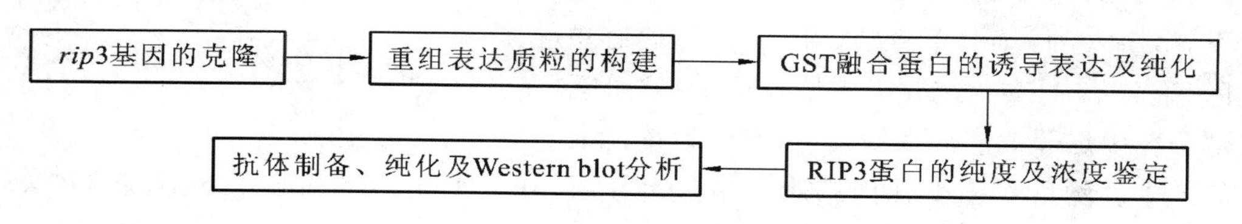

图 1-9-11　抗 RIP3 多克隆抗体制备及鉴定流程

三、实训器材和试剂

1. 细胞、质粒和菌种

R 型和 S 型 NIH3T3 细胞,293T 人胚肾细胞,大肠埃希菌 DH5α、BL21(DE3),原核表达载体 pGST parallel、pcDNA3-flag、pcDNA3-*rip*1。

2. 试剂

TRIzol™、鼠抗 FLAG 标记蛋白的单克隆抗体(mAb)、反转录酶,*Eco*R Ⅰ、*Xba* Ⅰ、*Hin*d Ⅲ等限制性内切酶(根据质粒酶切位点的需要选定),DNA marker、蛋白 marker、FITC-羊抗兔 IgG、HRP-羊抗兔 IgG 抗体、市售兔抗 RIP3 C7 抗体,弗氏完全佐剂(CFA)和弗氏不完全佐剂(IFA)、SDS-PAGE 凝胶电泳试剂盒、KCl、考马斯亮兰 R250、BSA、Tris、NaCl、NP-40、甘氨酸、PBS、actin 蛋白、硝酸纤维素膜。

3. 实验动物

新西兰兔(雌性,体质量 15 kg)。

四、实训方法和步骤

1. *rip*3 基因的克隆

提取 NIH3T3 细胞的总 RNA,提取步骤参照 TRIzol™的说明书,并用 10 g/L 的琼脂糖凝胶电泳及分光光度计检测所获总 RNA 的质量和浓度。用 RT-PCR 法反转录总 DNA。根据小鼠 *rip*3 基因的序列(NCBI gi:9910533),用在 5′端和 3′端分别带有 *Hin*d Ⅲ和 *Xba* Ⅰ酶切位点的特异性引物,从 cDNA 中扩增 *rip*3 基因,并克隆到 pcDNA3-flag 载体中。转化 *E. coli* DH5α,挑选单克隆进行双酶切后,经琼脂糖凝胶电泳检验所获目的基因片段是否与 *rip*3 大小一致。引物的序列如下:上游引物 5′-ATC ATC GAT AAG CTT ATG TCT TCT GTC AAG TTA TGG CCT A-3′;下游引物 5′-ATC TCT AGA CTA CTT GTG GAA GGG CTG CCA G-3′。

2. 重组表达质粒的构建

以上述构建的重组质粒 pcDNA3-flag-*rip*3 为模板,用 PCR 扩增长度为 600 bp 的目的基因片段在 5′端和 3′端分别加入 *Eco*R Ⅰ和 *Xba* Ⅰ酶切位点与对应的保护性碱基。引物序列如下:上游引物 5′-CGGAATTCACCAATGAAGTTTACAATG-3′;下游引物 5′-GCTCTAGACTACTTGTGGAAGGGCTG-3′。将基因片段插入表达载体 pGST parallel 中,构建成重组表达质粒 pGST parallel-*rip*3(aa287～486),命名为 pGST parallel-*rip*3 C7,对其进行酶切鉴定并测序验证。

3. GST 融合蛋白的诱导表达及纯化

将所得重组质粒 pGST parallel-*rip*3 C7 转化到大肠埃希菌 BL21(DE3)感受态细胞中,挑选单个菌落进行增菌、诱导。诱导条件:终浓度为 1 mmol/L 的 IPTG 于 37 ℃诱导 8 h。用超声波破碎后,静置 30 min,于 4 ℃以 12000*g* 离心 10 min,去上清液,沉淀用 PBS 洗 3 次,分装于 Eppendorf 管中,并加入等体积的 2×SDS 样品缓冲液,进行 SDS-PAGE 电泳(参照《中国药典》(2020 年版)四部通则 0541 第五法)。用 0.25 mol/L KCl 染色 20 min 后,切下目的带,切碎后装入最小分子截留值为 M_r 25000 的透析袋中,加入 1 mL 新鲜 SDS-PAGE 凝胶电泳缓冲液,用透析夹密封透析袋,置于琼脂糖电泳槽中,并以 SDS-PAGE 凝胶电泳缓冲液作为电洗脱的缓冲液,于 100 V 恒压电洗脱 4 h 并回收洗脱产物,将得到较纯的目的抗原,即 RIP3 蛋白的 287～486 氨基酸肽段。

4. RIP3 蛋白的纯度及浓度鉴定

取电洗脱的 RIP3 蛋白,用考马斯亮兰 R250 染色后,通过 Bradford 标准蛋白曲线测定法测定 RIP3 蛋白的浓度(参照《中国药典》(2020 年版)四部通则 0731 蛋白质含量测定第五法进行)。另取电洗脱的 RIP3 蛋白,加入等体积的 2×SDS 样品缓冲液,于 100 ℃加热 3 min 后,进行 10% SDS-PAGE 电泳。

5. 抗体制备、纯化及 Western blot 分析

第 1 次免疫时,以 0.5 mg/mL 纯化的 RIP3 蛋白 1 mL 加等体积的 CFA 乳化后,注射于新西兰兔的四肢皮下。3 周后,进行第 2 次免疫,抗原量改为 0.3 mg,CFA 改为 IFA,注射部位同第 1 次。间隔 2 周后,进行第 3 次免疫,抗原量、佐剂及注射部位均同第 2 次。再间隔 2 周后,进行第 4 次免疫,除抗原量改为 0.25 mg 外,其他均同第 2、3 次。具体见表 1-9-1。

表 1-9-1 免疫条件

免疫	第 1 次免疫	第 2 次免疫	第 3 次免疫	第 4 次免疫
时间/日	1	21	35	49
免疫剂量/mg	0.5	0.3	0.3	0.25
佐剂	完全佐剂	不完全佐剂	不完全佐剂	不完全佐剂
免疫方式	四肢皮下注射	四肢皮下注射	四肢皮下注射	四肢皮下注射

(1) 抗体的纯化步骤:剪一细长条的 0.45 μm 硝酸纤维素膜,于 1 mL RIP3 抗原(1 mg/mL)中浸渍 5 min;再将长条放在滤纸上晾干;置于 1.5 mL 微量离心管,用 1 mL 缓冲液 A(BSA 5%,Tris 10 mmol/L,NaCl 0.15 mol/L,NP-40 0.2%,pH 7.4)轻摇 30 min,再用缓冲液 A 洗一次;将其置于 0.8 mL 第 4 次免疫 10 日后采血的抗血清中轻摇 1.5 h;取出硝酸纤维素膜并用 PBS 洗涤 4 次,每次 5 min;用 10 mmol/L 甘氨酸洗脱液(pH 2.5)洗脱 3 次,所加的量分别为 200 μL、200 μL、400 μL,在此过程中用手不时地轻摇。迅速将洗脱下的抗体转移至含 100 μL 1 mol/L Tris(pH 8.0)的微量离心管中,即得到纯化的抗 RIP3 抗体。

(2) 抗体特异性的 Western blot 分析:

① 由外源转染并过量表达 RIP3 蛋白的 Western blot 检测。

于 293T 细胞株中转染 pcDNA3-flag-*rip*3,以免疫前血清为阴性对照,分别用 1∶1000 的市售的鼠抗 FLAG 抗体(阳性对照)和兔抗 RIP3 C7 抗体进行 Western blot 检测,检测在 293T 细胞中过量表达的 FLAG-RIP3 融合蛋白。

② RIP3 抗体对 RIP3 的高特异性(选做)。

由于 RIP3 是第 1 个被确定的能与 RIP1 相互作用的 RIP 家族成员,RIP3 的 64 个氨基酸(aa411～474)是介导 RIP3 与 RIP1 相结合的最小区域。为了证实自制的抗 RIP3 抗体在 RIP 家族成员中只对 RIP3 有很高的特异性,可以在 293T 细胞中分别过量表达 RIP1(M_r 为 70000)和 RIP3 蛋白。先分别用抗各自的特异抗体进行 Western blot 检测;再以细胞内普遍存在且表达量稳定的 actin 蛋白为内参照,用自制的兔抗 RIP3 抗体进行 Western blot 检测,观察自制的兔抗 RIP3 抗体能不能识别与 RIP3 同源性较高的 RIP1,

来分析其对 RIP3 的特异性。

③ 细胞内源 RIP3 蛋白的 Western blot 检测。

由于 R 型 NIH3T3 细胞自身不表达 RIP3 蛋白，而 S 型则可以，故而以 R 型和 S 型这两株高同源性而存在显著 RIP3 表达差异的 NIH3T3 细胞为检测对象，分别用 1∶1000 的市售抗 RIP3 抗体(阳性对照)和自制的抗 RIP3 抗体来看能否检测到该细胞株 S 型内源表达的 RIP3 蛋白，以免疫前血清为阴性对照。

五、实训结果处理

1. *rip*3 基因的克隆和鉴定

将步骤 1 中构建的重组质粒 pcDNA3-flag-*rip*3 连接转化 *E. coli* DH5α，挑选单克隆进行双酶切后，进行 10 g/L 琼脂糖凝胶电泳，检验阳性菌株表达的产物大小是否约为 1461 bp。有条件也可送测序，鉴定所获目的基因的序列与已知 *rip*3 基因的序列是否完全一致。

2. 重组表达质粒的构建、鉴定及序列分析

将步骤 2 中 PCR 扩增的目的基因片段用 10 g/L 琼脂糖凝胶电泳分析，检验是否符合预期，在 600 bp 处出现 1 条带(含保护碱基和酶切位点)。

重组质粒 pGST parallel-*rip*3 C7 经 *Eco*R Ⅰ 和 *Xba* Ⅰ 酶切初步鉴定，检验切出的基因片段的大小是否同预期的结果相一致。有条件的可将获得的阳性重组体进行 DNA 测序，鉴定重组表达质粒 pGST parallel-*rip*3 C7 中插入的 *rip*3 基因片段的序列及读码框架是否完全正确。

3. RIP3 蛋白的诱导表达及纯化效果分析

将步骤 3 中收集到的扩增表达后的菌体沉淀用超声波破碎，离心、取沉淀洗涤后，经 SDS-PAGE 分离，观察在 M_r 为 47000 附近的目的条带纯度及浓度。另将电洗脱出来的抗原蛋白用考马斯亮蓝 R250 染色后，用 Bradford 标准蛋白曲线法测定 RIP3 蛋白浓度。

4. 自制的兔抗 RIP3 抗体特异性的 Western blot 检测

(1) 由外源转染并过量表达 RIP3 蛋白的 Western blot 检测。

注意观察 Western blot 结果，在 M_r 为 53000 处(FLAG-RIP3 蛋白大小)比较免疫前的血清、自制的兔抗 RIP3 抗体、市售的抗 FLAG 的 mAb 的特异性及信号强度。

(2) 细胞内源 RIP3 蛋白的 Western blot 检测。

观察 Western blot 结果，比较自制的抗 RIP3 抗体与市售的抗 RIP3 抗体特异性条带的清晰度。

项目总结

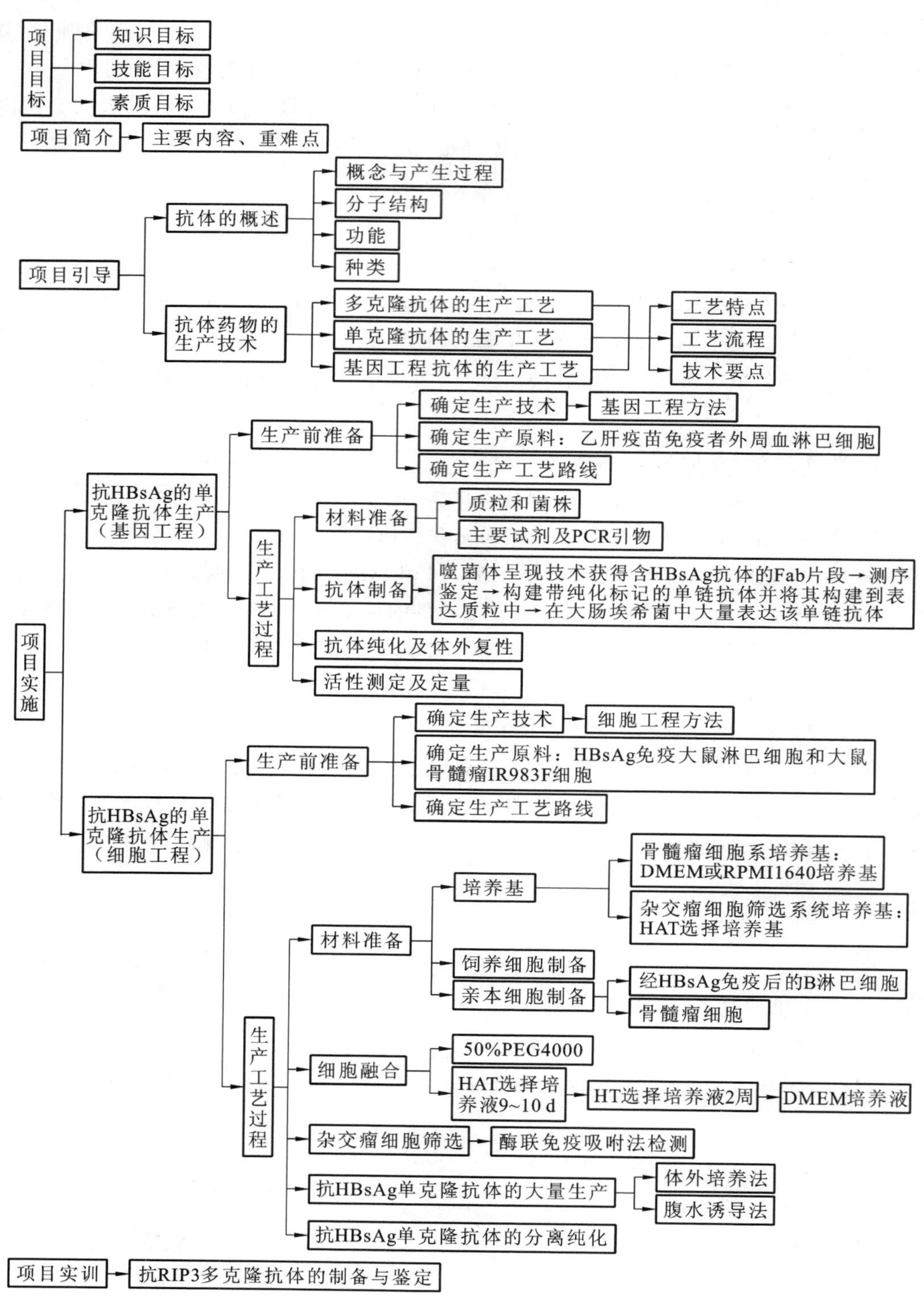
项目目标
知识目标
技能目标
素质目标
项目简介
主要内容、重难点
项目引导
抗体的概述
概念与产生过程
分子结构
功能
种类
抗体药物的生产技术
多克隆抗体的生产工艺
单克隆抗体的生产工艺
基因工程抗体的生产工艺
工艺特点
工艺流程
技术要点
项目实施
抗HBsAg的单克隆抗体生产（基因工程）
生产前准备
确定生产技术
基因工程方法
确定生产原料：乙肝疫苗免疫者外周血淋巴细胞
确定生产工艺路线
生产工艺过程
材料准备
质粒和菌株
主要试剂及PCR引物
抗体制备
噬菌体呈现技术获得含HBsAg抗体的Fab片段→测序鉴定→构建带纯化标记的单链抗体并将其构建到表达质粒中→在大肠埃希菌中大量表达该单链抗体
抗体纯化及体外复性
活性测定及定量
抗HBsAg的单克隆抗体生产（细胞工程）
生产前准备
确定生产技术
细胞工程方法
确定生产原料：HBsAg免疫大鼠淋巴细胞和大鼠骨髓瘤IR983F细胞
确定生产工艺路线
生产工艺过程
材料准备
培养基
骨髓瘤细胞系培养基：DMEM或RPMI1640培养基
杂交瘤细胞筛选系统培养基：HAT选择培养基
饲养细胞制备
亲本细胞制备
经HBsAg免疫后的B淋巴细胞
骨髓瘤细胞
细胞融合
50%PEG4000
HAT选择培养液9~10 d
HT选择培养液2周
DMEM培养液
杂交瘤细胞筛选
酶联免疫吸附法检测
抗HBsAg单克隆抗体的大量生产
体外培养法
腹水诱导法
抗HBsAg单克隆抗体的分离纯化
项目实训
抗RIP3多克隆抗体的制备与鉴定

项目检测

一、选择题

1. 用动物细胞工程技术获取单克隆抗体，下列实训步骤中错误的是（　　）。

A. 将抗原注入小鼠体内，获得能产生抗体的B淋巴细胞

B. 用纤维素酶处理B淋巴细胞与小鼠骨髓瘤细胞

C. 用聚乙二醇作诱导剂，促使能产生抗体的B淋巴细胞与小鼠骨髓瘤细胞融合

D. 筛选杂交瘤细胞，并从中选出能产生所需抗体的细胞群，培养后提取单克隆抗体

2. 下面为单克隆抗体生产过程示意图，相关叙述错误的是（　　）。

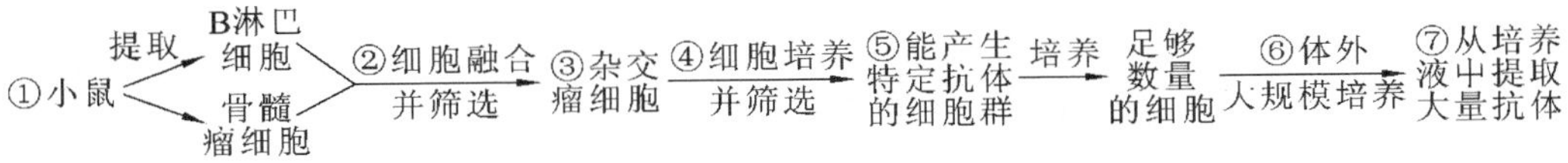

①小鼠 —提取→ B淋巴细胞、骨髓瘤细胞 —②细胞融合并筛选→ ③杂交瘤细胞 —④细胞培养并筛选→ ⑤能产生特定抗体的细胞群 —培养→ 足够数量的细胞 —⑥体外大规模培养→ ⑦从培养液中提取大量抗体

A. ④中的筛选是为了获得能产生多种抗体的杂交瘤细胞

B. ②中培养基应加入选择性抑制骨髓瘤细胞DNA分子复制的物质

C. 上图中有一处明显错误

D. ⑤可以无限增殖

二、填空题

已知细胞合成DNA有D和S两条途径，其中D途径能被腺嘌呤阻断，人淋巴细胞中有这两种DNA的合成途径，但一般不分裂增殖。鼠骨髓瘤细胞尽管没有S途径，但能不断分裂增殖，将这两种细胞在试管中混合，加聚乙二醇促融，获得杂交瘤细胞。

1. 试管中除融合的杂交瘤细胞外，还有（　　　　）种融合细胞。

2. 设计一方法（不考虑机械方法），从培养液中分离出杂交瘤细胞，并说明原理。

方法：________________________________

原理：________________________________

3. 将分离出的杂种细胞在不同的条件下继续培养，获得A、B、C三细胞株，各细胞株内含有的人染色体如下（“+”表示有，“－”表示无）：

细胞株	人染色体编号							
	1	2	3	4	5	6	7	8
A株	+	+	+	+	－	－	－	－
B株	+	+	－	－	+	+	－	－
C株	+	－	+	－	+	－	+	－

测定各细胞株内人体所具有的5种酶的活性，结果是：①B株有a酶活性；②A、B、C株均有b酶活性；③A、B株有c酶活性；④C株有d酶活性；⑤A、B、C株均无e酶活性。若人基因的作用不受鼠基因影响，则支配a、b、c、d和e酶合成的基因依次位于人的（　　　　）、（　　　　）、（　　　　）、（　　　　）和（　　　　）号染色体上。

三、简述题

1. 简述单克隆抗体的定义和特性。

2. 简述杂交瘤细胞筛选原理。

3. 将B淋巴细胞与骨髓瘤细胞融合时,融合混合物中会存在哪几种细胞?它们是否能够存活?请说明原因。

项目拓展

部分世界著名抗体公司介绍

Santa公司　Santa公司是世界上最大的抗体生产厂家,目前可提供的抗体种类达20000多种,几乎覆盖了目前生命科学研究的各个最新领域,其中每种抗体又有多个克隆可供选择,还提供一些对应蛋白质标准品及相关产品,如ABC试剂盒、各种标记二抗、Western试剂盒、蛋白质相对分子质量Marker、核抽提物等,为免疫学研究工作提供了极大的方便。

Abcam公司　Abcam公司是世界有名的"抗体王国",以优质、齐全的产品,完善的网络支持功能和强大的技术支持队伍得到全球客户的认可,并在2004年获得了对于生物界公司不可多得的英国女王奖,拥有很好的口碑。

Abgent公司　美国Abgent公司是目前全球最大的多克隆抗体生产商之一,在中国苏州工业园区和上海已分别设立子公司,其产品研发生产平台已通过ISO9001—2008质量管理体系SGS认证,具有每月开发约500个兔多克隆抗体的生产能力。Abgent公司创办之初就着力于开发全人类基因组相关抗体,已开发并推出约20000个抗体产品,覆盖细胞凋亡、细胞自噬、细胞功能、免疫系统、神经科学、核信号、蛋白质修饰、干细胞以及特异性修饰等几乎所有的蛋白质组学研究领域,已初步建立起基于全人类基因组的抗体库。Abgent公司自2003年以来多次被世界顶级科学杂志《Nature》、《Science》等评为蛋白质组学和抗体亲和试剂供应商10~50强。在国际权威刊物上发表的生物医药研究论文中,使用Abgent公司产品进行研究并得到成果的论文引用频率已位于全球抗体研发生产公司的前列。

码1-10-1 模块一项目十PPT

项目十 生物制品类生物技术药物的生产

项目目标

一、知识目标

明确生物制品的基本理论、基本知识和应用。

熟悉生物制品的基本概念、生物制品生产与检定的基本要求。

掌握常用生物制品生产与检定的基本技术、2020年版《中国药典》三部的基本内容。

二、技能目标

学会常用生物制品生产操作技能、生产管理技能和质量控制方法。

能熟练确定卡介苗、乙型肝炎疫苗和白细胞介素-2的生产工艺。

能够参照2020年版《中国药典》三部的有关规定进行常用生物制品生产相关参数的控制，并能编制常用生物制品的工艺方案。

三、素质目标

具有较强的生物安全防护意识、较强的无菌操作意识、较强的责任心、诚实守信的质量意识及吃苦耐劳、独立思考、团结协作、勇于创新的职业道德；树立"安全第一、质量首位、成本最低、效益最高"的意识，并贯彻到生物制品生产的各个环节。

项目简介

本项目的内容是生物制品类生物技术药物的生产，项目引导介绍生物制品类药物的基本知识以及应该遵循的有关规定和标准，在进行药物生产之前进行基本的知识储备。在此基础上，安排了三个典型的项目任务：卡介苗的发酵生产、乙型肝炎疫苗的生产和白细胞介素-2的生产。三项任务完成后，安排典型项目实训——人血白蛋白的生产，以深入认识和掌握不同类型生物制品的管理办法、生产工艺过程控制和质量管理方案。

项目引导

码1-10-2 生物制品

一、生物制品

（一）生物制品的基本概念

《中国药典》(2020年版)对生物制品(biological products)进行了明确解释。生物制品是以微生物、细胞、动物或人源组织和体液等为原料，用生物技术制成，用于预防、治疗和诊断人类疾病的制剂，如疫苗、血液制品、生物技术药物、微生态制剂、免疫调节剂、诊断制品等。

(二)生物制品的分类

(1)生物制品按照所用材料、制法或用途,一般分为以下几类。

① 细菌性疫苗:用细菌、螺旋体或其衍生物制成的减毒活菌疫苗和纯化疫苗、灭活疫苗或亚单位疫苗(如脑膜炎球菌多糖疫苗)、重组DNA疫苗(如基因工程乙型肝炎疫苗、麻疹减毒活疫苗)等。

② 病毒性疫苗:用病毒或立克次体制成,分为减毒活疫苗、灭活疫苗、纯化疫苗、亚单位疫苗(如血源乙型肝炎疫苗)和基因工程疫苗(如基因工程乙型肝炎疫苗)等。

③ 类毒素:用细菌生产的毒素经解毒精制而成,如破伤风类毒素等。

以上三类制品都是富含免疫原性的抗原,用于预防疾病,又称预防用生物制品。细菌性疫苗和病毒性疫苗及类毒素等预防制品,现在国际上统称为疫苗。国内习惯把细菌性疫苗称为菌苗,病毒性疫苗称为疫苗。

④ 抗毒素和免疫血清:用细菌、病毒、类毒素、毒素等免疫注射动物或人体所产生的抗细菌、抗病毒、抗毒素的超免疫血清,经精制而成。如白喉抗毒素、抗狂犬病血清等,用于疾病的治疗及被动免疫预防。

⑤ 血液制品:由健康人血液或特异免疫人血浆分离、提纯或由基因工程技术制成的人血浆蛋白组分或血细胞组分制品,如人血白蛋白、人免疫球蛋白、人凝血因子(天然或重组)、红细胞浓缩物等,用于疾病的治疗或被动免疫预防。

⑥ 免疫调节剂:由健康人细胞增殖、分离、提纯或由基因工程技术制成的具有多种生物活性的多肽类或蛋白质类制剂。包括各种细胞因子(干扰素、白细胞介素、集落刺激因子、红细胞生成素、肿瘤坏死因子等)及转移因子、胸腺肽、免疫核糖核酸等。

以上三类制品统称为治疗用生物制品。

⑦ 诊断试剂:包括用于体外免疫试验诊断的各种诊断抗原、诊断血清和体内诊断制品等。例如:伤寒、副伤寒诊断菌液,乙肝表面抗原(HBsAg)酶联免疫诊断试剂盒等用于疾病的体外免疫诊断;锡克试验毒素、卡介菌纯蛋白衍生物(BCG-PPD)、单克隆抗体用于疾病的体内免疫诊断。诊断试剂种类繁多,可分为细菌学、病毒学、免疫学、肿瘤和临床化学以及其他临床诊断试剂等。

诊断试剂属于诊断用生物制品。

(2)按照原料来源的不同可分为以下几类:

① 人源生物制品,如各种血液成分等;

② 动物源生物制品,如干扰素(interferon,IFN)、激素(hormone)、蛇毒(snake venom)等;

③ 植物源生物制品,如植物激素(plant hormone)、紫杉醇(taxol)、长春碱(velban)、喜树碱(camptothecin)等;

④ 微生物源生物制品,如生长激素(growth hormone)、干扰素、胰岛素(insulin)等。

(3)按照使用对象的不同可分为以下几类:①用于人的生物制品;②用于家畜的生物制品;③用于家禽的生物制品;④用于作物的生物制品。

(三)生物制品的生物学基础

1. 生物制品的微生物学基础

微生物的形态结构、新陈代谢、生长繁殖等生物学特征,感染与抗感染免疫的机理,遗传变异的规律，微生物与人体的相互关系，以及微生物学检查法和防治原则等内容是生物制品研制开发和应用的基础。

细菌产生的毒素有内毒素（endotoxin）和外毒素（exotoxin）两种，两种毒素均有强烈毒性。有些细菌的外毒素经脱毒处理，可制成相应的生物制品（类毒素、抗毒素）。热原质为大多数革兰阴性菌与少数革兰阳性菌在代谢中合成的一种多糖物质，该物质进入人体或动物体能引起发热反应，故称其为热原质。热原质耐高温，以高压蒸汽灭菌（121 ℃，20 min）也不受破坏；用吸附剂和特制石棉滤板可除去液体中的大部分热原质，玻璃器皿须在 250 ℃烘烤才能破坏热原质。因此，制备注射剂时应严格无菌操作，成品要严格检查，不应含有热原质。另外，掌握外界环境因素对微生物的影响，不仅可创造有利条件以利于生物制品生产，还可利用对微生物的不利因素使其发生变异或杀灭之，从而保障生物制品质量。

2. 生物制品的免疫学基础

生物制品往往通过激活人体的免疫系统发挥作用。人类的抗感染免疫传统上分为先天性免疫和获得性免疫两大类。获得性免疫主要包括体液免疫和细胞免疫。所谓体液免疫，也就是通过形成抗体而产生的免疫能力，抗体是由血液和体液中的 B 淋巴细胞产生，主要存在于体液中，它可与入侵的外来抗原物质相结合，使其失活。所谓细胞免疫，是指主要由 T 淋巴细胞来执行的免疫功能。

人为地给机体输入抗原以调动机体的免疫系统，或直接输入免疫血清，使其获得某种特殊抵抗力，用以预防或治疗某些疾病患者，称为人工免疫（artificial immunization）。人工免疫用于预防传染病时，称为预防接种，它是增强人体特异免疫力的重要方法。现阶段人工免疫已不仅用于对传染病的防治，也用于对同种异体移植排斥反应、某些免疫性疾病和免疫缺陷病的治疗。人工免疫又分为人工自动免疫和人工被动免疫。人工自动免疫（artificial active immunization）是给机体输入抗原物质，使免疫系统因抗原刺激而产生类似感染时所发生的免疫过程，从而产生特异性免疫力。这种免疫力出现较慢，常有 1～4 周的诱导期，但维持较久，可持续半年到数年。用于人工自动免疫的抗原性制剂大部分由病原微生物直接制成，称为疫苗；也可取微生物毒素去毒制成，称为类毒素。人工被动免疫（artificial passive immunization）是输入免疫血清（含特异性抗体），使机体获得一定免疫力，以达到防治某些疾病的目的。输入特异性抗体后，可立即发挥免疫作用，但由于并非自身免疫系统产生的免疫力，因此维持时间常较短。

（四）生物制品的作用

接种预防类生物制品能激活机体的免疫活性细胞从而产生免疫应答，提高机体对疾病的抵抗力，有效控制传播范围，从而降低该传染性疾病的发病率和影响。广泛地预防接种疫苗，能够增强社会集体的免疫力，传染病的流行就能够被有效地控制，甚至是被消灭，天花在全球被消灭就是很好的例证。

由于生物制品的预防、治疗和诊断疾病的作用，一些曾经严重威胁人类健康的烈性传染病（如白喉、百日咳、乙型脑炎、流行性脑脊髓膜炎、脊髓灰质炎、麻疹、结核病、钩端螺旋体病等）的发病率都已大幅度下降。用于治疗疾病的多种抗毒素、免疫血清和血液制品拯救了无数垂危患者的生命。

诊断类生物制品在疾病的防治中起到了“探针”的作用。虽然它不能在疾病预防和治疗上直接发挥作用,但对监测、鉴定病原,协助临床诊断,以及指导预防和治疗,具有非常重要的作用。随着诊断试剂质量的不断提高、品种的不断增加和检测方法的不断改进,医疗检测效率被极大提高了。

总之,生物制品已经成为人类生活当中诊断、预防和治疗疾病不能缺少的重要工具,生物制品产业作为新兴产业已经展现出广阔的应用前景和良好的经济、社会效益。

(五)生物制品的发展概况

我国生物制品的生产始于20世纪初。1919年在北京天坛成立了中央防疫处(北京生物制品研究所前身),这是我国第一所生物制品研究所,其生产规模很小,只有牛痘苗和狂犬病疫苗,几种死菌疫苗、类毒素和血清都是粗制品。中华人民共和国成立后,先后在北京、上海、武汉、成都、长春和兰州成立了生物制品研究所,直属于卫生部。建立了中央生物制品检定所(现为中国食品药品检定研究院),它执行国家对生物制品质量控制、监督,发放菌毒种和标准品的职能。另外,在昆明,还成立了一个主要研究、生产脊髓灰质炎疫苗的中国医学科学院医学生物学研究所。此后从事生物制品研究、生产与检定的专业队伍日益壮大。

目前我国生物制品已有庞大的生产研究队伍,能够生产各种细菌类疫苗、病毒类疫苗、类毒素、抗毒素、免疫血清、血液制品、体内及体外诊断试剂300余种,其中各种疫苗、类毒素、抗毒素等预防、治疗性生物制品近12亿人份,基本满足了我国预防疾病的需要。

(六)我国对生物制品的管理

1. 生物制品管理的历史发展

我国对生物制品的质量管理及其技术规程历来很重视。1952年、1959年和1979年相继颁布了三版生物制品规程。1991年颁布实施了第四版《中国生物制品规程》的第一部分和第二部分。

为了加强生物制品管理,卫生部先后颁布了《生物制品工作条例》、《生物制品新制品管理办法》、《关于加强生物制品和血液制品管理的规定(试行)》、《新生物制品审批办法》、《生物制品管理规定》等。

卫生部在1956年成立的生物制品委员会是生物制品的最高学术咨询组织。1988年经调整成立了卫生部生物制品标准化委员会。其主要任务是审议生物制品采用国际标准的规则,制订、修订生物制品规程和审定新的标准品等。1992年,卫生部第三届药品评审委员会在京成立。

1993年,卫生部批准颁布《中国生物制品规程》(二部,1993年版),收载各类体外诊断制品正式规程92个。1995年6月,颁布了《中国生物制品规程》(一部,1995年版)。该版规程增加了基因工程制品,制品的质量控制标准较前版规程均有较明显提高,大部分制品规程的质量控制标准已达到或接近WHO规程要求。

1999年,原"卫生部生物制品标准化委员会"更名为"国家药品监督管理局中国生物制品标准化委员会",并成立了第三届中国生物制品标准化委员会。第三届中国生物制品标准化委员会补充规定,生物制品规程除应每五年全部重新出版一次外,应每两至三年出版一次规程增补版。

《中国生物制品规程》(2000年版)于2000年10月1日起施行。它是中华人民共和国成立以来的第六版生物制品质量控制法规,为一、二部合订本,分为正式和暂行规程两部,较原版规程在质量标准及规范化方面均有明显提高,主要技术指标达到了WHO生物制品规程的标准。

为理顺药品标准体系,完善《中国药典》内容,根据原国家药品监督管理局规定,在第八届国家药典委员会成立大会时,国家药典委员会增设了细菌制品、病毒制品和血液制品等6个专业委员会。我国将2005年版、2010年版、2015年版《中国生物制品规程》列为药典三部执行。

2. 2020年版《中国药典》三部简介

《中国药典》是我国为保证药品质量可控、保证人民用药安全有效而依法制定的药品法典,是药品研制、生产、经营、使用和管理都必须严格遵守的法定依据,是国家药品标准体系的核心,是开展国际交流与合作的重要内容。作为国家药品标准体系的核心,药典的标准是最低的标准,任何标准都不能低于药典的标准。《中国药典》每五年颁布一次,因此,药品标准是不断提高的,而且这种提高是一个永无止境的发展过程。

2020年版《中国药典》进一步扩大药品品种和药用辅料标准的收载,分为一部、二部、三部和四部。本版药典收载品种5911种,新增319种,修订3177种,不再收载10种,因品种合并减少6种。一部收载中药2711种,其中新增117种、修订452种。二部收载化学药2712种,其中新增117种、修订2387种。三部收载生物制品153种,其中新增20种、修订126种;新增生物制品通则2个、总论4个。四部收载通用技术要求361个,其中制剂通则38个(修订35个)、检测方法及其他通则281个(新增35个、修订51个)、指导原则42个(新增12个、修订12个);收载药用辅料335种,其中新增65种、修订212种。

2020年版《中国药典》中的凡例是为正确使用《中国药典》,对品种正文、通用技术要求以及与药品质量检验和检定有关共性问题的统一规定和基本要求。

2020年版《中国药典》三部通则主要包括制剂通则、其他通则、通用检测方法。制剂通则是按照药物剂型分类,针对剂型特点所规定的基本技术要求。通用检测方法是各品种进行相同项目检验时所应采用的统一规定的设备、程序、方法及限度等。生物制品通则是对生物制品生产和质量控制的基本要求。指导原则是规范药典执行,指导药品标准制定和修订,提高药品质量控制水平所规定的非强制性、推荐性技术要求。

2020年版《中国药典》三部正文是各品种项下收载的内容。品种正文是根据生物制品自身的理化与生物学特性,按照批准的原材料、生产工艺、储藏、运输条件等所制定的,用以检测生物制品质量是否达到用药要求并衡量其质量是否稳定均一的技术规定。正文(各论)收载的生物制品包括:①预防类生物制品(含细菌类疫苗、病毒类疫苗);②治疗类生物制品(含抗毒素及抗血清、血液制品、生物技术制品等);③体内诊断制品;④体外诊断制品(指本版药典收载的、国家法定用于血源筛查的体外诊断试剂)。

(七)生物制品生产的基本要求

(1)生产厂房、设施及生产质量管理　生产厂房、设施与生产质量管理应符合现行版

中国《药品生产质量管理规范》要求。致病性芽孢菌操作直至灭活过程完成前应使用专用设施。炭疽杆菌、肉毒梭状芽孢杆菌和破伤风梭状芽孢杆菌制品须在相应专用设施内生产。血液制品的生产厂房应为独立建筑物,不得与其他药品共用,并使用专用的生产设施和设备。卡介苗和结核菌素生产厂房必须与其他制品生产厂房严格分开,生产中涉及活有机体的生产设备应专用。涉及感染性材料的操作应符合国家生物安全的相关规定。

(2) 生产用原料及辅料　制剂中使用的辅料和生产中所用的原材料,其质量控制应符合《中国药典》(2020 年版)"生物制品生产用原材料及辅料质量控制规程"及相关规定。本版药典未收载者,必须制定符合产品生产和质量控制要求的标准并需经国家药品监督管理部门批准。辅料的生产和使用应符合国家药品监督管理部门的有关规定。生产用培养基不得含有可能引起人体不良反应的物质。生产过程使用的过滤介质应为无石棉的介质。

(3) 生产用水及生产用具　生产用的水源水应符合国家饮用水标准,纯化水和注射用水应符合《中国药典》(2020 年版)二部的标准。生产用水的制备、储存、分配和使用及生产用具的处理均应符合现行版中国《药品生产质量管理规范》要求。

(4) 生产过程中抗生素和抑菌剂使用的相关要求　①抗生素的使用:除另有规定外,不得使用青霉素或其他β-内酰胺类抗生素。成品中严禁使用抗生素作为抑菌剂。生产过程中,应尽可能避免使用抗生素;必须使用时,应选择安全性风险相对较低的抗生素,使用抗生素的种类不得超过 1 种,且产品的后续工艺应保证可有效去除制品中的抗生素,去除工艺应经验证。生产过程中使用抗生素时,成品检定中应检测抗生素残留量,并规定残留量限值。② 抑菌剂的使用:应尽可能避免在注射剂的中间品和成品中添加抑菌剂,尤其是含汞类的抑菌剂。单剂量注射用冻干制剂中不得添加任何抑菌剂,除另有规定外,单剂量注射液不得添加抑菌剂;供静脉用的注射液不得添加任何抑菌剂。对于多剂量制品,根据使用时可能发生的污染与开盖后推荐的最长使用时间来确定是否使用有效的抑菌剂。如需使用,应证明抑菌剂不会影响制品的安全性与效力。成品中添加抑菌剂的制品,其抑菌剂应在有效抑菌范围内采用最小加量,且应设定控制范围。

(5) 生产及检定用动物　用于制备注射用活疫苗的原代动物细胞应来源于无特定病原体(SPF 级)动物;用于制备口服疫苗和灭活疫苗的动物细胞应来自清洁级或清洁级以上动物。其他动物组织来源的制品应符合各论的要求。所用动物应符合"生物制品生产及检定用实验动物质量控制"(《中国药典》(2020 年版)四部通则 3601)的相关规定。

培养细胞用牛血清应来源于无牛海绵状脑病地区的健康牛群,其质量应符合《中国药典》(2020 年版)的有关规定。消化细胞用的胰蛋白酶应证明无外源性或内源性病毒污染。用于制备鸡胚或鸡胚细胞的鸡蛋,除另有规定外,应来自无特定病原体的鸡群。生产用马匹应符合"人用马免疫血清制品总论"相关要求。

检定用动物,应符合《中国药典》(2020 年版)对生物制品生产及检定用实验动物质量控制的要求,并规定日龄和体重范围。除另有规定外,检定用动物均应采用清洁级或清洁级以上的动物;小鼠应来自封闭群动物(closed colony animals)或近交系动物(inbred strain animals)。生产用菌、毒种需用动物传代时,应使用 SPF 级动物。

（6）生产工艺　生产工艺应经验证，并经国家药品监督管理部门批准。生产过程采用菌、毒种和细胞基质（病毒性疫苗）时，应确定菌、毒种和细胞基质的具体代次；同一品种不同批制品的生产用菌、毒种及细胞代次均应保持一致。疫苗生产工艺中涉及病毒、细菌的灭活处理时，应确定灭活工艺的具体步骤及参数，以保证灭活效果。半成品应按照批准的配方进行配制。

（7）质量控制　制品的质量控制应包括安全性、有效性、可控性。各种需要控制的物质，是指该品种按规定工艺进行生产和储藏过程中需要控制的成分，包括非目标成分（如残留溶剂、残留宿主细胞蛋白质以及目标成分的聚合体、降解产物等）；改变生产工艺时需相应地修订有关检查项目和标准。

生产过程中如采用有机溶剂或其他物质进行提取、纯化或灭活处理等，生产的后续工艺应能有效去除，去除工艺应经验证，经充分验证证明生产工艺对上述工艺相关杂质已有效控制或去除，并持续达到可接受水平，或残留物含量低于检测方法的检测限，相关残留物可不列入成品的常规放行检定中。有机溶剂残留量应符合残留溶剂测定法的相关规定（《中国药典》（2020 年版）四部通则 0861）。

除另有规定外，制品有效性的检测应包括有效成分含量和效力的测定。各品种中每项质量指标均应有相应的检测方法，以及明确的限度或要求。除另有规定外，可量化的质量标准应设定限度范围。复溶冻干制品的稀释剂应符合《中国药典》（2020 年版）的规定，《中国药典》（2020 年版）未收载的稀释剂，其制备工艺和质量标准应经国家药品监督管理部门批准。

二、生产生物制品的一般方法

生物制品按照所用材料、制法或用途，一般分为细菌性疫苗、病毒性疫苗、类毒素、抗毒素和免疫血清、血液制品、免疫调节剂、诊断试剂七个大类。不同种类的生物制品由于性质各异，因此制法差别较大。其中细菌性疫苗、病毒性疫苗及类毒素等作为预防制品，以其低廉的价格，在预防和控制传染病的 200 多年历史中，对人类健康产生了重要而深远的影响。下面就以细菌性疫苗、病毒性疫苗及类毒素为例介绍生产生物制品的一般方法。

（一）生产细菌性疫苗及类毒素的一般方法

细菌性疫苗和类毒素的生产都是由细菌培养开始。虽然不同菌苗生产的工艺过程差异较大，但其主要程序相似。细菌性疫苗和类毒素的生产工艺流程如图 1-10-1 所示。

（1）菌种与种子培养　选取毒力强、免疫原性好、生物学特性稳定的 1～3 个品系菌株，按规定定期复壮和鉴定，将合格菌种增殖培养并经无菌检验、活菌计数达到标准后作为种子液。种子液于 2～8 ℃下保存，在有效期内用于菌苗生产种子使用。

（2）菌液的培养　用于规模化细菌培养的方法很多，有手工式、机械化或自动化等方式。可供菌体培养的方法有固体表面培养法、液体静置培养法、液体深层通气培养法和透析培养法。一般固体培养易获得高浓度细菌悬液，含培养基成分少，易稀释成不同的浓度，但生产量较小。因此，大量生产疫苗时常用液体培养法。培养基中应考虑微生物的特性适量添加特殊营养物质，保证其正常生长。采用活菌计数法或比浊计数法，以概略地计

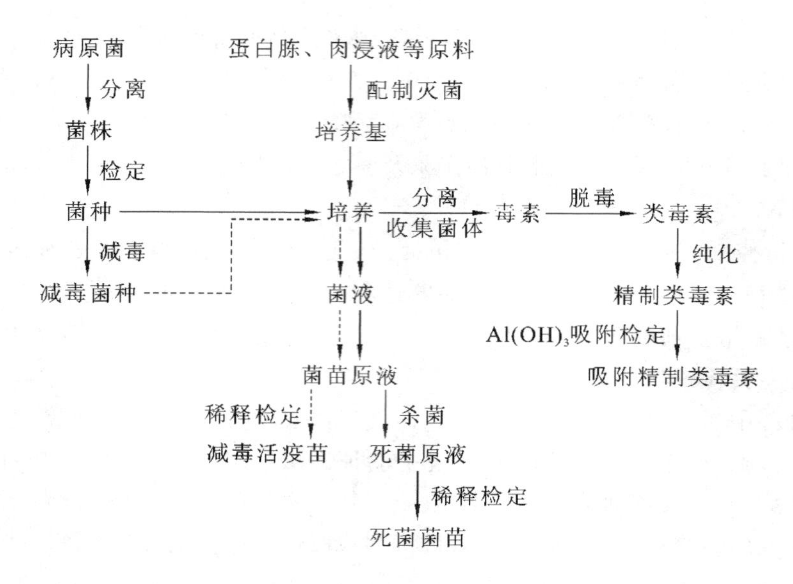

图 1-10-1　细菌性疫苗和类毒素的生产工艺流程

算出每毫升菌液中的细菌总数。

(3) 培养条件　培养过程中需根据微生物本身的特性控制各种培养条件。例如:溶氧要与菌种需氧特性保持一致;培养温度应是菌种生长的最适温度,一般控制在 35～37 ℃;培养过程中 pH 要严格控制,使其适应菌种生长、繁殖和产生代谢产物的要求;培养过程中还需根据菌种的生物学特性控制光照,避免引起特性变化。

(4) 灭活与浓缩　死菌疫苗制剂制成原液后需用物理或化学方法杀菌,活菌疫苗不需此步骤。不同菌苗杀菌的方法不同,可用加热、甲醛溶液或丙酮杀菌等方法。例如,大肠埃希菌菌液中加入 0.5%甲醛溶液,37 ℃下作用 48～72 h,可达到杀死细菌的目的。灭活后需对菌液进行浓缩,常用的浓缩方法有离心沉降法、氢氧化铝吸附沉淀法和羧甲基纤维素沉淀法,可使菌液浓缩 1 倍以上。

(5) 配苗与分装　配苗就是在菌苗的制备过程中加入佐剂,以增强免疫效果。由于灭活菌苗所用的佐剂不同,因此配苗方法也不同。例如,大肠埃希菌氢氧化铝菌苗细菌计数得到原菌液的浓度,用灭菌生理盐水将其稀释成最终浓度为 100 亿～400 亿个/mL,按每 5 份菌液加入 1 份氢氧化铝胶配苗,同时加入 0.01%硫柳汞溶液,充分振荡,2～8 ℃下静置2～3 d,弃上清液,浓缩成全量的 60%,塞上胶塞,用固体石蜡熔化封口,贴上标签,注明菌苗名称。使用前充分摇匀。整个生产过程都必须在无菌条件下按照无菌操作进行。

(二) 生产病毒性疫苗的一般方法

不同病毒性疫苗的生产工艺基本上都是由制备病毒或抗原成分收获液开始,经过分离、纯化和配制、分装、成品几个阶段。虽然生产工艺过程各有差异,但主要步骤相似。病毒性疫苗的生产工艺流程如图 1-10-2 所示。

(1) 毒种的选择与减毒　毒株须具备特定的抗原性;应有典型的形态和感染特定组织的特性,并能保持其生物学特性;易于在特定组织中大量繁殖;繁殖过程中不产生神经

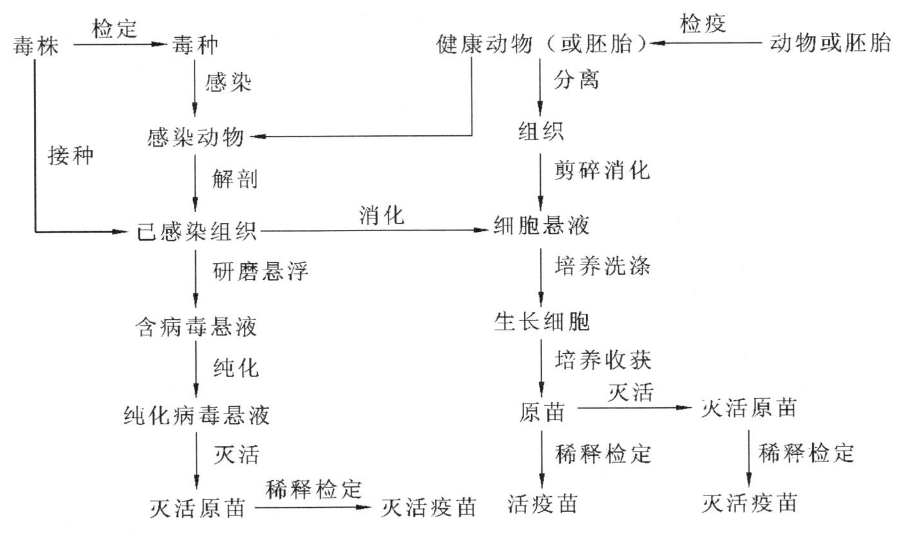

图 1-10-2　病毒性疫苗的生产工艺流程

毒素或能引起机体损害的其他毒素；如生产活疫苗，繁殖过程中应无恢复原致病性的现象；同时毒株未被其他病毒污染。

（2）病毒的繁殖　病毒只能在活细胞中繁殖，因此病毒可经活体动物培养、鸡胚培养和细胞培养繁殖。

通过细胞培养繁殖病毒时需要在培养基中添加氨基酸、辅酶、维生素、葡萄糖和无机盐等营养物质；同时控制 pH 为 6.8～7.2；保持环境 CO_2 摩尔分数为 5%；供氧；培养容器内壁用硫酸-铬酸混合液洗涤，然后用纯水冲洗；容器和培养液彻底灭菌后，加入一定量抗生素；培养温度为(37±1)℃，培养时间为 2～4 d。

（3）疫苗的灭活　不同疫苗灭活的方法不同。可用甲醛或酚溶液进行灭活处理。动物组织对灭活效果有影响，要根据动物组织特性调整灭活剂的浓度。灭活温度和时间要考虑病毒的生物学特性和热稳定性，原则是既要有足够高的温度和足够长的时间充分破坏疫苗的毒力，又要尽量减少疫苗免疫保护力的损失。

（4）疫苗纯化　细胞培养过程中，通过换液的方法可以去除动物组织(如牛血清)，降低疫苗接种后可能引起的不良反应。

（5）冻干　疫苗的稳定性较差，一般采用冻干的方法提高其稳定性。冻干的疫苗充氮或真空密封保存，其残余水分保持在 3%以下。

三、生物制品的质量检验

生物制品的质量直接关系到使用者的健康，为保证生物制品的质量安全，WHO 要求各国生产的制品由专门检定机构负责成品的质量检定，并规定检定部门要有熟练的高级技术人员、精良的设备条件，以保证检定工作的质量。未经指定检定部门发给检定合格证的制品，不准出厂使用。生物制品必须具有安全性、有效性和可接受性。

生物制品的质量检定包括两个方面，即安全检定和效力检定，除此以外生物制品还应该具有可接受性。安全检定包括毒性试验、防腐剂试验、热原质试验、安全试验、有关安全性的特殊试验(如致敏原、DNA、重金属等)等,效力检定包括浓度测定(含菌数或纯化抗原量)、活菌率或病毒滴度测定、动物保护率试验、免疫抗体滴度测定、稳定性试验等。生物制品的可接受性指制品的生产工艺、条件,成品的药效稳定性、外观、包装、使用方法以至价格都应是可接受的。

国内新的制品在正式投产前,要按新的生物制品规程报相关国家专业检定机构(SFDA)审批。进行小量临床试验观察,并作出免疫学及相关效果评价。没有科学数据证明其安全、有效的制品,不能生产和使用。

(一) 理化性质检定

通过物理化学和生物化学的方法检查生物制品中的某些有效成分和不利因素,这是保证制品安全和有效的一个重要方面。

1. 物理性状的检查

(1) 外观　通过特定的人工光源进行目测,对外观类型不同的制品有不同的要求。

(2) 真空度及溶解时间　真空封口的冻干制品可用高频火花真空测定器检查真空度,瓶内应出现蓝紫色光。另外,取一定量冻干制品,按规程要求加适量溶剂,其溶解时间应在规定时限内。

(3) 装量　各种装量规格的制品应通过容量法测试,其实际装量不得少于标示量(粘瓶量除外)。

2. 蛋白质含量测定

对类毒素、血液制品、抗毒素和纯化菌苗、基因工程产品等,需要测定其蛋白质含量,检查其有效成分或蛋白质杂质是否符合规程要求。常用的测定方法包括:①凯氏定氮法;②双缩脲法;③酚试剂法(Lowry 法);④紫外吸收法。

3. 纯度检查及鉴别试验

对血液制品、抗毒素和类毒素以及基因工程产品等制品,需要检查其纯度或做鉴别试验,常用区带电泳、免疫电泳、凝胶层析、超速离心等技术进行分析。

4. 相对分子质量或分子大小测定

对提纯的蛋白质制品如白蛋白、丙种球蛋白或抗毒素,在必要时需测定其单体、聚合体或裂解片段的相对分子质量及分子的大小;对提纯的多糖疫苗,需测定多糖的分子大小及其相对含量。常用的测定方法包括:①凝胶层析法;②SDS-PAGE 法;③超速离心分析法。

5. 防腐剂含量测定

生物制品在制造过程中,为了脱毒、灭活或防止杂菌污染,常加入苯酚、甲醛、氯仿、硫柳汞等试剂作为防腐剂或灭活剂。各种防腐剂的含量都要按《中国药典》(2020 年版)三部要求控制在一定的限度以下。

(二) 安全检定

为保证生物制品的安全性,在生产过程中须进行全面的安全性检查,排除可能存在的不安全因素,以保证制品用于人体时不致引起严重反应或意外事故。安全性检查包括菌毒种和主要原材料的检查、半成品的检查和成品检查三个方面。安全检定的具体内容包括以下四个方面。

1. 外源性污染的检查

除无菌与纯菌试验外，还需进行以下项目的检查。

(1) 野毒检查　组织培养疫苗，有可能通过培养病毒的细胞(如鸡胚细胞、地鼠肾细胞和猴肾细胞等)带入有害的潜在病毒，这种外来病毒也可在培养过程中繁殖，污染制品，故应进行野毒检查。

(2) 热原质试验　血液制品、抗毒素、多糖疫苗等制品，其原材料或在制造过程中，有可能被细菌或其他物质污染并带入制品，引起机体的致热反应。因此，这些制品必须按照国内外药典的规定，以家兔试验法作为检查热原质的基准方法，对产品进行热原质检查。

(3) 乙型肝炎表面抗原(HBsAg)检查　血液制品除了对原材料(血浆、胎盘)要严格进行 HBsAg 检查外，对成品也应进行该项检查。

2. 杀菌、灭活和脱毒检查

一些死疫苗、灭活疫苗以及类毒素等制品，常用甲醛溶液或苯酚作为杀菌剂或灭活剂。这类制品的毒种多为致病性强的微生物，若未被杀死或解毒不完全，就会在使用时发生严重事故，所以需进行安全性检查。

(1) 无菌试验　基本方法与检查外源性杂菌方法相同。但由于本试验的目的主要是检查有无生产菌(毒)种生长，故应采用适于本菌生长的培养基，且要先用液体培养基进行稀释和增殖再进行移种。

(2) 活毒检查　活毒检查主要是检查灭活疫苗解毒是否完善，须用对原毒株敏感的动物进行试验，一般用小白鼠。如制品中残留未灭活的病毒，则注射动物后，能使动物发病或死亡。

(3) 解毒试验　解毒试验主要用于检查类毒素等需要脱毒的制品，须用敏感动物进行检查。例如，检查破伤风类毒素用豚鼠试验，如脱毒不完全有游离毒素存在，可使动物出现破伤风症状并死亡。白喉类毒素可用家兔做皮肤试验，若脱毒不完全，则注射部位出现红肿、坏死。

3. 残余毒力的检查

残余毒力的检查适用于活疫苗。生产这类制品的菌毒种本身是活的减毒(弱毒)株，允许有一定的轻微残余毒力存在。残余毒力与活疫苗的免疫原性有关。残余毒力过小，免疫原性低；反之，残余毒力过大，免疫原性虽好，但毒性反应大，使用不安全。残余毒力能在所接种动物的机体反应中表现出来。不同制品，其残余毒力的大小有不同的指标要求，测定和判断的方法也不同。

4. 过敏性物质的检查

(1) 过敏性试验(变态反应试验)　采用异体蛋白为原料制成的治疗制剂(如治疗血清、代人血浆等)，需检查其中过敏原的去除是否达到允许限度。一般用豚鼠进行试验。

(2) 牛血含量的测定　牛血含量的测定主要用于检查组织培养疫苗(如乙型脑炎疫苗、麻疹疫苗、狂犬病疫苗)，要求其含量不超过 1 $\mu g/mL$。由于牛血清是一种异体蛋白，如制品中残留量偏高，多次使用能引起机体变态反应，故应进行监测。测定方法一般采用间接血细胞凝集抑制试验或反向血细胞凝集试验。

（3）血型物质的检测　白蛋白、丙种球蛋白、冻干人血浆、抗毒素等制品常含有少量的 A 或 B 血型物质，可使受试者产生高滴度的抗 A、抗 B 抗体，O 型血孕妇使用后，可能引起新生儿溶血症。因此，对这类制品应检测血型物质的含量，其含量应在规定限量范围之内。

（三）效力检定

生物制品的效力一方面指制品中有效成分的含量水平，另一方面指制品在机体中建立自动免疫或被动免疫后所引起的抗感染作用的能力。对于诊断用品，其效力则表现在诊断试验的特异性和敏感性。无效的制品，不仅没有使用价值，而且可能造成贻误疫情或使病情加重的后果。效力检定是十分必要的，有时还要进行人体效果观察。效力试验包括以下五个方面的内容。

1. 免疫力试验

将制品对动物进行自动（或被动）免疫后，用活菌、活毒或毒素攻击，从而判定制品的保护力强弱。

（1）定量免疫　定量攻击法用豚鼠或小鼠，先以定量制品（抗原）免疫 2～5 周后，再以相应的定量（若干最小致死量（MLD）或最小感染量（MID））毒种或毒素攻击，观察动物的存活数或不受感染的情况，以判定制品的效力。但需事先测定一个毒种或毒素的 MLD（或 MID）的剂量水平，还需设立对照组，只有在对照试验成立时，才可判定试验组的检定结果。该法多用于活菌苗和类毒素的效力检定。

（2）变量免疫定量攻击法　变量免疫定量攻击法即 50% 有效免疫剂量（ED_{50}、ID_{50}）测定法。疫苗经系列稀释，制成不同的免疫剂量，分别免疫各组动物，间隔一定日期后，各免疫组均用同一剂量的毒种攻击，观察一定时间，用统计学方法计算出能使 50% 的动物获得保护的免疫剂量。此法多用小白鼠进行，其优点是较为敏感和简便，有不少制品（如百日咳菌苗、乙型脑炎疫苗）用此法进行效力检定。

（3）定量免疫变量攻击法　定量免疫变量攻击法即保护指数（免疫指数）测定法。动物经制品免疫后，其耐受毒种的攻击量相当于未免动物耐受量的倍数，称为保护指数。试验时，将动物分为对照组和免疫组，每组又分为若干试验组。免疫组动物先用同一剂量制品免疫，间隔一定日期后，与对照组同时以不同稀释度的毒菌或活毒攻击，观察两组动物的存活率，按 LD_{50} 计算结果。

死疫苗及灭活疫苗的效力可用保护指数表示。如对照组的 LD_{50} 为 10 个毒种，而免疫组的 LD_{50} 为 1000 个毒种，则免疫组的耐受量为对照组的 100 倍，即该疫苗的保护指数为 100。

（4）被动保护力测定　先从其他免疫机体（如人体）获得某制品的相应抗血清，用以注射动物，待一至数日后，用相应的毒种攻击，观察血清抗体的被动免疫所引起的保护作用。

2. 活菌数和活病毒滴度测定

（1）活菌数（率）测定　卡介苗、鼠疫活菌苗、布氏菌病活菌苗、炭疽活菌苗等多以制品中抗原菌的存活数(率)表示其效力。一般先用比浊法测出制品含菌浓度,对制品进行适当稀释(估计接种后能长出1～10个菌),取一定量稀释菌液涂布接种于适宜的平皿培养基上,培养后统计菌落数,计算活菌率(%)。对于需长时间培养的细菌(如卡介菌),可改用斜面接种,以免由于培养时间过长,培养基干裂,影响细菌生长。

(2) 活病毒滴度测定　活疫苗(如麻疹疫苗、流感活疫苗)多以活病毒滴度表示其效力。滴度为每毫升血清中的抗体效价。常用组织培养法或鸡胚感染法测定。

3. 类毒素和抗毒素的单位数测定

(1) 絮状单位(L_f)数测定　能和一个单位抗毒素首先发生絮状沉淀反应的(类)毒素量称为一个絮状单位。此单位数常用以表示类毒素或毒素的效价。

(2) 结合单位(BU)数测定　能与0.01单位抗毒素中和的最小类毒素量称为一个结合单位。此单位数常用以表示破伤风类毒素的效价,用中和法通过小鼠测定。

(3) 抗毒素单位数测定　目前国际上都用"国际单位"(IU)代表抗毒素的效价。它的含义是:当与一个L_+量(致死限量)的毒素作用后,再注射动物(小白鼠、豚鼠或家兔),仍能使该动物在一定时间内(96 h左右)死亡或呈现一定反应所需要的最小抗毒素量,即为一个抗毒素国际单位。

4. 血清学试验

血清学试验主要用来测定抗体水平或抗原活性。预防制品接种机体后,可产生相应抗体,并可保持较长时间。接种后抗体形成的水平也是反映制品质量的一个重要方面。基于抗原和抗体的相互作用,常用血清学方法检查抗体或抗原活性,并多在体外进行试验,包括沉淀试验、凝集试验、间接血凝试验、间接血凝抑制试验、反向血凝试验、补体结合试验及中和试验等。

5. 其他有关效力的检定和评价

(1) 鉴别试验(也称同质性(identity)试验)　一般采用已知特异血清(国家检定机构发给的标准血清或参考血清)和适宜方法对制品进行特异性鉴别。

(2) 稳定性试验　制品的质量水平不仅表现为出厂时效力,而且表现为一定时期内效力的稳定性。因而需对产品进行稳定性测定和考察。一般方法是将制品在不同温度(2～10 ℃,25 ℃,37 ℃)下放置,观察不同时间(1周,2周,3周,…;1月,2月,3月,…)的效力下降情况。

(3) 人体效果观察　有些用于人体的制品,特别是新制品,仅有实验室检定结果是不够的,必须进行人体效果观察,以考核和证实制品的实际质量。观察方法常有以下几种。

① 人体皮肤反应观察。一般在接种制品一定时间后(1个月以上),再于皮内注射反应原,观察24～48 h的局部反应,以出现红肿、浸润或硬结反应为阳性,表示接种成功。阳性率的高低反映制品的免疫效果,也是细胞免疫功能的表现。

② 血清学效果观察。将制品接种人体后,定期采血检测抗体水平,并可连续观察抗体的动态变化,以评价制品的免疫效果和持久性。它反映接种后的体液免疫状况。

③ 流行病学效果观察。在传染病流行期的疫区现场,考核制品接种后的流行病学效果。这是评价制品质量的最可靠的方法。但观察方案的设计必须周密,接种和检查的方法必须正确,观察组和对照组的统计结果能说明问题,才能得出满意的结论。

(4) 临床疗效观察　治疗用制品的效力必须通过临床使用才能确定。观察时，必须制订妥善计划和疗效指标，选择一定例数适应证患者，并取得临床诊断和检验的准确结果，才能获得正确的疗效评价。

项目实施

任务一　卡介苗的生产(发酵工程)

一、生产前准备

(一) 查找资料，了解卡介苗生产的基本知识

1. 结核病

结核病是由结核分枝杆菌引起的人畜共患的慢性缓发的传染病。据 WHO 报道，目前全世界约有 10 亿结核菌感染者，每年还会有约 800 万新增病例产生。虽然结核病是可以治愈的疾病，但每年仍有 300 万人死于结核病。我国是世界上 22 个结核病高负担国家之一，我国三分之一左右的人口已感染结核菌，受感染人数超过 4 亿。一些地区因艾滋病、吸毒等，合并结核病死亡率已经超过 70%。结核病的特异性预防是接种卡介苗。

2. 卡介苗

卡介苗(bacillus calmette guerin，BCG)是一种用来预防儿童结核病的预防接种疫苗。接种后可使儿童产生对结核病的特殊抵抗力，尤其对预防儿童粟粒性结核与结核性脑膜炎的功效尤为明显。我国规定新生儿出生后 2～3 d 内接种卡介苗，7 岁复种，在农村 12 岁时再复种一次。但是卡介苗的作用也有其局限性，比如对成人的结核病预防作用就很弱，还不能完全防止结核病的发生。针对卡介苗存在的"先天缺陷"，随着相关学科的发展并借助各项生物技术，许多国家正在加紧研制新一代更为有效的抗结核菌疫苗。

卡介苗的质量与菌种有密切的关系。当前世界各地实验室所用卡介苗都直接或间接来自巴斯德研究所。菌种移种到各地之后，由于各种条件的变化，各自出现了与原株不同的特性，从而形成了当地的卡介苗亚株。在国际上曾被推广使用的有 $F1173P_2$ 株和 D1331 株。国际上曾多次进行卡介苗菌种的对比选择研究，专家们认为，在世界上还未找到两个具有同一特性的亚株，也没有经验证明哪个亚株对人不产生免疫力。在确定种子批菌种时，只要求在动物试验中能产生较好的保护力，在人群中能产生较高的结核菌素敏感性及较低的不良反应，菌株能适应当地实验室的条件及疫苗能被临床方面认可即行。

为了防止继续变异，WHO 于 1965 年制定的冻干卡介苗制检规程中规定，生产卡介苗要采用种子批系(seed lot system)菌种，启开种子批菌种，不能超过 12 代，以保持其稳定性。我国现采用由上海生物制品研究所保存的丹麦 823 株(又称 D_2 株)种子批菌种 $D_2PB302S_2$ 甲 10 株作为生产株。

3. 卡介苗的生产方法

卡介苗大多采用表面培养，少数采用深层培养。

（1）表面培养。

表面培养是卡介苗生产用的经典方法。

启开种子批菌种，接种于改良的苏通马铃薯培养基，培养温度为 37～39 ℃，培养时间为 2～3 周，活化；在苏通马铃薯培养基上再传 1 代或直接挑取生长良好的菌膜，移种于改良苏通培养基或其他适宜培养基的表面，37 ℃静置培养 1～2 周，扩培；其菌膜可作为生产接种材料。挑取发育良好的菌膜移种于改良苏通培养基或其他培养基的表面，37 ℃静置培养 8～10 周，收获菌膜。菌膜收集后压平，移入盛有不锈钢珠的瓶内，加入适量稀释液，低温下研磨，研磨好的原液稀释成各种浓度，冻干制成成品。凡在培养期间或终止培养时，有菌膜下沉、发育异常或污染杂菌者，必须废弃。

采用改良的苏通培养基生产的卡介苗活力高。用培养 6～8 d 的幼龄菌，有利于生产冻干制品，采用对数生长期的幼龄培养菌代替平衡期培养菌来生产，可使活菌率由 10%左右提高至 30%～50%。

（2）深层培养。

世界上有英国、瑞士和荷兰的三个实验室用加吐温-80 或 Triton WR1339 液体培养基对卡介菌进行深层培养，卡介菌在液体培养基中均匀地分散生长。

① 液体培养基成分：每升无热原蒸馏水中含天冬酰胺 0.5 g、枸橼酸镁 1.5 g、磷酸二氢钾 5.0 g、硫酸钾 0.5 g、吐温-80 0.5 mL、葡萄糖 10 g。

② 种子培养：将保存于苏通培养基上的原代种子接入上述培养基中接种传代 2 次，于 37 ℃培育 7 d 后移种。

③ 深层培养：将上述种子移至装有 6 L 培养基的 8 L 双臂瓶中，于 37 ℃培养 7～9 d，通气电磁搅拌。然后通过超滤，浓缩为 10～15 倍的菌苗，加入等量 25%乳糖水溶液后混匀。以 1 mL 分装安瓿冻干，真空封口，贮于－70 ℃备用。

4. 卡介苗生产基本要求

生产和检定用设备、原材料及辅料、水、器具、动物等应符合《中国药典》中凡例的有关要求。卡介苗生产车间必须与其他生物制品生产车间及实验室分开。卡介苗生产所需设备及器具均须单独设置并专用。卡介苗生产、包装及保存过程均须避光。

从事卡介苗生产的工作人员及经常进入卡介苗车间的人员，必须身体健康，经 X 射线检查无结核病，且每年经 X 射线检查 1～2 次，可疑者应暂离卡介苗的生产，其检查记录必须保存备查。

5. 种子批的制备

生产用菌种应符合《中国药典》（2020 年版）对生物制品生产检定用菌毒种管理及质量控制的规定。

采用卡介菌 D_2 PB302 菌株。严禁使用通过动物传代的菌种制造卡介苗。按照《中国药典》（2020 年版）对生物制品生产检定用菌毒种管理及质量控制的规定建立种子批。工作种子批启开至菌体收集单批收获培养物的总传代数不得超过 12 代。种子批应冻干保存于 8 ℃及以下。

种子批菌种应具有良好的培养特性。在苏通培养基上生长良好，培养温度在 37～39 ℃。抗酸染色应为阳性。在苏通马铃薯培养基上培养的卡介菌应是干皱成团、略呈浅黄色的。

在苏通培养基上卡介菌应浮于表面,为多皱、微带黄色的菌膜。在牛胆汁马铃薯培养基上为浅灰色黏膏状菌苔。在鸡蛋培养基上有突起的皱型和扩散型两类菌落,且带浅黄色。

种子批菌种还应通过毒力试验检测。用结核菌素纯蛋白衍生物皮肤试验(皮内注射 0.2 mL,含 10 IU)阴性、体重 300~400 g 的同性豚鼠 4 只,各腹腔注射 1 mL 菌液(5 mg/mL),每周称体重,观察 5 周,动物体重不应减轻;同时解剖检查,大网膜上可出现脓疱,肠系膜淋巴结及脾可能肿大,肝及其他脏器应无肉眼可见的病变。

种子批菌种也应进行有无毒分枝杆菌的试验。用结核菌素纯蛋白衍生物皮肤试验(皮内注射 0.2 mL,含 10 IU)阴性、体重 300~400 g 的同性豚鼠 6 只,于股内侧皮下各注射 1 mL 菌液(10 mg/mL),注射前称体重,注射后每周观察 1 次注射部位及局部淋巴结的变化,每 2 周称体重 1 次,豚鼠体重不应降低。6 周时解剖 3 只豚鼠,满 3 个月时解剖另 3 只,检查各脏器应无肉眼可见的结核病变。若有可疑病灶,应做涂片和组织切片检查,并将部分病灶磨碎,加少量生理盐水混匀后,由皮下注射 2 只豚鼠,若证实系结核病变,该菌种即应废弃。若试验未满 3 个月而豚鼠死亡,则应解剖检查,若有可疑病灶,即按上述方法进行,若证实系结核病变,该菌种即应废弃。若证实属非特异性死亡,且豚鼠死亡 1 只以上时应复试。

种子批菌种必须经过免疫力测定试验。用种子批菌种制备疫苗,经皮下免疫体重 300~400 g 的豚鼠 4 只,每只注射 0.2 mL(1/10 人用剂量),将对照组 4 只相近体重的豚鼠分别注射 0.2 mL 生理盐水。豚鼠免疫后 4~5 周,经皮下攻击 10^3~10^4 强毒人型结核分枝杆菌,攻击后 5~6 周解剖动物,免疫组与对照组动物的病变指数及脾脏毒菌分离数的对数值经统计学处理,应有显著差异。如无条件,可送中国食品药品检定研究院进行。

(二) 确定生产技术、生产菌种和工艺路线

(1) 确定生产技术:发酵法培养结核杆菌生产卡介苗技术。

(2) 确定生产菌种:丹麦 823 株(又称 D_2 株)种子批菌种 $D_2PB302S_2$ 甲 10 株。

(3) 确定生产工艺路线,如图 1-10-3 所示。

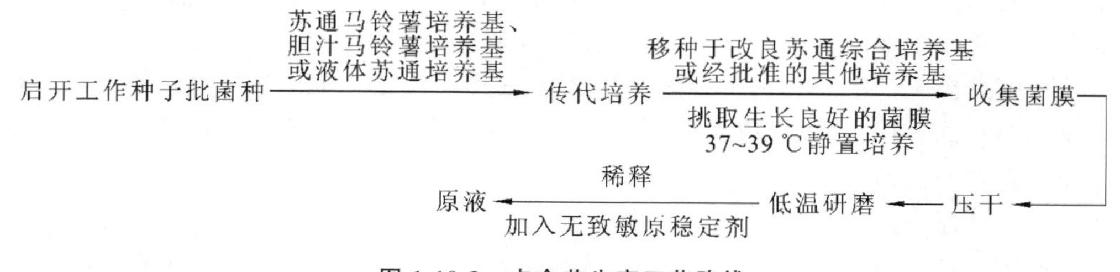

图 1-10-3 卡介苗生产工艺路线

二、生产工艺过程

(一) 卡介苗生产

1. 生产用种子

启开工作种子批菌种,在苏通马铃薯培养基、胆汁马铃薯培养基或液体苏通培养基上每传 1 次为 1 代。工作种子批至单批收获培养物的总传代数不得超过 12 代。在马铃薯培养基培养的菌种置于冰箱中保存,不得超过 2 个月。

2. 培养基

生产用培养基为苏通马铃薯培养基、胆汁马铃薯培养基或液体苏通培养基。

3. 菌种接种与培养

启开工作种子批菌种培养1～2周，挑取生长良好的菌膜，移种于改良苏通综合培养基或经批准的其他培养基的表面，37～39 ℃静置扩大培养8～10周。培养过程中应每天逐瓶检查，如有污染、湿膜、混浊等情况应废弃。

4. 收集和合并

培养结束后，应逐瓶检查，若有污染、湿膜、浑浊等情况应废弃。收集菌膜压干，移入盛有不锈钢珠的瓶内，钢珠与菌体的比例应根据研磨机转速控制在适宜的范围，并尽可能在低温下研磨。加入适量无致敏原稳定剂稀释，制成原液。

（二）质量检定

1. 原液检定

（1）纯菌检查　按《中国药典》(2020年版)四部通则1101的方法进行，生长物做涂片镜检，不得有杂菌。也可用XTT方法快速检测卡介苗(BCG)制品中的活菌含量。其原理是细菌在代谢过程中，通过氧化还原反应将XTT还原为可溶性的高色产物甲臜(formazan)，甲臜含量反映了细菌中的活菌数量。将该方法应用于卡介苗活菌含量的快速检测中，通过BCG参考品活菌含量和XTT有色产物吸光度值的标准曲线，根据未知样品的吸光度值，在此标准曲线上读出未知样品的活菌含量。

（2）菌体浓度的测定　用国家药品检定机构分发的卡介苗参考比浊标准，以分光光度法测定原液浓度。除此以外，还应测定菌体的沉降率、活菌的数量和活力。

2. 成品检定

检定项目包括鉴别试验、物理检查、水分、纯菌检查、效力测定、活菌数测定、有无毒分枝杆菌和热稳定性。除装量差异、水分测定、活菌数测定和热稳定性试验外，按标示量加入灭菌注射用水，复溶后进行其余各项检定。

采用抗酸染色法或多重PCR法确定细菌形态与特性是否符合卡介菌特征。物理检查项目包括外观、装量差异和渗透压摩尔浓度。外观应为白色疏松体或粉末状，按标示量加入注射用水，应在3 min内完全溶解。装量差异应符合规定。水分含量应不高于3.0%。

效力测定选用经过结核菌素纯蛋白衍生物皮肤试验(皮内注射0.2 mL，含10 IU)阴性、体重300～400 g的同性豚鼠4只，每只皮下注射0.5 mg供试品，注射5周后皮内注射TB-PPD 10 IU(0.2 mL)，并于24 h后观察结果，局部硬结反应直径应不小于5 mm。

每亚批疫苗都应做活菌数测定。抽取5支疫苗，稀释并混合后进行测定，培养4周后含活菌数应不低于1.0×10^6 CFU/mg。

有无毒分枝杆菌试验中，试验动物选用结核菌素皮肤试验(皮内注射0.2 mL，含10 IU)阴性、体重300～400 g的同性豚鼠6只，每只皮下注射相当于50次人用剂量的供试品，每2周称体重一次，观察6周，动物体重不应减轻；同时解剖检查每只动物，若肝、脾、肺等脏器无结核病变，即为合格。当动物死亡或有可疑病灶时，应做涂片和组织切片检查，并将部分病灶磨碎，加少量生理盐水混匀后，由皮下注射2只豚鼠，若证实是结核病

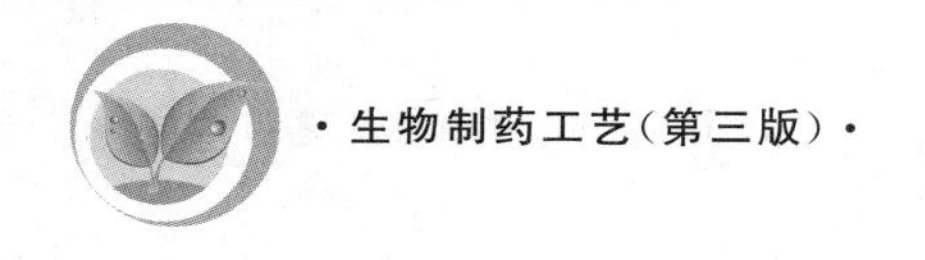

变,该批产品就应作废。

取每亚批疫苗于37 ℃放置28 d测定活菌数,并与2～8 ℃保存的同批疫苗进行比较,计算活菌率;37 ℃的产品活菌数应不低于2～8 ℃本品的25%,且不低于2.5×10^5 CFU/mg。以此确定产品的热稳定性。所用稀释剂应为灭菌注射用水。

产品应于2～8 ℃避光保存和运输。自生产之日起,按批准的有效期执行。保质期一般为一年。

任务二　乙型肝炎疫苗的生产

一、生产前准备

(一)查找资料,了解乙型肝炎疫苗生产的基本知识

1. 乙型肝炎和乙型肝炎疫苗

乙型病毒性肝炎是由乙型肝炎病毒(hepatitis B virus,HBV,简称乙肝病毒)引起的一种世界性疾病,也是病毒性肝炎中最严重的一种。据统计,全世界无症状乙肝病毒携带者(HBsAg携带者)超过2.8亿,我国是高发区,约有1.5亿,其中50%～70%的人群有过乙肝病毒的感染(未加免疫的人群),8%～10%为慢性乙肝病毒表面抗原携带者,多数无症状,其中1/3出现肝损害的临床表现。目前我国有乙肝患者3000万。接种乙肝疫苗是预防和控制乙肝的根本措施。

乙肝疫苗的研制先后经历了血源性疫苗和基因工程疫苗阶段。血源性乙肝疫苗因其原料来源而有一些自身无法克服的缺点,基因工程乙肝疫苗与血源性乙肝疫苗相比有许多不可比拟的优势。因此,现阶段基因工程乙肝疫苗已成为控制乙肝流行的主要疫苗。基因工程乙肝疫苗技术目前已相当成熟,我国自行研制的疫苗经多年观察证明安全有效,已获批生产。

2. 生产工艺

目前我国生产的乙肝疫苗为基因重组乙肝疫苗。多采用哺乳动物细胞和重组酵母(酿酒酵母和汉逊酵母)等高效表达系统生产乙肝疫苗。

(1) 基因工程(CHO)乙肝疫苗　用基因工程技术将乙肝表面抗原基因片段重组到中国仓鼠卵巢细胞(CHO)内,通过对细胞培养增殖,分泌乙肝表面抗原(HBsAg)于培养液中,经纯化加佐剂氢氧化铝后制成。

(2) 重组酵母乙肝疫苗　利用现代基因工程技术,构建含有乙肝病毒表面抗原基因的重组质粒,经此重组质粒转化的酵母能在繁殖过程中产生乙肝病毒表面抗原,经破碎酵母菌体,释放的乙肝病毒表面抗原经纯化、灭活加佐剂氢氧化铝后制成乙肝疫苗。

(二)确定生产技术、生产细胞株和工艺路线

(1) 确定生产技术:动物细胞培养技术。

(2) 确定生产细胞株:重组CHO细胞C_{28}株。

(3) 确定基因工程(CHO)乙肝疫苗生产工艺路线,如图1-10-4所示。

CHO表达细胞株→转瓶细胞培养→收集培养液→沉淀→溴化钾超速离心→凝胶过滤→除菌→氢氧化铝吸附→分装

图 1-10-4 基因工程(CHO)乙肝疫苗生产工艺流程

二、生产工艺过程

(一) 获取重组 CHO 细胞

国内生产重组 CHO 细胞乙肝疫苗所用细胞种子为重组 CHO 细胞 C_{28} 株，该株是利用 DNA 操作技术将编码 HBsAg 的基因拼接入 CHO 细胞染色体中而获得。

(二) 转瓶细胞培养

将形成的致密单层种子细胞用胰酶消化成疏松状态，加生长液吹打均匀。细胞悬液按一定比例接种到 15 L 转瓶，加生长液摇匀，37 ℃培养。形成单层后，每 2 d 换一次维持液，收获细胞原液。

细胞原液在含有适量灭活新生牛血清的 DMEM 培养液中连续三次传代培养。传代细胞中加入少许胰酶消化，待细胞呈松散状态时弃去胰酶，加入生长液，分别接种于 15 L 转瓶中，静置或转瓶培养细胞。培养期间以含有新生牛血清的 DMEM 培养液维持细胞生长和 HBsAg 的表达。

(三) 收集培养液

待表达 HBsAg 含量达到 1.0 mg/L 以上时收获上清液。维持期内大约每 2 d 收获一次细胞培养液。上清液需做无菌检查，并于 2～8 ℃保存。

(四) HBsAg 的提纯

培养液用离心机进行澄清处理后，可采用以下两种柱色谱技术路线提纯 HBsAg。

(1) 沉淀-超速离心-凝胶过滤法　上清液以 50%$(NH_4)_2SO_4$ 饱和溶液沉淀，沉淀物溶解后再以 50%$(NH_4)_2SO_4$ 饱和溶液沉淀，沉淀用生理盐水溶解后超滤，进行两次 KBr 等密度区带超速离心(25000 r/min)，分步收集合并密度梯度离心液中 HBsAg 特异活性峰。过 Sepharose 4B 柱层析，分步收集合并洗脱液中 HBsAg 富集峰，超滤透析后再经超速离心，分步收集合并，即制得精制 HBsAg。

(2) 三步层析法　培养上清液经过 Butyl-s-Sepharose FF 为介质的疏水层析(HIC)、以 DEAE-Sepharose FF 为介质的阴离子交换层析(IEC)和以 Sepharose 4FF 为介质的凝胶过滤层析，制得精制 HBsAg。

(五) 超滤、浓缩、除菌过滤、吸附、分装

以上两法纯化获得的 HBsAg，按 200 μg/mL 的终浓度加入甲醛，于 37 ℃保温 72 h，再经超滤、浓缩及除菌过滤后得到原液。原液吸附氢氧化铝佐剂成为半成品，经分包装即为成品。

(六) 质量检定

(1) 物理性状　成品外观应为乳白色混悬液体，可因沉淀而分层，易摇散，不应有摇

不散的块状物。装量不应低于标示量。pH 应为 5.5～6.8。

(2) 效价　将疫苗连续稀释,每个稀释度接种 4～5 周龄未孕雌性 NIH 或 BALB/c 小鼠 20 只,每只腹腔注射 1.0 mL,用参考疫苗做平行对照,4～6 周后采血,采用酶联免疫法(《中国药典》(2020 年版)四部(下同)通则 3429)或其他适宜方法测定抗-HBs。计算 ED_{50},供试品 ED_{50}(稀释度)/参考疫苗 ED_{50}(稀释度)之值应不低于 1.0。

(3) 杂质　产品应做无菌检查、异常毒性检查,结果应符合有关规定。细菌内毒素检查结果应低于 10 EU/剂(通则 1143 凝胶限度试验)。抗生素残留量采用酶联免疫法(通则 3429)检测,应不高于 50 ng/剂。铝含量不应高于 0.43 mg/mL(通则 3106)。游离甲醛含量不应高于50 μg/mL(通则 3207 第二法)。

(4) 保存和运输　于 2～8 ℃避光保存和运输。

任务三　白细胞介素-2 的生产

一、生产前准备

(一) 查找资料,了解白细胞介素-2 生产的基本知识

白细胞介素是由多种细胞产生并作用于多种细胞的一类细胞因子。白细胞介素由白细胞产生又在白细胞间发挥作用,因此得名,并沿用至今。1979 年第二届国际淋巴因子专题会议将免疫应答过程中白细胞间相互作用的细胞因子统一命名为白细胞介素(interleukin,IL),在名称后加阿拉伯数字编号以示区别。目前已发现 IL-1～IL-33,共计 33 种白细胞介素,它们在免疫细胞的成熟、活化、增殖和免疫调节等一系列过程中均发挥重要作用,参与其他细胞间的相互作用,并且与机体的多种生理及病理反应有密切的关系。

目前,除部分白细胞介素进入临床研究阶段以外,白细胞介素-2(IL-2)、白细胞介素-6(IL-6)和白细胞介素-12(IL-12)三种已在国内上市并在临床上得到应用,其中 IL-2 是应用最早的白细胞介素品种。

IL-2 在 pH 2～9 范围内稳定,56 ℃加热 1 h 仍有活性,但 65 ℃加热 30 min 即逐渐失去活性。它对各种蛋白酶敏感,对核酸酶不敏感。IL-2 主要由 T 淋巴细胞(特别是 $CD4^+$ T 淋巴细胞)受抗原或丝裂原刺激后合成;B 淋巴细胞、NK 细胞及单核-巨噬细胞也能产生 IL-2。IL-2 相对分子质量为 1.5×10^4,是含有 113 个氨基酸残基的糖蛋白,在人类由第 4 号染色体上的一个基因编码。IL-2 具有一定的种属特异性,人类细胞只对灵长类来源的 IL-2 起反应,而几乎所有种属动物的细胞均对人的 IL-2 敏感。IL-2 的靶细胞包括 T 淋巴细胞、NK 细胞、B 淋巴细胞及单核-巨噬细胞等。这些细胞表面均可表达 IL-2 受体(IL-2r)。

IL-2 具有刺激 T 系细胞并产生细胞因子、诱导杀伤细胞产生细胞因子并增强相关基因表达、刺激和调节 B 淋巴细胞、活化巨噬细胞的功能。因此,IL-2 在临床上具有调整免疫功能的重要作用,常用于感染性疾病、免疫功能不全以及癌症等疾病的综合治疗,对创伤修复也有一定疗效。

传统的生产方法是从白细胞中提取制备 IL-2。随着人类对 IL-2 的认识不断深入以及现代生物技术的不断发展，IL-2 已在基因工程技术基础上大规模生产。IL-2 生产用的宿主菌为大肠埃希菌，注射用 IL-2 是由具有高效表达 IL-2 基因的大肠埃希菌，经发酵、分离和高度纯化后获得的重组人 IL-2 冻干制成的。生产和检定用设施、原料及辅料、水、器具、动物等必须符合国家有关规定和要求。

（二）确定生产技术、生产菌种和工艺路线

（1）确定生产技术：发酵法生产 IL-2 技术。

（2）确定生产菌种：重组 IL-2 工程菌株（带有人 IL-2 基因的重组质粒转化的大肠埃希菌菌株）。

（3）确定生产工艺路线，如图 1-10-5 所示。

IL-2 工程菌 → 斜面 → 摇瓶 → 发酵 → 制备包含体 → 洗涤与裂解 →
成品 ← 分装、冷冻 ← 半成品 ← 原液 ← 凝胶过滤与复性

图 1-10-5　重组 IL-2 生产工艺路线

二、生产工艺过程

（一）种子批的制备

重组 IL-2 工程菌株为带有人 IL-2 基因的重组质粒转化的大肠埃希菌菌株。

按照《生物制品生产检定用菌毒种管理及质量控制》的规定建立生产用种子批。种子采用 LB 培养基以摇瓶制备，30 ℃培养时间 10 h，供发酵罐接种用。

生产用的主种子批和工作种子批应以划种 LB 琼脂平板的方法确定大肠埃希菌的集落形态以及是否有其他杂菌。并应对菌种进行染色镜检以确定生产菌种为典型的革兰阴性杆菌；抗生素的抗性检测要与原始菌种一致；电镜观察（工作种子批可免做）应为典型的大肠埃希菌形态，无支原体、病毒样颗粒及其他微生物污染；质粒的酶切图谱应与原始重组质粒的一致；目的基因核苷酸序列应与批准序列相符。

（二）发酵生产

采用不含任何抗生素的 M9CA 培养基于发酵罐中灭菌后接入摇瓶种子，30 ℃发酵 10 h。培养液中的细胞浓度达到要求后，升高培养温度至 42 ℃，诱导 3 h 左右，完成发酵。

（三）制备

（1）包含体制备　离心收集菌体，悬浮于含 1 mmol/L EDTA 的 50 mmol/L Tris-HCl 溶液（pH 8.0）中。超声波破碎菌体 3 次，并用显微镜观察细胞破碎情况。待细胞破碎良好后，8000 r/min 离心 15 min，收集沉淀。

（2）包含体洗涤及裂解　收集的包含体沉淀先用 10 mmol/L Tris-HCl（pH 8.0）洗涤 3 次，分别 8000 r/min 离心 15 min。沉淀再用 4 mol/L 尿素溶液洗涤 2 次，收集沉淀。最后用含 1 mmol/L EDTA 的 50 mmol/L Tris-HCl（pH 6.8）悬浮沉淀，并加入盐酸胍至终浓度 6 mol/L，水浴加热至 60 ℃维持 15 min，不断搅拌，然后 12000 r/min 离心10 min，收集上清液。

(3) 凝胶过滤及复性　上清液经已用0.1 mol/L乙酸铵、1%SDS和2 mmol/L巯基乙醇(pH 7.0)平衡过夜的Sephacryl S-200柱吸附后,用平衡液洗脱,收集IL-2活性组分。

用乙酸铵缓冲液(pH 7.0)、2 mol/L硫酸铜复性,得到IL-2纯品。

(4) 配制　经检测符合有关规定的纯品,即为人IL-2原液,除菌过滤后于适宜温度保存。将检定合格的加入了稳定剂的人IL-2原液用稀释液稀释至所需浓度,除菌过滤后即为半成品。半成品检定合格之后,按照《生物制品分批规程》、《生物制品分装和冻干规程》和《生物制品包装规程》等有关国家规定,进行分批、分装、冻干和包装等。

成品应于2～8 ℃避光保存和运输,自生产之日起,按批准的有效期执行。

(四) 质量检定

1. 原液检定

原液须按照规定进行生物活性、蛋白质含量检测。原液的比活力为生物活性与蛋白质含量之比,1 mg蛋白质应不低于1.0×10^{7} IU。原液的纯度可用电泳和高效液相色谱法进行检测,人IL-2纯度应不低于95.0%。原液中人IL-2的相对分子质量采用还原型SDS-聚丙烯酰胺凝胶电泳法(《中国药典》(2020年版)四部(下同)通则0541第五法)检测,应为$1.55\times10^{4}\pm1.6\times10^{3}$。原液中外源性DNA残留量每支应不高于10 ng(通则3407),宿主菌蛋白质残留量应低于总蛋白质的0.10%。原液中不应含有残余氨苄西林或者其他抗生素活性。每10^{6}IU原液中细菌内毒素的量应小于10 EU。原液等电点检测主区带应为6.5～7.5,且供试品的等电点与对照品的等电点图谱一致(通则0541第六法)。用水或生理盐水将供试品稀释至100～500 μg/mL,在1 cm光径、230～360 nm波长下进行扫描,最大吸收峰波长应为(277±3)nm(通则0401)。肽图检测,应与对照品图形一致。用氨基酸序列分析仪测定,N末端氨基酸序列为:(Met)-Ala-Pro-Thr-Ser-Ser-Ser-Thr-Lys-Lys-Thr-Gln-Leu-Gln-Leu-Glu。

2. 半成品检定

半成品检定项目包括细菌内毒素检查和无菌检查,结果应符合规定。

3. 成品检定

成品首先应进行鉴别试验,采用免疫印迹法(通则3401)或免疫斑点法(通则3402),结果应为阳性。

成品外观应为白色或微黄色疏松体,按标示量加入灭菌注射用水后应迅速复溶为澄清、透明液体。异物检查和装量差异检测均应符合规定。

成品水分含量应不高于3.0%(通则0832),pH应为6.5～7.5(通则0631),如制品中不含SDS,则应为3.5～7.0。渗透压、浓度应符合标准的要求。成品检定除水分、装量差异测定外,应按标示量加入灭菌注射用水,复溶后进行其余各项检定。

成品的生物活性应为标示量的80%～150%(通则3524)。成品中不应有残余氨苄西林或其他抗生素活性,无菌检查应符合规定。每支成品中细菌内毒素的量应小于10 EU,异常毒性检查应符合规定。成品中乙腈残留量应不高于0.0004%。

项目实训　人血白蛋白的生产

一、实训目标

(1) 掌握低温乙醇制备人血白蛋白的方法。

(2) 掌握人血白蛋白的产品质量检定方法。

(3) 掌握人血白蛋白生产准备和清场工作要点,掌握操作安全要求。

二、实训原理

人血白蛋白是目前国际上产量最大、用量最多的血液制品,它由健康人的血浆经低温乙醇蛋白分离法或经批准的其他分离法分离纯化,并经 60 ℃ 10 h 灭活病毒后制成;含适宜的稳定剂,不含防腐剂和抗生素。其蛋白质纯度为 96%以上,剂型多为液体剂型,也有冻干剂型。临床应用较安全,不良反应发生率低。

人血白蛋白(albumin)又称清蛋白,是血浆中含量最多的蛋白质,占血浆蛋白总量的 40%~60%,具有增加血容量和维持血浆胶体渗透压、运输及解毒、营养供给等功能。它适用于失血性创伤与烧伤引起的休克、脑水肿及损伤引起的颅压升高、肝硬化及肾病引起的水肿或腹水、低蛋白血症的防治、新生儿高胆红素血症、心肺分流术与烧伤的辅助治疗、血液透析的镇助治疗和成人呼吸窘迫综合征等。人血白蛋白还能增强人体抵抗力;在生物产品的制备上,作为亲和色谱介质纯化胆红素,用作乙肝疫苗的稳定剂及许多药物的辅料等。低温乙醇法分离人血白蛋白工艺路线如图 1-10-6 所示。

原料血浆(冰冻)→融浆→第一次压滤→含组分Ⅰ、Ⅱ、Ⅲ的上清液→第二次压滤→含组分Ⅳ的上清液→第三次压滤→含组分Ⅴ的沉淀→纯化→超滤→配制→病毒灭活→除菌过滤→分装→培育→包装→成品

图 1-10-6　低温乙醇法分离人血白蛋白工艺路线

三、实训器材和试剂

1. 器材

板框压滤机、超滤器、除菌过滤器、全自动灌装机、压塞机、轧盖机、包装设备等。

2. 试剂

乙醇、乙酸、氯化钠、盐酸、碳酸氢钠、辛酸钠、乙酰色氨酸、氢氧化钠。

四、实训方法和步骤

1. 人血白蛋白的分离提取

(1) 融浆。

取检验合格(血浆的采集和质量应符合《中国药典》(2020 年版)"血液制品生产用人血浆"的规定)的冰冻血浆,用 75%乙醇和注射用水对血浆外袋进行消毒处理,将消毒后血浆外袋割开袋口,放至带夹层的溶解罐中,37 ℃水浴循环,使血浆融化。

(2) 第一次压滤。

将融化后的血浆转至带夹层的反应罐中,用乙酸缓冲液调节血浆 pH 至 5.5～6.0,加入 95%乙醇,调节乙醇浓度为 20%,30 min 后复测 pH,应在规定范围内。加硅藻土搅拌 30 min,压滤,取含组分Ⅰ、Ⅱ、Ⅲ的上清液。

(3) 第二次压滤。

将含组分Ⅰ、Ⅱ、Ⅲ的上清液转至带夹层的反应罐中,补加氯化钠调节离子强度,用乙酸缓冲液调节血浆 pH 至 5.5～6.0,加入 95%乙醇,调节乙醇浓度为 40%,30 min 后复测 pH,应在规定范围内。搅拌 1 h 后静置 1 h,加硅藻土搅拌 30 min,压滤,取含组分Ⅳ的上清液。

(4) 第三次压滤。

将含组分Ⅳ的上清液转至带夹层的反应罐中,用含 40%乙醇的 2 mol/L 乙酸缓冲液调节血浆 pH 至 4.5～5.0,搅拌 2 h 后静置 3 h,加硅藻土预铺滤板,压滤,取含组分Ⅴ的沉淀。

(5) 纯化。

在含组分Ⅴ的沉淀中加入 5～7 倍体积、水温为 5.0～10.0 ℃的注射用水,搅拌 5～7 h,使沉淀溶解,用 0.5 mol/L 盐酸调节 pH 至 4.8～5.0,使溶液冷却至 0～2 ℃。在溶液中加入 55%乙醇,调节溶液的乙醇浓度至 12%,此过程中继续降温。加毕,温度控制在－3～－1 ℃。复测 pH 在 4.7～4.9 之间。加硅藻土预铺滤板、压滤,收上清液到反应罐中。

(6) 超滤。

将含组分Ⅴ的溶液搅拌 15 min 后,测定其 pH,用 1 mol/L 碳酸氢钠溶液调节 pH 至 6.20～6.40,搅拌 15 min 后复测 pH。控制药液的温度为 0～6 ℃,进行超滤,使蛋白质浓度为 10%。用 8 倍体积的温度为 2～6 ℃的 0.9%氯化钠溶液作恒体积洗涤。浓缩蛋白质浓度至 8%～28%,转移至配制罐,用注射用水冲洗超滤器,将冲洗液并入蛋白质浓缩液中。

(7) 配制。

按蛋白质含量加入辛酸钠,每克蛋白质加入 0.16 mmol 辛酸钠稳定剂,或每克蛋白质加入 0.08 mmol 辛酸钠和 0.08 mmol 乙酰色氨酸稳定剂。然后用 0.5 mol/L 氢氧化钠溶液调节 pH 至 6.90～7.10。补加氯化钠使 Na^+ 含量为 145 mol/L。搅拌 15 min,测定蛋白质的含量,应不低于标示量的 95%。

(8) 病毒灭活。

药液在灭活罐中通过夹层热水循环加热到 59.5～60.5 ℃,保温 10 h。灭活结束后,通过夹层冷水将药液迅速冷却到 30 ℃以下。

(9) 除菌过滤。

将药液通过 0.22 μm 除菌过滤器进行过滤除菌。

(10) 分装。

应符合《中国药典》(2020 年版)“生物制品分包装及贮运管理”及四部(下同)通则 0102 有关规定。瓶塞、瓶盖清洁、无菌处理,按规定量分装药液,立即塞上胶塞、轧铝盖封口。

(11) 培育。

分装后,应在 20～25 ℃下放置至少 4 周或在 30～32 ℃下放置至少 14 d,每天 2 次逐瓶检查外观，应为略黏稠、黄色或绿色至棕色澄明液体，不应出现混浊。在保温期间定期检查，剔除长菌、混浊或有析出物出现的人血白蛋白瓶并进行无菌检查，不合格者不能再用于生产。将合格品送入下一工序。

（12）包装。

于澄明度检测仪下逐瓶检查，将有毛点或纤维、装量不足、瓶壁炸裂、压盖不严或不规则、长菌、有异物沉淀等药液瓶置于不合格品区处理。将灯检合格的制品按照《中国药典》（2020年版）"生物制品分包装及贮运管理"及通则0102有关规定正确进行包装，随时检查包材破损、漏印等情况并挑出，同时检查标签张贴情况、药品装入的位置和方向，每大箱中放一张合格证。然后用胶带封口，打包，存入成品待检区，待检验合格入成品库。

2. 质量检定

人血白蛋白是由健康人的血浆经适宜方法提纯制得的，它具有人源性、纯度高、疗效明确、稳定性好等特点，但由于它由多人混合血浆制备，故存在着可能污染经血传播的病毒，血浆采集和生产过程中易被细菌、病毒和其他有害物质污染，血浆蛋白易变性等不安全的因素。因此，在原材料购进、产品生产、检定、放行、销售等各个环节，都要进行严格的质量控制，以保证制品的安全性、有效性和溯源性。

（1）原料血浆的质量控制。

血浆的采集和质量应符合《中国药典》（2020年版）中"血液制品生产用人血浆"的规定。组分Ⅳ沉淀为原料时，应符合本品种附录"组分Ⅳ沉淀原料质量标准"。组分Ⅳ沉淀应冻存于－30 ℃以下，运输温度不得超过－15 ℃。低温冰冻保存期不得超过1年。如果血浆采自经乙肝病毒疫苗免疫的健康人群，需进行丙氨酸氨基转移酶（ALT）、HBsAg、梅毒、HIV-1抗体、HIV-2抗体和HCV抗体的检测；采集后，放置90 d，献浆员指标合格后才可投料生产。具体内容详见《中国药典》（2020年版）三部通则。

（2）原液的质量控制。

① 蛋白质含量：可采用双缩脲法（通则0731第三法）测定，应大于成品规格。

② 纯度：应不低于蛋白质总量的96.0%（供试品溶液的蛋白质浓度为5%，按通则0541第二法、第三法进行）。

③ pH：用0.85%～0.90%氯化钠溶液将供试品蛋白质含量稀释成10 g/L，依法测定（通则0631），pH应为6.4～7.4。

④ 残余乙醇含量：可采用康卫扩散皿法（通则3201）测定，应不高于0.025%。

（3）半成品的质量检定。

① 无菌检查：依法检查（通则1101），应符合规定。

② 热原检查：依法检查（通则1142），注射剂量按家兔体重每1 kg注射0.6 g蛋白质，应符合规定；或采用细菌内毒素检查法（通则1143凝胶限度试验），蛋白质浓度分别为5%、10%、20%、25%时，其细菌内毒素（*L*）应分别小于0.5 EU/mL、0.83 EU/mL、1.67 EU/mL、2.08 EU/mL。

（4）成品的质量检定。

① 鉴别试验。

a. 用免疫双扩散法（通则3403），其仅与抗人血清或血浆产生沉淀线，以确定其人源性;与抗马、抗牛、抗猪、抗羊血清或血浆不产生沉淀线,以证明其未污染马、牛、猪、羊等动物源性蛋白质。

b. 用免疫电泳法(通则 3404),使其与正常人血清或血浆比较,主要的沉淀线应为白蛋白,以确定其主要成分是人白蛋白。

② 物理检查:该制品外观应为略黏稠、黄色或绿色至棕色的澄明液体,不应出现混浊。进行可见异物检查(通则 0904)和不溶性微粒检查(通则 0903 第一法),应符合规定。渗透压摩尔浓度应为 210～400 mOsmol/kg 或经批准的要求(通则 0632)。进行装量检查(通则 0102),应不低于标示量。进行热稳定性试验,取供试品置于 56.5～57.5 ℃水浴中保温 50 h 后,用可见异物检查装置,与同批未保温的供试品比较,除允许颜色有轻微变化外,应无肉眼可见的其他变化。

③ 化学检定。

a. pH　用 0.85%～0.90%氯化钠溶液将供试品蛋白质含量稀释成 10 g/L,依法测定(通则 0631),pH 应为 6.4～7.4。

b. 蛋白质含量　应为标示量的 95.0%～110.0%(通则 0731 第一法)。

c. 纯度　应不低于蛋白质总量的 96.0%(供试品溶液的蛋白质浓度为 5%,按通则 0541 第二法、第三法进行)。

d. 钠离子含量　应不高于 160 mmol/L(通则 3110)。

e. 钾离子含量　应不高于 2 mmol/L(通则 3109)。

f. 吸光度　用 0.85%～0.90%氯化钠溶液将供试品蛋白质含量稀释至 10 g/L,按紫外-可见分光光度法(通则 0401),在 403 nm 波长处测定吸光度,应不大于 0.15。

g. 多聚体含量　应不高于 5.0%(通则 3121)。

h. 辛酸钠含量　每 1 g 蛋白质中应为 0.140～0.180 mmol。如与乙酰色氨酸混合使用,则每克蛋白质中应为 0.064～0.096 mmol(通则 3111)。

i. 乙酰色氨酸含量　如与辛酸钠混合使用,每克蛋白质中应为 0.064 ～0.096 mmol(通则 3112)。

j. 铝残留量　应不高于 200 μg/L(通则 3208)。

④ 激肽释放酶原激活剂:其含量应不高于 35 IU/mL(通则 3409)。

⑤ HBsAg:用经批准的试剂盒检测,应为阴性。

⑥ 无菌检查:依法检查(通则 1101),应符合规定。

⑦ 异常毒性检查:依法检查(通则 1141),应符合规定。

⑧ 热原检查:依法检查(通则 1142),注射剂量按家兔每千克体重注射 0.6 g 蛋白质,应符合规定。

五、实训结果处理

(1) 计算人血白蛋白的收率。

(2) 根据收率分析人血白蛋白制备过程中可能存在的问题。

项目总结

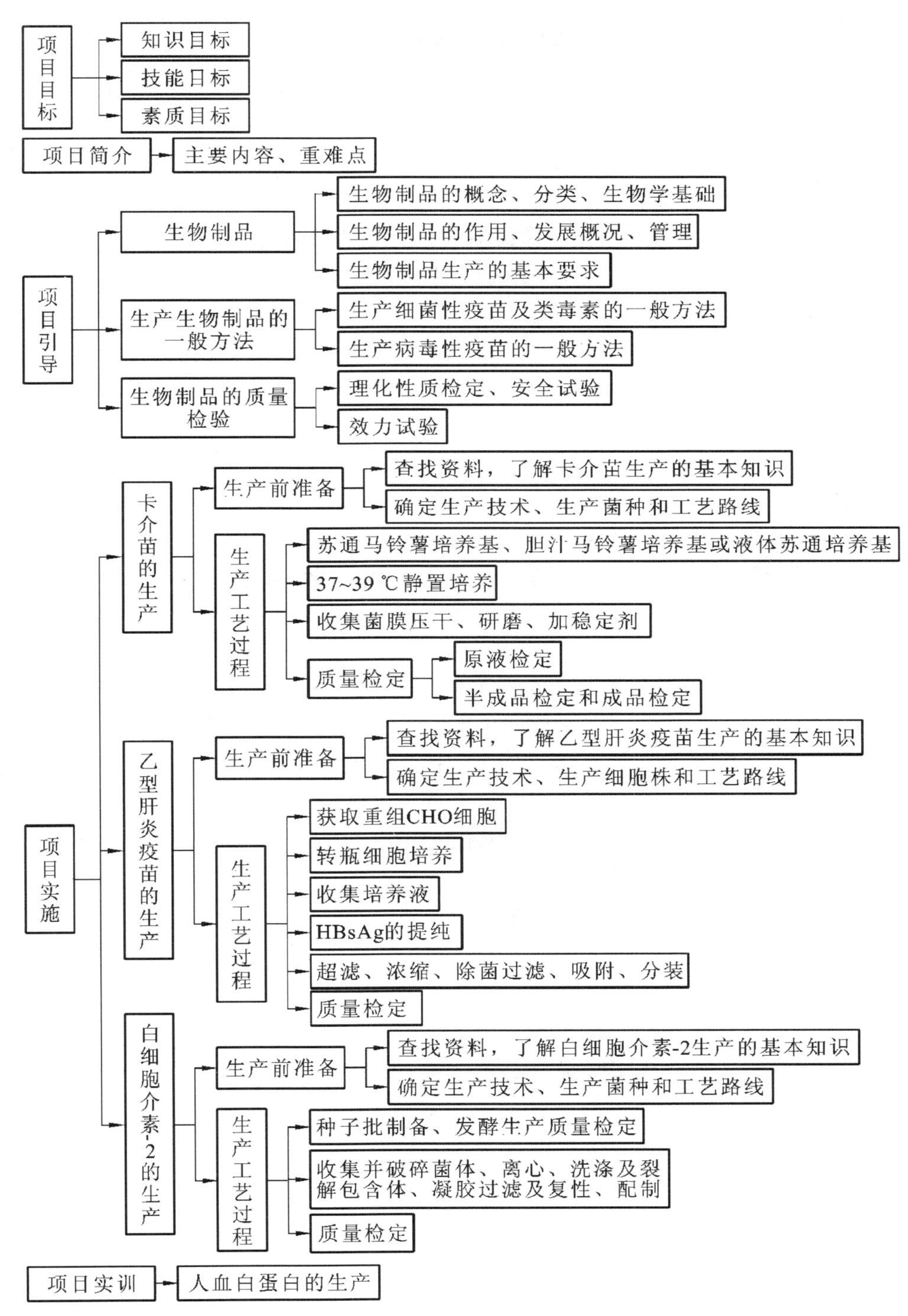

项目目标
知识目标
技能日标
素质目标
项日简介
主要内容、重难点
项目引导
生物制品
生物制品的概念、分类、生物学基础
生物制品的作用、发展概况、管理
生物制品生产的基本要求
生产生物制品的一般方法
生产细菌性疫苗及类毒素的一般方法
生产病毒性疫苗的一般方法
生物制品的质量检验
理化性质检定、安全试验
效力试验
项目实施
卡介苗的生产
生产前准备
查找资料，了解卡介苗生产的基本知识
确定生产技术、生产菌种和工艺路线
生产工艺过程
苏通马铃薯培养基、胆汁马铃薯培养基或液体苏通培养基
37~39 ℃静置培养
收集菌膜压干、研磨、加稳定剂
质量检定
原液检定
半成品检定和成品检定
乙型肝炎疫苗的生产
生产前准备
查找资料，了解乙型肝炎疫苗生产的基本知识
确定生产技术、生产细胞株和工艺路线
生产工艺过程
获取重组CHO细胞
转瓶细胞培养
收集培养液
HBsAg的提纯
超滤、浓缩、除菌过滤、吸附、分装
质量检定
白细胞介素-2的生产
生产前准备
查找资料，了解白细胞介素-2生产的基本知识
确定生产技术、生产菌种和工艺路线
生产工艺过程
种子批制备、发酵生产质量检定
收集并破碎菌体、离心、洗涤及裂解包含体、凝胶过滤及复性、配制
质量检定
项日实训
人血白蛋白的生产

项目检测

一、填空题

1. 生物制品按照所用材料、制法或用途，一般分为(　　　　)、(　　　　)、(　　　　)、(　　　　)、(　　　　)、(　　　　)、(　　　　)共七类。

2. 注射用IL-2是由具有高效表达白细胞介素-2基因的大肠埃希菌，经(　　　　)、(　　　　)和(　　　　)后获得的重组人白细胞介素-2冻干制成的。

3. 生物制品的安全性检定包括(　　　　)、(　　　　)、(　　　　)、(　　　　)、有关安全性的特殊试验(如致敏原、DNA、重金属等)等五项。

4. 生物制品的效力检定包括浓度测定(含菌数或纯化抗原量)、(　　　　)、(　　　　)、(　　　　)、(　　　　)等五项。

5. 卡介苗的生产方法中，大多数采用(　　　　)方法，少数采用(　　　　)方法。

二、选择题

1. 卡介苗生产用的培养基为(　　　　)。

A. 苏通马铃薯培养基、胆汁马铃薯培养基或液体苏通培养基

B. 马铃薯培养基、胆汁苏通培养基或液体苏通培养基

C. 胆汁苏通培养基或液体马铃薯培养基

D. 马铃薯培养基、胆汁苏通培养基或液体马铃薯培养基

2. IL-2主要是由(　　　　)细胞产生。

A. 单核-巨噬细胞　　　　B. B淋巴细胞

C. 活化T淋巴细胞　　　　D. NK细胞

3. 目前我国生产的乙型肝炎疫苗为基因重组疫苗。主要采用(　　　　)等高效表达系统进行生产。

A. 大肠埃希菌和重组酵母表达系统

B. 哺乳动物细胞和重组酵母表达系统

C. 哺乳动物细胞和大肠埃希菌表达系统

D. 大肠埃希菌和酵母表达系统

4. 乙型肝炎疫苗成品检定的项目包括(　　　　)等检测。

A. 物理性状、效价和杂质

B. 活菌检测、效价和杂质

C. 物理性状、效价和动物保护率试验

D. 物理性状、毒性试验和杂质

三、名词解释

生物制品　人工免疫　被动免疫　《药品生产质量管理规范》　菌毒种　残余毒力　标准品

四、简答题

1. 生物制品的作用有哪些？

2. 生物制品生产的基本要求是什么？

3. 生物制品生产对生产人员有何要求？

4. 如何对生物制品的质量进行检验？

5. 血液制品原料血浆的检验项目有哪些？检验标准是什么？

五、拓展练习

1. 收集免疫学资料，明确疫苗预防和治疗疾病的原理。(以PPT、讨论会或报告形式)

2. 查找资料，优化卡介苗生产工艺过程。(以PPT、讨论会或报告形式)

3. 收集乙型肝炎疫苗的生产工艺资料，比较不同生产工艺的优缺点。(以PPT、讨论会或报告形式)

4. 总结白细胞介素-2的理化性质，明确注射用重组白细胞介素-2质量检定的依据。(以PPT、讨论会或报告形式)

5. 通过网络查找"吕贝克"事故。

6. 借助网络收集生物制品生产和质量管理的有关国家法律、法规和标准。

7. 试参照2020年版《中国药典》三部编写一份病毒性疫苗的操作规程。

项目拓展

生物制品的质量关系到生命的安全

生物制品的应用领域在不断扩展，从单纯传染病的预防，拓展到严重疾病的治疗和诊断。质量好的生物制品可以控制和消灭传染病，而质量不好或者有问题的制品在使用后得不到应有的效果，甚至带来十分严重的后果。1948年，在日本京都使用的一批明矾沉淀白喉类毒素，由于脱毒不完善，接种15561名儿童后，局部反应600多人，住院150人，死亡150人。类似的事例还有不少。这些事例不仅说明生物制品的质量关系到生命安全，同时也证明其生产、质量管理的特殊重要性。

"药品生产质量管理规范"是药品生产和质量管理的基本准则，适用于药品制剂生产的全过程和原料药生产中影响成品质量的关键工序。大力推行药品GMP，是为了最大限度地避免药品生产过程中的污染和交叉污染，减少各种差错的发生，是提高药品质量的重要措施。WHO在20世纪60年代开始组织制订药品GMP，中国则从20世纪80年代开始推行。1988年颁布了中国的药品GMP，并于1992年进行第一次修订。十几年来，中国推行药品GMP取得了一定的成绩，一批制药企业(车间)相继通过了药品GMP认证，促进了医药行业生产和质量水平的提高。但从总体看，推行药品GMP的力度还不够，药品GMP的部分内容也在不断修改完善。

码1-11-1 模块一
项目十一PPT

项目十一　甾体激素类生物技术药物的生产

项目目标

一、知识目标

明确甾体激素类药物的基础知识。

熟悉甾体激素类药物生产的基本技术和方法。

掌握典型甾体激素类药物的生产工艺流程、生产技术及其操作要点、生产相关参数的控制。

二、技能目标

学会甾体激素类药物生产的操作技术、方法和基本操作技能。

熟练掌握典型甾体激素类药物的生产工艺。

能够进行典型甾体激素类药物生产相关参数的控制,并能制定某些药物的工艺方案。

三、素质目标

培养吃苦耐劳、独立思考、团结协作、勇于创新的精神和诚实守信的优良品质,树立“安全第一、质量首位、成本最低、效益最高”的意识并贯彻到甾体激素类药物生产的各个环节;具有良好的职业道德;树立劳动最光荣、劳动最崇高、劳动最伟大、劳动最美丽的观念;培养基本劳动能力,形成良好的劳动习惯。

项目简介

本项目的内容是甾体激素类生物技术药物的生产,项目引导介绍甾体激素类药物的基本知识,让学生在进行药物生产之前储备相关的基本知识。在此基础上以典型甾体激素类药物氢化可的松的生产为实施项目,让学生熟悉甾体激素类药物的生产工艺;以另一种甾体激素类药物雌酮的微生物转化生产为实训项目,让学生熟练掌握甾体激素类药物的生产操作。

项目引导

甾类药物是指分子结构中含有环戊烷多氢菲母核的一类药物,在医学上应用非常广泛,特别是甾体激素类药物,用于治疗风湿性关节炎、控制炎症、避孕、利尿等,对机体起着非常重要的调节作用。

一、甾类激素类药物的结构、分类和药用价值

码1-11-2 甾类激素类药物的结构、分类和作用

（一）甾类激素类药物的结构

天然和人工合成品的甾体激素均具有环戊烷多氢菲母核，如图 1-11-1 所示。

图 1-11-1　甾体激素类化合物的基本结构

（二）甾类激素类药物的分类和药用价值

甾类激素类药物对机体起着非常重要的调节作用，根据其生理活性可分为肾上腺皮质激素、性激素和蛋白同化激素三大类。

（1）肾上腺皮质激素　肾上腺皮质激素按其生理功能，又可分为糖皮质激素和盐皮质激素两大类。糖皮质激素是由肾上腺束状带细胞所合成和分泌，主要影响人体的糖、蛋白质和脂肪的代谢。临床上主要用于抗炎、抗过敏等，如可的松和氢化可的松。盐皮质激素是由肾上腺的球状带细胞所分泌，主要作用是促进钠离子由肾小管的重吸收，从而使钠的排泄量减少，促进钾的排泄。临床上主要用于治疗慢性肾上腺皮质机能减退症（阿狄森病）及低血钠症，如醛甾酮和去氧皮甾酮（去氧皮质酮）等。

（2）性激素　性激素按其生理功能，又分为雄性激素和雌性激素两大类。雄性激素属于 C_{19} 类固醇，主要由睾丸和肾上腺皮质产生，卵巢也有少量合成。睾丸分泌的雄性激素主要有 3 种：睾酮、脱氢异雄酮和雄烯二酮。雌性激素包括雌激素和孕激素两类，主要由卵巢合成和分泌，肾上腺皮质和睾丸也能少量合成。雌激素中，真正由腺体分泌、有活性的只有 3 种：17β-雌二醇、雌酮和雌三醇。性激素的重要生理功能是刺激副性器官的发育和成熟，激发副性特性的出现，增进两性生殖细胞的结合和孕育能力，还有调节代谢的作用。临床上主要用于两性性机能不全所致的各种病症、计划生育、妇产科疾病和抗肿瘤等。

（3）蛋白同化激素　蛋白同化激素是一类从睾丸酮衍生物中分化出来的药物。如 17α-甲基去氢睾丸素。该类药的特点是性激素的作用大为减弱，而蛋白同化作用仍然保留或增强，临床使用比较安全，较少引起男性化症状等不良反应。其主要作用有：①促进蛋白质合成和抑制蛋白质异化；②加速骨组织钙化和生长；③刺激骨髓造血功能，增加红细胞量；④促进组织新生和肉芽形成；⑤降低血胆甾醇。临床上用于与上述作用相应的病症。

二、甾体激素类药物的生产方法

天然甾类激素，有的可进行人工合成，如雌二醇等；有的可利用微生物或其他方法对已有的化合物进行结构改造，以获得生物活性更强的新化合物，供临床使用。

细菌、酵母、霉菌和放线菌的某些种类都可以使甾类化合物的一定部位发生有价值的转化反应。微生物转化已成为微生物工业生产的一个重要组成部分。

甾体的微生物转化和一般的氨基酸、抗生素的生产不同，发酵的产物不是目的产物，而

只是利用微生物的酶对甾体底物的某一部位进行特定的化学反应来获得一定的产物。整个生产过程,微生物的生长和甾体的转化完全可以分开,一般先进行菌的培养,在菌生长过程中累积甾体转化所需要的酶,然后利用这些酶来改造分子的某一部位。为了获得较多的酶,首先需保证菌体的充分生长,但微生物的生长与酶的生产条件不是完全一致的,所以这时还需了解各种菌产酶的最适条件,并尽可能地诱导生产所需要的酶而抑制不需要的酶。

(一) 甾体的微生物转化生产流程

甾体的微生物转化通常分为两个阶段。第一阶段是生长阶段,它是将菌种接入斜面培养基或小米培养基培养 3～5 d,然后将成熟的菌种细胞或孢子接入摇瓶或种子罐,在合适的温度、溶氧、pH 等条件下培养,让其充分繁殖与生长。培养时间的长短随菌种和环境而异,细菌的生长期为 12～24 h,真菌为 24～72 h。第二阶段是转化阶段,一般是在微生物生长的终点,逐渐将甾体的粉末或适当的(有机)溶液加入培养物中,或把成熟细胞分离洗涤,然后悬浮于水或缓冲液中,再将底物加入。大多数甾体化合物难溶于水,所以常用的方法是先把底物溶于有机溶剂,如丙酮、乙醇、甲醇、二甲基甲酰胺(溶解度达 10%～20%),浓度为 2%时对微生物无毒性。微生物转化生产甾体化合物一般采用二级培养,其工艺流程如图 1-11-2 所示。

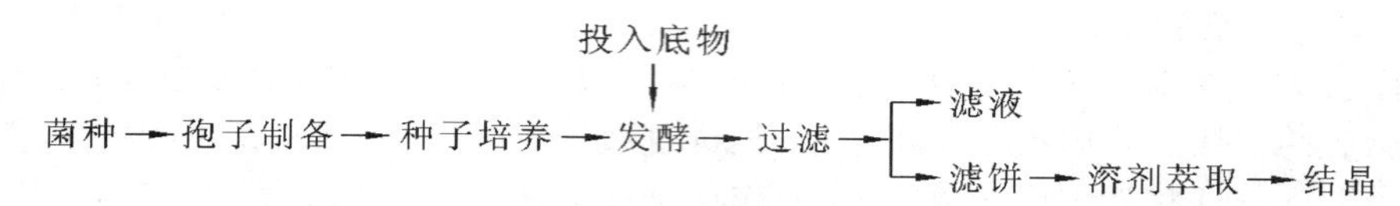

图 1-11-2　微生物转化生产甾体化合物工艺流程

如果产物分泌在发酵液中,则将发酵滤液采用离子交换树脂吸附法吸附甾体化合物,洗脱后,减压浓缩进行结晶。

(二) 影响转化的一般因素

(1) 搅拌　提高转化培养基的搅拌转速,可以增加氧气的供给并使其均匀分布而提高转化率。

(2) 通气　增加氧气的供给。有研究表明,溶氧量对诱导酶产生非常重要。

(3) 前体半连续地加入　可以降低一次大量加入所引起的毒性,也可减少由于发泡所引起的前体损失。

(4) 培养基组成　①氮源规格影响不太大,水解蛋白比蛋白胨好;②糖类和脂肪对 11β-羟化有影响;③有些酶反应需要金属离子,例如缺锌不能进行 6β-羟化,而有些金属离子使酶失活。

(三) 产物的分析与分离方法

产物的分析与分离均需要用适当的与水不混溶的溶剂将甾体从培养基中提取出来,最常用的有氯仿、二氯乙烷、乙酸乙酯和甲基异丁基酮等。溶剂的用量需根据产物在培养基和溶剂中的分配系数而定,提取时要防止乳化。产物的提取液经适当的浓缩,用柱层析或直接用分步结晶的办法可以得到产物。

在发酵过程中残存基质和生成产物的分析非常重要,一般用纸层析法进行发酵液的鉴定和分离,进一步直接在纸上制备。其他分析方法(如硅胶薄板色谱、紫外吸收光谱法、高效液相色谱法等)也常使用。

项目实施　氢化可的松的生产

一、生产前准备

（一）查找资料，了解氢化可的松生产的基本知识

氢化可的松（hydrocortisone）又称为皮质醇，化学名为11β，17α，21-三羟基孕甾-4-烯-1，20-二酮。

氢化可的松为白色或几乎白色的结晶性粉末，无臭，初无味，随后有持续的苦味，遇光逐渐变质，略溶于乙醇或丙酮，微溶于氯仿，在乙醚中几乎不溶，不溶于水。熔点为212～222 ℃，比旋光度为+162°～+169°（1%乙醇）。

氢化可的松是重要的甾体激素类药物之一，在国内生产的激素类药物中产量最大。目前主要采用微生物转化发酵法生产。

（二）确定生产技术、生产菌种和工艺路线

（1）确定生产技术：微生物转化发酵法。

（2）确定生产菌种：犁头霉。

（3）确定生产工艺路线，如图1-11-3所示。

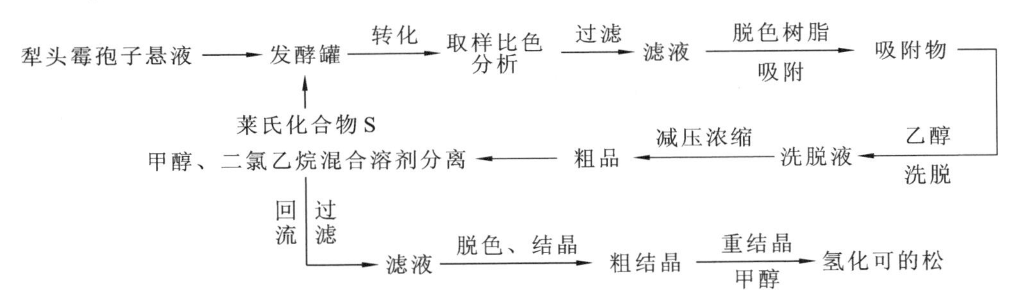

图1-11-3　微生物转化发酵法生产氢化可的松工艺路线

二、生产工艺过程

（1）斜面培养：将梨头霉菌种接到葡萄糖、土豆斜面培养基上，28 ℃培养7～9 d，孢子成熟后，用无菌生理盐水制成孢子悬液，供制备种子用。

（2）种子培养：将孢子悬液按一定接种量接入葡萄糖、玉米浆和硫酸铵等组成的种子培养基（灭菌前pH为5.8～6.3），在通气搅拌下，（28±1）℃培养28～32 h。待培养液的pH达4.2～4.4，菌浓度达35%以上，无杂菌，即可接种发酵罐。

（3）发酵培养：将玉米浆、酵母膏、硫酸铵、葡萄糖及水投入发酵罐中搅拌，用氢氧化钠溶液调节物料pH到5.7～6.3，加入0.03%豆油，灭菌温度为120 ℃，通入无菌空气，降温至27～28 ℃，接入犁头霉孢子悬液，维持罐压58.8 kPa，控制排气量，通气搅拌发酵28～32 h。用氢氧化钠溶液调pH到5.5～6.0，投入发酵液体积0.15%的莱氏化合物S，转化48 h后，取样做比色试验，检查反应终点。

(4) 分离纯化:到达终点后滤除菌丝,滤液用树脂吸附,然后用乙醇洗脱,洗脱液经减压浓缩至适量,冷却到 0～10 ℃,过滤、干燥得到粗品,熔点为 195 ℃,收率在 46%左右。(母液浓缩后,析出结晶主要是氢化可的松(α 体)。)以上所得粗品中主要为 β 体,并混有部分 α 体,必须进行分离精制。可以将粗品加入 16～18 倍体积含 8%甲醇的二氯乙烷溶液中,加热回流使其全溶,趁热过滤,滤液冷却至 0～5 ℃,冷冻、结晶、过滤、干燥,得氢化可的松,熔点在 202 ℃以上。经纸层析,α 体与 β 体之比在 1∶8左右,进行下一步精制。精制时可用约 16 倍体积的甲醇或乙醇重结晶,即可得到精制的氢化可的松,熔点在 212 ℃以上。

项目实训　雌酮的生产

一、实训目标

(1) 了解甾体类药物的物理化学性质。

(2) 掌握甾体类药物雌酮的微生物转化生产工艺。

(3) 树立劳动观念,培养劳动精神,提高劳动能力,养成劳动习惯。

二、实训原理

甾体类药物是指含有环戊烷多氢菲母核的一类药物,属于类固醇类物质,肾上腺皮质激素、雄激素、雌激素等都属于甾体类物质,具有一定的抗炎作用。

雌酮(estrone,E1),又称雌激素酮、雌甾酮或雌酚酮,是一种甾体类雌激素药物。它是一种动物机体能自身合成的天然内源性雌性激素。雌酮本身主要用于女性子宫发育不全、月经失调及更年期障碍等,并被证实具有一定的抗抑郁作用。同时它也是合成雌激素类和 19-去甲基甾体化合物的关键中间体,由雌酮合成的炔雌醇及其醚类是妇女口服避孕药的主要药物;由雌酮合成的雌二醇、雌三醇及其衍生物是妇女更年期激素补充疗法的主要药物。

雌酮具有一定的副作用,能进一步代谢成为致癌物质儿茶酚雌激素,甚至产生醌类自由基,造成细胞损伤或诱发癌症。

雌酮纯品为白色板状结晶或结晶性粉末。它几乎不溶于水,溶于二氧六环、吡啶和碱溶液,微溶于乙醇(1∶400)、丙酮、苯、氯仿、乙醚和植物油。熔点为 256～262 ℃。其乙醇溶液在 287 nm 波长处有最大吸收。

雌酮的传统生产方法是从孕妇或孕马的妊娠尿中提取,目前国内外大多采用化学合成法生产雌酮。但是化学合成法具有生产成本大、收率低、经济效益差、不利于环保等缺点。因此采用高效、环保的微生物转化的方法生产雌酮成为现代雌酮生产的趋势。

雌酮的微生物转化生产工艺如图 1-11-4 所示。

三、实训器材和试剂

1. 器材

三角瓶、试管、薄层层析设备、高效液相色谱设备、真空泵、抽滤瓶、索氏提取器、离心机、摇床、接种环、60 目筛。

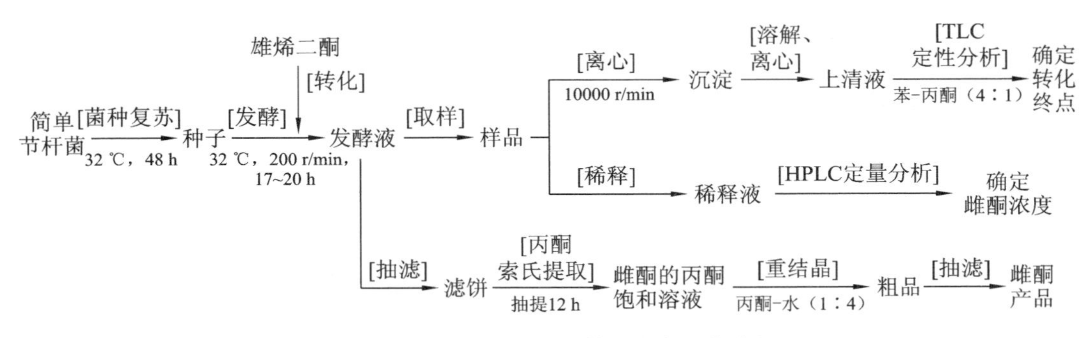

图 1-11-4 雌酮的微生物转化生产工艺流程

2. 试剂

葡萄糖、蛋白胨、KH_2PO_4、酵母膏、琼脂、雄烯二酮、苯、丙酮、硫酸、甲醇、纯水、雌酮标准品。

3. 菌种

简单节杆菌。

四、实训方法和步骤

1. 培养基的制备

依下面的配方制备。

(1) 斜面培养基：葡萄糖 10 g/L、琼脂 20 g/L、酵母膏 10 g/L，pH 7.2。

(2) 种子培养基：葡萄糖 10 g/L、蛋白胨 5 g/L、KH_2PO_4 2.5 g/L。

(3) 发酵与转化培养基：同种子培养基。

2. 菌种复苏和种子培养

将简单节杆菌的菌种接种到 5～10 支斜面培养基上，32 ℃培养 48 h 后，从斜面接一环菌于装有 25 mL 种子培养基的 250 mL 三角瓶中，32 ℃下摇床(转速 200 r/min)培养 10～14 h 至对数生长期。

3. 微生物转化

将种子液以 5%的接种量接入装有 25 mL 转化培养基的 250 mL 三角瓶中，32 ℃下摇床(转速 200 r/min)培养 17～20 h 至对数生长后期。在无菌条件下，按 5 g/L 的投料量投入底物雄烯二酮(粉碎过 60 目筛，在紫外灯下照射 20 min)，32 ℃、200 r/min 转化 14 h，以 TLC 法确定转化终点。

4. 层析分析

(1) 定性分析：TLC 法。

取 1 mL 转化液，10000 r/min 离心 5 min，弃上清液，将沉淀物溶于 1 mL 丙酮中，10000 r/min 离心 5 min，取上清液 10 μL 点于硅胶 G 薄板上进行层析。展开剂为苯-丙酮(4∶1)，展开后用 10%硫酸溶液喷雾显色，底物与产物斑点的 R_f 值分别为 0.25 和 0.67。

(2) 定量分析：HPLC 法。

将样品稀释 5 倍，进样前先用 0.22 μm 微孔滤膜过滤，将滤液立即进样。色谱条件：C_{18}柱(Lichrospher 100RP，18.5 μm，145 mm×4 mm)，检测波长为 215 nm，柱温为

25 ℃,流动相为甲醇-水(体积比为 8∶2),流速为 1 mL/min。用外标法进行定量,测出发酵液中雌酮的浓度。

5. 提取和分离

将发酵液经过以下步骤进行提取和分离,得到雌酮产品。

(1) 抽滤　转化结束后抽滤转化液得到滤饼,取 10 g 滤饼待用。

(2) 提取　用丙酮索氏提取 10 g 滤饼,抽提时间为 12 h,得到雌酮的丙酮饱和溶液。

(3) 加纯水重结晶　雌酮易溶于丙酮、不溶于水,而丙酮与水以任意比互溶。当在雌酮的丙酮饱和溶液中加入大量水时,溶液极性被改变,雌酮就会重结晶析出,得到粗品。丙酮与水体积比为 1∶4时雌酮得率最大。

(4) 抽滤　将粗品抽滤,得到雌酮产品。

五、实训报告

写出实训报告,要求内容真实、完整。

项目总结

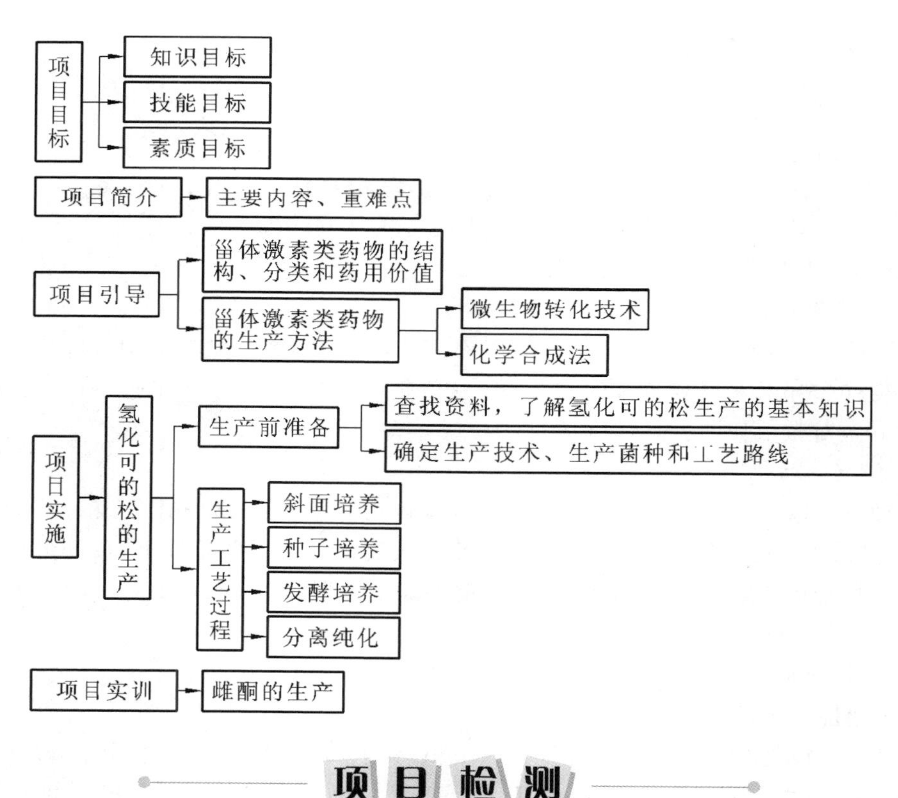

项目检测

一、选择题

1. 甾体激素类药物用于(　　)等疾病的治疗。

A. 贫血　　B. 风湿性关节炎　　C. 高血脂　　D. 动脉粥样硬化

2. 氢化可的松对( )的代谢作用影响较小。

A. 糖 B. 蛋白质 C. 脂肪的代谢 D. 水、盐

3. 微生物法生产氢化可的松的菌株为( )。

A. 产氨短杆菌 B1-787 B. 橘青霉 AS 3.2788

C. 梨头霉菌种 D. 放线菌

4. 微生物法生产氢化可的松的菌株最佳发酵温度是( )。

A. 28 ℃ B. 37 ℃ C. 40 ℃ D. 63～65 ℃

二、填空题

1. 天然和人工合成品的甾体激素,均具有( )。

2. 肾上腺皮质激素按其生理功能,又可分为( )和( )两大类。

3. 生产甾体激素类药物的微生物有( )、( )、( )和( )。

4. 为了提高甾类基质的浓度,常用的溶剂有( )、( )和( )等。

三、名称解释

甾类药物 肾上腺皮质激素 氢化可的松

四、简述题

简述在甾体激素类药物的生产中微生物转化的作用。

五、论述题

1. 试述影响微生物转化的因素、微生物转化的方式。

2. 叙述氢化可的松的生产工艺。

项目拓展

甾体激素类药物发展现状

甾体和激素类药物的发展给人民生活质量与健康提供更好的支撑,在防治疾病方面发挥更大的作用。甾体和激素类药物包括医药、兽药和农药,国外已经上市的有 400 多种,我国现有品种约为其三分之一,离世界先进水平还有很大的距离,也说明甾体和激素类药物还有很大的发展空间。

目前,我国已把甾体激素类药物新资源开发作为医药行业近期技术发展的重点方向之一。我国在甾体药物研究开发方面与世界先进国家相比还有一定的差距。一方面,我国整体药物研究还是处于发展中国家水平;另一方面,甾体药物合成步骤多、反应复杂、基团的远程效应十分明显,收率低,特别是分离纯化困难。许多甾体药物,特别是技术含量高的甾体药物的研究在我国还是空白,急需我们去研究开发。目前已加工的黄姜产业链产品有皂素、双烯、沃氏氧化物、雄烯二酮、雄烯二醇、去氢表雄酮、表雄酮、单脂脱溴等。存在的主要问题是生产技术含量较低、产品深加工程度不够,附加值偏低、产业链位置较前。这些产品恰恰是甾体激素类药物合成非常宝贵的原料。把这些价值较低的原料进一步深加工成甾体药物后,可使这些产品的附加值大大提高,对医药经济发展十分有益。

项目十二　黄酮类生物技术药物的生产

码1-12-1 模块一项目十二PPT

项目目标

一、知识目标

明确黄酮类药物的基础知识。
熟悉黄酮类药物生产的基本技术和方法。
掌握黄芩、葛根、槐花米中黄酮类药物的提取工艺。

二、技能目标

学会黄酮类药物生产的操作技术、方法和基本操作技能。
熟练掌握黄芩、葛根、槐花米中黄酮类药物的提取工艺。

三、素质目标

具有独立思考、勇于创新的精神和吃苦耐劳、诚实守信的优良品质，树立团结协作的意识，培养爱岗敬业的工匠精神。

项目简介

码1-12-2 黄酮类生物技术药物的生产

本项目的内容是黄酮类生物技术药物的生产。项目引导介绍黄酮类药物的基础知识，让学生在进行药物生产之前储备相应的理论知识。在此基础上，安排了两个典型的任务：黄芩中黄芩苷的提取，葛根中葛根素的提取。本项目在完成两大任务的学习后，安排了一个典型的项目实训——槐花米中黄酮类药物的提取，以期对前面已完成的任务进行强化。

项目引导

一、黄酮类药物的分布

黄酮类化合物是广泛存在于自然界的一类重要天然有机化合物。此类化合物大多数呈黄色或淡黄色，并且多数含有酮基，因此被称为黄酮。黄酮类化合物多存在于高等植物及羊齿类植物中，集中分布于被子植物。黄酮类以唇形科、玄参科、爵床科、苦苣苔科、菊科等植物中存在较多；黄酮醇类较广泛分布于双子叶植物，特别是一些木本植物的花和叶中；二氢黄酮类特别在蔷薇科、芸香科、豆科、杜鹃花科、菊科、姜科中分布较多；二氢黄酮醇类较普遍地存在于豆科植物；异黄酮类以豆科蝶形花亚科中存在较多。在裸子植物中也有存在，如黄酮类分布于裸子植物，尤其是松柏纲、银杏纲和凤尾纲等植物中，在菌类、藻类、地衣类等低等植物中较少见。黄酮类化合物在植物体内大部分与糖结合成苷，一部分以游离形式存在。

二、黄酮类药物的生理活性与药用价值

黄酮类药物的生理活性与药用价值主要表现在以下几个方面。

(1) 对心血管系统的作用　具体包括：①Vp 样作用，芦丁、橙皮苷等有 Vp 样作用，能降低血管脆性及异常通透性，可用作防治高血压及动脉硬化的辅助治疗剂；②扩冠作用，如芦丁、槲皮素、葛根素、人工合成的立可定；③降血脂及胆固醇，如木樨草素。

(2) 抗肝脏毒作用　从水飞蓟种子中得到的水飞蓟素等黄酮类化合物具有保肝作用，用于治疗急慢性肝炎、肝硬化及多种中毒性肝损伤。(+)-儿茶素也具有抗肝脏毒作用，可治疗脂肪肝及半乳糖胺或四氯化碳等引起的中毒性肝损伤。

(3) 抗炎　芦丁及其衍生物羟乙基芦丁、二氢槲皮素等具抗炎作用。

(4) 抗菌及抗病毒作用　如木樨草素、黄芩苷、黄芩素。

(5) 解痉作用　异甘草素、大豆素等解除平滑肌痉挛；大豆苷、葛根黄素等葛根黄酮类可缓解高血压患者的头痛等症状；杜鹃素、川陈皮素、槲皮素、山柰酚、芫花素、羟基芫花素等还具有止咳祛痰的作用。

(6) 雌性激素样作用　大豆素等异黄酮具有雌性激素样作用。

(7) 泻下作用　如中药营实中的营实苷 A 有致泻作用。

(8) 清除人体自由基作用　黄酮类化合物多具有酚羟基，易氧化成醌类而提供氢离子，故有显著的抗氧化特点。

(9)抗突变作用　茶提取物明显抑制动物的突变性，也明显抑制其他突变剂致突变性。

另外，还有降血脂、血糖，抗动脉粥样硬化等作用。

三、黄酮类药物的结构、种类和性质

黄酮类化合物经典的定义主要是指基本母核为 2-苯基色原酮的一系列化合物。现代的定义是泛指两个苯环通过三个碳原子相互连接而成的一系列化合物。如图 1-12-1 所示。

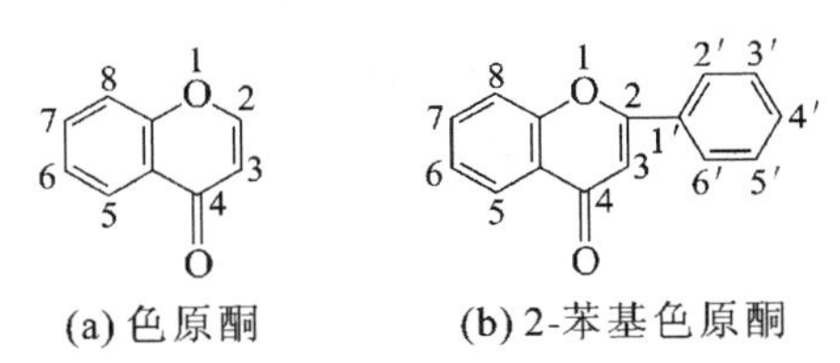

图 1-12-1　黄酮类化合物分子结构

(一) 黄酮苷元的结构和分类

黄酮类化合物分为以下七大类。

1. 黄酮和黄酮醇

这里指的是狭义的黄酮，即 2-苯基色原酮(2-苯基苯并 γ-吡喃酮)类，此类化合物数量

最多，尤其是黄酮醇。例如：芫花中的芹菜素、金银花中的木樨草素属于黄酮类；银杏中的山柰素和槲皮素属于黄酮醇类。

2. 二氢黄酮和二氢黄酮醇

与黄酮和黄酮醇相比，二氢黄酮和二氢黄酮醇结构中 C 环 C(2)═C(3) 双键被饱和，它们在植物体内常与相应的黄酮和黄酮醇共存。例如：甘草中的甘草素、橙皮中的橙皮苷均属于二氢黄酮类；满山红中的二氢槲皮素、桑枝中的二氢桑色素均属于二氢黄酮醇类。

3. 异黄酮和二氢异黄酮

异黄酮类为具有 3-苯基色原酮基本骨架的化合物，与黄酮相比，其 B 环位置连接不同。例如，葛根中的葛根素、大豆苷及大豆素均为异黄酮。二氢异黄酮类可看作异黄酮类 C(2)═C(3) 双键被还原成单键的一类化合物。例如，中药广豆根中的紫檀素就属于二氢异黄酮的衍生物。

4. 查耳酮和二氢查耳酮类

查耳酮的主要结构特点是 C 环未成环，另外定位也与其他黄酮不同。它可以看作二氢黄酮在碱性条件下 C 环开环的产物，两者互为同分异构体，常在植物体内共存。同时两者的转变伴随着颜色的变化。二氢查耳酮在植物界分布极少。

5. 橙酮类

橙酮类可看作黄酮的 C 环分出一个碳原子变成五元环，其余部位不变，但 C 原子定位也有所不同。橙酮是黄酮的同分异构体，属于苯并呋喃的衍生物，又名噢哢。例如，黄花波斯菊花中含有的硫黄菊素就属于此类。

6. 花色素和黄烷醇类

花色素类是一类以离子形式存在的色原烯的衍生物。花色素广泛存在于植物的花、果、叶、茎等部位，是形成植物蓝色、红色、紫色的色素。由于花色素多以苷的形式存在，故又称花色苷。例如，矢车菊素、飞燕草素、天竺葵素等属于此类。黄烷醇类是由二氢黄酮醇类还原而来，是脱去 C(4) 位羰基氧原子后的二氢黄酮醇类。

黄烷-3-醇在植物界中分布很广，如(+)-儿茶素和(−)-表儿茶素，故又称为儿茶素类。儿茶素为中药儿茶的有效成分，具有一定的抗癌活性。

7. 其他黄酮类

此类化合物大多不符合 C_6-C_3-C_6 的基本骨架，但因具有苯并 γ-吡喃酮结构，通常也将其归为黄酮类化合物，如双黄酮类、高异黄酮类。

（二）黄酮苷的糖的结构分类

天然黄酮类化合物多以苷类形式存在，并且由于糖的种类、数量、连接位置及连接方式不同，可以组成各种各样的黄酮苷类。组成黄酮苷的糖主要有以下几类。

(1) 单糖类：D-葡萄糖、D-半乳糖、D-木糖、L-鼠李糖、L-阿拉伯糖及 D-葡萄糖醛酸等。

(2) 双糖类：槐糖(glc1-2glc)、龙胆二糖(glc1-6glc)、笤香糖(rha1-6glc)、新橙皮糖(rha1-6glc)、刺槐二糖(rha1-6gal)等。

(3) 三糖类：龙胆三糖(glc1-6glc1-2fru)、槐三糖(glc1-2glc1-2glc)等。

(4) 酰化糖类:2-乙酰葡萄糖、咖啡酰基葡萄糖等。

黄酮苷中糖连接位置与苷元的结构类型有关。例如,黄酮醇类常形成 3-、5-、3′-、4′-单糖苷或 3,7-、3,4′-、7,4′-双糖链苷等。除 O-苷外,在天然黄酮类化合物中还发现 C-苷,如葛根黄素、葛根黄素单糖苷,为中药葛根中的扩张冠状动脉血管的有效成分。

(三) 黄酮类化合物的理化性质

1. 性状

黄酮类化合物多为晶体,少数(如黄酮苷类)为无定形粉末。游离的各种苷元母核中,除二氢黄酮、二氢黄酮醇、黄烷及黄烷醇有旋光性外,其余无光学活性。苷类由于在结构中引入糖的分子,故均有旋光性,且多为左旋。黄酮类化合物的颜色与分子中是否存在交叉共轭体系及助色团(—OH、—OCH_3等)的种类、数目以及取代位置有关。花色素及其苷元的颜色随 pH 不同而改变,一般显红(pH<7)、紫(pH=8.5)、蓝(pH>8.5)等颜色。

2. 溶解性

黄酮类化合物的溶解度因结构及存在状态(苷和苷元、单糖苷、双糖苷或三糖苷)不同而有很大差异。一般游离苷元难溶或不溶于水,易溶于甲醇、乙醇、乙酸乙酯、乙醇等有机溶剂及稀碱水溶液中。其中黄酮、黄酮醇、查耳酮等平面性强的分子难溶于水,而二氢黄酮及二氢黄酮醇等溶解度稍大。花色苷元(花青素)类以离子形式存在,具有盐的通性,故亲水性较强,水中溶解度较大。

3. 酸性与碱性

(1) 酸性　黄酮类化合物因分子中多具有酚羟基,故显酸性,可溶于碱性水溶液、吡啶、甲酰胺及二甲基甲酰胺中。由于酚羟基数目及位置不同,酸性强弱也不同。以黄酮为例,其酚羟基酸性顺序为

7,4′-二羟基>7-或 4′-羟基>一般酚羟基>5-羟基

例如 C(7)—OH 因为处于 C=O 的对位,在 p-共轭效应的影响下,酸性较强,可溶于碳酸钠溶液中,此性质可用于提取、分离及鉴定工作。

(2) 碱性　7-吡喃环上的 1 位氧原子,因有未共用电子对,故表现出微弱碱性,可与强无机酸(如浓硫酸、盐酸等)生成盐,但生成的锌盐极不稳定,加水后即可分解。黄酮类化合物溶于浓硫酸中生成的锌盐常常呈现出特殊的颜色,可用于鉴别。某些甲氧基黄酮溶于浓盐酸中显深黄色,且可与生物碱沉淀试剂生成沉淀。

4. 显色反应

黄酮类化合物的颜色反应多与分子中的酚羟基及 γ-吡喃酮环有关。

(1) 还原试验。

① 盐酸-镁粉(或锌粉)反应　这是鉴定黄酮类化合物最常用的颜色反应。方法是将样品溶于 1.0 mL 甲醇或乙醇中,加入少许镁粉(或锌粉)振摇,滴加几滴浓盐酸,1~2 min 内(必要时微热)即可显色。多数黄酮、黄酮醇、二氢黄酮及二氢黄酮醇类化合物显橙红至紫红色,少数显紫至蓝色。当 B 环上有—OH 或—OCH_3取代时,呈现的颜色随之加深。但查耳酮、橙酮、儿茶素类则无此显色反应。须预先做空白对照试验,在供试液中仅加入浓盐酸进行观察。在用植物粗提取液进行预试时,为了避免提取液本身颜色的干扰,可注意观察加入浓盐酸后升起的泡沫颜色。如泡沫为红色,即示阳性。

盐酸-镁粉反应的机理过去解释为生成了花色苷元,现在认为是生成了正碳离子的缘故。

② 四氢硼钠(钾)反应　$NaBH_4$是对二氢黄酮类化合物专属性较高的一种还原剂,与二氢黄酮类化合物反应呈红至紫色。其他黄酮类化合物均不显色,可与之区别。方法是在试管中加入 0.1 mL 含有样品的乙醇液,再加等量 2% $NaBH_4$的甲醇溶液,1 min 后,加浓盐酸或浓硫酸数滴,呈红至紫色。

另外,二氢黄酮可与磷钼酸试剂反应呈现棕褐色,也可作为二氢黄酮类化合物的特征鉴别反应。

(2) 金属盐类试剂的配位反应。

黄酮类化合物常可与铝盐、铅盐、锆盐、镁盐等试剂反应,生成有色配合物。

① 铝盐　常用试剂为 1%三氯化铝或硝酸铝溶液。生成的配合物多为黄色,并有荧光,可用于定性及定量分析。

② 铅盐　常用 2%乙酸铅及碱式乙酸铅水溶液,可生成黄至红色沉淀。

③ 锆盐　多用 2%二氯氧锆甲醇溶液,黄酮类化合物分子中有游离的 3-或 5-羟基存在时,均可与该试剂反应生成黄色的锆配合物。但两种锆配合物对酸的稳定性不同。3-羟基,4-酮基配合物的稳定性比 5-羟基,4-酮基配合物的稳定性强(仅二氢黄酮醇除外),故当反应液中接着加入枸橼酸后,5-羟基黄酮的黄色溶液显著退色,而 3-羟基黄酮溶液仍呈鲜黄色(锆-枸橼酸反应)。

④ 镁盐　常用乙酸镁的甲醇溶液为显色剂,本反应可在纸上进行。试验时在纸上滴加一滴供试液,喷以乙酸镁的甲醇溶液,加热干燥,在紫外光灯下观察。二氢黄酮、二氢黄酮醇类可显天蓝色荧光,若具有 C(3)—OH,色泽更为明显。而黄酮、黄酮醇及异黄酮类等则显黄、橙黄至褐色。

⑤ 氯化锶($SrCl_2$)　在氨性甲醇溶液中,氯化锶可与分子中具有邻二酚羟基结构的黄酮类化合物生成绿色至棕色乃至黑色沉淀。

⑥ 三氯化铁　三氯化铁水溶液或醇溶液为常用的酚类显色剂。多数黄酮类化合物因分子中含有酚羟基,故可产生阳性反应,但一般仅在含有氢键缔合的酚羟基时,才呈现明显反应。

(3) 硼酸显色反应。

当黄酮类化合物分子中有下列结构时,在无机酸或有机酸存在的条件下,可与硼酸反应,生成亮黄色。显然,5-羟基黄酮及 2-羟基查耳酮类结构可以满足上述要求,故可与其他类型区别。一般在草酸存在下显黄色并具有绿色荧光,但在枸橼酸丙酮存在的条件下,则只显黄色而无荧光。

(4) 碱性试剂显色反应。

在日光及紫外光下,通过纸斑反应,观察样品用碱性试剂处理后的颜色变化情况,对于鉴别黄酮类化合物有一定意义。其中,用氨蒸气处理后呈现的颜色置于空气中随即退去,但经碳酸钠溶液处理而呈现的颜色置于空气中不退去。

此外,利用碱性试剂的反应还可帮助鉴别分子中某些结构特征。例如:①二氢黄酮类易在碱液中开环,转变成相应的异构体——查耳酮类化合物,显橙至黄色;②黄酮醇类在碱液中先呈黄色，通入空气后变为棕色，因此可与其他黄酮类相区别；③黄酮类化合物当分子中有邻二酚羟基取代或3,4′-二羟基取代时，在碱液中不稳定，易被氧化，生成黄色、深红色至绿棕色沉淀。

四、黄酮类药物的提取与分离

（一）提取

黄酮类化合物在花、叶、果等组织中，一般以苷的形式存在，而在木部坚硬组织中，则多以游离苷元形式存在。

黄酮苷类以及极性稍大的苷元（如羟基黄酮、双黄酮、橙酮、查耳酮等），一般可用丙酮、乙酸乙酯、乙醇、水或某些极性较大的混合溶剂进行提取。其中用得最多的是甲醇-水（1∶1）或甲醇。一些多糖苷类则可以用沸水提取。在提取花青素类化合物时，可加入少量酸（如0.1%盐酸）。但提取一般黄酮苷类成分时，则应当慎用，以免发生水解反应。为了避免在提取过程中黄酮苷类发生水解，常按一般提取苷的方法事先破坏酶的活性。大多数黄酮苷元宜用极性较小的溶剂（如氯仿、乙醚、乙酸乙酯等）提取，对多甲氧基黄酮的游离苷元，可用苯进行提取。

对得到的粗提取物可进行精制处理，常用的方法如下。

（1）溶剂萃取法：利用黄酮类化合物与混入的杂质极性不同，选用不同溶剂进行萃取可达到纯化的目的。例如，植物叶子的醇浸液可用石油醚处理，以便除去叶绿素、胡萝卜素等脂溶性色素。而某些提取物的水溶液经浓缩后则可加入多倍量浓醇，以沉淀除去蛋白质、多糖类等水溶性杂质。

（2）碱提取酸沉淀法：黄酮苷类虽有一定极性，可溶于水，但难溶于酸性水，易溶于碱性水，故可用碱性水提取，再将碱水提取液调成酸性，黄酮苷类即可沉淀析出。此法简便易行，如芦丁、橙皮苷、黄芩苷提取都应用了此法。

（3）炭粉吸附法：主要适用于苷类的精制工作。通常，在植物的甲醇粗提取物中，分次加入活性炭，搅拌，静置，直至定性检查上清液无黄酮反应时为止。过滤，收集吸附苷的炭粉，依次用沸水、沸甲醇、7%酚的水溶液、15%酚的醇溶液进行洗脱。对各部分洗脱液进行定性检查（或用PPC鉴定）。洗脱液经减压蒸发浓缩至小体积，再用乙酸振摇除去残留的酚，余下水层减压浓缩即得较纯的黄酮苷类成分。

（二）分离

1. 柱色谱法

分离黄酮类化合物常用的吸附剂或载体有硅胶、聚酰胺及纤维素粉等。此外，还有氧化铝、氧化镁及硅藻土等。

（1）硅胶柱色谱　此法应用范围最广，主要适用于分离异黄酮、二氢黄酮、二氢黄酮醇及高度甲基化（或乙醇化）的黄酮及黄酮醇类。少数情况下，在加水去活化后也可用于分离极性较大的化合物，如多羟基黄酮醇及其苷类等。对于供试硅胶中混存的微量金属离子，应预先用浓盐酸处理除去，以免干扰分离效果。

（2）聚酰胺柱色谱　对分离黄酮类化合物来说，聚酰胺是较为理想的吸附剂。其吸附强度主要取决于黄酮类化合物分子中羟基的数目与位置及溶剂与黄酮类化合物或与聚酰胺之间形成氢键缔合能力的大小。聚酰胺柱色谱可用于分离各种类型的黄酮类化合物，包括苷及苷元、查耳酮与二氢黄酮等。

(3) 葡聚糖凝胶柱色谱　对于黄酮类化合物的分离，主要用两种型号的凝胶：Sephadex-G 型及 Sephadex-LH 型。分离游离黄酮时，主要靠吸附作用。凝胶对黄酮类化合物的吸附程度取决于游离酚羟基的数目。但分离黄酮苷时，则分子筛的性质起主导作用。在洗脱时，黄酮苷类大体上是按相对分子质量由大到小的顺序流出柱体。

表 1-12-1 列出了黄酮类化合物在 Sephadex-LH20(甲醇)上的 V_e/V_0 值，其中 V_e 为洗脱样品时需要的溶剂总量或洗脱体积，V_0 为柱子的空体积。V_e/V_0 值越小，说明化合物越容易被洗脱下来。表 1-12-1 中所列数据清楚地表明：苷元的羟基数越多，V_e/V_0 值越大，越难以洗脱，而苷的相对分子质量越大，其上连接糖的数目越多，则 V_e/V_0 值越小，越容易洗脱。

表 1-12-1　黄酮类化合物在 Sephadex-LH20(甲醇)上的 V_e/V_0 值

黄酮类化合物	取代图式	V_e/V_0 值
芹菜素	5,7,4′-三羟基	5.3
木樨草素	5,7,3′,4′-四羟基	6.3
槲皮素	3,5,7,3′,4′-五羟基	8.3
杨梅素	3,5,7,3′,4′,5′-六羟基	9.2
山柰酚-3-半乳糖-鼠李糖-7-鼠李糖苷	三糖苷	3.3
槲皮素-3-芸香糖苷	双糖苷	4.0
槲皮素-3-鼠李糖苷	单糖苷	4.9

葡聚糖凝胶柱色谱中常用的洗脱剂有：①碱性水溶液(如 0.1 mol/L NH_4OH)，含盐水溶液(0.5 mol/L NaCl 等)；②醇及含水醇，如甲醇、甲醇-水(不同比例)、叔丁醇-甲醇(3∶1)、乙醇等；③其他溶剂，如含水丙酮、甲醇-氯仿等。

2. pH 梯度萃取法

pH 梯度萃取法适合于酸性强弱不同的游离的黄酮类化合物的分离，将混合物溶于有机溶剂(如乙醚)中，依次用 5% $NaHCO_3$(萃取出 7,4′-二羟基黄酮)、5% Na_2CO_3(萃取出 7-或 4′-羟基黄酮)、0.2% NaOH(萃取出具一般酚羟基黄酮)、4% NaOH(萃取出 5-羟基黄酮)萃取而使之分离。

3. 硼酸配合物法

有邻二酚羟基的黄酮类化合物可与硼酸发生配位反应，生成物易溶于水，借此可与无邻二酚羟基的黄酮类化合物相互分离。

项目实施

任务一　黄芩中黄芩苷的提取

一、生产前准备

(一) 查找资料,了解黄芩苷的基本知识

中药黄芩为唇形科植物黄芩(*Scutellaria baicalensis* Georgi)的根,为清热解毒的常用中药。从其中分离出来的黄酮类化合物有黄芩苷(含量4.0%～5.2%)、黄芩素、汉黄芩苷、汉黄芩素、汉黄芩素-5P-D-葡萄糖苷、5,7,4′-三羟基-8-甲氧黄酮、5,7,2′,6′-四羟基黄酮、白杨素(5,7-二羟基黄酮)等20种成分。其中黄芩苷是主要有效成分,具有抗菌、消炎作用,是成药“双黄连注射液”的主要成分。此外,还有降转氨酶的作用。黄芩素的磷酸酯钠盐可用于治疗过敏、喘息等疾病。

黄芩苷为淡黄色针状晶体,几乎不溶于水,难溶于甲醇、乙醇、丙酮,可溶于热乙酸;遇三氯化铁显绿色,遇乙酸铅生成橙红色沉淀;溶于碱及氨水中初显黄色,不久则变为黑棕色。水解后生成的黄芩苷分子中具有邻三酚羟基,易被氧化转为醌类衍生物而显绿色,这是保存或炮制不当的黄芩药材变为绿色的原因。黄芩变绿后,有效成分受到破坏,质量随之降低。

(二) 确定生产技术、生产原料和工艺路线

(1) 确定生产技术:生物化学制药技术、生物制药下游技术。

(2) 确定生产原料:黄芩。

(3) 确定黄芩苷提取工艺流程,如图1-12-2所示。

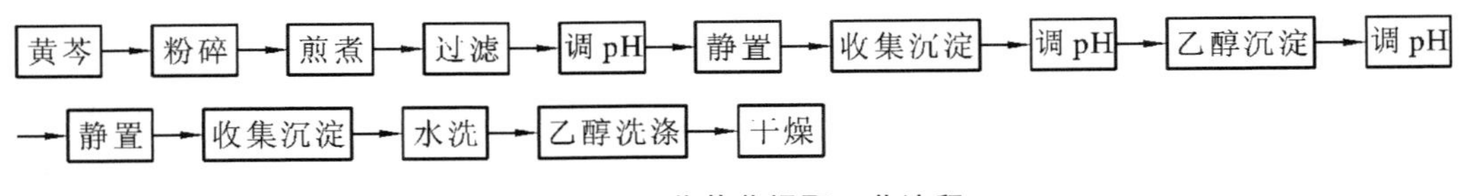

图1-12-2　黄芩苷提取工艺流程

二、生产工艺过程

(一) 黄芩的分离提取

(1) 称取一定量的黄芩样品,用粉碎机粉碎,得到黄芩粗粉。

(2) 向黄芩粗粉中加入10倍体积蒸馏水,85 ℃煎煮2次,每次1 h,趁热过滤,合并滤液。

(3) 待温度降到40 ℃后,向滤液中加盐酸调pH为2;80 ℃保温30 min,静置,8000 r/min离心20 min。

(4) 收集沉淀,加适量水搅匀,加40% NaOH溶液调pH至7,加入等量乙醇,静置10 min。

(5) 过滤,收集滤液,加盐酸调pH为2,充分搅拌,加热至80 ℃,保温30 min。

(6) 待温度降到室温,8000 r/min离心20 min,收集沉淀,用蒸馏水洗涤2次。

(7) 再用50%乙醇洗涤2次,干燥,得到黄芩苷粗品。

(二) 黄芩苷的质量检验

黄芩苷的质量标准和检验方法均引自《中国药典》(2020年版)一部和四部。

1. 性状

本品为淡黄色至棕黄色的粉末,味淡、微苦。

2. 鉴别

取本品1 mg,加甲醇1 mL使其溶解,作为供试品溶液。另取黄芩苷对照品,加甲醇制成1 mg/mL的溶液,作为对照品溶液。照薄层色谱法(通则0502)试验,吸取上述两种溶液各2 μL,分别点于同一聚酰胺薄膜上,以乙酸为展开剂,展开,取出,晾干,置于紫外光灯(365 nm)下检视。供试品色谱中,在与对照品色谱相应的位置上,显相同颜色的荧光斑点。

3. 检查

水分不得过5.0%(通则0832第二法)。炽灼残渣不得过0.8%(通则0841)。重金属:取炽灼残渣项下遗留的残渣,依法检查(通则0821第二法),不得过20 mg/kg。

4. 含量测定

照高效液相色谱法(通则0512)测定。

(1) 色谱条件与系统适用性试验　以十八烷基硅烷键合硅胶为填充剂,以甲醇-水-磷酸(47∶52.8∶0.2)为流动相,检测波长为280 nm。理论塔板数按黄芩苷峰计算应不低于2500。

(2) 对照品溶液的制备　取黄芩苷对照品适量,精密称定,加甲醇制成60 μg/mL的溶液,即得。

(3) 供试品溶液的制备　取本品约10 mg,精密称定,置于25 mL容量瓶中,加甲醇适量使其溶解,再加甲醇至刻度,摇匀。精密量取5 mL,置于25 mL容量瓶中,加甲醇至刻度,摇匀,过滤,取续滤液,即得。

(4) 测定法　分别精密吸取对照品溶液与供试品溶液各10 μL,注入液相色谱仪,测定,即得。

本品按干燥品计算,含黄芩苷($C_{21}H_{18}O_{11}$)不得少于85.0%。

任务二　葛根中葛根素的提取

一、生产前准备

(一) 查找资料,了解葛根素的基本知识

葛根为豆科植物野葛(*Pueraria thunbergiana* Benth)的根,含异黄酮类化合物,主要成分有大豆素、大豆苷、大豆素-7,4′-二葡萄糖苷及葛根素、葛根素-7-木糖苷。葛根总异黄酮有增加冠状动脉血流量及降低心肌耗氧量等作用。大豆素具有类似罂粟碱的解痉作用。大豆素、大豆苷及葛根素均能缓解高血压患者的头痛症状。葛根总异黄酮中各种异黄酮不具有5-羟基,故可以用氧化铝柱色谱法分离,以水饱和正丁醇洗脱,可以依次洗下大豆素、大豆苷、葛根素、葛根素-7-木糖苷。

（二）确定生产技术、生产原料和工艺路线

(1) 确定生产技术：生物化学制药技术、生物制药下游技术。

(2) 确定生产原料：葛根。

(3) 确定葛根素提取工艺流程，如图 1-12-3 所示。

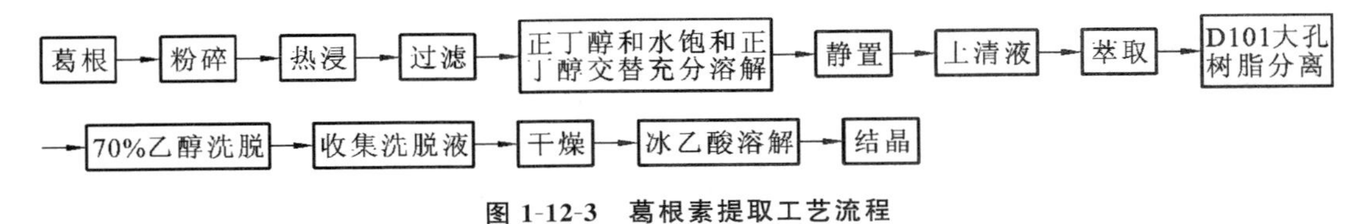

图 1-12-3 葛根素提取工艺流程

二、生产工艺过程

（一）葛根素提取工艺

(1) 称取葛根 20.0 g，用粉碎机粉碎，得到葛根粗粉。

(2) 将葛根粗粉置于三口圆底烧瓶中，加入 95%乙醇 20.0 mL，在水浴锅中热浸(58～60 ℃)29 h。

(3) 过滤，滤液蒸发浓缩为葛根素浸膏。

(4) 将浸膏用 4.0 mL 水饱和正丁醇和 4.0 mL 正丁醇交替溶解，即在旋转蒸发仪上旋转振荡 1 h，静置 2 h。

(5) 吸取上清液。上清液用水进行萃取，萃取液浓缩至原体积的一半。

(6) 以 D101 大孔树脂作为富集剂，用粗提浸膏 7 倍量的大孔树脂吸附。

(7) 用 12 倍量的 70%(体积分数)乙醇水溶液作为洗脱剂洗脱，再经减压浓缩，浓缩液静置析出葛根素。

(8) 抽滤并经自然干燥，得粗制品。

(9) 取粗制品 0.75 g，加入 95%的冰乙酸 2.62 mL，加热至 116 ℃溶解，冷却结晶，得成品。

（二）葛根素的质量检验

葛根素的质量标准和检验方法均引自《中国药典》(2020 年版)二部和四部。

1. 性状

本品为白色至微黄色结晶性粉末。本品在甲醇中溶解，在乙醇中略溶，在水中微溶，在三氯甲烷或乙醚中不溶。

2. 鉴别

(1) 取本品 10 mg，加水 10 mL 溶解后，加 0.5%三氯化铁溶液 2～3 滴，摇匀，再加 0.5%铁氰化钾溶液 2～3 滴，摇匀，显蓝绿色。

(2) 取本品，加乙醇溶解并稀释成每 1 mL 中约含 10 μg 的溶液，照紫外-可见分光光度法(通则 0401)测定，在 250 nm 波长处有最大吸收。

(3) 本品的红外吸收图谱应与对照的图谱(光谱集 878 图)一致。

3. 酸度

取本品 20 mg，加水 20 mL 溶解后，依法测定(通则 0631)，pH 应为 3.5～5.5。

4. 溶液的澄清度与颜色

取本品 10 mg，加水 10 mL 溶解后，溶液应澄清无色；如显混浊，与 1 号浊度标准液(通则 0902 第一法)比较，不得更浓；如显色，与黄色 1 号标准比色液(通则 0901 第一法)比较，不得更深。

5. 有关物质

照高效液相色谱法(通则 0512)测定。

(1) 溶剂　甲醇-0.1%枸橼酸溶液(体积比为 25∶75)。

(2) 供试品溶液　取本品适量，加溶剂溶解并稀释成每 1 mL 中约含 0.5 mg 的溶液。

(3) 对照溶液　精密量取供试品溶液适量，用溶剂定量稀释成每 1 mL 中约含2.5 μg 的溶液。

(4) 系统适用性溶液　取葛根素与咖啡因各适量，加溶剂溶解并稀释成每 1 mL 中含 50 μg 葛根素与 150 pg 咖啡因的混合溶液。

(5) 色谱条件　用十八烷基硅烷键合硅胶作填充剂，以 0.1%枸橼酸溶液为流动相 A，以甲醇为流动相 B，按表 1-12-2 进行梯度洗脱；检测波长为 250 nm；进样体积 10 μL。

表 1-12-2　梯度洗脱条件

t/min	流动相 A 体积分数/(%)	流动相 B 体积分数/(%)
0	75	25
15	75	25
30	55	45
35	55	45
37	75	25
45	75	25

(6) 系统适用性要求　系统适用性溶液色谱图中，葛根素峰的保留时间约为 14 min，葛根素峰与咖啡因峰之间的分离度应大于 4.0。

(7) 测定法　精密量取供试品溶液与对照溶液，分别注入液相色谱仪，记录色谱图。

(8) 限度　供试品溶液色谱图中如有杂质峰，单个杂质峰面积不得大于对照溶液的主峰面积(0.5%)，各杂质峰面积的和不得大于对照溶液主峰面积的 3 倍(1.5%)。

6. 干燥失重

取本品，在 105℃干燥至恒重，减失质量不得过 5.0%(通则 0831)。

7. 含量测定

照高效液相色谱法(通则 0512)测定。

(1) 供试品溶液　取本品适量，精密称定，加流动相溶解并定量稀释成每 1 mL 中含 50 pg 的溶液。

(2) 对照品溶液　取葛根素对照品适量，精密称定，加流动相溶解并定量稀释成每 1 mL 中含 50 μg 的溶液。

(3) 色谱条件　用十八烷基硅烷键合硅胶作填充剂，以 0.1%枸橼酸溶液-甲醇(体积比为 75:25)为流动相，检测波长为 250 nm，进样体积 10 μL。

(4) 系统适用性要求　理论塔板数按葛根素峰计算不低于 5000，葛根素峰与相邻杂质峰之间的分离度应符合要求。

(5) 测定法　精密量取供试品溶液与对照品溶液，分别注入液相色谱仪，记录色谱图。按外标法以峰面积计算。

项目实训　槐花米中芦丁及槲皮素的提取分离及鉴定

一、实训目标

(1) 通过芦丁的提取与精制，掌握碱酸法提取黄酮类化合物的原理及操作。

(2) 掌握槲皮素的制备原理及操作。

(3) 熟悉紫外光谱在黄酮结构鉴定中的应用。

(4) 通过芦丁的结构分析，了解苷类结构研究的一般程序和方法。

(5) 通过实训，培养独立思考、勇于探索的精神和吃苦耐劳的优良品质，树立团结协作的意识和爱岗敬业的工匠精神。

二、实训原理

芦丁(rutin)广泛存在于植物界中，现已发现含芦丁的植物在 70 种以上，如烟叶、槐花、荞麦和蒲公英中均含有。槐花米(为植物槐 *Sophora japonica* L. 的未开放的花蕾)和荞麦中芦丁含量最高，可作为大量提取芦丁的原料。芦丁是由槲皮素(quercetin)3 位上的羟基与芸香糖(L-鼠李糖-1α-6L-葡萄糖)脱水缩合形成的苷，故又叫芸香苷。

芦丁分子式为 $C_{27}H_{30}O_{16} \cdot 3H_2O$，为浅黄色针状晶体，熔点为 174～178 ℃(含三分子水)、188 ℃(无水物)。难溶于冷水(1:(8000～10000))，可溶于热水(1:(180～200))、热甲醇(1:10)、冷甲醇(1:100)、热乙醇(1:60)、冷乙醇(1:650)，难溶于乙醚、氯仿、石油醚、乙酸乙酯、丙酮等，易溶于碱液。

槲皮素分子式为 $C_{15}H_{10}O_7 \cdot 2H_2O$，为黄色晶体，熔点为 313～314 ℃(2 分子结晶水)、316 ℃(无水物)。能溶于冷乙醇(1:290)，易溶于沸乙醇(1:23)，可溶于甲醇、乙酸乙酯、冰乙酸、吡啶、丙酮等，难溶于水、苯、石油醚等溶剂。

芦丁为黄酮苷，分子中具有酚羟基，显酸性，可溶于稀碱液中，在酸液中沉淀析出，可利用此性质进行提取分离。利用芦丁易溶于热水、热乙醇，较难溶于冷水、冷乙醇的性质，选择重结晶方法进行精制。芦丁可被稀酸水解生成槲皮素及葡萄糖、鼠李糖，依此制备槲皮素。通过纸色谱及紫外光谱进行黄酮及糖的鉴定。

三、实训仪器和药品

1. 仪器

索氏提取器、烧杯(100 mL)、酒精灯、普通漏斗、布氏漏斗、吸滤瓶、比色管(25 mL)。

2. 药品

盐酸、石灰乳、乙醚、氯化钠、95%乙醇。

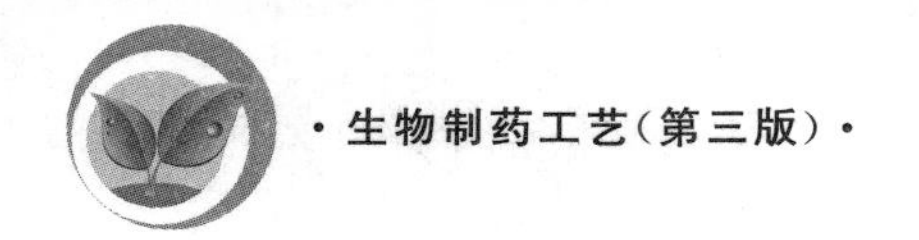

3. 材料

TLC 薄板、温度计(373 K)、滤纸。

四、实训方法和步骤

(一) 芦丁的制备

芦丁的制备工艺流程见图 1-12-4。

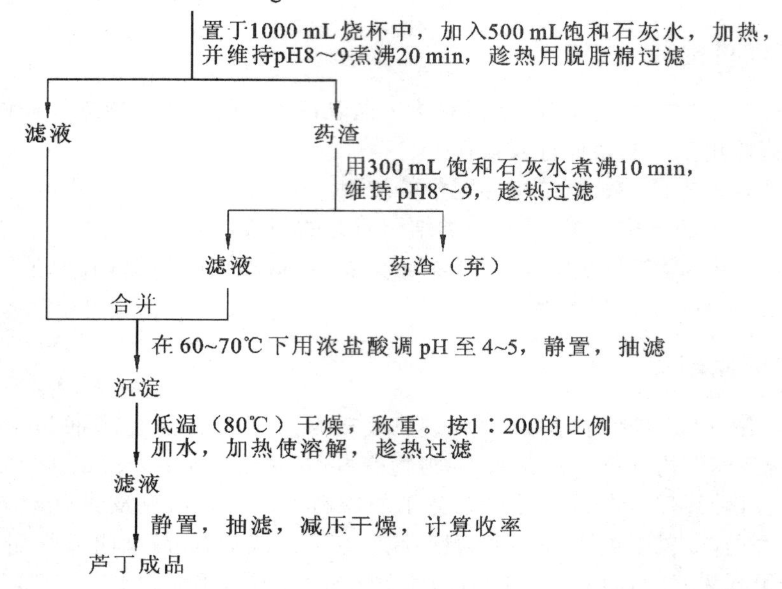

图 1-12-4　芦丁的制备工艺流程

(二) 槲皮素的制备

槲皮素的制备工艺流程见图 1-12-5。

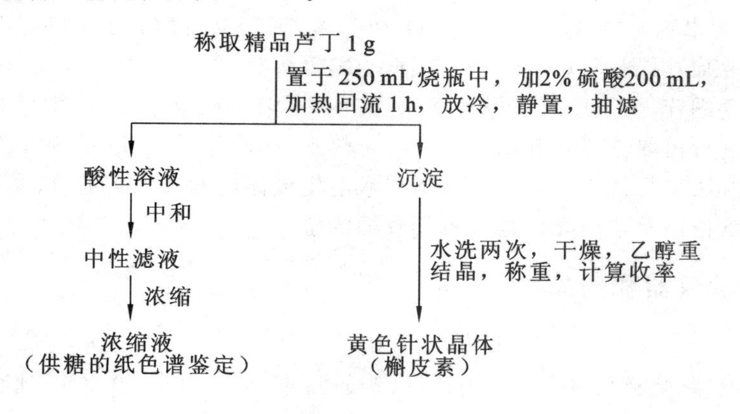

图 1-12-5　槲皮素的制备工艺流程

（三）芦丁和槲皮素鉴定

1. 芦丁的定性反应

取芦丁适量，加乙醇使其溶解，分成三份，供下述试验用。

（1）盐酸-镁粉试验　取样品液适量，加 2 滴浓盐酸，再酌加少许镁粉，即产生剧烈的反应，并逐渐出现红色至深红色。

（2）锆-枸橼酸试验　取样品液适量，然后加 2% $ZrOCl_2$ 的甲醇溶液，注意观察颜色变化，再加入 2% 枸橼酸的甲醇溶液，并详细记录颜色变化。

（3）α-萘酚-浓硫酸反应　取样品液适量，加等体积的 10% α-萘酚的乙醇溶液，摇匀，沿管壁缓加浓硫酸，注意观察两液界面的颜色。

2. 芦丁浓度测定

（1）标准曲线的绘制　称取在 105 ℃干燥至恒重的芦丁对照品 10 mg，用 95% 乙醇溶解，摇匀，定容至10 mL，使之成为浓度为 1 mg/mL 的芦丁标准品溶液，作为储备液。量取上述溶液0.1 mL、0.2 mL、0.3 mL、0.4 mL、0.5 mL、0.6 mL，分别加水至 3 mL，加 5%亚硝酸钠溶液 0.5 mL。放置 6 min，加 10%硝酸铝溶液 0.5 mL，摇匀，放置 6 min 后加 5%氢氧化钠溶液 2.5 mL，混匀，放置 15 min 后用蒸馏水定容至 10 mL。用紫外分光光度计在 500 nm 波长处测吸光度，以对照品浓度为横坐标，吸光度为纵坐标，作标准曲线。

（2）样品含量的测定　采用紫外分光光度计，精密称取样品 2.5 mg，加 95% 乙醇溶解，于5.0 mL 容量瓶中稀释至刻度，摇匀。吸取 1.0 mL 于25 mL 容量瓶中，加蒸馏水至刻度，摇匀，取 1.0 mL 95%乙醇同样稀释，作为空白对照，在 500 nm 波长处测定吸光度，由回归方程计算出产品中芦丁的纯度。

3. 芦丁及槲皮素的色谱

（1）支持剂：中速层析滤纸(5 cm×20 cm)。

（2）展开剂：正丁醇-乙酸-水(体积比为 4∶1∶5)。

（3）样品：自制槲皮素的乙醇溶液，自制芦丁的乙醇溶液。

（4）对照品：槲皮素标准品的乙醇溶液，芦丁标准品的乙醇溶液。

（5）显色剂：三氯化铝乙醇溶液喷雾。

4. 糖的纸色谱检识

（1）支持剂：中速层析滤纸(5 cm×20 cm)。

（2）样品：取水解后的滤液 10 mL，水浴加热，且在搅拌下加适量碳酸钡细粉至 pH 为 7，过滤，取滤液并浓缩至 2 mL 左右，放冷后，供纸色谱点样用。

（3）对照品：1%葡萄糖标准品醇溶液及 1%鼠李糖标准品醇溶液。

（4）展开剂：正丁醇-乙酸-水(体积比为 4∶1∶5)上层。

（5）显色剂：喷以邻苯二甲酸苯胺溶液，105 ℃烘烤约 5 min 至斑点显色清晰。

五、实训结果处理

（1）判断芦丁和槲皮素提取的效果。

（2）绘制芦丁的标准曲线，计算提取的芦丁的纯度。

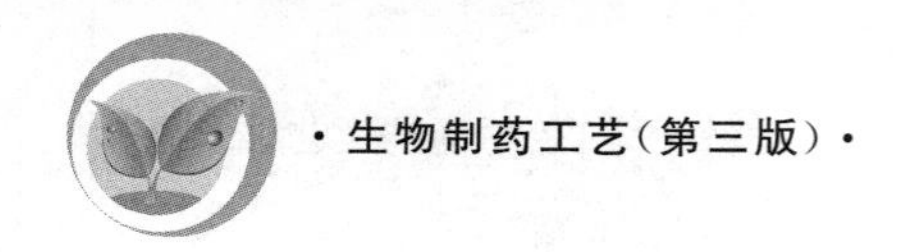

六、知识和技能探究

(1) 提取总黄酮时,为何要将沸水加至槐花米中,而不是将槐花米直接加入冷水中逐渐升温加热?能否有其他方法起同样的作用?

(2) 芦丁水解过程有什么现象发生?请说明原因。

(3) 芦丁和槲皮素的硅胶色谱与聚酰胺色谱中 R_f 值有何变化?试根据色谱原理作出解释。

(4) 试述紫外光谱在黄酮类化合物结构鉴定中的应用。

项目总结

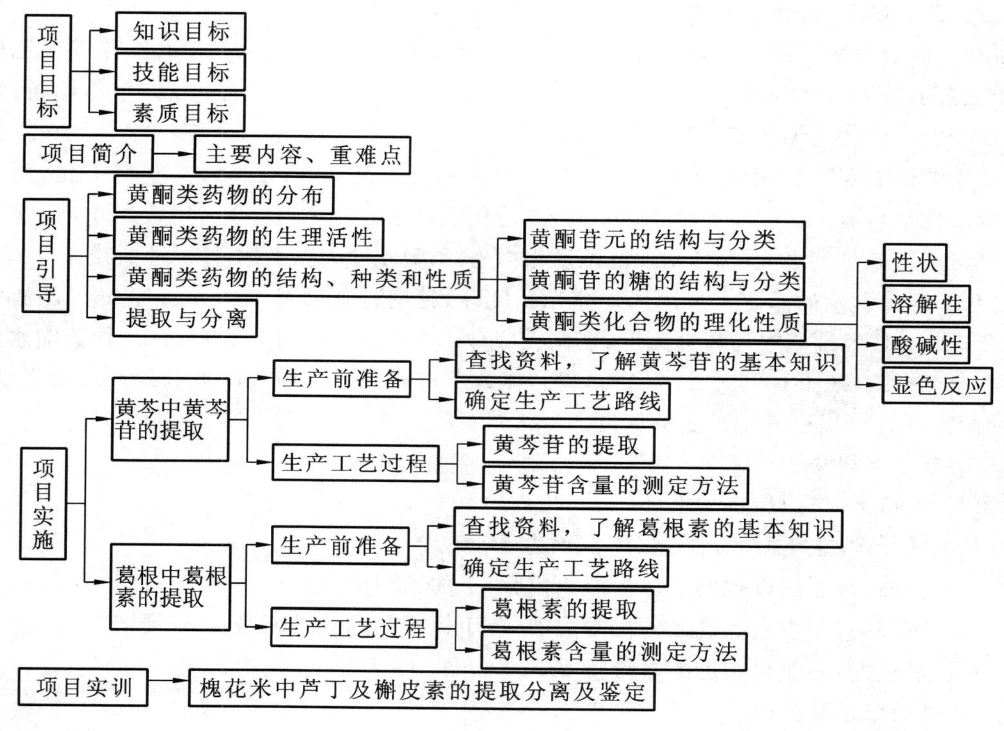

项目检测

一、单项选择题

1. pH 梯度萃取法分离游离黄酮时,用 5%碳酸氢钠水溶液萃取,可得到(　　)。

A. 7,4′-二羟基黄酮　　B. 7-羟基黄酮　　C. 4′-羟基黄酮
D. 5-羟基黄酮　　E. 3-羟基黄酮

2. 分离黄酮类化合物最常用的方法是(　　)。

A. 氧化铝柱层析　　B. 气相色谱　　C. 聚酰胺色谱
D. 纤维素色谱　　E. 活性炭柱色谱

3. 溶于酸水，且显红色的黄酮类化合物是(　　)。
A. 矢车菊素　　B. 葛根素　　C. 槲皮素
D. 槲皮素 7-葡萄糖苷　　E. 黄芩苷
4. 在聚酰胺色谱中，吸附力最强的黄酮是(　　)。
A. 异黄酮　　B. 查耳酮　　C. 二氢黄酮醇
D. 二氢异黄酮　　E. 黄酮
5. 下列反应中(　　)不是黄芩苷的反应。
A. 盐酸-镁粉反应　　B. 四氢硼钠反应　　C. 三氯化铁反应
D. 铅盐反应　　E. 三氯化铝反应
6. 黄酮类化合物有酸性是因为其分子中含有(　　)。
A. 羰基　　B. 双键　　C. 氧原子
D. 酚羟基　　E. 内酯环
7. 氯化锶反应适用于结构中具有(　　)的黄酮类化合物。
A. 羟基　　B. 邻二酚羟基　　C. 亚甲二氧基
D. 甲氧基　　E. 内酯结构
8. 聚酰胺在哪种溶剂中对黄酮类化合物的洗脱能力最弱？(　　)
A. 水　　B. 甲醇　　C. 丙酮
D. 稀氢氧化钠水溶液　　E. 甲酰胺
9. 葛根素与槲皮素的化学法鉴别可用(　　)。
A. 三氯化铁反应　　B. 异羟肟酸铁反应　　C. 盐酸-镁粉反应
D. 三氯化铝反应　　E. 四氢硼钠反应
10. 提取黄酮类化合物常用的碱提取酸沉淀法是利用黄酮类化合物的(　　)。
A. 强酸性　　B. 弱酸性　　C. 强碱性
D. 弱碱性　　E. 中性
11. 四氢硼钠反应可用于鉴别(　　)。
A. 二氢黄酮　　B. 查耳酮　　C. 黄酮醇
D. 花色素　　E. 异黄酮
12. 引入哪类基团可使黄酮类化合物的脂溶性增加？(　　)
A. —OH　　B. $—OCH_3$　　C. $—CH_2OH$
D. 金属离子　　E. —COOH
13. 黄酮类化合物显黄色时结构的特点是(　　)。
A. 具有色原酮　　B. 具有 2-苯基色原酮
C. 具有 2-苯基色原酮和助色团　　D. 具有色原酮和助色团
E. 具有黄烷醇和助色团

二、标准配伍题

以下提供若干组考题，每组考题共用在考题前列出的 A、B、C、D、E 五个备选答案。请从中选择一个与问题关系最密切的答案。某个备选答案可能被选择一次或多次。

A. 7-或 4′-羟基黄酮　　B. 7,4′-二羟基黄酮　　C. 一般酚羟基黄酮

D. 5-羟基黄酮　　E. 无游离酚羟基黄酮

1. 用5%碳酸氢钠水溶液可萃取出的是(　　);

2. 用5%碳酸钠水溶液萃取出的是(　　);

3. 用0.2%NaOH 水溶液萃取出的是(　　);

4. 用4%NaOH 水溶液萃取出的是(　　)。

以下五种化合物经聚酰胺柱层析,以水-乙醇混合溶剂进行梯度洗脱。

A. 3,5,7-三羟基黄酮　　B. 3,5-二羟基-7-O-葡萄糖基黄酮

C. 3,5,7,4′-四羟基黄酮　　D. 3,5,4′-三羟基-7-O-葡萄糖基黄酮

E. 3,5,7,3′,5′-五羟基黄酮

5. 首先被洗出的是(　　);

6. 第二被洗出的是(　　);

7. 第三被洗出的是(　　);

8. 第四被洗出的是(　　);

9. 第五被洗出的是(　　)。

A. 大豆苷　　B. 芦丁　　C. 橙皮苷

D. 山楂花色苷　　E. 黄芩苷

10. 具抗菌、消炎作用的是(　　);

11. 可用于治疗毛细血管脆性引起的出血症的是(　　)。

三、多选题

1. 黄酮类化合物的颜色与哪些因素有关?(　　)

A. 交叉共轭体系的存在　　B. 酚羟基数目　　C. 酚羟基位置

D. —OCH_3 数目　　E. —OCH_3 位置

2. 鉴别二氢黄酮的专属反应是(　　)。

A. HCl-Mg　　B. $NaBH_4$　　C. Na-Hg

D. $NH_3/SrCl_2$　　E. $MgAc_2$

3. 下列化合物在水中的溶解度大小顺序正确的是(　　)。

A. 黄酮>二氢黄酮　　B. 二氢黄酮>异黄酮

C. 二氢黄酮>黄酮醇　　D. 花青素>二氢黄酮醇

E. 3-O-葡萄糖山柰酚苷>7-O-葡萄糖山柰酚苷

4. 游离黄酮类化合物可溶于(　　)。

A. 水　　B. 甲醇　　C. 乙酸乙酯

D. 氯仿　　E. 乙醚

5. 从中药中提取黄酮苷时,可选用的提取溶剂是(　　)。

A. 甲醇-水(1∶1)　　B. 甲醇　　C. 沸水

D. 乙酸乙酯　　E. 碱水

项目拓展

黄酮类药物的研发进展

自然界存在着数以百万计的高等植物，黄酮与生物碱即为来自植物的两大类天然产物。近几年来，科学家对植物黄酮进行了广泛而深入的研究，并发现了黄酮不少令人感兴趣的新用途。

黄酮具有多种药理作用，包括抗氧化作用、消炎作用、抗癌和抗基因诱变作用。大多数黄酮类物质的化学结构属于二丙基丙酸类，是由植物自身所合成的。随着研究的深入，科学家逐渐认识到，蔬菜、水果中的植物黄酮对人体健康有不可替代的重要作用。例如：蔬菜中的“芹菜配质”可抑制致癌物质引起的细胞癌变；大豆中的“染料木素”可大大降低乳癌、前列腺癌的发病率；来自茶叶的茶多酚已被证实具有防止多种肿瘤（如结直肠癌、胃癌、食管癌、肺癌、乳癌、皮肤癌等）的功效。

某些黄酮与黄烷酮已被证实有很强的抗心血管病作用。例如，来自松树皮的黄酮、葡萄子中的白藜芦醇、来自酸果蔓汁中的花青素和大豆异黄酮均有防止动脉粥样硬化和抗中风、心肌梗死以及冠心病的效果。

在上述新发现的推动下，植物黄酮类保健药物的开发工作取得了令人瞩目的重要进展。例如，利用低档绿茶为原料提取的茶多酚加工而成的胶囊剂在世界市场上的年销售额早已超过1亿美元。大豆异黄酮的一大作用是预防乳癌，近几年来成为国外开发的另一重要黄酮类保健药物。大豆异黄酮又名植物雌激素（因其化学结构与天然雌激素十分相似），它在人体内同样能与雌激素受体结合，故能有效预防一系列与激素有关的疾病，包括乳癌、骨质疏松症和更年期综合征等。

从葡萄皮和葡萄子中提取所得的黄酮类物质白藜芦醇现已成为国际市场上的畅销天然药物。科学研究证实，白藜芦醇可有效预防中风与冠心病。

与白藜芦醇作用相似的另一类植物黄酮是松树黄酮（从法国滨海松树皮中提取）。该产品在国际市场上的年销售额为数千万美元。此外，目前销售额达10亿美元以上的抗癌药物紫杉醇实际上也是一种多酚结构的天然黄酮类化合物。

实际上，迄今为止真正开发上市的黄酮类保健药物只有区区几种，而已发现的植物黄酮有几千种之多。可以相信，今后将会有更多的植物黄酮陆续被开发成为新型药物，其市场前景无限广阔。

模块二

生物制药工艺技术综合实训操作平台

项目一　新型冠状病毒抗原抗体检测试剂盒的制备

目的要求

（1）掌握抗原抗体反应的特点。

（2）了解抗原抗体检测试剂盒制备的基本过程。

（3）引导学生不要轻易放弃试验过程中的任何异常现象，教育学生不管在学习、生活中都要养成认真、细心、善于思考与发问的好习惯。

（4）培养学生爱党爱国、关注社会、关注民生、造福人类的社会责任感。

（5）通过合理分组和小组分工完成实训，树立崇尚劳动的风尚。

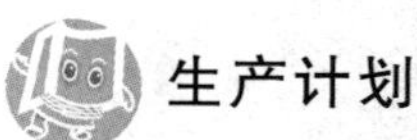

生产计划

生产计划见表 2-1-1。

表 2-1-1　生产计划

任　　务	检验成果	时　　间	成　　员
任务一　查找资料	PPT、word		
任务二　确定抗原抗体检测方法	PPT、word		
任务三　胶体金的制备	PPT、word、实物		
任务四　胶体金标记蛋白制备	PPT、word、实物		
任务五　胶体金诊断试剂盒的制备	PPT、word、实物		
任务六　总结汇报	PPT、word		

项目实施

任务一　查找资料

（一）新型冠状病毒

冠状病毒（coronavirus，CoV）是自然界广泛存在的一大类 RNA 病毒，因病毒包膜上有向四周伸出的突起，形如花冠而得名。目前为止发现，冠状病毒仅感染脊椎动物，可引起人和动物呼吸道、消化道和神经系统疾病。已知感染人的冠状病毒有 7 种。其中 4 种在人群中较为常见，致病性较弱，一般仅引起类似普通感冒的轻微呼吸道症状；SARS 冠状病毒和 MERS 冠状病毒能引起人体严重的疾病，目前已经有良好的检测、预防和治疗方法。对于 2019 年发现的新型冠状病毒，2020 年 2 月 12 日，国际病毒分类委员会（International Committee on Taxonomy of Viruses，ICTV）发表声明，正式将该病毒命名为严重急性呼吸综合征冠状病毒 2（severe acute respiratory syndrome coronavirus 2，SARS-CoV-2）。由于该病毒在 2019 年被发现，因此也称之为 2019 新型冠状病毒（2019 new coronavirus，简写为 2019-nCoV）。根据世界卫生组织实时统计数据，截至欧洲中部夏令时间 2021 年 4 月 15 日 15 时 32 分（北京时间 4 月 15 日 21 时 32 分），全球累计新冠肺炎确诊病例 137866311 例，累计死亡病例 2965707 例，给人类生产、生活造成了极大的危险。

1. 查找 2019-nCoV（新型冠状病毒）感染人后的症状。
2. 目前检验 2019-nCoV 的方法有哪些？各有什么优缺点？

（二）新型冠状病毒结构

采用负染法，在电子显微镜下观察病毒。病毒一般呈球形，有些呈多形性，直径在 75～160 nm。病毒颗粒边缘有形态近似日冕的突起（9～12 nm），看上去像皇冠一样。

1. 从 Genbank 中查找 2019-nCoV 的编码基因和结构蛋白。
2. 查找 2019-nCoV 的结构以及感染人体的机制。

（三）抗原抗体反应的特点

抗原抗体反应的特点主要有四性：特异性、比例性、可逆性、阶段性。

（1）特异性是抗原抗体反应的最主要特征，这种特异性是由抗原决定簇和抗体分子的超变区之间空间结构的互补性确定的。这种高度的特异性在传染病的诊断与防治方面得到有效的应用。随着免疫学技术的发展、进步，还将在医学和生物学领域得到更加深入和广泛的应用，比如肿瘤的诊断和特异性治疗等。

（2）比例性是指抗原与抗体发生可见反应需遵循一定的量比关系，只有当二者浓度比例适当时才出现可见反应，在抗原抗体比例相当或抗原稍过剩的情况下，反应最彻底，形成的免疫复合物沉淀最多、最大。而当抗原抗体比例超过此范围时，反应速率和沉淀物量都会迅速降低，甚至不出现抗原抗体反应。

（3）可逆性是指抗原抗体结合形成复合物后，在一定条件下又可解离而恢复为抗原与抗体的特性。抗原抗体反应是分子表面的非共价键结合，所形成的复合物并不牢固，可以随时解离，解离后的抗原抗体仍保持原来的理化特征和生物学活性。

(4) 阶段性:抗原抗体反应可分为两个阶段。第一个阶段为抗原抗体的特异性结合阶段,此阶段是抗原与抗体间互补的非共价结合,反应迅速,可在数秒钟至数分钟内完成,一般不出现肉眼可见的反应现象。第二个阶段为可见反应阶段,是小的抗原抗体复合物间靠正、负电荷吸引形成较大复合物的过程。此阶段反应慢,需要时间从数分钟、数小时至数日不等,且易受多种因素和反应条件的影响。

根据抗原抗体反应的特点,查找资料,体外抗原抗体反应的影响因素有哪些?

(四) 抗原抗体免疫标记技术

抗原抗体免疫标记技术是利用抗原抗体反应进行的检测方法,即应用制备好的特异性抗原或抗体作为试剂,以检测标本中的相应抗体或抗原。它的特点是具有高度的特异性和敏感性。如将试剂抗原或试剂抗体用可以微量检测的标记物(例如放射性核素、荧光素、酶等)进行标记,则在与标本中的相应抗体或抗原反应后,可以不必测定抗原抗体复合物本身,而测定复合物中的标记物,通过标记物的放大作用,进一步提高免疫技术的敏感性。

查找资料,免疫标记技术有哪些? 各具有什么特点?

任务二　确定抗原抗体检测方法

免疫分析技术日益广泛地应用于诊断,基本分成两大类:一为全自动化的免疫分析;二为以硝酸纤维素膜(NC)为载体的快速免疫分析。前者需要价格昂贵的全自动仪器及与仪器严格配套的各种试剂盒,目前只能在医疗及检测中心应用,虽也能较快速给出结果,但仍需一定时间,不适合远离医疗及检测中心的地区,更不能用于“患者床旁检验”和普查的需要。后者是以硝酸纤维素膜为载体的快速诊断方法,主要分为以下两类:斑点免疫渗滤分析和斑点免疫层析分析,其中标志物为金的胶体金免疫分析技术最为常见。

查找资料并填写表 2-1-2。

表 2-1-2　斑点免疫渗滤分析与斑点免疫层析分析的比较

项　　目	斑点免疫渗滤分析	斑点免疫层析分析
基本原理		
技术类型		
技术要点		

任务三　胶体金的制备

码2-1-1 胶体金技术检测新冠病毒

胶体金的制备一般采用还原法,常用的还原剂有枸橼酸钠、鞣酸、抗坏血酸、白磷、硼氢化钠等。根据不同的还原剂可以制备大小不同的胶体金颗粒。常用来制备胶体金颗粒的方法有枸橼酸三钠还原法和鞣酸-枸橼酸钠还原法，本任务以枸橼酸三钠还原法制备胶体金。

1. 枸橼酸三钠还原法制备胶体金所需器材和试剂

(1) 器材：电炉、烧杯(500 mL)、玻璃棒。

(2) 试剂：$HAuCl_4$、枸橼酸三钠、K_2CO_3。

2. 10 nm 胶体金颗粒的制备

取 0.01% $HAuCl_4$ 水溶液 100 mL，加入 1% 枸橼酸三钠水溶液 3 mL，加热煮沸 30 min，冷却至 4 ℃，溶液呈红色。

3. 15 nm 胶体金颗粒的制备

取 0.01% $HAuCl_4$ 水溶液 100 mL，加入 1% 枸橼酸三钠水溶液 2 mL，加热煮沸 15～30 min，直至颜色变红。冷却后加入 0.1 mol/L K_2CO_3 水溶液 0.5 mL，混匀即可。

4. 15 nm、18～20 nm、30 nm 或 50 nm 胶体金颗粒的制备

取 0.01% $HAuCl_4$ 水溶液 100 mL，加热煮沸。根据需要迅速加入 1% 枸橼酸三钠水溶液 4 mL、2.5 mL、1 mL 或 0.75 mL，继续煮沸约 5 min，出现橙红色。这样制成的胶体金颗粒分别为 15 nm、18～20 nm、30 nm 和 50 nm。

1. 完成胶体金颗粒的制备。
2. 查找资料，比较胶体金颗粒的制备方法，说出异同点。

任务四　胶体金标记蛋白制备

胶体金对蛋白的吸附主要取决于 pH，在接近蛋白质的等电点或偏碱的条件下，二者容易形成牢固的结合物。如果胶体金的 pH 低于蛋白质的等电点，则会聚集而失去结合能力。除此以外，胶体金颗粒的大小、离子强度、蛋白质的相对分子质量等都影响胶体金与蛋白质的结合。

1. 所需器材和试剂

(1) 器材：透析袋、冷冻离心机、烧杯(500 mL)。

(2) 试剂：盐酸、0.005 mol/L pH 9.0 硼酸盐缓冲液、K_2CO_3、1% 聚乙二醇(相对分子质量 20000)、5% 胎牛血清(BSA)。待标记蛋白 1 支(共用)、NaCl 1 瓶(共用)。

2. 标记过程

(1) 待标记蛋白溶液的制备。

将待标记蛋白预先在 0.005 mol/L pH 7.0 NaCl 溶液中 4℃ 透析过夜，以除去多余的盐离子，然后 100000g 4 ℃ 离心 1 h，去除聚合物。

(2) 待标胶体金溶液的准备。

以 0.1 mol/L K_2CO_3 或 0.1 mol/L HCl 溶液调胶体金溶液的 pH。标记 IgG 时，调至 9.0；标记 McAb 时，调至 8.2；标记亲和层析抗体时，调至 7.6；标记 SPA 时，调至 5.9～6.2；标记 ConA(刀豆蛋白 A)时，调至 8.0；标记亲和素时，调至 9～10。由于胶体金溶液可能损坏 pH 计的电极，因此，在调节 pH 时，采用精密 pH 试纸测定为宜。

(3) 胶体金与标记蛋白用量之比的确定。

第一,根据待标记蛋白的要求,将胶体金调好 pH 之后,分装 10 管,每管 1 mL。

第二,将标记蛋白(以 IgG 为例)以 0.005 mol/L pH 9.0 硼酸盐缓冲液作系列稀释,至浓度为 5~50 μg/mL,分别取 1 mL,加入上列胶体金溶液中,混匀。对照管只加 1 mL 稀释液。

第三,5 min 后,在上述各管中加入 0.1 mL 10%NaCl 溶液,混匀后静置 2 h。

第四,观察结果,对照管(未加蛋白质)和加入蛋白质的量不足以稳定胶体金的各管,均呈现出由红变蓝的聚沉现象;而加入蛋白量达到或超过最低稳定量的各管,仍保持红色不变。稳定 1 mL 胶体金溶液红色不变的最低蛋白质用量,即为该标记蛋白质的最低用量,在实际工作中,可适当增加 10%~20%。

(4) 胶体金与蛋白质(IgG)的结合。

将胶体金和 IgG 溶液分别以 0.1 mol/L K_2CO_3 溶液调 pH 至 9.0,电磁搅拌 IgG 溶液,加入胶体金溶液,继续搅拌 10 min,加入一定量的稳定剂以防止抗体蛋白与胶体金聚合发生沉淀。常用稳定剂是 5%胎牛血清(BSA)和 1%聚乙二醇(相对分子质量 20000)。加入的量:5%BSA 使溶液终浓度为 1%,1%聚乙二醇加至总溶液的 1/10。

完成胶体金标记蛋白制备。

任务五　胶体金诊断试剂盒的制备

1. 所需器材和试剂

(1) 器材:PVC 盒、吸水垫料、硝酸纤维素膜、画线笔。

(2) 试剂:制备好的胶体金颗粒、制备好的金标抗体。

2. 组盒过程

(1) 在 PVC 盒底铺吸水垫料。

(2) 在吸水垫料上铺 NC 膜条(硝酸纤维素膜)。

(3) 在 NC 膜条上画线,并铺样品垫和胶体金垫,如图 2-1-1 所示 。

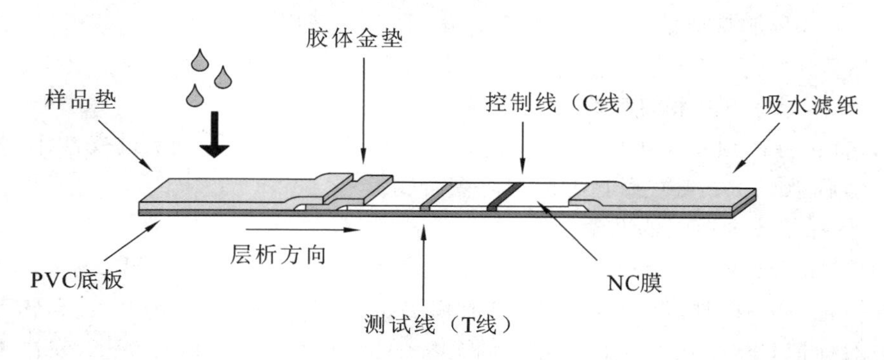

图 2-1-1　金标记诊断试剂盒构成图

（4）盖上盒盖。

（5）将样品和对照分别滴加在样品垫上，观察结果。测试线和控制线都呈褐色，为阳性；控制线褐色、测试线无色，为阴性；控制线无色，为无效。

完成胶体金诊断试剂盒的制备。

任务六　总结汇报

小组完成实训后需要对实训过程、结果及收获向同学们和老师进行汇报。

1. 小组评价

实训结束后小组成员互相评价各自在实训过程中的表现，具体内容见小组成员评价表（表 2-1-3）。

表 2-1-3　小组成员评价表

评价内容及分值		成员姓名				
操作能力	工作前查阅资料的能力（6 分）					
	设计方案中的建议能力（8 分）					
	计算能力（6 分）					
	按时完成分配的工作任务（12 分）					
	如实记录实训结果（6 分）					
学习能力	按时，无迟到、早退，无病事假（6 分）					
	独立学习能力（6 分）					
	遵守学习纪律，端正学习态度（6 分）					
	主动学习理论知识和实践（6 分）					
	按时完成实训报告（6 分）					
协调能力	正确理解和完成工作指导手册（6 分）					
	协调解决小组工作中的问题（6 分）					
	处理紧急事件的能力（6 分）					
	主动维持实训区域卫生清洁（7 分）					
	保持实训室安静，不随意走动（7 分）					

2. 实训总结

小组成员提交的实训报告包括摘要、关键词、正文（材料与方法、结果与讨论）、参考文献。

1. 制作 PPT、word 工作总结，交工作报告。

2. 小组成员互相讲解，并推选一名成员向全班汇报。

项目二　四环素的发酵生产

目的要求

(1) 了解四环素类抗生素发酵生产的一般过程。

(2) 掌握四环素类抗生素药物的检验过程。

(3) 引导学生不要轻易放弃试验过程中的任何异常现象,教育学生不管在学习、生活中都要养成认真、细心、善于思考与发问的好习惯。

(4) 通过合理分组和小组分工完成实训,树立崇尚劳动的风尚。

生产计划

生产计划见表 2-2-1。

表 2-2-1　生产计划

任　　务	检验成果	时　　间	成　　员
任务一　查找资料	PPT、word、实物		
任务二　制备培养基	各种培养基		
任务三　菌种选育、保藏及种子制备	斜面菌种、冻存菌种、一级种子		
任务四　确定发酵工艺控制	发酵工艺条件的优化		
任务五　分离纯化和质量检验	四环素样品及检验数据		
任务六　总结汇报	PPT、word、实物		

项目实施

任务一　查找资料

(一) 确定生产菌

四环素类药物是由放线菌属产生的或半合成的一类广谱抗生素,包括金霉素(chlorotetracycline)、土霉素(oxytetracycline)、四环素(tetracycline)及半合成衍生物甲烯土霉素、强力霉素、二甲氨基四环素等。产生四环素的链霉菌有金色链霉菌(*Streptomyces aureofaciens*)、产绿链霉菌(*Streptomyces viridochromogenes*)、佐山链霉菌(*Streptomyces sayamaensis*)、吸水链霉菌(*Streptomyces hygroscopicus*)等。

比较这几种链霉菌的优劣,并确定使用哪一种链霉菌作为四环素的生产菌。

（二）四环素类抗生素的共性

（1）药理作用　四环素类抗生素为快速抑菌剂，常规浓度时有抑菌作用，高浓度时对某些细菌有杀灭作用。

（2）作用机制　四环素的抑菌机制为抑制细菌蛋白质的合成。

（3）耐药性　细菌对四环素类抗生素耐药为渐进型，对一种四环素类抗生素耐药的菌株通常对其他四环素也耐药。

详细说明四环素类抗生素的药理作用、作用机制和耐药性。

（三）四环素类抗生素的结构特点

四环素类抗生素为并四苯衍生物，具有十二氢化并四苯基本结构。该类药物有共同的A、B、C和D四个环的母核，通常在5、6、7位上有不同的取代基。

画图说明四环素类抗生素的基本结构特点。

任务二　制备培养基

（一）培养基成分

培养基中的各成分对发酵影响很大，各成分的优缺点见表2-2-2。

表2-2-2　培养基中的各成分

类别	举　例	优点或作用	缺　点
碳源	饴糖、籼米、玉米粉及淀粉酶解液	较为缓和，对提高发酵单位有利	吸收较慢
	葡萄糖	利用较快	加入量过多会引起发酵液pH下降，造成代谢异常
氮源	黄豆饼粉、花生饼粉、蛋白胨、酵母粉、玉米浆	较为缓和，对提高发酵单位有利	吸收较慢
	硫酸铵及氨水	吸收较快	加入量过多会改变发酵液pH，造成代谢异常
无机磷	磷酸盐	金色链霉菌从生长期转入抗生素生物合成期的关键因素，基础培养基的无机磷在110～120 mg/mL为佳	
无机盐	硫酸镁和碳酸钙	镁离子能激活酶，促进四环素的生物合成，而碳酸钙可起缓冲作用，并合成四环素钙盐，可降低可溶性四环素的浓度，解除反馈抑制，促进菌丝体对四环素的分泌	—
抑氯剂	溴化钠、2-巯基苯并噻唑	抑制氯原子进入四环素分子结构	—

1. 确定需要哪些实训仪器设备及药品。

2. 比较各种成分并确定最合适的斜面培养基、平板分离培养基、种子培养基和发酵培养基的配方。

(二) 培养基参考配方

(1) 斜面培养基:麸皮 3.6%、琼脂 2.4%。pH 自然。

(2) 平板分离培养基:面粉 2%、蛋白胨 0.1%、KH_2PO_4 0.05%、琼脂 2%。pH 自然。

(3) 种子培养基:黄豆饼粉 2%、淀粉 4%、蛋白胨 0.5%、酵母粉 0.5%、$CaCO_3$ 0.4%、$(NH_4)_2SO_4$ 0.3%、NaBr 0.2%、$MgSO_4$ 0.025%、KH_2PO_4 0.02%。pH 自然。

(4) 发酵培养基:黄豆饼粉 4%、淀粉 10%、酵母粉 0.25%、蛋白胨 1.5%、$(NH_4)_2SO_4$ 0.3%、$CaCO_3$ 0.5%、NaBr 0.2%、$MgSO_4$ 0.025%、2-巯基苯丙噻唑 0.0025%。pH 自然。

思考如何得到改良的培养基配方并制作各种培养基。

任务三 菌种选育、保藏及种子制备

(一) 菌种选育原理

利用物理、化学等诱变因素,诱发基因突变,然后根据育种的要求、目的,从无定向的突变株中筛选出具有优良性状的突变体,因此诱变育种不仅仅是诱变处理,而且还在于从处理过的群体中,筛选出所需要的突变体。

进行诱变育种时,首先是制定筛选方法。筛选方法一般分为初筛与复筛两个阶段,前者以量为主,后者以质为主。筛选步骤如下。

(1) 初筛:原始菌种→菌种纯化→出发菌株→制单细胞悬液→活菌计数→用诱变剂处理→挑取变异菌株→初筛优良菌株。

(2) 复筛:初筛的菌株→摇瓶发酵→观察测定→平皿培养→挑取优良菌株(复筛)→测定生产性能→投产试验。

1. 确定需要哪些仪器设备及药品。

2. 制定出选育优良的产四环素菌种方案并实施。

(二) 菌种保藏的原理

菌种保藏主要是根据菌种的生理、生化特性,人工创造条件使孢子或菌体的生理代谢活动尽量降低,以减少其变异。保藏时,一般利用菌种的休眠体(孢子、芽孢等),创造最有利于休眠的环境条件,如低温、干燥、隔绝空气或氧气、缺乏营养物质等,以降低菌种的代谢活动,减少菌种变异,使菌种处于休眠状态,抑制其繁殖能力,达到长期保存的目的。一个好的菌种保藏方法,应能保持原菌种的优良特性和较高的存活率,同时也应经济、简便。

保藏方法有斜面低温保藏法、矿物油中浸没保藏法、固体曲保藏法、砂土管保藏法、普通冷冻保藏法、超低温冷冻保藏法、冷冻干燥法、液氮冷冻保藏法、寄主保藏法等。

将链霉菌菌种接于斜面培养基,35 ℃培养 4~5 d,孢子成熟后,配制成浓度为 10^7 个/mL

的孢子悬液。取 1 mL 孢子悬液接种于种子培养基，31 ℃振荡（180 r/min）培养 16～18 h。按 8%接种量将种子培养液接入发酵培养基中，于 31 ℃振荡（260 r/min）培养 6 d。取样，测定四环素效价。

1. 确定需要哪些仪器设备及药品。
2. 采用合适的方法保藏菌种。

任务四　确定发酵工艺控制

四环素生产菌对发酵液中溶氧很敏感，尤其在对数生长阶段，菌体浓度迅速增加，菌丝的摄氧率达到高峰，发酵液中的溶氧浓度达到发酵过程的最低值。在此阶段一旦出现导致溶氧浓度降低的因素，如搅拌或通气停止、加入的消泡剂量过大、补料过多或提高培养温度，都会影响菌体的呼吸强度，明显改变菌体的代谢活动，影响四环素的生物合成。

基本发酵工艺条件见表 2-2-3。

表 2-2-3　四环素发酵工艺条件

通气量/[L/(L·min)]	温度/℃	最适生长 pH	最适生产 pH	发酵时间
1.0	31—30—29	6.0～6.8	5.8～6.0	中期通常为 8 d

1. 确定需要哪些仪器设备及药品。
2. 确定详细的发酵工艺，包括通气量、二阶段发酵温度、最适生长温度和 pH、最适生产温度和 pH、发酵时间、补料及消泡剂等。

任务五　分离纯化和质量检验

（一）四环素的提取工艺

四环素的提取工艺流程见图 2-2-1。

发酵液
↓用草酸调 pH 至 1.7～1.8，过滤
滤液
↓用氨水调 pH 至 4.8，低温搅拌
四环素碱结晶液
↓过滤
四环素晶体
↓丁醇，3%盐酸
丁醇提取液
↓加甲醇，HCl-甲醇，活性炭脱色
甲醇溶解液
↓结晶
四环素盐酸盐晶体

图 2-2-1　四环素的提取工艺流程

（二）提取工艺要点

1. 发酵液的预处理

四环素发酵液预处理的主要操作是酸化，一般用草酸进行酸化，但草酸会促使四环素的差向异构化，并且价格高，故酸化时要低温，操作要快，草酸尽量加以回收。为防止发酵液中的有机、无机杂质对过滤和对四环素沉淀法提炼的影响，在发酵液酸化处理时，加入黄血盐和硫酸锌等纯化剂，除去发酵液中的蛋白质、铁离子，并加入硼砂，提高滤液的质量。为了进一步提高四环素、土霉素的质量，在这两种抗生素发酵液的滤液中加入122(Ⅱ型)弱酸性酚醛树脂，可以进一步除去滤液中的色素杂质和某些有机杂质。

2. 沉淀提取法

四环素在碱性环境中能和钙、镁、钡等形成复合物而沉淀。

3. 溶剂萃取法

四环素类抗生素在碱性条件下，能和一些长烃链的季铵碱形成复盐，难溶于水，而易溶于有机溶剂中。

4. 减少差向异构物的方法

四环素的差向异构物不是在四环素的发酵中产生的，而是在四环素的提取和精制过程中产生的。差向四环素的存在严重地降低了四环素产品的品质。故在四环素的提取精制过程中，要防止差向四环素的产生。常用的方法有降低操作温度、缩短操作时间、除去能促进差向异构化的阳离子、选择合适的 pH。目前在生产中减少四环素成品中差向异构物的方法是通过形成复盐而纯化四环素成品。

1. 确定需要哪些仪器设备及药品。
2. 制定详细的四环素分离提取的工艺流程并分离提取。

（三）鉴别试验

1. 浓硫酸反应

四环素类抗生素遇硫酸立即产生各种颜色，可据此区别各种四环素类抗生素。

2. 三氯化铁反应

本类抗生素分子结构中具有酚羟基，遇三氯化铁试液即显色。

3. 薄层色谱法

采用硅藻土作载体，为了获得较好的分离，在黏合剂中加聚乙二醇 400、甘油以及中性的 EDTA 缓冲液。EDTA 可以克服因痕量金属离子存在而引起的斑点拖尾现象。

4. 特殊杂质检查

(1) 有关物质　四环素类抗生素中的有关物质主要是指在生产和储藏过程中易形成的异构杂质、降解杂质(ETC、ATC、EATC)等。《中国药典》(2020 年版)和 USP(25)、BP(2000)均采用高效液相色谱法控制四环类抗生素的有关物质。

(2) 杂质吸收度　四环类抗生素多为黄色结晶性粉末，而异构体、降解产物颜色较深，此类杂质的存在均可使四环素类抗生素的色泽变深。因此，《中国药典》(2020 年版)

和BP(2000)均规定了一定溶剂、一定浓度、一定波长下杂质吸光度的限量。

1. 确定需要哪些仪器设备及药品。
2. 制定详细的四环素鉴别方案并实施。

(四) 含量测定

对于四环素类抗生素的含量测定,目前各国药典多采用高效液相色谱法。

1. 确定需要哪些仪器设备及药品。
2. 制定出详细的四环素含量测定方法并实施。

(五) 抗生素微生物检定

抗生素微生物检定有两种方法,即管碟法和浊度法。测定结果经计算所得的效价,如低于估计效价的90%或高于估计效价的110%,应调整其估计效价,重新试验。

1. 确定需要哪些仪器及药品。
2. 制定出详细的四环素微生物鉴定方法并实施。

任务六 总结汇报

小组完成实训后,需要对实训过程、结果及收获向同学们和老师进行汇报。

(一) 小组评价

实训结束后,小组成员互相评价在实训过程中的表现,具体内容见表2-1-1。

(二) 实训总结

小组成员提交的实训报告包括摘要、关键词、正文(材料与方法、结果与讨论)、参考文献。

1. 制作PPT、word工作总结,交工作报告。
2. 小组成员互相讲解,并推选一名成员向全班汇报。

项目三　多黏菌素 E 的发酵生产

目的要求

(1) 了解典型多肽类抗生素发酵生产的一般过程。

(2) 掌握多黏菌素 E 的发酵及分离纯化过程。

(3) 培养学生在实践中勤于探索、吃苦耐劳、团结协作、严谨细致的敬业精神和工作态度。

生产计划

生产计划见表 2-3-1。

表 2-3-1　生产计划

任　　务	检验成果	时　　间	成　员
任务一　查找资料	PPT、word、实物		
任务二　制备培养基	各种培养基		
任务三　菌种选育、保藏及种子制备	斜面菌种、冻存菌种、一级种子		
任务四　确定发酵工艺	发酵工艺条件的优化		
任务五　分离纯化和质量检验	多黏菌素 E 样品及检验数据		
任务六　总结汇报	PPT、word、实物		

项目实施

任务一　查找资料

多肽类抗生素(polypeptide antibiotic)是具有多肽结构特征的一类抗生素,包括多黏菌素类(多黏菌素 B、多黏菌素 E)、杆菌肽类(杆菌肽、短杆菌肽)和万古霉素。

多黏菌素类中的多黏菌素 E(我国称之为抗敌素,亦名黏菌素、黏杆菌素、可利斯汀(colistin)等)及多黏菌素 B 毒性最小,疗效最高,因而在临床上应用相对较多。多黏菌素 B 的商品为多黏菌素硫酸盐;多黏菌素 E 的商品有多黏菌素 E 甲烷磺酸盐、多黏菌素 E 硫酸盐。本项目主要以多黏菌素 E 为例。

(一) 多肽类抗生素的结构特点

在化学结构上,仅一小部分多肽类抗生素呈线状。其余大多是环状化合物(环肽,如环孢菌素(环孢素)由 4～16 个氨基酸构成大环结构),这种环状是一般肽类里罕见的结构。因为没有游离的氨基和羧基,所以在合适的氨基酸残基之间有很大的成环倾向,从而会出现大环中还有小环的结构。这些特点使多肽类抗生素不易被来自动植物体内的酶所水解。

多黏菌素由 10 肽组成，含有一个 7 元环。各种多黏菌素间的差别不大，仅氨基酸的组成和排列略有不同。其中多黏菌素 B、E 中含羟基的氨基酸较少，游离碱水溶性小，而多黏菌素 A、D 中羟基氨基酸较多，游离碱水溶性较大。

画图说明多肽类抗生素及多黏菌素 E 的基本结构特点。

（二）确定生产菌

多肽类药物由放线菌、真菌或细菌产生，其中由细菌（特别是需氧芽孢杆菌）产生的多肽类抗生素特别多。

多黏菌素是由多黏杆菌产生的，由多种氨基酸和脂肪酸组成的一族碱性多肽类抗生素的总称。其生产菌是多黏芽孢杆菌黏菌素变种（*Bacillus polymyxa* var. *colistinus*）。不同的菌种所产生的多黏菌素由于所含氨基酸不同，因而分为多黏菌素 A、B、C、D、E、M 等，而 B 又可分为 B_1、B_2，E 又可分为 E_1、E_2。

结合所查资料，从菌种保藏库中选择合适的多黏芽孢杆菌作为生产菌。

（三）多黏菌素的共性

1. 药理作用

对大多数革兰阴性菌（如绿脓杆菌、大肠埃希菌属）作用最强，对革兰阳性菌无效。

多黏菌素 B 及多黏菌素 E 在 20 世纪 60 年代曾被用于治疗重症绿脓杆菌或其他革兰阴性杆菌感染，可治疗由革兰阴性菌引起的脑膜炎、赤痢等，特别是抑制其他抗生素几乎没有作用的铜绿假单胞菌，且不产生耐药性。

2. 作用机制

多肽类抗生素首先影响敏感细菌的外膜。药物的环形多肽部分的氨基与细菌外膜脂多糖的 2 价阳离子结合点产生静电相互作用，将外膜的完整性破坏，药物的脂肪酸部分得以穿透外膜，进而使胞浆膜的渗透性增加，导致胞浆内的磷酸、核苷等小分子外逸，引起细胞功能障碍直至死亡。由于革兰阳性菌外面有一层厚的细胞壁，阻止药物进入细菌体内，故此类抗生素对其无作用。

3. 耐药性

多黏菌素 B 及多黏菌素 E 具有相同的抗菌谱，存在完全的交叉耐药。细菌对此类抗生素的耐药性产生较慢，变形杆菌属、沙雷杆菌则相对耐药。

4. 理化性质

多黏菌素为白色晶体或结晶性粉末，无臭，微溶于水，不易潮解。其硫酸盐（多为兽用）或盐酸盐易溶于水，难溶于甲醇和乙醇，几乎不溶于氯仿和乙醚等。其游离碱微溶于水。因为含有肽键和氨基，故双缩脲、茚三酮反应呈阳性，而α-萘酚试验，坂口、波利、霍普金斯-科尔反应呈阴性。在 pH 3～7.5 范围内较稳定。pH>7.5时很快失效（主要是发生主体异构和分子重排），酰化剂作用同时失效。在中性溶液中可解离为阳离子。

根据相应专业基础课的知识储备，结合所查资料，讨论多黏菌素的药理作用、作用机制和耐药性。依据理化性质探讨分离提纯及鉴定多黏菌素的方法。

任务二 制备培养基

(一) 培养基成分

培养基中的各成分对发酵影响很大,各成分的优缺点见表 2-3-2。

表 2-3-2 培养基中各成分的优缺点

营养因子	种类	优点或作用	缺点
碳源	麦芽糖、籼米、玉米淀粉及淀粉酶解液	较为缓和,对提高发酵单位有利。单一碳源时,多糖比单糖、双糖好;复合碳源时,玉米粉加糊精最好	吸收较慢
	葡萄糖	利用较快	加入量过多会引起发酵液 pH 下降,造成代谢异常
氮源	黄豆饼粉、蛋白胨、酵母粉、玉米浆、尿素	较为缓和,对提高发酵单位有利,且总氮近似时,尿素优于花生饼粉、黄豆饼粉	吸收较慢
	硫酸铵及氨水	吸收较快,硫酸铵优于尿素,当以多糖做碳源时,硫酸铵常为主要氮源,辅以尿素或少量玉米浆,发酵单位较高	加入量过多会改变发酵液 pH,造成代谢异常
无机磷	磷酸盐	促进菌体基础代谢,影响抗生素生物合成	限制性营养成分,浓度影响产物的合成速率
无机盐	硫酸镁、硫酸锰和碳酸钙	Mg^{2+} 和 Mn^{2+} 为辅助因子,能促进菌体生长,Ca^{2+} 调节细胞透性和磷酸盐含量,调节发酵液 pH	培养基中 Mg^{2+} 含量高时对多肽类抗生素的合成有影响
消泡剂	GPE(俗称"泡敌")	消除发酵液中产生的泡沫,防止逃液和染菌	在黏稠的发酵液中使用效果比稀薄的好

(二) 培养基参考配方

(1) 孢子培养基:麸皮 3.6%、磷酸氢二铵 1.0%、磷酸氢二钾 0.02%、琼脂 2.0%。pH 7.0。

(2) 平板分离培养基:蛋白胨 10.0%、牛肉提取物 3.0%、NaCl 5.0%、琼脂 15.0%、蒸馏水 1.0 L。pH 7.0。

(3) 种子培养基:玉米淀粉 1.875%、麦芽糖 3.125%、花生饼粉 2.5%、玉米浆 1.25%、$(NH_4)_2SO_4$ 1.0%、KH_2PO_4 0.0375%、$MgSO_4$ 0.0125%、NaCl 0.25%、$CaCO_3$ 0.625%、萘乙酸0.001%。pH 7.0。

(4) 发酵培养基:玉米淀粉 10%、淀粉酶 0.025%、玉米浆 3%、$(NH_4)_2SO_4$ 1%、$CaCO_3$

1%、$MgSO_4$ 0.025%、NaCl 0.1%、$MnSO_4$ 0.002%、KH_2PO_4 0.08%。pH 7.0～7.2。

1. 结合文献资料信息，比较各种成分并确定最合适的孢子培养基、平板分离培养基、种子培养基和发酵培养基的配方。

2. 根据改良的培养基配方，确定所需准备的材料，配制培养基并灭菌。

任务三　菌种选育、保藏及种子制备

（一）菌种选育原理

详见项目二“四环素的发酵生产”。

（二）菌种保藏

多黏芽孢杆菌菌种保存于砂土管或冷冻安瓿，置于 4 ℃冰箱中。

（三）种子制备

将多黏芽孢杆菌砂土孢子接于斜面培养基，28 ℃培养 4～5 d，成熟后的菌苔呈乳白色，经冰箱保存后转成浅灰色。将成熟的孢子配制成浓度为 10^7 个/mL 的孢子悬液。取 1 mL接种于种子培养基，32 ℃振荡(180 r/min)培养 18～24 h，至种子培养液较稠厚，菌体形态粗壮，效价在 1000 U/mL 以上。按 10%接种量将种子培养液接入发酵培养基中，于 30 ℃振荡(200～300 r/min，通气量为 0.833 L/(L・min))培养 36～42 h。取样，测定多黏菌素 E 效价。

1. 设计方案，判断并选育优良的产多黏菌素 E 菌种并用合适的方法保藏。

2. 确定需要的实训设备和试剂。

任务四　确定发酵工艺

多黏菌素的生产通常是自对数生长期起，直至自溶期和产芽孢为止。通常不产芽孢的，也不产多黏菌素。静置培养，抗生素和芽孢同时消失；振荡生产，两种作用同时恢复。多黏菌素 E 发酵过程中菌体有三个明显的代谢时期：①菌体繁殖期，此时菌体繁殖旺盛，菌形粗壮，迅速增加，培养基外观转成黏度较大的糊状物，在对数生长期末，两者(芽孢、抗生素)显著受温度影响，30 ℃则两者均高产，37 ℃则两者均大大减少甚至消失；②分泌期，此期间菌体繁殖趋于减弱，培养基中碳源利用速率显著下降，pH 迅速下降到 6.0 以下，抗生素产量迅速上升；③芽孢形成期，此期间菌体逐渐衰老，芽孢逐渐形成，亚甲蓝染液不易着色，发酵液外观逐渐转稀，pH 迅速上升，抗生素累积量下降。整个发酵过程一般为 36～42 h，至发酵 pH 明显下降至 6 以下，用显微镜观察可看到部分芽孢产生，说明发酵已达终点，即可停止发酵，准备放罐，进行过滤和提炼。

基本发酵工艺流程如图 2-3-1 所示，发酵工艺条件见表 2-3-3。

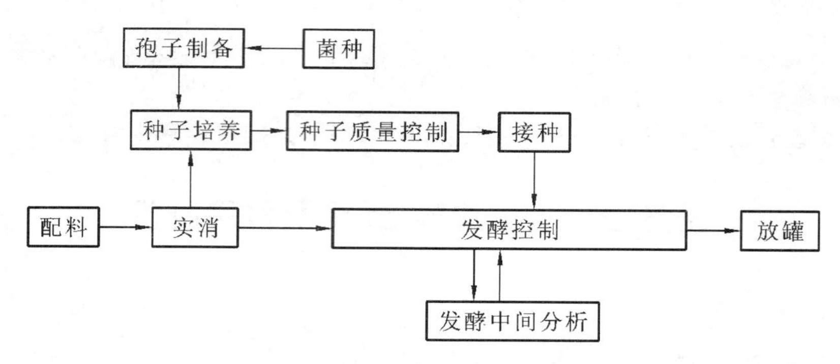

图 2-3-1　多黏菌素 E 发酵生产工艺流程

表 2-3-3　多黏菌素 E 发酵生产工艺条件

通气量/[L/(L·min)]	温度/℃	最适生长 pH	最适生产 pH	发酵时间/h
0.833	31—30—30	6.5～7.0	5.5～6.5 (可用氨水调节)	36～42

确定详细的发酵工艺,包括通气量、二阶段发酵温度、最适生长温度和 pH、最适生产温度和 pH、发酵时间、补料及消泡剂等。

任务五　分离纯化和质量检验

(一) 多黏菌素 E 的提取工艺

多黏菌素 E 的提取可采用吸附法、沉淀法、溶剂萃取法、离子交换法。其中吸附法是以活性炭作为吸附剂,以酸性溶液洗脱,选择性差,收率低。沉淀法是通过与有机酸形成沉淀而实现分离;溶剂萃取法是在碱性条件下转入有机溶剂,酸性条件下转入水相。这两种方法的产物质量不稳定。因此,以离子交换法应用最广,其工艺过程如图 2-3-2 所示。

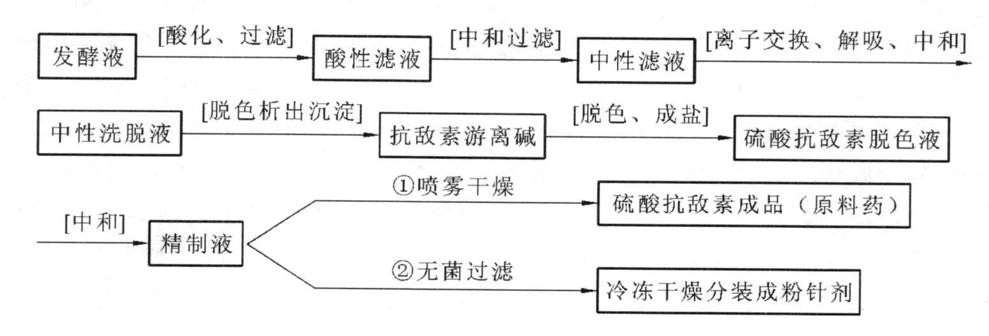

图 2-3-2　多黏菌素 E 分离提纯的工艺流程

(二) 提取工艺要点

码2-3-1 多黏菌素发酵液酸化

1. 发酵液的预处理

多黏菌素 E 发酵液预处理的主要操作是酸化，一般用草酸进行酸化。草酸可将结合在菌体中的多黏菌素 E 逐步释放出来。加入草酸维持 pH 1.5～2.0，将酸化的发酵液于水浴中加热至 90～95 ℃，维持约 30 min，缓慢冷却至 50 ℃。

2. 板框过滤及滤液中和

用手动式板框压滤机趁热过滤酸化液(可加入 3%左右的助滤剂(硅藻土)；如没有板框过滤机，也可用离心机离心(3000g)替代)，并收集于烧杯中，酸化滤液冷却至 5～10 ℃；缓慢加碱，并严格控制 pH，调节至 6.4～6.7。中和后的滤液再次压滤，得到中性滤液。

中和酸化滤液前一定要先将滤液冷却至 5～10 ℃。

中和调节 pH 这步最为重要，如局部 pH 超过 7.0，则有部分游离碱析出，影响收率；若 pH 过低，则杂质不易除去，影响质量。

3. 离子交换

利用多黏菌素 E 在中性水溶液中解离成阳离子的特性，用弱酸性丙烯酸系阳离子交换树脂(110×3Na 型)进行浓缩提纯。

(1) 树脂预先浸泡预处理后备用。

(2) 树脂装柱，并按照图 2-3-3 连接好仪器设备待用。装柱要点：①不干燥；②无气泡、不断层；③不泄漏树脂。

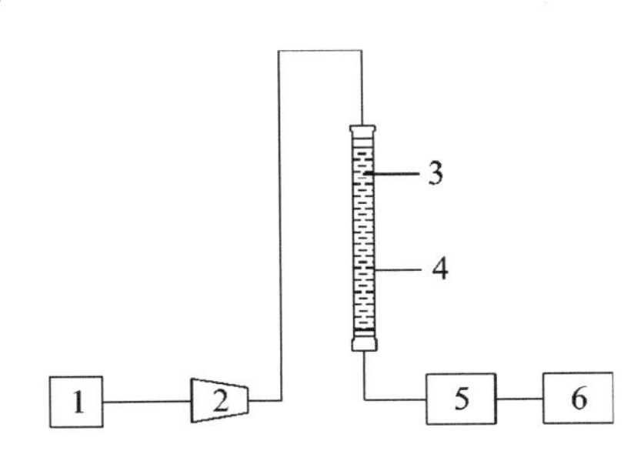

图 2-3-3 离子交换树脂装置示意图

1—发酵液；2—蠕动泵；3—离子交换树脂；4—离子交换柱；5—检测设备；6—自动部分收集器

(3) 多黏菌素 E 的交换。

将中和滤液以调节好的流速泵入离子交换柱中，并用量筒收集流出液，每隔 5 min 用 5%磷钨酸溶液定性测定是否有多黏菌素 E 漏出(产生白色沉淀)。此时该柱可停止吸附，并将吸附内的中性滤液通过串联法压入下一条已再生好待用的吸附柱。

也可以漏出点出现后收集流出液，每 50 mL 为一份，测定其效价。当流出液中多黏菌素 E 的浓度与中和滤液中的多黏菌素 E 浓度相同时，说明树脂已经饱和，停止交换。以多黏菌素 E 流出液的浓度为纵坐标，以流出液体积为横坐标，绘制交换曲线。

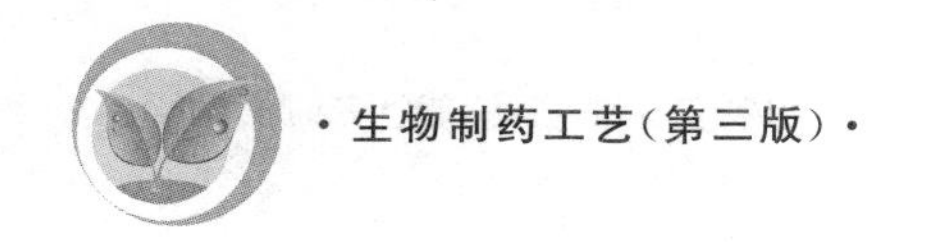

(4) 饱和树脂的洗涤。

将吸附饱和的树脂用蒸馏水洗涤,直至流出液的磷钨酸溶液反应为阴性。

收集并合并流出液,测定其体积和溶液中多黏菌素 E 的浓度。

(5) 多黏菌素 E 的解吸。

洗涤后的饱和树脂用 0.35 mol/L 硫酸洗脱,调节流速为 0.1 mL/min。用分步收集器收集流出液,每 3～5 mL 为一份,测定 pH 及效价。当流出液的效价在100 U/mL左右时,停止解吸。以解吸液中多黏菌素 E 浓度为纵坐标,以解吸液体积为横坐标,绘制多黏菌素 E 解吸曲线。

解吸时注意:若酸浓度过高,则多黏菌素 E 易迅速破坏;如酸度过低,则解吸效果差,洗脱液体积增大。

(6) 流出的解吸液用 NaOH 溶液调 pH 至 5～6。

(7) 树脂再生。

用大量蒸馏水反复洗净后,用 0.5 mol/L NaOH 溶液使树脂再生。

4. 脱色、成盐及精制

(1) 向中性解吸液中加入 5%(体积分数)的丁醇和 5%(体积分数)的浓氨水,待逐渐析出游离碱沉淀。

(2) 用 3 mol/L 硫酸溶解粗碱,与之成盐,此时测得 pH 为 6.0～6.5,按 5 g/L 加入活性炭脱色 1～1.5 h。然后过滤,得到硫酸抗敌素脱色液。

(3) 以 311×4 树脂去除杂质,并将流出液中和至 pH 6.3～6.7。

过滤和洗涤后都要尽量抽干,否则成品的灰分较高。

粗碱用 3 mol/L 硫酸成盐时,要防止局部过酸,造成多黏菌素 E 破坏,影响产量和质量。

(三) 鉴别试验

(1) 取本品约 20 mg,加磷酸盐缓冲液(pH 7.0)2 mL、0.5%茚三酮水溶液 0.2 mL,加热至沸,溶液显紫色。

(2) 取本品约 2 mg,加水 5 mL 溶解后,加 10% NaOH 溶液 5 mL,再滴加 1%硫酸铜溶液 5 滴,每加 1 滴即充分振摇,溶液显红紫色。

(3) 本品的水溶液显硫酸盐的鉴别反应(见《中国药典》(2020 年版)四部通则 0301)。

(四) 含量测定

精密称取本品适量,加灭菌水制成 1 mL 中约含 10000 单位的溶液,照抗生素微生物检定法(见通则 1201 第一法)测定,即得。

1. 制定详细的多黏菌素 E 分离提取的工艺过程,并列出所需的材料,配制所需试剂,进行分离提取,并设计填写详细的工序操作交接单。

<table>
<tr><td colspan="4">酸化工段记录单
（存根）</td></tr>
<tr><td colspan="4">原始数据记录</td></tr>
<tr><td>发酵液初始 pH</td><td></td><td>酸化后 pH</td><td></td></tr>
<tr><td>草酸初始质量/g</td><td></td><td>酸化后剩余草酸质量/g</td><td></td></tr>
<tr><td>酸化液加热时间/min</td><td></td><td>酸化的发酵液体积/L</td><td></td></tr>
<tr><td>工
序
交
接</td><td colspan="3">1. pH 计是否正确使用并收藏？（　　）
2. 酸化时 pH 是否准确？（　　）
3. 酸化液加热时有什么变化？________
4. 酸化液是否已冷却至 50 ℃？（　　）</td></tr>
<tr><td>酸化员：</td><td colspan="2">酸化负责人：</td><td>日期：</td></tr>
</table>

2. 制定详细的多黏菌素 E 鉴别方案并实施。
3. 制定出详细的多黏菌素 E 含量测定方法并实施。

任务六　总结汇报

小组完成实训后，需要对实训过程、结果及收获向同学们和老师进行汇报。

（一）小组评价

实训结束后，小组成员互相评价各自在实训过程中的表现，具体内容见模块二项目一的小组评价表。

（二）实训总结

小组成员提交的材料包括以下内容。

(1) 小组工作计划书：含人员安排、工序交接计划时间、材料准备试剂配制、参考文献等。

(2) 小组工作日志：操作过程、时间、用量、现象或结果记录以及操作人员签名，小组工序交接单。

(3) 个人实训报告：实训流程、现象观察记录、结果、分析、小结。

1. 学会设计制作工序操作交接单，并认真填写。
2. 制作 PPT、word 工作总结，交工作报告。
3. 各组选一名代表进行实训项目总结汇报。

码2-4-1 花青素的生产

项目四　花青素的生产

目的要求

（1）了解花青素生产的一般过程。

（2）掌握花青素的质量检测过程。

生产计划

生产计划见表2-4-1。

表2-4-1　生产计划

任　　务	检验成果	时　　间	成　　员
任务一　查找资料	PPT、word、实物		
任务二　确定生产方法	查找资料		
任务三　花青素的提取	预处理、制备粗品		
任务四　花青素的分离纯化	分离纯化工艺的优化		
任务五　花青素的检测	质量检测方法的优化		
任务六　花青素的含量测定	数据统计		
任务七　总结汇报	PPT、word、实物		

项目实施

任务一　查找资料

（一）花青素的基本知识

花青素(anthocyanin)是一类广泛存在于植物中的水溶性色素，属类黄酮化合物，是植物花瓣中的主要呈色物质，在植物细胞液泡不同的pH条件下，使花瓣、叶片或果实等呈现蓝、红、紫和黄色等颜色。对于植物而言，花青素绚丽的色泽在授粉和避免紫外线伤害方面起着重要作用；对于人类而言，花青素可以作为一种天然色素，具有安全、无毒、来源丰富的特性，已广泛应用于食品、化妆品领域。

结合所查资料，了解花青素的来源，确定生产原料。

（二）花青素的药理作用

花青素具有卓越的抗氧化能力，可以清除人体内致病的自由基，减缓细胞死亡和细胞膜变性，从而延缓衰老。花青素还能通过抑制酶的活性来降低血压，达到防止中风、偏瘫的作用。另外，花青素能通过降低胆固醇水平，减少血管壁上的胆固醇沉积，通过提高血管壁弹性而达到降压的目的，在预防和治疗心血管疾病中发挥越来越大的作用。此外，国内很多研究证实，花青素对多种癌变（如乳腺癌、皮肤癌等）都有不同程度的抑制作用。

根据相应专业基础课的知识储备，结合所查资料，讨论花青素的食用和药用价值。

（三）花青素的结构特点

花青素的基本结构单元为 α-苯基苯并吡喃型阳离子，由于 B 环上 R_1、R_2 位置的取代基不同（羟基或甲氧基），形成了各种各样的花青素苷元。在自然状态下，花青素在植物体内与各种糖结合形成苷，称为花色苷。已知天然花青素苷元有 30 多种，在植物中常见的有 6 种，即天竺葵色素（Pg）、矢车菊色素（Cy）、飞燕草色素（Dp）、芍药色素（Pn）、牵牛花色素（Pt）和锦葵色素（Mv）。茶叶中主要含前三种花青素，另外，还有花白素及由儿茶素聚合形成的原花色素（proanthocyanidins），酸性条件下两类物质可部分转化为花青素。在茶叶中还发现一种翘摇紫苷元（又称三策啶），也属花青素类。迄今为止，在植物中分离鉴定的结合不同种类和数量的糖以及酰基化的花青素超过 600 种。

（四）花青素的理化性质

花青素分子中存在 C_6-C_3-C_6 高度共轭体系，具有酸性与碱性基团，易溶于水、甲醇、乙醇、稀碱与稀酸等极性溶剂中。在紫外与可见区域均具较强吸收，紫外区最大吸收波长在 280 nm 附近，可见区最大吸收波长在 500～550 nm 范围内。

根据相应专业基础课的知识储备，结合所查资料，讨论花青素的理化性质与结构之间的关系。

任务二　确定生产方法

（一）提取方法的确定

1. 有机溶剂萃取法

采用有机溶剂萃取时，多数选择甲醇、乙醇、丙酮等混合溶剂对材料进行溶解过滤，通过调节溶液酸碱度萃取滤液中的花青素。有机溶剂萃取法的关键是选择有效溶剂，要求既要对被提取的有效成分有较大的溶解度，又要避免溶解大量的杂质。对于提取溶剂，甲醇是最佳选择，因为甲醇提取效率比乙醇高 20%，比水高 73%。酸性溶剂在破坏植物细胞膜的同时溶解水溶性色素。最常用的提取溶剂是 1%盐酸甲醇溶液。考虑到甲醇的毒性，可以选择 1%盐酸乙醇溶液。用盐酸酸化可以保持较低 pH，有利于花青素的提取，也能保持稳定状态。该方法原理简单，对设备要求较低，不足之处是大多数有机溶剂毒副作用大且产物提取率低。

2. 水溶液提取法

有机溶剂萃取的花青素多有毒性残留且生产过程中环境污染大，水溶液提取法因此应运而生。该方法一般将植物材料在常压或高压下用热水浸泡，然后用非极性大孔树脂吸附；或直接使用脱氧热水提取，再采用超滤或反渗透，浓缩得到粗提物。此方法设备简单，但产品纯度低。

3. 超临界流体萃取法

超临界流体萃取是利用压力和温度对超临界流体溶解能力的影响进行提取。这种方法产品提取率高,但设备成本过高。该工艺中 CO_2 和改性剂可循环使用,对环境无污染。

4. 微波提取法

微波提取是利用在微波场中,吸收微波能力的差异使得基体物质的某些区域或萃取体系中的某些组分被选择性加热,从而使得被萃取物质从基体或体系中分离,进入具有较小介电常数、微波吸收能力相对较差的萃取溶剂中。该技术选择性好,萃取率高,速度快,操作简单,废液排放量少。

5. 超声波提取法

超声波提取法应用前景好,操作简单,快速高效,生产过程清洁无公害。

6. 加压溶剂萃取法

加压溶剂萃取是通过加压提高溶剂的沸点,进而使被提取物在溶剂中的溶解度增加,来获得较高的萃取效率。

(二) 分离纯化方法的选择

目前,花青素的纯化多采用液相萃取法、固相萃取法、薄板层析法、柱层析法、酶法、离子交换法、大孔树脂吸附法、膜分离法和综合技术法等。其中大孔树脂吸附法是近年来花青素提纯最常用的方法之一,而新的纯化方法如高速逆流色谱法、电泳法还处于起步阶段,但其方法的创新性与优越性不容置疑。

根据相应专业基础课的知识储备,结合所查资料,讨论各种花青素生产方法的优劣,确定花青素生产方法。

任务三 花青素的提取

(一) 花青素的提取工艺

花青素提取工艺流程如图 2-4-1 所示。

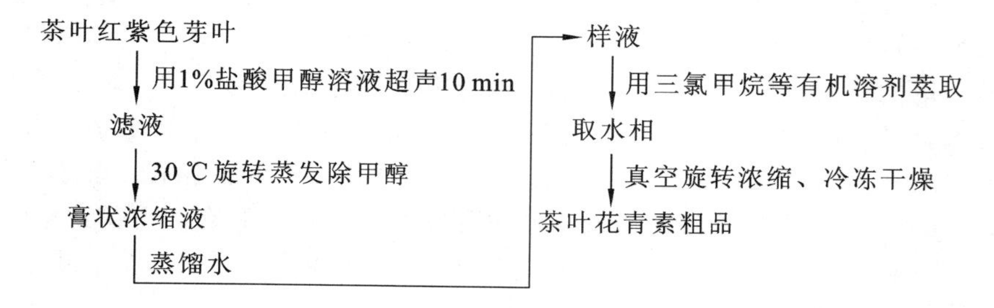

图 2-4-1 花青素提取工艺流程

取茶叶红紫色芽叶样品 50 g,置于 500 mL 三角瓶中,加入 200 mL 1%盐酸甲醇溶液,超声提取 10 min,4 ℃下冷浸 2 h,过滤至 1000 mL 棕色试剂瓶中;按上述方法重复处理 2 次,合并提取液。将提取液在 30 ℃下进行真空旋转浓缩,至样品呈膏状,无甲醇残留为止。用少量蒸馏水将膏状样品溶解,样液依次用三氯甲烷、乙酸乙酯萃取 3 次后,收集水层，真空冷冻干燥。

（二）提取工艺要点

1. 减压蒸馏

低温（30℃）下除去有机溶剂甲醇，保证花青素的结构和含量不变。

2. 冷冻干燥

采用真空冷冻干燥法除去溶剂，既保证花青素的质量稳定，又可以有效除去杂质。

根据相应专业基础课的知识储备，结合所查资料，讨论花青素生产过程中的注意事项。

任务四　花青素的分离纯化

（1）HPD-700 大孔树脂的处理　将大孔树脂用无水乙醇充分浸泡，将树脂微孔中的空气泡赶出。然后用水冲洗取代乙醇，再用稀 NaCl 溶液和稀 Na_2CO_3 溶液冲洗，以除去痕量的防腐剂和残留的单体化合物，最后用蒸馏水冲洗干净，备用。

（2）吸附　准确称取已预处理的大孔树脂 2.0 g，20 ℃下加入 20 mL pH 2.5～3.0 花青素初提液，吸附 12 h。

（3）解吸附　准确称取已吸附完全的大孔树脂 2.0 g，加入 20 mL70%乙醇解吸 0.5 h，重复解吸 2 次。

（4）花青素精品制备　将洗脱液用旋转蒸发仪在 40 ℃浓缩，最后用真空冷冻干燥机干燥成粉状物，此粉状物为花青素纯化提取物。

根据相应专业基础课的知识储备，结合所查资料，讨论大孔树脂吸附法的操作要点。

任务五　花青素的检测

（1）颜色反应　水溶液中分别加入浓盐酸、1%香荚兰的盐酸溶液和 $KI-I_2$ 试剂，进行颜色反应。浓盐酸中显粉红色，1%香荚兰的盐酸溶液中显红色，在 $KI-I_2$ 试剂的作用下不产生棕色沉淀。

（2）薄层鉴别　点样于硅胶 GF254 薄板上，以三氯甲烷-乙酸乙酯（1∶40）为展开剂进行薄层层析。观察所得斑点在可见光和紫外光下的颜色，并分别用氨蒸气、碘蒸气熏蒸，以及 50%硫酸喷雾，使斑点显色。可见光下显蓝紫色，紫外光下显浅蓝色；氨蒸气熏蒸后，可见光下显蓝紫色，紫外光下显浅蓝色；碘蒸气熏蒸后，可见光下显粉红色。

（3）紫外-可见分光光度法　溶液中加浓盐酸少许，在紫外-可见分光光度计中扫描鉴定，在 270～280 nm 波长处都有吸收峰，而在 465～550 nm 波长处有花青素特征吸收峰。

（4）高效液相色谱法　色谱仪：美国 Waters 510 型高压液相色谱仪，Waters 2487 检测器，520 nm 波长检测。分析柱：BDS Hypersil C_{18}。流动相：20% A 相（乙腈），80% B 相（2%甲酸水溶液），等度洗脱。流速：0.8 mL/min。进样量：10 μL。柱温：28 ℃。

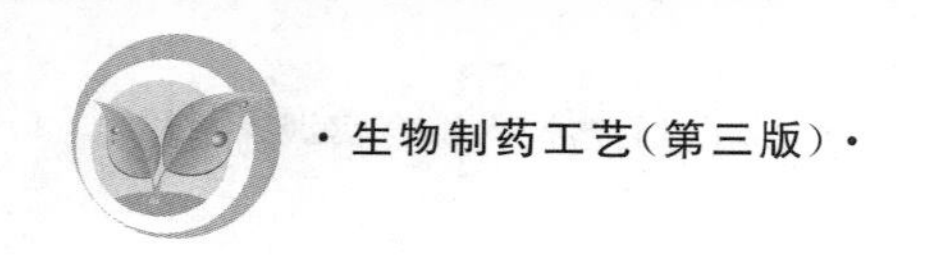

根据相应专业基础课的知识储备,结合所查资料,讨论各种分析检测方法的优劣。

任务六　花青素的含量测定

(一)标准曲线的制作

配制浓度为 1.0 mg/mL 的花青素标准溶液,分别取 0.5 mL、1.0 mL、1.5 mL、2.0 mL、2.5 mL,然后用 60%乙醇水溶液定容至 5.0 mL,各取 1.0 mL(另取 1.0 mL 60%乙醇水溶液作为空白液)分别加入 6.0 mL 香草醛的盐酸溶液和 3.0 mL 浓盐酸,摇匀,避光,在 30 ℃恒温水浴中保持 30 min,取出后在 500 nm 波长下测其吸光度值,绘制标准曲线,得回归方程。

(二)样品溶液比色

精密称取花青素样品,配成 1.0 mg/mL 的花青素样品溶液,取 1.0 mL,然后用 60%乙醇水溶液定容至 5.0 mL,取 1.0 mL(另取 1.0 mL 60%乙醇水溶液作为空白液),加入 6.0 mL香草醛的盐酸溶液和 3.0 mL 浓盐酸,摇匀,避光,在 30 ℃恒温水浴中保持 30 min,取出后在 500 nm 波长下测其吸光度值,代入回归方程中计算定容后样品溶液中花青素的浓度。

(三)含量计算

将样品中花青素的浓度代入下列公式计算含量(质量分数):

$$\text{花青素的含量}=\frac{\text{样品定容体积}\times\text{定容后样品溶液中花青素的浓度}\times\text{稀释倍数}}{\text{样品质量}}\times 100\%$$

根据相应专业基础课的知识储备,结合所查资料,讨论紫外-可见分光光度法的测定原理和特点。

任务七　总结汇报

小组完成实训后,对实训过程、结果及收获进行总结,并向同学们和老师进行汇报。

(一)小组评价

实训结束后,小组成员互相评价各自在实训过程中的表现,具体内容见模块二项目一的小组评价表。

(二)实训总结

小组成员提交的实训报告应包括摘要、关键词、正文(材料与方法、结果与讨论)、参考文献。

1. 制作 PPT、word 工作总结,交工作报告。
2. 小组成员互相讲解,并推选一名成员向全班汇报。

码2-5-1 基因工程α-干扰素的生产

项目五　基因工程α-干扰素的生产

目的要求

(1) 掌握基因工程α-干扰素发酵生产的一般过程。
(2) 熟悉重组α-干扰素的质量控制。
(3) 了解基因工程重组菌的构建。
(4) 培养动手能力、独立思考的精神和严谨的工作态度。

生产计划

生产计划见表2-5-1。

表2-5-1　生产计划

任　　务	检验成果	时间	成员
任务一　查找资料	PPT、word、实物		
任务二　目的基因的克隆(一):构建重组质粒	重组质粒		
任务三　目的基因的克隆(二):转化与阳性克隆的筛选	阳性克隆及α-干扰素的鉴定		
任务四　菌种库和工作菌种库的建立及保存	培养基、冻存菌种、一级种子		
任务五　基因工程重组菌的发酵	培养基、发酵工艺条件的优化		
任务六　重组α-干扰素分离提取	粗干扰素溶液、干扰素样品		
任务七　α-干扰素重组质量控制	检验数据		
任务八　总结汇报	PPT、word、实物		

项目实施

任务一　查找资料

干扰素(interferon,IFN)是机体免疫细胞产生的一类细胞因子,是机体受到病毒感染时,免疫细胞通过抗病毒应答反应而产生的一组结构类似、功能接近的生物调节蛋白。根据干扰素分子结构和抗原性的不同,可将人干扰素分为α、β、γ、ω四种类型。α-干扰素主要由白细胞产生,是临床治疗慢性乙型肝炎、丙型肝炎和慢性粒细胞白血病的首选药物,还广泛用于治疗其他多种病毒性和恶性肿瘤性疾病。

目前我国市场销售的α-干扰素主要有三种亚型,即α1b、α2a、α2b。传统的干扰素生产方法是从人血液中的白细胞内提取,产量低、价格昂贵,不能满足需要,现在可以利用基因工程技术并在大肠埃希菌或酵母菌、腐生型假单孢杆菌等宿主细胞内发酵、表达来生产重组干扰素。

基因工程干扰素的生产通常分为上游和下游两个阶段。上游阶段主要是分离干扰素基因,构建工程菌(细胞)。获得目的基因后,最主要的就是目的基因的表达。此阶段的工作主要在实验室内完成。下游阶段是从工程菌的大量培养一直到产品的分离纯化和质量控制。此阶段是将实验室的成果产业化、商品化,主要包括工程菌大规模发酵最佳参数的确立、分离纯化的优化控制、高纯度产品的制备技术等。

(一) 确定生产路线

获得目的基因→构建载体→转化→筛选→鉴定→分离→启开种子→制备种子液→发酵培养→粗提→半成品制备→半成品检定→分装→冻干→成品检定→成品包装。

(二) 确定材料

确定实训所需仪器与设备、试剂、菌种、培养基、发酵培养系统设备。

以表达质粒的构建为例。仪器设备:微量移液器、低温离心机、台式离心机、琼脂糖凝胶电泳系统、凝胶成像系统、通风橱、制冰机、振荡器、恒温水浴锅等。实训材料:载体如pET-14b、大肠埃希菌菌株 DH5α 等。试剂:酶与缓冲液,如限制性内切酶、DNA 聚合酶;1%琼脂糖凝胶等。

1. 根据相应专业基础课的知识储备,结合所查资料,讨论注射用重组人干扰素 α2a、α2b 的适应证有哪些。
2. 查找基因工程干扰素生产资料并确定生产路线,准备实训过程中所需的实训材料。
3. 登录 GenBank 查找人干扰素 α2a、α2b 的基因序列。

任务二　目的基因的克隆(一):构建重组质粒

(一) 目的基因的获得

1. *方法*

为实现某一目的基因(靶基因)的转移与表达,首先必须克隆得到该基因。基因克隆的方法很多,目前常用的有三种方法:①构建 cDNA 文库,筛选目的 cDNA;②通过聚合酶链反应(PCR)方法得到目的基因;③人工化学合成方法制备。

2. *制备流程(PCR 法)*

已知目的基因序列,就可以用 PCR 法从基因组 DNA 或 cDNA 中获得目的基因。人干扰素 α2b 是由 165 个氨基酸残基组成的蛋白质,在大肠埃希菌中表达的人干扰素 α2b 除 N 末端多一个甲硫氨酸残基外,其他与天然品相同。以干扰素 α2b 为例获取目的DNA,流程如下:

(1) 利用 Trizol 法提取经 NDV-F 诱导人脐血白细胞的总 RNA。

(2) 通过 Oligo(dT)寡聚纤维素柱获得 poly(A)+mRNA,5%～23%蔗糖密度梯度离心提取 12S 的 mRNA。

(3) 用反转录试剂盒反转录,把 mRNA 反转录成 cDNA。

(4) 人 IFNα2b PCR 引物采用计算机辅助设计,并登录 GenBank 对照无误。上游引物 5′-GACGAATTCATGTGTGATCTGCCTCAAACC-3′(含 *Eco* RⅠ酶切位点),下游引物 5′-CGCAAGCTTTCATTCCTTACTTCTTAAAC-3′(含 *Hin* dⅢ酶切位点)。

(5) PCR法扩增目的DNA。反应体系如下：模板10～1000 ng基因组，引物10～50 pmol/L，dNTPs 0.2 mmol/L，10×buffer 5 μL，DNA聚合酶1.25～2.5 U，加水至总体积为50 μL。

PCR程序包括变性、退火和延伸，30个循环。

(6) PCR产物回收、纯化，进行限制性酶切处理。反应体系如下：PCR产物3 μg，10×限制性酶切缓冲液3 μL，各种限制性内切酶10～20 U，10×BSA 3 μL，加水至总体积为30 μL。

(7) 酶切后PCR产物电泳、回收及纯化。

(8) 人工加尾形成黏性末端。

3. 注意事项

(1) RNA易受稳定且广泛存在的RNA酶的攻击反应而降解，所以在RNA提取全过程中应创造无RNA酶的环境，要严格避免RNA酶的污染，并设法抑制其活性。

(2) PCR引物设计遵循以下原则：引物长度以15～30个核苷酸为宜；碱基应尽可能随机分布，避免出现嘌呤、嘧啶堆积现象，引物G+C含量应在45%～55%；引物内部无发夹结构，引物间应避免出现二聚体；引物3′端最好选A，不要选T；在引物5′端可加上限制性酶切位点及保护碱基，以便扩增产物进行酶切和克隆。

(二) 质粒的提取

1. 碱处理法提取质粒试剂准备

(1) 溶液Ⅰ：50 mmol/L葡萄糖、25 mmol/L Tris-HCl(pH 8.0)、10 mmol/L EDTA(pH 8.0)。高压下蒸汽灭菌15 min，4 ℃下保存。

(2) 溶液Ⅱ：0.2 mol/L NaOH、1% SDS。使用前临时配制。

(3) 溶液Ⅲ：乙酸钾缓冲液(pH 4.8)。

(4) TE：10 mmol/L Tris-HCl(pH 8.0)、1 mmol/L EDTA(pH 8.0)。

(5) 苯酚-氯仿-异戊醇(25∶24∶1)。

(6) 乙醇(无水乙醇、70%乙醇)。

(7) 50×TAE。

(8) 溴化乙锭(EB)：10 mg/mL。

(9) RNase A(RNA酶A)：不含DNA酶(DNase)的RNase A 10 mg/mL，TE配制，沸水加热15 min，分装后储存于−20 ℃。

(10) 6×loading buffer(上样缓冲液)：0.25%溴酚蓝、0.25%二甲苯青FF、40%蔗糖水溶液。

(11) 1%琼脂糖凝胶：称取1 g琼脂糖，置于三角瓶中，加100 mL 1×TAE，微波炉加热至完全熔化，冷却至60 ℃左右，加EB母液(10 mg/mL)至终浓度为0.5 μg/mL。(注意：EB为强诱变剂，操作时戴手套。)

2. 碱处理法提取质粒pET14b

(1) 将含有质粒的菌种接种在LB固体培养基(含50 μg/mL Amp)中，37 ℃培养12～24 h。用无菌牙签挑取单菌落接种到5 mL LB液体培养基(含50 μg/mL Amp)中，

37 ℃、200 r/min 振荡培养约 12 h 至对数生长后期。

(2) 取 1.5 mL 培养物，置于微量离心管中，室温 8000g 离心 1 min，弃上清液，将离心管倒置，使液体尽可能流尽。

(3) 将细菌沉淀重悬于 100 μL 预冷的溶液Ⅰ中，剧烈振荡，使菌体分散混匀。

(4) 加 200 μL 新鲜配制的溶液Ⅱ，颠倒数次混匀(不要剧烈振荡)，并将离心管放置于冰上 2～3 min。

(5) 加入 150 μL 预冷的溶液Ⅲ，将管缓慢颠倒数次混匀，出现白色絮状沉淀，可在冰上放置 3～5 min。

(6) 加入 450 μL 苯酚-氯仿-异戊醇，振荡混匀，4 ℃12000g 离心 10 min。

(7) 小心移出上清液，置于一新微量离心管中，加入 2.5 倍体积预冷的无水乙醇，混匀，室温放置 2～5 min，4 ℃ 12000g 离心 15 min。

(8) 用 1 mL 预冷的 70%乙醇洗涤沉淀 1～2 次，4 ℃ 8000g 离心 7 min，弃上清液，将沉淀在室温下晾干。

(9) 沉淀溶于 20 μL TE(含 RNase A 20 μg/mL)，37 ℃水浴 30 min 以降解 RNA 分子，−20 ℃保存备用。

3. 注意事项

(1) 质粒提取过程中应尽量保持低温。

(2) 提取质粒 DNA 过程中除去蛋白质很重要，采用苯酚-氯仿去除蛋白质效果较单独用苯酚或氯仿好，要将蛋白质尽量除干净需多次抽提。

(3) 沉淀 DNA 通常使用冰乙醇，在低温条件下放置时间稍长可使 DNA 沉淀完全。沉淀 DNA 也可用异丙醇(一般使用等体积)，且沉淀完全，速度快，但常把盐沉淀下来，所以多数还是用乙醇。

(4) 溶液Ⅱ为裂解液，使细胞膜裂解，故离心管中菌液逐渐变清；溶液Ⅲ为中和溶液，此时质粒 DNA 复性，染色体和蛋白质不可逆变性，形成不可溶复合物。

(三) 质粒 DNA 双酶切及琼脂糖电泳回收

1. 表达载体的限制性内切酶酶切

反应体系如下：载体 3 μg，10×限制性酶切缓冲液 3 μL，各种限制性内切酶 10～20 U，10×BSA 3 μL，加水至总体积为 30 μL。酶切完全后，在反应体系中进行去磷酸化处理。

2. 酶切后表达载体琼脂糖凝胶电泳检测

(1) 制备 1%琼脂糖凝胶：称取 1.0 g 琼脂糖，置于三角瓶中，加入 100 mL 1×TAE，瓶口上倒扣小烧杯。微波炉加热煮沸 3 次至琼脂糖全部熔化，摇匀，即成 1.0%琼脂糖凝胶液。冷却到 65 ℃左右，向琼脂糖凝胶溶液中加入 0.5 μL Goldview，摇匀。

(2) 胶板制备：将电泳槽内的有机玻璃内槽(制胶槽)洗干净、晾干，放入制胶玻璃板。用透明胶带将玻璃板与内槽两端边缘封好，形成模子。将内槽置于水平位置，并在固定位置放好梳子。将冷却到 65 ℃左右的琼脂糖凝胶液混匀，小心地倒入内槽玻璃板上，使胶液缓慢展开，直到整个玻璃板表面形成均匀胶层。室温下静置直至凝胶完全凝固，垂直轻拔梳子，取下胶带，将凝胶及内槽放入电泳槽中。添加1×TAE电泳缓冲液至没过胶板为止。

(3) 加样：在点样板或石蜡膜上混合DNA样品和上样缓冲液，上样缓冲液的最终稀释倍数应不小于1。用10 μL微量移液器分别将样品加入胶板的样品小槽内，每加完一个样品，应更换一个加样头，以防污染，加样时勿碰坏样品孔周围的凝胶面。(注意：加样前要先记下加样的顺序。)

(4) 电泳：加样后的胶板立即通电进行电泳，电压60～100 V，样品由负极(黑色)向正极(红色)方向移动。电压升高，琼脂糖凝胶的有效分离范围降低。当溴酚蓝移动到距离胶板下沿约1 cm处时，停止电泳。

(5) 电泳完毕后，取出凝胶。

(6) 观察照相：在紫外灯下观察，若有DNA存在则显示出红色荧光条带，采用凝胶成像系统拍照保存。

3. 胶回收酶切产物

(1) 在紫外检测仪下观察，切下目的DNA，加等体积Tris-HCl饱和苯酚，−20 ℃放置5 min；

(2) 4 ℃ 10000g离心5 min，转移上层液，用等体积苯酚-氯仿抽提一次；

(3) 加入1/10体积3 mol/L NaAc溶液，混匀，加入2.5倍体积预冷无水乙醇，−20 ℃静置10 min；

(4) 4 ℃ 13000g离心10 min，用75%乙醇洗沉淀1～2次；

(5) 加双蒸水或TE溶解沉淀。

(四) 载体质粒与外源DNA连接

1. 实训过程

(1) 将0.1 μg载体DNA转移到无菌离心管中，加等物质的量(可稍多)的外源DNA片段。

(2) 加蒸馏水至体积为8 μL，于45 ℃保温5 min，使重新退火的黏性末端解链。将混合物冷却至0 ℃。

(3) 加入10×T4 DNA连接酶缓冲液1 μL、T4 DNA连接酶0.5 μL，混匀后用微量离心机将液体全部甩到管底，于16 ℃保温8～24 h。同时做两组对照反应，其中一组只有质粒载体无外源DNA片段，另一组只有外源DNA片段没有质粒载体。

2. 注意事项

(1) DNA连接酶用量与DNA片段的性质有关，连接平末端，必须加大酶量，一般使用连接黏性末端酶量的10～100倍。

(2) 黏性末端形成的氢键在低温下更加稳定，所以尽管T4 DNA连接酶的最适反应温度为37 ℃，在连接黏性末端时，反应温度以10～16 ℃为宜，平末端则以15～20 ℃为宜。

(3) 在连接反应中，如不对载体分子进行去5′-磷酸基处理，便用过量的外源DNA片段(2～5倍)，这将有助于减少载体的自身环化，增加外源DNA和载体连接的机会。

1. 登录 GenBank 查找干扰素 α2b 全序列。

2. 下载、安装 DNA 分析软件、引物设计软件,然后设计干扰素 α2b 引物,使之带上 *Eco* R Ⅰ和 *Hin* d Ⅲ酶切位点。

3. 设计 *Eco* R Ⅰ和 *Hin* d Ⅲ酶切位点是否合理?为什么是这两种内切酶?如果不合理应该怎么办?

4. 请设计干扰素 α2b 的 PCR 程序,并确定限制性内切酶酶切反应体系。

5. 请配制电泳、质粒提取和胶回收相关溶液。

6. 讨论质粒提取过程中各种溶液的作用。

7. 查找商业提取质粒试剂盒的提取方法和胶回收 DNA 的回收方法,并比较与传统方法的异同。

8. 查找资料,讨论各种工具酶的作用特点及机制。

9. 查找电泳及胶回收的方法。

任务三　目的基因的克隆(二):转化与阳性克隆的筛选

(一) 确定基因工程表达系统

用于干扰素基因表达的宿主可分为两大类:原核细胞——大肠埃希菌、枯草芽孢杆菌、链霉菌;真核细胞——酵母、丝状真菌、哺乳动物细胞。常见基因工程表达系统见表 2-5-2。基因工程菌株选择原则如下:具备宿主细胞的特征和生产干扰素的能力,首先保证表达的蛋白质的功能,其次是表达的量和分离纯化的难易。

表 2-5-2　大肠埃希菌、酵母和哺乳动物细胞 3 类常见基因工程表达系统

表达系统	产　　物	产生部位	培养方式	提　　纯	产物活性	潜在危险性
大肠埃希菌	多肽、蛋白质或融合蛋白质	菌体内	容易,部分可获高产	一般	对原核者好,真核者稍差	不大
酵母	多肽、蛋白质或糖基化蛋白	菌体内或分泌出细胞	容易,可高产	菌体内稍复杂	真核的接近天然	不大
哺乳动物细胞	完整糖基化蛋白	分泌出细胞	较难,成本高,可高产	简单	几乎可为天然产物	需注意有致癌因素

(二) 受体菌的培养(以 *E. coli* DH 5α 为例)

从 LB 平板上挑取新活化的 *E. coli* DH 5α 单菌落,接种于 3～5 mL LB 液体培养基中,37 ℃下振荡培养 12 h 左右,直至对数生长后期。将该菌悬液以 1∶(50～100)的比例接种于 100 mL LB 液体培养基中,37 ℃振荡培养 2～3 h 至 A_{600} 为 0.5 左右。

(三) 制备感受态细胞($CaCl_2$ 法)

(1) $CaCl_2$ 溶液配制:50 mL 水中加入 $CaCl_2$ 粉末 7.351 g。高压灭菌,4 ℃保存。

(2) 取菌体培养液 1 mL 于 1.5 mL 微型管中。

(3) 用冷冻离心机 4 ℃下,1500 r/min 离心 5 min,弃上清液,沥干残液。

(4) 在每个微型管中加入 100 μL 冰中预冷的 $CaCl_2$ 溶液,轻晃悬浮菌体。

(5) 用冷冻离心机 4 ℃下,1500 r/min 离心 5 min,弃上清液,沥干残液。

(6) 在每个微型管中加入 100 μL 冰中预冷的 $CaCl_2$ 溶液,轻晃悬浮菌体。−70 ℃冰箱保存备用。

(四) 转化

(1) 从−70 ℃冰箱中取 200 μL 感受态细胞悬液,室温下使其解冻,解冻后立即置于冰上。

(2) 加入 pBS 质粒 DNA 溶液(含量不超过 50 ng,体积不超过 10 μL),轻轻摇匀,冰上放置 30 min。

(3) 42 ℃水浴中热击 90 s 或 37 ℃水浴 5 min,热击后迅速置于冰上冷却 3～5 min。

(4) 向管中加入 1 mL LB 液体培养基(不含 Amp),混匀后 37 ℃振荡培养 1 h,使细菌恢复正常生长状态,并表达质粒编码的抗生素抗性(Amp^r)基因。

(5) 将上述菌液摇匀后取 100 μL,涂布于含 Amp 的筛选平板上,正面向上放置半小时,待菌液完全被培养基吸收后倒置培养皿,37 ℃培养 16～24 h。待出现明显而又未相互重叠的单菌落时拿出平板。

(6) 4 ℃下放置数小时,使显色完全。

(五) 阳性克隆的筛选

阳性克隆的筛选是指用 PCR 或酶切的方法对阳性克隆进行初步鉴定。PCR 检测包括对菌液直接进行 PCR 检测或将转化菌落(重组子)扩大培养提取质粒后再进行 PCR 检测。阳性克隆经过初步鉴定后,需要对插入片段进行测序分析以确定其正确与否。

(1) 菌液 PCR:取 10 μL 菌液,加入含 100 μL 水的 Eppendorf 管中,100 ℃煮沸 20 min。取出 10 μL 煮沸后的溶液作为 PCR 的模板,进行菌液 PCR。

(2) 挑取单克隆,摇菌,提取质粒。酶切鉴定。测序分析。

(六) 目的蛋白鉴定

保存的菌体可进一步用蛋白质提取方法提取蛋白质,经 SDS-PAGE 检测表达蛋白或进行 Western 印迹杂交分析。流程如下:SDS-PAGE 电泳分离蛋白质;将蛋白质转印至膜上;封闭非特异性结合位点;膜与目的蛋白特异性抗体孵育;加入显色底物显色或与化学发光试剂孵育、曝光显影。

1. 结合所查资料,确定使用哪一种基因工程表达系统。
2. 确定如何构建基因工程菌并实施。
3. 比较各种载体的优劣,选择合适的载体。
4. 制备感受态细胞有哪些方法?分别如何制备?
5. 筛选阳性克隆的方法和原理有哪些?确定一到两种筛选方法并实施。
6. 目的蛋白鉴定的方法和原理有哪些?确定一到两种筛选方法并实施。
7. 查找 DNA 测序的原理和方法。

任务四　菌种库和工作菌种库的建立及保存

（一）菌种库的建立、传代及保存

从原始菌种库出发，传代、扩增后，冻干保存，作为主代菌种库，主代菌种库不得进行选育工作。从主代菌种库传代、扩增后，甘油管保存，作为工作菌种库。工作菌种库也可由上一代工作菌种库传出，但每次限传三代。每批主代菌种库均进行划线 LB 琼脂平板、涂片革兰染色、对抗生素的抗性、电镜检查、生化反应、干扰素的表达量、表达的干扰素型别、质粒检查等检定，合格后方可投产。原始菌种库、主代菌种库和工作菌种库于－70 ℃以下保存。

（二）工作菌种库的建立及保存

(1) 培养基制备。生产过程中使用的培养基均按一定工艺要求配制。种子培养基的配料(参考)：1%蛋白胨、0.5%酵母提取物、0.5%氯化钠。

(2) 接种、转移及培养。取 12 支工作菌种库或主代菌种库菌种接入摇瓶内，摇床培养，至吸光度值为 4.5～6.5。将已培养好的摇瓶种子液转移至种子罐中，通入无菌空气，培养至吸光度值符合放罐要求(吸光度值为 6.0～10.0)。种子罐培养结束后，无菌操作转移到离心管中，离心 15 min，加新鲜菌种培养基，将菌体制成菌悬液，并加入甘油使其浓度达到 18%，分装于 Eppendorf 管中，每支 0.8～1.2 mL。

(3) 保存。分装完毕，用封口膜封住管口，贴好标签，于－20 ℃冰箱放置 16～20 h，在－70 ℃冰箱下可保存 3 年。

1. 配制种子培养基。
2. 确定如何取得一级种子并操作。
3. 选择合适的方法保存菌种。

任务五　基因工程重组菌的发酵

（一）干扰素发酵工艺过程

干扰素 α2b 发酵工艺流程如图 2-5-1 所示。

(1) 菌种制备　取－70 ℃下保存的甘油管菌种(工作种子批)，于室温下融化。然后接入摇瓶，30 ℃、pH 7.0、250 r/min 活化培养(18±2) h 后，进行吸光度测定和发酵液杂菌检查。

(2) 种子罐培养　将已活化的菌种接入装有 30 L 培养基的种子罐中，接种量为 10%，培养温度为 30 ℃，pH 为 7.0。级联调节通气量和搅拌转速，控制溶氧为 30%，培养 3～4 h，当吸光度值达到 4.0 以上时，转入发酵罐中，进行二级放大培养，同时将发酵液取样鉴定。

(3) 发酵罐培养　将种子液通入装有 300 L 培养基的发酵罐中，接种量为 10%，培养温度为 30 ℃，pH 为 7.0。级联调节通气量和搅拌转速，控制溶氧为 30%，培养 4 h。然

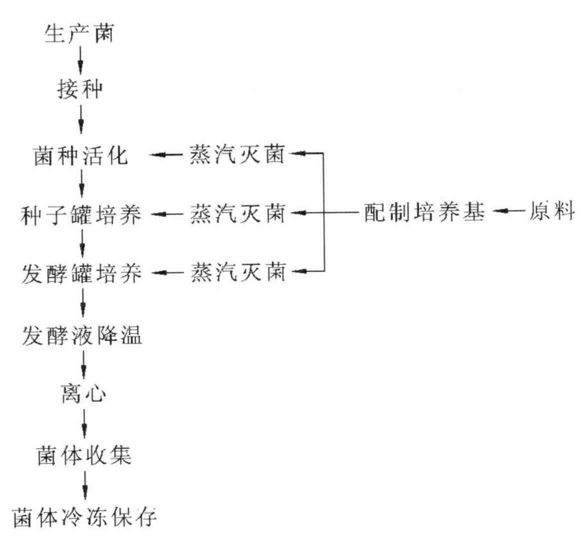

图 2-5-1 干扰素 α2b 发酵工艺流程

后控制培养温度为 20 ℃，pH 为 6.0，溶氧为 60%，继续培养 5～6.5 h。同时进行发酵液杂菌检查，当吸光度值达 8.0～10.0 后，用 5 ℃冷却水快速降温至 15 ℃以下，以延缓细胞衰老。或者将发酵液转入收集罐中，加入冰块使温度迅速降至 10 ℃以下。

（4）菌体收集　将已降温的发酵液转入连续流离心机，16000 r/min 离心收集。进行干扰素含量、菌体蛋白含量、菌体干燥失重、质粒结构一致性、质粒稳定性等项目的检测。菌体于－20 ℃冰柜中保存时，不得超过 12 个月。每保存 3 个月，检查一次活性。

（二）干扰素发酵工艺过程控制要点

在发酵生产工艺中，工程菌的生长和干扰素基因的表达时间不完全同步，可采用两段培养的策略进行过程控制。发酵工艺过程控制要点如下。

（1）培养基　使用不同的碳源和氮源对菌体生长和外源基因表达有较大影响。常用的碳源有葡萄糖、甘油、乳糖、甘露糖、果糖等。常用的氮源有酵母提取物、蛋白胨、酪蛋白水解物、玉米浆和氨水、硫酸铵、硝酸铵、氯化铵等。

发酵培养基配料（参考）：1%蛋白胨、0.5%酵母提取物、0.01%氯化铵、0.05%氯化钠、0.6%磷酸氢二钠、0.001%氯化钙、0.3%磷酸二氢钾、0.01%硫酸镁、0.4%葡萄糖、50 mg/mL氨苄青霉素、少量消泡剂。

（2）溶氧控制　分别在生长阶段和生产阶段采用各自最佳溶氧浓度，以提高干扰素的发酵水平。通过级联调节通气量和搅拌转速得以实现。

（3）温度控制　工程菌生长最适温度与产物形成最适温度是不同的。产物合成温度控制在 20 ℃可以有效防止 α-干扰素的降解，而其最佳生长温度则为 30 ℃。质粒的稳定性随温度的升高而迅速下降，因此在培养后期降温可以减少目标产物的降解量，增加质粒的稳定性。

（4）pH　发酵过程中，pH 的变化由工程菌的代谢、培养基的组成和发酵条件所决定。α-干扰素的等电点在 6.0 附近，在弱酸性条件下稳定，能耐受 pH 为 2.5 的酸性环

境。因此可在发酵后期降低 pH,从而造成大量蛋白酶失活,减少 α-干扰素的水解,提高干扰素的积累量。

1. 根据所选工程菌株,配制培养基。

2. 确定详细的发酵工艺,包括通气量、二阶段发酵温度、最适生长温度和 pH、最适生产温度和 pH、发酵时间、补料及消泡剂等,并进行操作。

任务六　重组 α-干扰素分离提取

初级分离阶段的任务是分离细胞和培养液,破碎细胞和释放干扰素(干扰素存在于细胞内),浓缩产物和除去大部分杂质。干扰素的纯化精制阶段是用各种高选择性手段(主要是各种色谱技术)将干扰素和各种杂质尽可能分开,使干扰素的纯度达到要求,最后制成成品。

(一) 干扰素分离工艺过程

(1) 菌体裂解　用纯化水配制裂解缓冲液,置于冷室内,降温至 2~10 ℃。将−20 ℃冷冻的菌体破碎成 2 cm 以下的碎块,加入裂解缓冲液(pH 7.5)中,2~10 ℃下搅拌 2 h,利用冰冻复融分散将细胞完全破裂,释放干扰素蛋白。

(2) 沉淀　向裂解液中加入聚乙烯亚胺,2~10 ℃下气动搅拌 45 min,对菌体碎片进行絮凝。然后,向裂解液中加入乙酸钙溶液,2~10 ℃下气动搅拌 15 min,对菌体碎片、DNA 等进行沉淀。

(3) 离心　在 2~10 ℃下,将悬液在连续流离心机上 16000 r/min 离心,收集含有目标蛋白的上清液,细胞壁等杂质沉淀在 121 ℃、30 min 蒸汽灭菌后焚烧处理。

(4) 盐析　将收集的上清液用 4 mol/L 硫酸铵进行盐析,2~10 ℃下搅匀后静置过夜。

(5) 离心与储存　将盐析液在连续流离心机上 16000 r/min 离心,沉淀即为粗干扰素,放入聚乙烯瓶中,于 4 ℃冰箱中保存(不得超过 3 个月)。

(二) 干扰素纯化工艺过程

(1) 配制纯化缓冲液　用超纯水配制 0.02 mol/L 磷酸缓冲液(pH 7.5),配制完毕后经过 0.45 μm 滤膜过滤,在百级层流下进行收集。超滤后,将缓冲液送到冷室,冷却至 2~10 ℃。使用前应重新检查缓冲液的 pH 和电导值,确认无误后方可使用。

(2) 溶解粗干扰素　在 2~10 ℃下将粗干扰素倒入匀浆器中,加 pH 7.5 磷酸缓冲液,匀浆,完全溶解。

(3) 沉淀除杂质　待粗干扰素完全溶解后,用磷酸调节溶液 pH 至 5.0,进行蛋白质等电点沉淀。

(4) 离心　将悬液在连续流离心机上 16000 r/min 离心,收集上清液。

(5) 疏水层析　用 NaOH 调节上清液 pH 至 7.0,并用 5 mol/L NaCl 溶液调节电导值为 180 mS/cm,上样,进行疏水层析,利用干扰素的疏水性进行吸附。在 2~10 ℃下,用 0.025 mol/L 磷酸缓冲液(pH 7.0)和 1.6 mol/L NaCl 溶液进行冲洗,除去非疏水性蛋白,然后用 0.01 mol/L 磷酸缓冲液(pH8.0)进行洗脱,收集洗脱液。

(6) 沉淀、过滤　用磷酸调节洗脱液 pH 至 4.5，调节洗脱液的电导值为 40 mS/cm，搅拌均匀后 2～10 ℃下静置过夜，进行等电点沉淀。然后进行过滤，在 2～10 ℃下收集滤液。

(7) 透析　调整溶液 pH 至 8.0、电导值至 5.0 mS/cm，通过截留相对分子质量为 10^4 的超滤膜，在 2～10 ℃下，用 0.005 mol/L 缓冲液透析。

(8) 阴离子交换层析　先用 0.01 mol/L 磷酸缓冲液(pH 8.0)平衡 DEAE 阴离子交换树脂。上样后，用相同缓冲液洗涤。采用盐浓度线性梯度 5～50 mS/cm 进行洗脱，配合 SDS-PAGE 收集干扰素峰，在 2～10 ℃下进行。

(9) 浓缩和透析　合并阴离子交换层析洗脱的有效部分，调节溶液 pH 至 5.0、电导值至 5.0 mS/cm，在截留相对分子质量为 10^4 的超滤膜上，2～10 ℃下，用 0.05 mol/L 乙酸缓冲液(pH 5.0)进行透析。

(10) 阳离子交换层析　先用 0.1 mol/L 乙酸缓冲液(pH 5.0)平衡 CM 阳离子交换树脂。上样后，用相同缓冲液洗涤。在 2～10 ℃下，采用盐浓度线性梯度 5～50 mS/cm 进行洗脱，配合 SDS-PAGE 收集干扰素峰。

(11) 浓缩　合并阳离子交换层析洗脱的有效部分，在 2～10 ℃下，用截留相对分子质量为 10^4 的超滤膜进行浓缩，浓缩到 1 L。

(12) 凝胶过滤层析　使用 Sephacryl S-200 凝胶过滤柱层析。先用含有 0.15 mol/L NaCl 的磷酸缓冲液(pH 7.0)清洗系统和树脂，上样后，在 2～10 ℃下，用相同缓冲液进行洗脱。合并干扰素部分，最终蛋白质浓度应为 0.1～0.2 mg/mL。

(13) 无菌过滤分装　用 0.22 μm 滤膜过滤干扰素溶液，分装后，于－20 ℃以下的冰箱中保存。

(三) 干扰素分离工艺过程控制要点

(1) 使用保护剂　因为干扰素中的巯基极易被氧化形成二硫键，所以必须使用巯基试剂(如硫二乙醇)加以保护。金属离子是酶的激活剂和辅助因子，加入金属螯合剂 EDTA 可除去金属离子，从而抑制酶的活性。PMSF(苯甲基磺酰氟)是丝氨酸蛋白酶和巯基蛋白酶的抑制剂，加入 PMSF 保护目标产物以免被水解。

(2) 使用絮凝剂　絮凝剂用量是重要的因素，在较低浓度下，增加用量有利于架桥作用，提高絮凝效果。但絮凝剂用量过多会吸附饱和，在胶粒表面形成覆盖层而失去与其他胶粒架桥的作用，造成胶粒再次稳定的现象，降低絮凝效果。过量的絮凝剂会将核酸包围起来，无法实现大范围架桥作用的沉淀，同时也会包裹一些目标产物，造成损失。高剪切力会打碎絮团，因此适当的搅拌时间和速度可以提高絮凝效果。加入絮凝剂时，注意不要使溶液中絮凝剂的浓度局部过高，否则会削弱沉淀的作用。

(3) 使用凝聚剂　沉淀过程中加入乙酸钙产生凝聚作用。菌体及其碎片大多带负电，由于静电引力作用将溶液中带正电的粒子吸附在周围，形成双电层的结构，水化作用是胶体稳定存在的一个重要原因。加入乙酸钙的作用是破坏双电层和水化层，使粒子间的静电排斥力不足以抵抗范德华力而发生凝聚。

(四) 干扰素纯化工艺过程控制要点

(1) 膜分离　选择合适的截留相对分子质量滤膜很重要。超滤膜的孔径是平均孔

径。一般来说,超滤膜的标准截留相对分子质量是指截留率在90%或95%时对应的相对分子质量,而且不同种类的蛋白质分子由于其空间形状不同,即使相对分子质量相同,截留率也不同。为了能将目标蛋白彻底截留下来,选择膜的截留相对分子质量应是目标产物的1/3～1/2。使用超滤膜过滤目标蛋白时,截留相对分子质量应该在目标蛋白相对分子质量的10倍以上。膜的截留率很高,但收率很低,主要是膜吸附作用造成的,所以应选择低吸附型的超滤膜。在使用超滤膜时,选用切向流滤器能避免浓差极化现象的产生。

(2) 疏水性层析　在高电导的条件下上样层析,疏水性基团较多的目标蛋白与配基相互作用而被吸附,缺乏疏水基团的蛋白质首先被洗脱流出。然后降低洗脱液的电导性,使蛋白质的疏水性降低,目标蛋白就被从树脂上洗脱下来。疏水层析的控制点是缓冲液和上样液的pH和电导值。pH关系到蛋白质的活性,同时也影响其疏水性。电导值决定了蛋白质表现出的疏水性强弱,即与树脂的结合能力,所以电导值的准确尤为重要。

(3) 离子交换层析　标准的离子交换剂由大量带电荷的侧链和不溶性的树脂结合而成。离子交换层析时,先用离子强度较低的缓冲液上样和洗涤。由于不同种类的蛋白质与树脂的亲和力各不相同,可用逐渐增加洗脱液中氯化钠浓度的方法将其逐一洗脱出来。

离子交换层析的控制点主要是缓冲液和上样液的pH及电导值。如果pH和电导值不准确,能与离子交换剂结合的组分及各组分的结合能力会发生变化,给干扰素纯化造成困难。

(4) 无菌灌装　无菌灌装是分离纯化工艺的最后一步,在整个干扰素生产过程中尤为重要。如果灌装中出现问题,可能导致前功尽弃。由于蛋白质产品不能高温灭菌,也不能接触消毒剂,因此原液采用0.22 μm滤膜过滤的方法除菌,过滤后分装至血浆瓶中,在－30 ℃的冰箱内冷冻保存。

1. 制定详细的分离提取的工艺步骤并分离提取。
2. 干扰素纯化过程中需要用到哪些缓冲液?如何配制?
3. 如何选择膜、离子交换树脂?

任务七　α-干扰素重组质量控制

成品检定项目主要有鉴别试验、物理性状、水分测定、生理活性、细菌内毒素试验、异常毒性检查、生物活性测定等。

(1) 鉴别试验:按免疫印迹法或免疫斑点法测定,应为阳性。

(2) 物理性状:冻干品为白色或微黄色疏松体,加入灭菌注射用水后应迅速复溶为澄清、透明液体。

(3) 水分测定:用卡氏法,应不高于3.0%。

(4) 干扰素效价测定:用细胞病变抑制法,以Wish细胞、VSV病毒为基本检测系统,测定中必须用国家或国际参考品校准为国际单位。效价应为标示量的80%～150%。

(5) 细菌内毒素检查:凝胶限度试验。

(6) 异常毒性检查:小鼠试验法。

(7) 生物活性测定:细胞病变抑制法、报告基因法(适用于Ⅰ型干扰素)。

1. 制定详细的干扰素鉴别方案并实施。
2. 制定出详细的效价测定方法并实施。

任务八 总结汇报

小组完成实训后提交实训报告，并将实训过程、结果及收获向同学们和老师进行汇报。

（一）小组评价

实训结束后，小组成员互相评价各自在实训过程中的表现，具体内容见模块二项目一的小组评价表。

（二）实训总结

小组成员提交的实训报告应包括摘要、关键词、正文（材料与方法、结果与讨论）、参考文献。

1. 制作 PPT、word 工作总结，交工作报告。
2. 小组成员互相讲解，并推选一名成员向全班汇报。

码2-6-1 L-天冬氨酸的生产

项目六　L-天冬氨酸的生产

目的要求

(1) 了解 L-天冬氨酸在医药、食品和化工方面的应用。

(2) 掌握将天冬氨酸酶生产菌包埋于卡拉胶中制成固定化细胞的方法。

(3) 掌握固定化细胞法生产 L-天冬氨酸的原理和过程,并能按《中国药典》(2020 年版)的质量标准和检验规范对产品进行质量检测。

(4) 培养爱岗敬业、诚实守信、团结合作、勇于创新的职业素质,树立劳动光荣、技能高尚的观念。

生产计划

生产计划见表 2-6-1。

表 2-6-1　生产计划

任　务	检验成果	时　间	成　员
任务一　查找资料	PPT、word、实物		
任务二　确定生产方案	不同生产技术的比较		
任务三　固定化细胞的制备	不同固定材料的比较		
任务四　酶活力测定并制作标准曲线	标准曲线、酶活力值		
任务五　L-天冬氨酸的制备	L-天冬氨酸样品及检验数据		
任务六　总结汇报	PPT、word、实物		

项目实施

任务一　查找资料

(一) L-天冬氨酸

L-天冬氨酸(L-aspartic acid,L-Asp)是天然存在的一种氨基酸,又称丁氨二酸(见图 2-6-1)、L-天冬酸、L-天门冬氨酸、L-氨基琥珀酸。L-天冬氨酸化学性质稳定,为白色晶体或结晶性粉末,味微酸。它溶于沸水,25 ℃微溶于水(0.5%),易溶于稀酸和氢氧化钠溶液,不溶于乙醇、乙醚,加热至 270 ℃分解,等电点为 2.77,其比旋光度与所用的溶剂有关。在酸溶液和水溶液中为右旋,碱溶液中为左旋。$[\alpha]_D^{25}$ 为 +5.05°(C=0.5～2.0 g/mL,H_2O)。

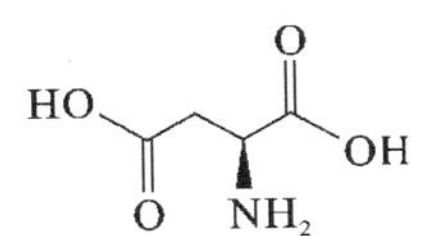

图 2-6-1　L-天冬氨酸分子结构

（二）L-天冬氨酸的应用和市场前景

L-天冬氨酸在食品、医药、日用化工、纺织等行业有着广泛的应用。

在医药方面，L-天冬氨酸是氨基酸输液的重要组成部分。L-天冬氨酸钾、镁盐是有效的钾、镁补充剂，适用于各种心脏病，作为肝功能促进剂、氨解毒剂，对洋地黄等强心甙类中毒引起的心律失常有良好的疗效，并能解除恶心、呕吐等中毒症状。还可用于合成维生素 B_6，以及抗肿瘤药物的生产。

在食品工业中，L-天冬氨酸钠不仅可作为食品添加剂、鲜味剂和营养强化剂，还是新型甜味剂阿斯巴甜和阿利坦的主要原料。L-天冬氨酸作为食品添加剂，具有解除人体疲劳的特殊功效，在发达国家和地区正逐步替代味精。

在化工方面，L-天冬氨酸是合成树脂聚天冬氨酸（PASP）的主要原料。聚天冬氨酸是环境友好型绿色化学品，具有很好的生物相容性和降解性，主要应用于水处理剂、化妆品、分散剂、螯合剂、医药、水凝胶、农用化肥等领域。L-天冬氨酸还可作为中间体合成天冬酰胺、丙氨酸、天冬氨酸镁等。

L-天冬氨酸作为一种重要的医药合成原料、食品添加剂和有机化工原料，具有广阔的市场前景。

详细说明 L-天冬氨酸在医药领域的应用。

（三）L-天冬氨酸的生产技术

工业上生产 L-天冬氨酸，多采用化学合成法和微生物发酵法。

化学合成法主要是以马来酸或富马酸或它们的酯为原料，在加压下用氨处理，然后水解，容易合成得到外消旋天冬氨酸，但至今还没有理想的拆分外消旋体的方法。

微生物发酵法是在酶的作用下，将富马酸与氨加成。采用这种方法只生成左旋体，收率高，因此是工业生产的主要方法。后又改用含天冬氨酸酶活性菌体直接将延胡索酸和氨转化成 L-天冬氨酸。1973 年日本田边制药公司成功地用固定化细胞工业化生产 L-天冬氨酸之后，人们开始用此项技术规模化生产 L-天冬氨酸。

结合所查资料，比较不同生产技术的优缺点。

（四）L-天冬氨酸生产菌种

采用大肠埃希菌（*E. coli* Asl. 881）作为 L-天冬氨酸生产菌种。

在已有的生物技术理论知识基础上，结合所查资料，明确 L-天冬氨酸高产菌株的筛选方法。

任务二　确定生产方案

L-天冬氨酸的工业化生产主要采用天冬氨酸酶转化富马酸的方法。天冬氨酸酶(L-aspartate ammonia-lyase,EC4.3.1.1)可催化反丁烯二酸(富马酸)与氨合成L-天冬氨酸的可逆反应。L-天冬氨酸酶可以利用大肠埃希菌、三叶草假单胞菌、巨大芽孢杆菌或产氨短杆菌等发酵生产。现多采用具有高天冬氨酸酶活性的大肠埃希菌作为生产菌种。其反应式和生产工艺流程分别如图2-6-2、图2-6-3所示。

$$\underset{\text{反丁烯二酸}}{HOOC—CH═CH—COOH}+NH_3 \xrightarrow{\text{天冬氨酸酶}} \underset{\text{L-天冬氨酸}}{HOOC—CH_2—CH\ (NH_2)—COOH}$$

图2-6-2　天冬氨酸酶转化反丁烯二酸为L-天冬氨酸

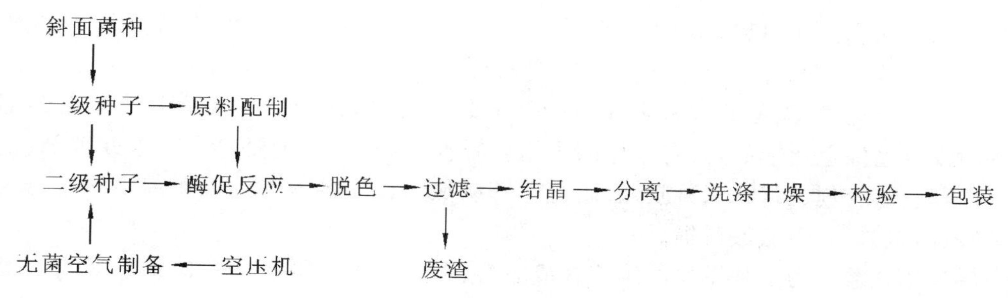

图2-6-3　L-天冬氨酸生产工艺流程

固定化细胞(immobilized cell)技术,就是利用物理或化学手段将游离的微生物细胞、动物细胞定位于限定的空间区域,并使其保持活性且能反复利用的一项技术。固定化细胞的制备方法主要有吸附法、共价交联法、絮凝法、包埋法。其中包埋法是近年来发展迅速的一种新兴固定化细胞技术,它具有操作简单、对细胞活性影响较小、效率高等特点,是目前细胞固定化研究和应用最广泛的方法之一。因此,将高天冬氨酸酶活性的大肠埃希菌固定于特定的包埋材料之中,装入固定化细胞柱连续生产L-天冬氨酸。

结合所学知识,比较不同细胞固定化方法的优缺点。确定生产方案。

任务三　固定化细胞的制备

(一)菌种活化

*E.Coli*菌种通常在普通牛肉汁培养基中保存。斜面培养基为普通肉汤培养基。斜面菌种用LB培养基活化,37 ℃摇床培养17 h。

接种1 mL对数生长期天冬氨酸酶生产菌种至内含50 mL已灭菌的培养基(1%延胡索酸铵、2%玉米浆、2%牛肉浸膏、0.5% KH_2PO_4、0.05% $MgSO_4 \cdot 7H_2O$,pH 7.0)的250 mL三角瓶中,37 ℃振摇培养24 h,培养液离心(3000 r/min,20 min),倾出上清液,再用生理盐水洗涤1次，离心收集菌体，置于4 ℃冰箱中备用。

（二）固定化细胞制备

将4 g湿菌体悬浮于4 mL生理盐水中，于45 ℃恒温水浴保温。加0.8 g卡拉胶于17 mL生理盐水中，加热至70～80 ℃使之溶解，再降温至45 ℃。两者于45 ℃混匀，混合物于4 ℃冰箱中放置30 min，将凝胶在100 mL 0.3 mol/L KCl溶液中浸泡4 h，然后切成3 mm×3 mm×3 mm的颗粒。经生理盐水洗涤后，将固定化细胞置于1 mol/L延胡索酸铵溶液中，37 ℃活化24 h，即可使用。

比较不同固定材料的优缺点，掌握固定化技术的注意事项，优化细胞固定化方法。

任务四　酶活力测定并制作标准曲线

（一）湿菌体天冬氨酸酶活力的测定

取0.5 g湿细胞悬浮于2 mL蒸馏水中，加入30 mL 1.0 mol/L延胡索酸铵溶液（含1 mmol/L $MgCl_2$、1%Triton，pH 9.0），37 ℃搅拌反应30 min，煮沸终止反应，1200 r/min离心5 min，稀释反应上清液，于240 nm波长处测定吸光度（通则0401紫外-可见分光光度法），按延胡索酸（富马酸）残余量计算酶活力。一个酶活力单位定义为在测定条件下，每小时每克细胞转化生成1 μmol天冬氨酸所需的酶量。

（二）固定化细胞的天冬氨酸酶活力的测定

取相当于0.5 g天然细胞的固定化细胞，置于30 mL 1.0 mol/L延胡索酸铵溶液（含1 mmol/L $MgCl_2$）中，37 ℃搅拌反应30 min，迅速过滤除去固定化细胞，分离反应液，经稀释后于240 nm波长处测定吸光度（通则0401紫外-可见分光光度法），计算延胡索酸残余量，并计算每克固定化细胞的酶总活力。总活力用每克固定化细胞每小时内所产生的L-天冬氨酸的物质的量（μmol）表示（μmol/(h·g)）。

（三）延胡索酸标准曲线的绘制

延胡索酸在240 nm波长处有特征吸收峰，在一定范围内吸光度与延胡索酸含量呈线性关系，且反应系统中无干扰。

按表2-6-2配制不同浓度的标准溶液，检测吸光度，记录于表中。

表2-6-2　标准曲线的绘制

试管号	1	2	3	4	5	6
延胡索酸标准液（50 μg/mL）体积/mL	0	1	2	3	4	5
蒸馏水体积/mL	5	4	3	2	1	0
A_{240}						

以测定的 A_{240} 值为纵坐标，以延胡索酸标准溶液的浓度为横坐标，作出标准曲线，进而获得回归方程：

$$A_R = aC_R + b$$

并根据回归方程得到待测样品中延胡索酸的残余量：

$$C_X = (A_X - b)/a$$

式中，A_R 为标准溶液吸光度值；C_R 为标准溶液浓度；A_X 为待测溶液吸光度值；C_X 为待测溶液浓度；a、b 为常数。

叙述分光光度计的使用方法。

任务五　L-天冬氨酸的制备

(一) 酶活力测定

将 6 g 固定化细胞装入带夹套的固定化生物反应器内(ϕ15 cm×30 cm)，1.0 mol/L 延胡索酸铵(含 1 mmol/L $MgCl_2$，pH 9.0)底物以恒流速通过固定化细胞柱，空速 SV＝0.87 h^{-1}，然后于 240 nm 波长处测(通则 0401 紫外-可见分光光度法)流出液的延胡索酸含量，计算酶活力，并计算转化率。固定化酶的半衰期通过酶活力的衰变速度和工作时间的指数关系来确定。

(二) 产品的制备

收集反应器流出液，80 ℃加热 20 min，用 6 mol/L $(NH_4)_2SO_4$ 溶液调 pH 至 2.8 左右，置于冰箱中冷却，结晶，过滤，沉淀用 95%乙醇漂洗，烘干，即得 L-天冬氨酸。

(三) L-天冬氨酸质量检测

L-天冬氨酸质量检测包括鉴别实验、含量测定、热源检测和其他检测，其质量标准和检测方法均引自《中国药典》(2020 年版)二部和四部。其中鉴别实验采用红外吸收图谱法(光谱 913 图)。热源检查(通则 1142)剂量按家兔体重每 1 kg 注射 10 mL，应符合规定。其他检测的方法和标准按照《中国药典》规定进行。结果记入表 2-6-3 中。

表 2-6-3　检测项目及标准

检测项目及标准	检测方法	样品 1	样品 2	…	检测项目及标准	检测方法	样品 1	样品 2	…
含量 ≥98.5%	电位滴定法(通则 0701)				其他氨基酸	薄层色谱法(通则 0502)			
pH 2.0～4.0	通则 0631				干燥失重 ≤0.2%	105 ℃ 干燥 3 h			
比旋光度 24.5～26.5	旋光仪(通则 0621)				炽灼残渣 ≤0.1 %	通则 0841			

续表 2-6-3

检测项目及标准	检测方法	样品1	样品2	…	检测项目及标准	检测方法	样品1	样品2	…
硫酸盐 ≤200 ppm	比浊 (通则 0802)				重金属 ≤10 ppm	通则 0821 第二法			
铁盐 ≤10 ppm	比色 (通则 0807)				砷盐 ≤0.0001%	通则 0822 第一法			
氯化物 ≤200 ppm	比浊 (通则 0801)				透光率 ≥98.0%	紫外-可见 分光光度法 (通则 0401)			
铵盐 ≤200 ppm	比色 (通则 0808)								

注：1 ppm=10^{-6}，约相当于 1 mg/L。

1. 分析总结生产过程中的影响因素。
2. 通过互联网确定 L-天冬氨酸质量检测的具体方法。

任务六 总结汇报

各小组各自优化实训过程，比较实训结果，并制作 PPT、word 工作总结，形成完整的工作报告。

（一）小组评价

实训结束后，根据每个小组成员在实训过程中的具体表现给予全面评价。具体内容见模块二项目一的小组评价表。

（二）实训总结

小组成员提交的实训报告按照论文的格式书写，应包括摘要、关键词、正文（材料与方法、结果与讨论）、参考文献等内容。

1. 制作 PPT、word 工作总结，交工作报告。
2. 各组汇报本组整个工作过程。

项目七　组织型纤溶酶原激活剂的生产

目的要求

(1) 了解动物细胞工程产品生产的一般过程。

(2) 掌握组织型纤溶酶原激活剂(t-PA)的生产过程。

(3) 引导学生不要轻易放弃试验过程中的任何异常现象,养成认真、细心、善于思考与发问的好习惯。

(4) 通过合理分组和小组分工完成实训,树立崇尚劳动的风尚。

生产计划

生产计划见表 2-7-1。

表 2-7-1　生产计划

任　务	检验成果	时　间	成　员
任务一　查找资料	PPT、word、实物		
任务二　培养 CHO 细胞	阶段性实训成果及培养出 CHO 细胞		
任务三　重组载体的构建	查找到相关资料及构建出穿梭载体		
任务四　筛选阳性细胞株	查找到相关资料、利用载体的筛选标记筛选阳性细胞及 ELISA 方法筛选等		
任务五　t-PA 的分离纯化及质量控制	查找到相关资料、确定分离纯化方法及得到 t-PA 样品		
任务六　总结汇报	PPT、word、实物		

项目实施

任务一　查找资料

码2-7-1 组织型纤溶酶原激活剂

(一) 组织型纤溶酶原激活剂的基本知识

组织型纤溶酶原激活剂(tissue plasminogen activator,t-PA)是一种糖蛋白,可激活纤溶酶原成为纤溶酶。静脉使用时,t-PA 在循环系统中只有与其纤维蛋白结合后才表现出活性,其纤维蛋白亲和性很好。当和纤维蛋白结合后,t-PA 被激活,诱导纤溶酶原成为纤溶酶,溶解血块,但对整个凝血系统各组分的系统性作用是轻微的,因而不会出现出血倾向。t-PA 不具抗原性,所以可重复使用。t-PA 用于急性心肌梗死的溶栓治疗;用于血流不稳定的急性大面积肺栓塞的溶栓疗法;用于急性缺血性脑卒中的溶栓治疗时,必须在脑梗死症状发生的 3 h 内进行治疗,且需经影像检查(如 CT 扫描)排除颅内出血的可能。

目前有哪些组织型纤溶酶原激活剂产品问世？列举其产品名和生产厂家。

（二）组织型纤溶酶原激活剂基因的引物

GenBank中t-PA的开放阅读框（ORF）为1689 bp，t-PA基因引物为：上游引物5′-ACCATGGATGCAATGAAGAGA-3′，下游引物5′-CACGGTCGCATGTTGTCACGAA-3′。在5′添加适当的限制性内切酶酶切位点。

从GenBank中查找以下问题的答案。

1. 人的t-PA基因位于第几号染色体？由多少外显子和内含子组成？

2. 成熟的t-PA由多少氨基酸组成？相对分子质量多大？并分析该蛋白质的结构。

（三）CHO表达系统

基因工程药物研究与开发的主要环节包括：基因的克隆和基因工程菌的构造；重组细胞的培养；目标产物的分离纯化等。比较成熟的表达系统有原核生物表达系统（如*E. coli*表达系统等）、真核生物表达系统（如*Pichia pastoris*表达系统、CHO细胞表达系统、昆虫杆状病毒表达系统等）。

CHO细胞表达系统是目前重组糖蛋白表达的首选系统。CHO细胞（Chinese hamster ovary cell，中国仓鼠卵巢细胞）表达系统有很多优点，包括：①具有准确的转录后修饰功能，表达的糖基化蛋白在分子结构、理化特性和生物学功能方面最接近天然蛋白；②产物胞外分泌，便于分离纯化；③具有重组基因的高效扩增和表达能力；④具有贴壁生长特性，且有较高的耐受剪切力和渗透压能力，可以进行悬浮培养，表达水平较高；⑤CHO细胞属于成纤维细胞，很少分泌自身的内源蛋白，有利于外源蛋白的后分离。

1. 完成表2-7-2。

表2-7-2 原核和真核生物表达系统的比较

表达系统		优点	缺点	举例
原核生物表达系统	大肠埃希菌表达系统（*Escherichia coli*）			
	枯草芽孢杆菌表达系统（*Bacillus subtilis*）			
	乳酸乳球菌表达系统（*Lactococcus lactis*）			
真核生物表达系统	酿酒酵母表达系统（*Saccharomyces cerevisiae*）			
	巴斯德毕赤酵母表达系统（*Pichia pastoris*）			
	昆虫杆状病毒表达系统（baculovirus）			
	哺乳动物细胞表达系统（CHO）			

2. 小组成员之间互相讲解CHO细胞表达系统的研究历史、现状及展望。

任务二　培养CHO细胞

（一）动物细胞的培养基和培养条件

为了使CHO细胞培养成功，必须保证以下基本条件：①所有与细胞接触的设备、器材和溶液都必须绝对无菌，避免细胞外微生物的污染；②必须有足够的营养供应，不可有有害的物质，避免即使极微量的有害离子的侵入；③有适量的氧气供应；④必须随时清除细胞代谢中产生的有害产物；⑤有良好的适于生存的外界环境，包括pH、渗透压和离子浓度；⑥及时分种，保持合适的细胞密度。

1. 确定需要哪些仪器设备及药品。
2. 动物细胞的培养条件包含哪些？请详细论述。
3. 动物细胞培养基的种类和组成如何？各有何优缺点？CHO细胞一般用什么培养基培养？

（二）动物细胞培养的基本方法

1. 细胞分离

为了进行细胞培养，首先要获得细胞，获得细胞的方法有两种，即离心分离和消化分离。

2. 细胞计数

一般细胞分离制成悬液准备接种前必须进行细胞计数，再按需要接种到培养基或反应器中，细胞计数还用于观察细胞增长变化以及药物对细胞的作用等方面。目前细胞计数有两种，即自动细胞计数器计数和血球计数板计数（见图2-7-1）。

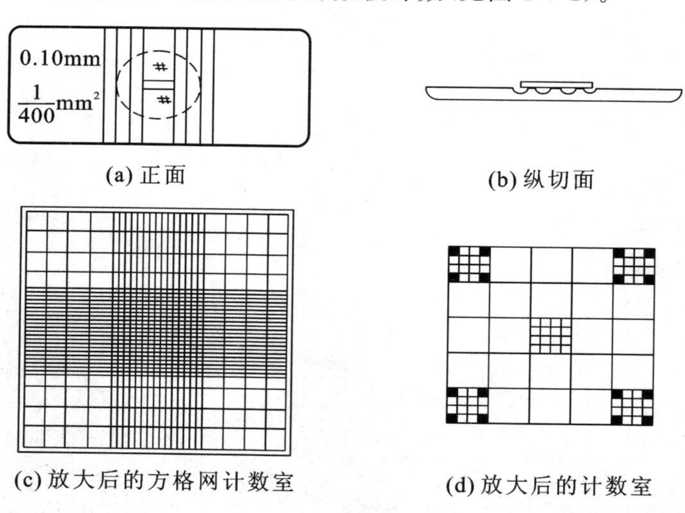

图2-7-1　血球计数板示意图

3. 细胞传代

随着培养时间的延长和细胞不断分裂，一旦细胞之间相互接触而发生接触性抑制，生长速率变慢甚至停止；另一方面，也会因营养物不足和代谢物积累而不利于生长或发生中毒。此时就需要将培养物分割成小的部分，重新接种到另外的培养器皿（瓶）内，再进行培养。这个过程就称为传代（passage）或者再培养（subculture）。

4. 细胞冻存和复苏

细胞冻存是细胞保存的主要方法之一。利用冻存技术将细胞置于－196 ℃液氮中低温保存，可以使细胞暂时脱离生长状态而将其细胞特性保存起来，在需要的时候再复苏细胞用于实验。而且适度地保存一定量的细胞，可以防止因正在培养的细胞被污染或其他意外事件而使细胞丢种，起到细胞保种的作用。

冻存细胞要进行复苏，再培养传代。复苏细胞一般采用快速融化法。保证细胞外结晶快速融化，以避免慢速融化水分渗入细胞内，再次形成胞内结晶损伤细胞。在细胞复苏操作时，应注意融化冻存细胞速度要快，可不时摇动安瓿或冷冻管，使之尽快通过最易受损的温度段（－5～0 ℃）。这样复苏的冻存细胞存活率高，生长及形态良好。然而，由于冻存的细胞还受其他因素的影响，有时也会有部分细胞死亡。此时，可将不贴壁、飘浮在培养液上（已死亡）的细胞轻轻倒掉，再补以适量的新培养液，也会获得较为满意的结果。

1. 确定需要哪些仪器设备及药品。
2. 制定出细胞分离的详细步骤并实施。
3. 自动细胞计数和血球计数板计数的优缺点如何？
4. 讨论血球计数板计数的原则及计算公式，并用血球计数板计数。
5. 制定出细胞冻存的具体步骤并实施，保证细胞密度在 $3\times10^5\sim5\times10^5$ 个/mL，并在冻存管上做好标记。
6. 制定出细胞复苏的具体步骤并实施，请查阅注意事项。

任务三 重组载体的构建

一、目的基因的获得

真核细胞中单拷贝基因只是染色体 DNA 中很小一部分（$10^{-7}\sim10^{-5}$），即使多拷贝基因也只有 10^{-5}，因此来源于真核细胞的产生基因工程药物的基因直接分离相当困难。在真核基因内一般有内含子，如果以原核生物细胞作为表达系统，即使分离出真核基因，也无法表达出准确的基因产物。分离真核基因的方法很多，如反转录法、反转录-聚合酶反应法、化学合成法、编码序列富集法等。如果有含有目的基因的载体，可以直接通过 PCR 或酶切的方法获得目的基因。

在上下游引物分别加上 *Hind*Ⅲ 和 *Sal* Ⅰ限制性酶切位点，上游引物 5′-GATTAAGCTTACCATGGATGCAATGAAGAGA-3′，下游引物 5′-TCAGTCGACCACGGTCGCATGTTGTCACGAA-3′。通过 PCR 从质粒中扩增目的基因。按表 2-7-3 配制 PCR 体系，反应总体积为 20 μL。

表 2-7-3　PCR 体系配方

试　剂	体积/μL	终　浓　度
H_2O	37.8	
10×buffer	5	1×buffer
dNTP	4	200 μmol/L
引物 1	1	1 μmol/L
引物 2	1	1 μmol/L
耐热 DNA 聚合酶	0.2	0.04 U/μL
模板 DNA	1	0.1 μg/μL

PCR 条件如下：预热 94 ℃ 5 min，变性 94 ℃ 40 s，退火 55 ℃ 60 s，延伸 72 ℃ 1.5 min，循环变性退火延伸 30 次，72 ℃ 5 min。

琼脂糖凝胶电泳分析目的基因，大小 1.7 kb，回收目的基因。

1. 确定需要哪些仪器设备及药品。
2. 设计实训获得组织型纤溶酶原激活剂基因。

二、载体的构建及导入

当前被用以构建工程细胞的动物细胞有 CHOK1、BHK-21、Namalwa、Vero 等细胞和多种骨髓瘤细胞。在动物细胞内表达外源基因一般有两类表达载体：一类是病毒载体，如腺病毒、牛痘病毒、反转录病毒和杆状病毒；另一类是质粒载体，这类载体通常是穿梭载体，即在细菌和哺乳动物细胞体内均能增殖。这些载体必须包含：①在细菌体内复制的复制起点和抗性标记；②能使基因转录表达的调控元件；③用于筛选外源基因已整合的选择标记；④选择性增加拷贝数的扩增系统。

载体构建好后，有四种方法可以将重组载体导入动物细胞，即融合法、化学法、物理法和病毒法，其中使用最普遍的是磷酸钙沉淀法和电穿孔法。

1. 重组载体的构建

(1) 质粒和目的基因的酶切　取质粒(图 2-7-2)约 1 μg、10 ×buffer 2 μL、限制性内切酶 *Hind* Ⅲ和 *Xho* Ⅰ 1～3 U，加去离子水至 20 μL，于最适温度(一般为 37 ℃) 消化 1～2 h，0.6%～1.7%琼脂糖凝胶电泳观察酶切结果，回收酶切质粒。再取 PCR 扩增产物 2.5 μg、限制性内切酶 *Hind* Ⅲ和 *Sal* Ⅰ 1～3 U，其他操作相同。

(2) t-PA 与 pcDNA3 的连接　t-PA 用 *Hind* Ⅲ和 *Sal* Ⅰ酶切，载体 pcDNA3 用 *Hind* Ⅲ和 *Xho* Ⅰ酶切，*Sal* Ⅰ和 *Xho* Ⅰ是同尾酶，黏性末端匹配。连接体系如下：目的基因和载体各 2 μL，保证 pcDNA3 与 t-PA 物质的量比为 1∶(3～10)即可。

连接体系配方如表 2-7-4 所示。

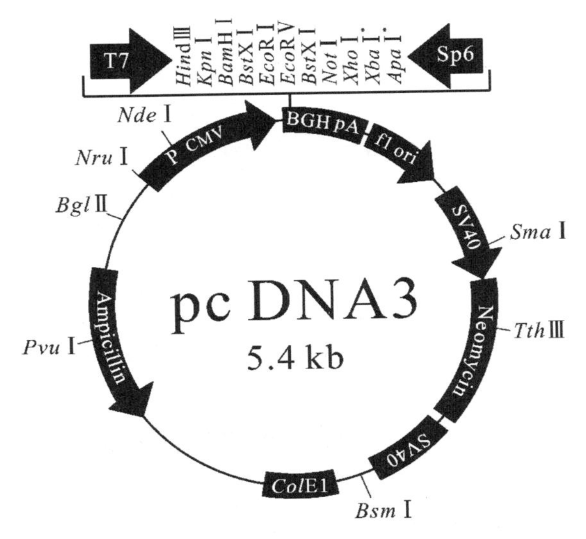

图 2-7-2　pcDNA3 真核表达载体结构

表 2-7-4　连接体系配方

试　　剂	体　　积
pcDNA3	2 μL(1 nmol)
t-PA	4 μL(3～10 nmol)
T4 DNA 连接酶 10×buffer	1 μL
T4 DNA 连接酶	1 μL
双蒸水	2 μL

连接体系共 10 μL,16 ℃连接过夜。

2. 重组质粒的转化

将连接产物转化感受态大肠埃希菌。将转化菌 100 μL 涂布到含氨苄青霉素的琼脂培养板上,倒置平板,37 ℃恒温培养箱培养 12 h,可出现菌落。

挑取阳性克隆,经过 PCR 和酶切鉴定后可导入 CHO 细胞。

3. 哺乳动物细胞的转染

(1) CHO($dhfr^-$)细胞的培养　采用含 10%胎牛血清的 F-12 培养基,加入终浓度 100 IU/mL 的青霉素和 10 μg/mL 的链霉素,用 7.5% $NaHCO_3$ 溶液调 pH 至 7.2,每 2～3 d 传代一次,于 37 ℃、5% CO_2 及饱和湿度环境中培养。

(2) 重组质粒转染 CHO($dhfr^-$)细胞　转染前一天,用胰酶消化待转染的 CHO($dhfr^-$)细胞,用血球计数板计数后,转至 24 孔板,使细胞浓度为(1～3)×10^5 个/孔,以使次日转染时,细胞达到 90%～95%汇片。每孔加入 0.5 mL 含有血清的 F-12 培养基。转染前,以 50 μL 无血清且无抗生素的 F-12 稀释 0.8～1.0 μg 质粒,并同时以 50 μL 同种成分培养基稀释 1.5 μL脂质体 2000 反应试剂 (lipofectanmine 2000 reagent),5 min 内将二者混合,室温下

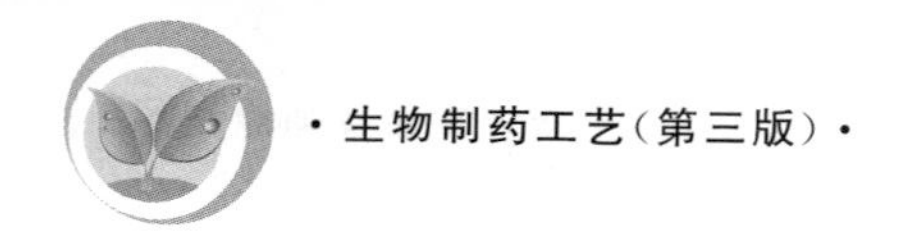

作用 20～30 min,以形成DNA-脂质体复合物。在此期间,将孔内细胞以无血清F-12洗涤两遍,并加入0.5 mL无血清F-12。复合物形成后,将其加入孔内,并将细胞培养板前后轻轻晃动。37 ℃ CO_2温箱内孵育4 h后,加入含有20%血清的0.5 mL F-12完全培养基,继续培养。

1. 确定构建CHO细胞表达载体需要哪些仪器设备及药品。

2. 讨论腺病毒、牛痘病毒、反转录病毒和杆状病毒作为动物细胞表达载体的应用及其优缺点。

3. 讨论构建质粒载体的必备元件。

4. 讨论磷酸钙沉淀法和电穿孔法的原理。

5. 制定构建载体并导入CHO细胞的详细实训方案并实施。

任务四　筛选阳性细胞株

外源基因导入动物细胞的效率很低,必须从上百万的细胞中筛选出已整合并表达外源基因的工程细胞,这是一项很细致并费时费力的工作。有两步方法可以筛选出阳性克隆。

首先是依靠构建载体内的选择标记采用相应的筛选系统。例如:用HAT(次黄嘌呤、氨基蝶呤和胸腺嘧啶)选择系统,筛选tk^+、$hgprt^+$的转化细胞;用G418选择系统,筛选neo^r转化细胞;用MTX系统,筛选$dhfr^+$转化细胞。缺少胸腺嘧啶激酶(thymidine kinase,TK)基因*tk*的细胞在无胸腺嘧啶的培养基上无法存活,缺少次黄嘌呤鸟嘌呤磷酸核糖转移酶(hypoxanthine guanine phosphoribosyl transferase,HGPRT)基因*hgprt*的细胞在有次黄嘌呤而无鸟嘌呤的培养基上无法生长。

其次利用表达产物进行检测。例如,利用ELISA和WB法检测目标产物。

培养48 h后,1∶4传代,加入F-12培养基,待细胞完全贴壁,并呈现良好生长状态时,换DMEM,加入筛选浓度的G418。并于培养1周后每日观察,出现肉眼可见的细胞克隆,此克隆为阳性克隆株。将细胞克隆挑入96孔细胞培养板内扩大培养。取不同时段表达上清液进行产物的检测。

1. 讨论用G418选择系统筛选neo^r转化细胞,用MTX系统筛选$dhfr^+$转化细胞的筛选原理。

2. 讨论ELISA和WB法的原理及实训过程。

3. 确定需要哪些仪器设备及药品。

4. 制定详细的筛选步骤并实施。

任务五　t-PA的分离纯化及质量控制

(一) 动物细胞产品的分离纯化方法

下游的分离纯化步骤要在可替换的分离技术间进行选择。例如:细胞的破碎可选择高压匀浆法、高速珠磨法、超声破碎或酶溶法;分离细胞、细胞碎片、包含体或沉淀物,可选择离心或过滤；需要进行浓缩的时候，可选择沉淀或超滤。另一方面，设计的纯化工艺包括特定的层析步骤及层析的先后顺序，以期得到最大的得率。吸附层析，如离子交换层析、疏水层析和亲和层析，可基于特定的选择性达到对目标蛋白的纯化，适用于大量样品的处理。凝胶过滤层析用于后续的精制步骤，如去除少量的杂蛋白或聚合体，在纯化过程中用于脱盐和缓冲液交换。

在分离纯化中对每个步骤的选择，可以遵循以下原则：①应尽可能地利用蛋白质的不同物理特性选择所用的分离纯化技术，而不是利用相同的技术进行多次纯化；②不同的蛋白质在性质上有很大的不同，这是能从复杂的混合物中纯化出目标蛋白的依据，每一步纯化步骤应当充分利用目标蛋白和杂质成分物理性质的差异，所以在分离纯化的开始阶段，要尽可能了解目标蛋白的特性，以及所存在杂质成分的性质；③在纯化的早期阶段要尽量减小处理的体积，方便后续的纯化；④在纯化的后期阶段，再使用造价高的纯化方法，这是因为处理的量和杂质的量都已减少，有利于昂贵纯化材料的重复使用，减少再生的复杂性。

工程细胞表达的产物经常和细胞内容物、培养基成分等混杂在一起，这些物质与目标产物的理化性质非常相近；产品多用于人体，为防止杂质对人体的有害作用，要求纯度很高；大多数动物细胞产物产量低，生物活性不稳定，需要非常温和、精细的分离纯化条件，包括分离时的 pH、温度和盐离子浓度等；每种细胞产品的氨基酸组成、结构、相对分子质量大小和等电点等都不相同。因此，工程细胞表达的产物分离费钱费时。工程细胞表达的产物一般分泌在细胞外，以具有生物活性的形式出现在培养上清液中。可以利用的分离方法有离心、超滤、盐析、透析、凝胶过滤、离子交换层析和亲和层析以及 HPLC 等。

1. 查资料，讨论蛋白质分离纯化方法的种类、原理和操作过程。
2. 讨论 t-PA 分离纯化的方法及实训过程。
3. 确定需要哪些仪器设备及药品。
4. 小组成员分工分离 t-PA。

（二）动物细胞产品的质量控制

动物细胞产品的质量控制应当从动物细胞本身、生产工艺以及产品质量的要求几个方面来控制。

（1）动物细胞的要求　①对于动物细胞，必须有该细胞系的详细历史资料，包括来源、动物的年龄和性别（如果来源于人，还必须包括该人的病史）、细胞分离的方法和所用的培养材料等；②有该细胞特性的资料，包括生长形态、特性，种源特性以及特异的染色体标记；③无任何细菌、支原体和病毒污染，以及其他任何外来有害因子的污染。

（2）生产工艺的要求　①生产厂房必须符合国家的 GMP 要求，一切原材料、试剂都必须经过质量检定、可靠，尽可能确定固定的生产厂家，尽可能使用卫生部门批准的允许用于生产或临床使用的材料；②细胞培养过程中尽可能少用或不用小牛血清，必须用时要严格挑选以防病毒和支原体污染；③配制培养基时必须使用无热原、无离子超纯水；④培养过程中必须详细记录细胞各种数据，包括接种量、细胞密度、产量表达量等；⑤纯化过程中操作环境尽可能保证 4 ℃左右，所用器材必须经过无菌和无热原处理；⑥纯化步骤尽可能少，每次停顿需将样品于−20 ℃保存；⑦对每一步纯化后的产品纯度、提纯倍数和回收率等应当详细记载，每经过一步分离提取方法后必须计算总蛋白含量和目标蛋白含量或效价，以便计算得率。

（3）产品质量的要求　①动物产品纯度一般要求在98%甚至99%以上，检验产品纯度可以用HPLC和SDSPAGE方法进行；②产品生物活性的测定必须采用国际上通用的测定方法，并用国际或国家标准品进行校正，以国际单位报道测定结果；③每一产品都有一定的比活力，如果比活力发生变化，通常该产品结构发生了变化；④基因工程产品是否糖基化、与其核酸序列是否一致会影响该产品的免疫原性、半衰期等，必须对产品的性质进行鉴定，包括相对分子质量、等电点、紫外吸收特性、氨基酸序列及组成、免疫印迹试验等；⑤产品在−20 ℃、4 ℃、25 ℃和37 ℃保存时，要定期检测其生理活性。

1. 查资料，讨论动物细胞产品质量控制的主要内容。
2. 如何计算t-PA的纯度、回收率、得率？
3. 详细讨论t-PA性质鉴定方法及步骤。
4. 确定需要哪些仪器设备及药品。

任务六　总结汇报

小组完成实训后，将实训过程、结果及收获向同学们和老师进行汇报。

（一）小组评价

实训结束后，小组成员互相评价各自在实训过程中的表现，具体内容见模块二项目一的小组评价表。

（二）实训总结

小组成员提交的实训报告应包括摘要、关键词、正文（材料与方法、结果与讨论）、参考文献。

1. 制作PPT、word工作总结，交工作报告。
2. 小组成员互相讲解，并推选一名成员向全班汇报。

项目八　流感全病毒灭活疫苗的生产

目的要求

（1）掌握流感全病毒灭活疫苗的生产知识。

（2）熟练掌握流感全病毒灭活疫苗生产设备的使用方法，圆满完成每一个操作环节，独立思考并解决生产过程中可能出现的问题。

（3）培养生物制品生产所要求的生物安全防护意识、无菌操作意识。

（4）培养高度社会责任感，爱岗敬业、吃苦耐劳的优秀品质和精益求精、追求卓越的工匠精神。

生产计划

生产计划见表 2-8-1。

表 2-8-1　生产计划

任　　务	检验成果	时　间	成　员
任务一　查找资料	PPT、word、实物		
任务二　确定生产方案	明确各生产步骤的具体操作方法		
任务三　模拟生产	病毒接种培养、收集并灭活、浓缩与纯化、配制与分装、包装		
任务四　总结汇报	PPT、word、实物		

项目实施

任务一　查找资料

（一）流感病毒

流行性感冒病毒（简称流感病毒），属于正黏病毒科，包括人流感病毒和动物流感病毒，人流感病毒分为甲（A）、乙（B）、丙（C）三型，是流行性感冒（简称流感）的病原体。甲型流感病毒致病力最强，甚至会引起世界性大流行；乙型流感病毒致病力稍弱，常引起局部流行；丙型流感病毒很少流行，通常只是以散在病例形式存在。流感病毒尤其是甲型流感病毒表面抗原经常发生漂移和转移，使原有流感病毒疫苗失效，对人群失去保护力，给预防工作带来很大困难。流感病毒对热敏感，56 ℃处理 30 min 即失活，对乙醚等有机溶剂敏感，易被紫外线、甲醛、去污剂和氧化剂灭活。最适 pH 为 7.8～8.0，pH 小于 3 时病毒迅速失活。−70 ℃或冻干条件下可长期保持其活性。

流感病毒传染性强，主要经空气飞沫传播。潜伏期长短取决于侵入的病毒量和机体的免疫状态,一般为1～4 d。起病后患者有畏寒、头痛、发热、浑身酸痛、乏力、鼻塞、流涕、咽痛及咳嗽等症状,可引发肺炎、支气管炎、心肌炎等并发症,对婴幼儿、老人和慢性病患者危害极大。大规模的流感暴发给人类社会造成了巨大的损失,同时临床上对流感也缺乏有效的治疗药物,因此,预防成为世界各国高度重视的流感控制措施。

（二）流感疫苗

接种流感疫苗是预防和控制流感的主要措施之一,可以减小接种者感染流感的概率或减轻流感症状。用于免疫人群的流感疫苗主要是针对甲型流感病毒的H1N1亚型、H3N2亚型以及乙型流感病毒的三联灭活疫苗。它适用于可感染流感病毒的健康人,每年在流行季节前接种一次,免疫力持续一年。

流感疫苗的主要类型有流感全病毒灭活疫苗、裂解型流感病毒灭活疫苗(裂解疫苗)和亚单位流感疫苗。亚单位流感疫苗的成分主要是纯化的流感病毒膜蛋白HA(血凝素)和NA(神经氨酸酶)。各种类型的流感疫苗都是通过将流感病毒接种于9～11日龄鸡胚尿囊腔中培养,之后收获尿囊液,再经相应处理后获得的。全病毒灭活疫苗是用超离心或层析技术纯化鸡胚培养的尿囊液病毒,经甲醛灭活加入佐剂制成,这种疫苗不能去除病毒的脂质体成分,因此副反应较大,不能用于6岁以下儿童。裂解疫苗是将鸡胚培养的尿囊液病毒经澄清和透析(去尿酸盐),再经区带离心纯化病毒,之后用适当的裂解剂使病毒裂解,用区带离心纯化裂解抗原,去除病毒核酸和大分子蛋白,保留抗原有效成分(HA和NA以及部分M蛋白和NP蛋白),接着通过浓缩和透析去除裂解剂并纯化有效抗原成分,采用甲醛灭活、除菌过滤和加入佐剂等步骤后制成。裂解疫苗去除了脂质体成分,保留了病毒的HA、NA和内部抗原,免疫效果和反应性均较好,可扩大疫苗使用范围,但在制备过程中必须添加和去除裂解剂。亚单位流感疫苗是在裂解疫苗的基础上,采用适当的纯化方法提取的流感病毒表面抗原HA和NA。亚单位流感疫苗去除了病毒的脂质体和内部抗原,反应性明显减小,可用于儿童,但其免疫效果不如流感全病毒灭活疫苗和裂解疫苗。

我国生产和使用的流感全病毒灭活疫苗,是将WHO推荐并经国家食品药品监督管理局批准的当前流行的甲型和乙型流感病毒株分别接种鸡胚,经培养、收获病毒液、甲醛灭活、浓缩、纯化后制成。

（三）鸡胚培养流感病毒的方法

1. 准备鸡胚

SPF鸡卵孵育9～11 d。每日照蛋检视鸡胚发育状态。孵育良好的鸡胚可看到清晰的血管和鸡胚的暗影,从孵育第4～5 d开始可以看见胚动,随后每日观察一次,将胚动呆滞或没有运动的、血管昏暗模糊,即可能是已死或将死的鸡胚加以淘汰。标记出气室与尿囊位置。

2. 病毒接种

(1) 取发育良好的鸡胚,用检卵灯照视,标记出气室与胚胎位置(见图2-8-1),并在绒毛尿囊膜血管较少的地方做记号。

(2) 用75%乙醇消毒鸡胚气室卵壳,并用钢针在记号处钻一小孔。

(3) 用1 mL注射器吸取病毒液,将针头刺入孔内,经绒毛尿囊膜入尿囊腔,注入0.1 mL病毒液。

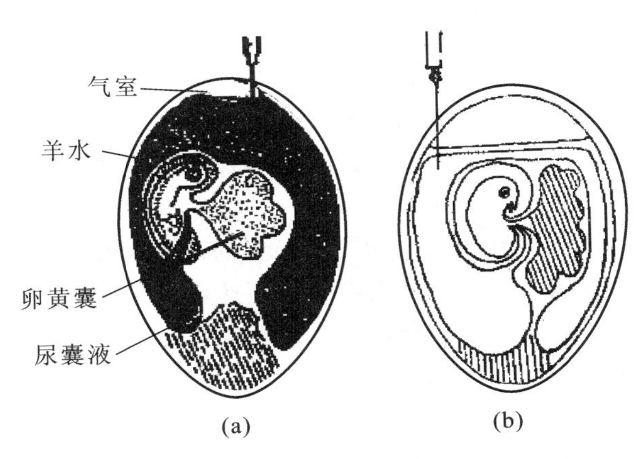

图 2-8-1　鸡胚注射

(4) 用石蜡封孔后于 37 ℃孵卵器孵育 72 h。孵育期间每天检查鸡胚生长情况，24 h 内死亡的鸡胚应弃去。

3. 收获尿囊液

(1) 将鸡胚放置在 4 ℃冰箱内过夜或至少 4 h，使血管收缩，以得到无胎血的纯尿囊液。

(2) 用 75%乙醇消毒气室处的卵壳，并用无菌镊子除去气室的卵壳，切开壳膜及其下面的绒毛尿囊膜，翻开到卵壳边上。

(3) 用无菌吸管吸出尿囊液。一个鸡胚可收获 6 mL 左右的尿囊液。收获的尿囊液经无菌试验后在 4 ℃以下保存。

(4)观察鸡胚，看有无典型的症状。

(四) 病毒纯化

1. 柱色谱法

柱色谱又称柱层析。固定相装于柱内，液体为流动相，样品沿竖直方向由上而下移动而达到分离的目的。它既区别于用于分离分析的 GC 法和 HPLC 法，也区别于样品在平面固定相内移动的纸层析和薄层色谱法。本法主要用于分离，有时也起到浓缩富集的作用。

吸附柱色谱通常在玻璃管中填入表面积很大、经过活化的多孔性或粉状固体吸附剂。当待分离的混合物溶液流过吸附柱时，各种成分同时被吸附在柱的上端。当洗脱剂流下时，由于不同化合物吸附能力不同，往下洗脱的速度也不同，于是形成了不同层次，即溶质在柱中自上而下按对吸附剂的亲和力大小形成若干色带。再用溶剂洗脱时，已经分开的溶质可以从柱上分别洗出、收集；或将柱吸干，取出后按色带分割开，再用溶剂将各色带中的溶质萃取出来。

柱色谱法是将色谱填料装填在色谱柱管内作为固定相的色谱方法。根据色谱柱的尺寸、结构和制作方法的不同，又可分为填充柱色谱法和毛细管柱色谱法。

本实训成败的关键是：装柱要紧密，要求无断层、无缝隙；在装柱、洗脱过程中，始终有溶剂覆盖吸附剂；一个色带与另一个色带洗脱液的接收不要交叉。

2. 密度梯度离心法

(1) 平衡密度梯度离心法。用超离心机对小分子物质溶液长时间离心达到沉降平衡，在沉降池内从液面到底部出现一定的密度梯度。若在该溶液里加入少量大分子溶液，则溶液内比溶剂密度大的部分就产生大分子沉降，比溶剂密度小的部分就会上浮，最后在重力和浮力平衡的位置，集聚形成大分子带状物。利用这种现象，可测定核酸或蛋白质等的密度，或根据其差别进行理化分析。为得到必要的浓度梯度，多采用浓氯化铯溶液，所以有时也使用"氯化铯浓度梯度离心法"这个名称，还可采用氯化铷、溴化铯等溶液。利用密度差，使用超离心机，并预先准备好蔗糖等介质的密度梯度，可对细胞颗粒成分进行以纯化为目的的分离制备。

(2) 速率-区带离心法。它是对沉降系数较接近的物质进行分离的方法。因为不同颗粒之间存在沉降系数差，在一定离心作用下，颗粒会各自以一定速率沉降，在密度梯度不同区域上形成区带。介质密度梯度应预先形成，介质的最大密度要小于所有样品颗粒的密度。常用的介质有蔗糖、甘油。密度梯度液的制备采用梯度混合器，形成由管口到管底逐步升高的密度梯度。这种方法可用来分离核酸、蛋白质、核糖体亚基及其他成分。

采用蔗糖等小分子介质溶液，预先在超离心机的样品池内制备出密度梯度，在其上面再加上少量的一层大分子溶液后离心，大分子就形成层状而沉降。若含有沉降系数不同的许多成分，就会出现许多层。编号，取出样品池内的溶液，然后进行研究。因多采用蔗糖密度梯度，所以也称为蔗糖密度梯度离心法。

(3) 纯化病毒常用的方法是蔗糖密度梯度离心法，能得到比较纯的病毒。其过程如下：

① 将收集的组织、脏器或其他原料，用玻璃匀浆器充分研磨后制成悬液，经反复冻融(3 次)后，置于−20℃冰箱中，备用。

② 先以 5000g 离心 15 min 后，获取上清液，然后以 20000g 高速离心 30 min 后取上清液。

③ 接着以 100000g 超速离心 2 h，将沉淀用少量蔗糖四酯类化合物(STE)溶解。

④ 先在超速离心管中加入 5～8 mL 的第③步所获取的含病毒样品的溶液，然后在离心管中依次加入 30%、45%、60%的蔗糖，加的时候用长针头从底部往上加。以 110000g 离心 2.5 h，在 30%与 45%，以及 45%与 60%之间都有一条明亮的带，用长针头将两条不同部位的带都吸取出来，分别收集到不同的瓶内。

⑤ 去蔗糖。用 STE 缓冲液适量稀释纯化的病毒，然后以 110000g 离心 3 h，用少量 STE 缓冲液(根据沉淀的量决定加入量)把沉淀悬起，即获得了纯化的病毒。−20 ℃冻存备用，用时可用分光光度计测定其病毒含量。

(4) 密度梯度离心法操作注意事项。

离心前将样品小心铺放在密度梯度溶液表面，离心形成区带。离心后不同大小、不同形状、有一定沉降系数差异的颗粒在密度梯度液中形成若干条界面清楚的不连续区带。再通过虹吸、穿刺或切割离心管的方法将不同区带中的颗粒分开收集，得到所需的物质。操作时注意以下几点：

① 密度梯度介质应具备足够大的溶解度，以形成所需的密度梯度范围。

② 密度梯度介质不应与样品中的组分发生反应。

③ 密度梯度介质不应引起样品中组分的凝集、变性或失活。

④ 若离心时间过长，由于颗粒的扩散作用，区带会越来越宽。为此，应适当增大“离心力”、缩短离心时间，以减少由于扩散而导致的区带扩宽现象。

查找并说明流感病毒的理化特征，分析流感病毒疫苗的作用机理，比较不同类型疫苗的差别。

任务二 确定生产方案

码2-8-1 确定流感全病毒灭活疫苗的生产方案

（一）生产工艺流程

查阅2020年版《中国药典》三部“流感全病毒灭活疫苗”部分（第187～188面），确定生产工艺流程，如图2-8-2所示。

SPF鸡胚 ↓（鸡胚接种）；半成品检定 ↓（配制）

三级种子批建立→鸡胚接种→收获鸡胚尿囊液→灭活→浓缩→纯化→配制→分装→包装

图2-8-2 流感全病毒灭活疫苗生产工艺流程

（二）流感全病毒灭活疫苗生产方案

（1）将标记好的健康鸡胚用75%乙醇消毒气室卵壳，用1 mL注射器注入0.1 mL病毒液。用石蜡封孔后于37 ℃孵卵器孵育72 h。孵育期间每天检查鸡胚生长情况，24 h内死亡的鸡胚应弃去。

（2）收获尿囊液。收获前将鸡胚置于4 ℃冰箱过夜或至少放置4 h，用75%乙醇消毒气室处卵壳，并用无菌镊子除去气室处卵壳，切开壳膜及其下面的绒毛尿囊膜。用无菌吸管吸取鸡胚尿囊液置于收集管中。

（3）灭活。加入适宜浓度的甲醛溶液至病毒合并液中，于2～8 ℃灭活病毒7～10 d。

（4）浓缩。超滤浓缩灭活的单价病毒液，浓缩后的病毒液血凝效价应不低于1∶10240。

（5）纯化。超滤浓缩后的病毒液可采用柱色谱法或蔗糖密度梯度离心法进行纯化。

（6）配制。根据各单价病毒原液血凝素滴度，分别按比例混合后，进行适当稀释，加入硫柳汞作为防腐剂，即为疫苗半成品。

（7）分批和分装。检定合格的半成品进行分批和分装。

（8）包装。

分析并讨论各生产步骤中应该注意的事项。

任务三 模拟生产

（一）病毒培养

1. 病毒接种

9～11日龄健康鸡胚尿囊腔接种三级种子批病毒。首先检视鸡胚，判断鸡胚状态；接着开启工作种子,以无菌方式取 0.1 mL 病毒液接种于健康鸡胚的尿囊腔;之后于37 ℃孵卵器孵育 72 h,孵育期间每天检查鸡胚生长情况,24 h 内死亡的鸡胚应弃去。详细记录鸡胚生长情况、24 h 内死亡的鸡胚数。

2. 收获病毒

收获前将鸡胚置于 4 ℃冰箱过夜或至少放置 4 h,用 75%乙醇消毒气室处卵壳,并用无菌镊子除去气室处卵壳,切开壳膜及其下面的绒毛尿囊膜,翻开到卵壳边上。用无菌吸管吸取鸡胚尿囊液置于收集管中,合并单次收获的尿囊液。记录单次和合并收集的尿囊液的量。

3. 病毒灭活

合并的尿囊液中加入终浓度不高于 200 μg/mL 的甲醛溶液,于 2～8 ℃灭活病毒 7～10 d。通过灭活验证试验和细菌内毒素含量测定等方法确定并记录病毒灭活效果。

(二) 病毒的浓缩、纯化与除菌过滤

1. 浓缩

采用超滤方法浓缩灭活的单价病毒液,浓缩后的病毒液血凝效价应不低于 1∶10240。检测并记录浓缩后病毒的效价。

2. 纯化

采用柱色谱法或蔗糖密度梯度离心法进行纯化,采用蔗糖密度梯度离心法进行纯化时应用超滤法去除蔗糖。将超滤后的病毒液取样进行细菌内毒素含量测定和微生物限度检查,微生物限度检查菌数应小于 10 CFU/mL。

3. 除菌过滤

纯化后的病毒液经除菌过滤,可加入适宜浓度的硫柳汞作为防腐剂,即为单价原液。

(三) 半成品配制

根据各单价原液的血凝素含量,将各型流感病毒按同一血凝素含量进行半成品配制(血凝素配制量可在 15～18 μg/剂范围内,每年各型流感病毒株应按同一血凝素含量进行配制),可补加适宜浓度的硫柳汞作为抑菌剂,即为半成品。测定并记录游离甲醛、硫柳汞以及血凝素含量。留取检定用半成品样品,样品于 2～8 ℃保存。

(四) 成品制备

1. 分批和分装

半成品的分批和分装应按照《中国药典》(2020 年版)三部中"生物制品分包装及贮运管理"的规定进行。

2. 规格

每瓶 0.5 mL 或 1.0 mL。每次人用剂量为 0.5 mL 或 1.0 mL,各型流感病毒株血凝素含量应为 15 μg。

3. 包装

产品的包装按照《中国药典》(2020 年版)三部中"生物制品分包装及贮运管理"规定进行。

（五）清场

严格检查生产、包装等工序的工作环境，应清洁且无上批遗留物；生产用具应严格消毒清洗并灭菌后备用；机器设备内外清洁、无物料痕迹和油垢；生产区域应无非生产用品等。详细填写清场记录单。

1. 分析总结各生产步骤中的影响因素。

2. 通过查阅《中国药典》（2020 年版）三部，确定 SPF 鸡胚、种子批、半成品以及成品质量检测的具体项目和方法。

任务四　总结汇报

各实训组各自优化实训过程，比较实训结果，分析生产工作记录，并制作 PPT、word 工作总结，形成完整工作报告。

1. 小组评价

实训结束后，根据每个小组成员在实训过程中的具体表现给予全面评价。具体内容见模块二项目一的小组评价表。

2. 实训总结

小组成员提交的实训报告按照论文的格式书写，应包括摘要、关键词、正文（材料与方法、结果与讨论）、参考文献等。

1. 制作 PPT、word 工作总结，交工作报告。

2. 各组汇报本组整个工作过程。

参考文献

[1] 陈晗. 生化制药技术[M]. 2 版. 北京:化学工业出版社,2018.
[2] 陈宁. 酶工程[M]. 北京:中国轻工业出版社,2011.
[3] 郭葆玉. 生物技术制药[M]. 北京:清华大学出版社,2011.
[4] 郭葆玉. 基因工程药学[M]. 北京:人民卫生出版社,2010.
[5] 国家药典委员会. 中华人民共和国药典:一部[M]. 北京:中国医药科技出版社,2020.
[6] 国家药典委员会. 中华人民共和国药典:二部[M]. 北京:中国医药科技出版社,2020.
[7] 国家药典委员会. 中华人民共和国药典:三部[M]. 北京:中国医药科技出版社,2020.
[8] 国家药典委员会. 中华人民共和国药典:四部[M]. 北京:中国医药科技出版社,2020.
[9] 郭勇. 酶工程[M]. 4 版. 北京:科学出版社,2016.
[10] 李玉花, 徐启江. 现代分子生物学模块实验指南[M]. 2 版. 北京:高等教育出版社,2018.
[11] 廖湘萍. 生物工程概论[M]. 3 版. 北京:科学出版社,2017.
[12] 齐香君. 现代生物制药工艺学[M]. 2 版. 北京:化学工业出版社,2010.
[13] 戚薇,赵伟,杜连祥. 微生物转化法制备雌酮的研究[J]. 天津科技大学学报,2006,21(4),37-40 .
[14] 宋航,李华. 制药分离工程(案例版)[M]. 北京:科学出版社,2020.
[15] 吴梧桐. 生物制药工艺学[M]. 4 版. 北京:中国医药科技出版社,2015.
[16] 夏焕章,熊宗贵. 生物技术制药[M]. 2 版. 北京:高等教育出版社,2010.
[17] 余琼. 生物制药工艺学[M]. 北京:高等教育出版社,2011.
[18] 朱晓燕. 组织型纤溶酶原激活剂(t-PA)真核表达载体的构建[D]. 郑州:郑州大学,2003.
[19] 周佳儒,李久明,徐宁,等. 天然植物中有效成分的提取、分离技术研究进展[J]. 内蒙古民族大学学报(自然科学版),2018,33(1):14-18.